153

新知文库

XINZHI

NATURALISTS IN PARADISE:
Wallace, Bates and Spruce in the Amazon

Published by arrangement with Thames & Hudson Ltd, London,
Naturalists in Paradise 2015 John Hemming
This edition first published in China in 2022 by SDX Joint Publishing Company, Beijing

探索亚马孙

华莱士、贝茨和斯普鲁斯在博物学乐园

[巴西] 约翰·亨明 著 法磊 译

生活·讀書·新知 三联书店

图书在版编目（CIP）数据

探索亚马孙：华莱士、贝茨和斯普鲁斯在博物学乐园 / （巴西）约翰 · 亨明著；法磊译．—北京：生活 · 读书 · 新知三联书店，2022.10
（新知文库）
ISBN 978－7－108－07347－1

Ⅰ．①探…　Ⅱ．①约…　②法…　Ⅲ．①亚马逊河－博物学
Ⅳ．① N877

中国版本图书馆 CIP 数据核字（2021）第 279507 号

责任编辑　徐国强
装帧设计　陆智昌　刘　洋
责任校对　陈　明
责任印制　卢　岳
出版发行　生活 · 讀書 · 新知 三联书店
（北京市东城区美术馆东街 22 号 100010）
网　　址　www.sdxjpc.com
图　　字　01-2018-7552
经　　销　新华书店
制　　作　北京金舵手世纪图文设计有限公司
印　　刷　鑫艺佳利（天津）印刷有限公司
版　　次　2022 年 10 月北京第 1 版
2022 年 10 月北京第 1 次印刷
开　　本　635 毫米 × 965 毫米　1/16　印张 28
字　　数　362 千字　图 76 幅
印　　数　0,001－8,000 册
定　　价　69.00 元
（印装查询：01064002715；邮购查询：01084010542）

新知文库

出版说明

在今天三联书店的前身——生活书店、读书出版社和新知书店的出版史上，介绍新知识和新观念的图书曾占有很大比重。熟悉三联的读者也都会记得，20 世纪 80 年代后期，我们曾以“新知文库”的名义，出版过一批译介西方现代人文社会科学知识的图书。今年是生活·读书·新知三联书店恢复独立建制 20 周年，我们再次推出“新知文库”，正是为了接续这一传统。

近半个世纪以来，无论在自然科学方面，还是在人文社会科学方面，知识都在以前所未有的速度更新。涉及自然环境、社会文化等领域的新发现、新探索和新成果层出不穷，并以同样前所未有的深度和广度影响人类的社会和生活。了解这种知识成果的内容，思考其与我们生活的关系，固然是明了社会变迁趋势的必需，但更为重要的，乃是通过知识演进的背景和过程，领悟和体会隐藏其中的理性精神和科学规律。

“新知文库”拟选编一些介绍人文社会科学和自然科学新知识及其如何被发现和传播的图书，陆续出版。希望读者能在愉悦的阅读中获取新知，开阔视野，启迪思维，激发好奇心和想象力。

生活·讀書·新知三联书店
2006 年 3 月

谨以此书献给我的家人苏琪（Sukie）、贝亚（Bea）、亨利（Henry）和海伦娜（Helena），感谢他们与我在巴西度过的日子

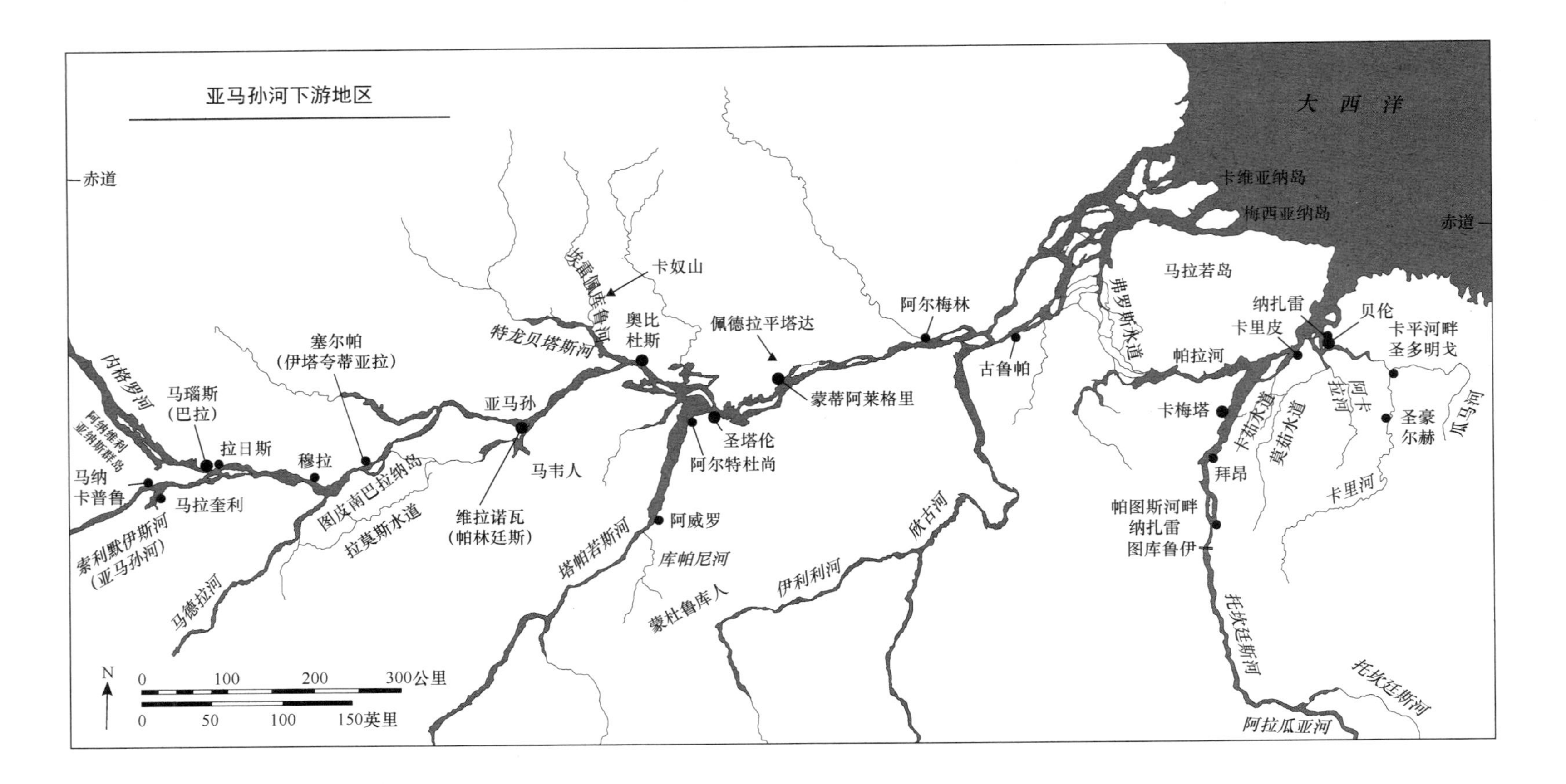
亚马孙河下游地区
大西洋
赤道
赤道
卡维亚纳岛
梅西亚纳岛
马拉若岛
纳扎雷
贝伦
卡里皮
卡平河畔
圣多明戈
帕拉河
阿卡拉河
瓜马河
圣豪尔赫
卡梅塔
卡茹水道
莫茹水道
拜昂
卡里河
帕图斯河畔
纳扎雷
图库鲁伊
托坎廷斯河
托坎廷斯河
阿拉瓜亚河
弗罗斯水道
阿尔梅林
古鲁帕
佩德拉平塔达
蒙蒂阿莱格里
圣塔伦
阿尔特杜尚
阿威罗
库帕尼河
蒙杜鲁库人
伊利利河
欣古河
塔帕若斯河
卡奴山
埃雷佩库鲁河
奥比杜斯
特龙贝塔斯河
亚马孙
马韦人
维拉诺瓦
（帕林廷斯）
塞尔帕
（伊塔夸蒂亚拉）
图皮南巴拉纳岛
拉莫斯水道
穆拉
拉日斯
马瑙斯
（巴拉）
内格罗河
阿纳维利亚纳斯群岛
马纳卡普鲁
马拉奎利
索利默伊斯河
（亚马孙河）
马德拉河
N
0 100 200 300公里
0 50 100 150英里

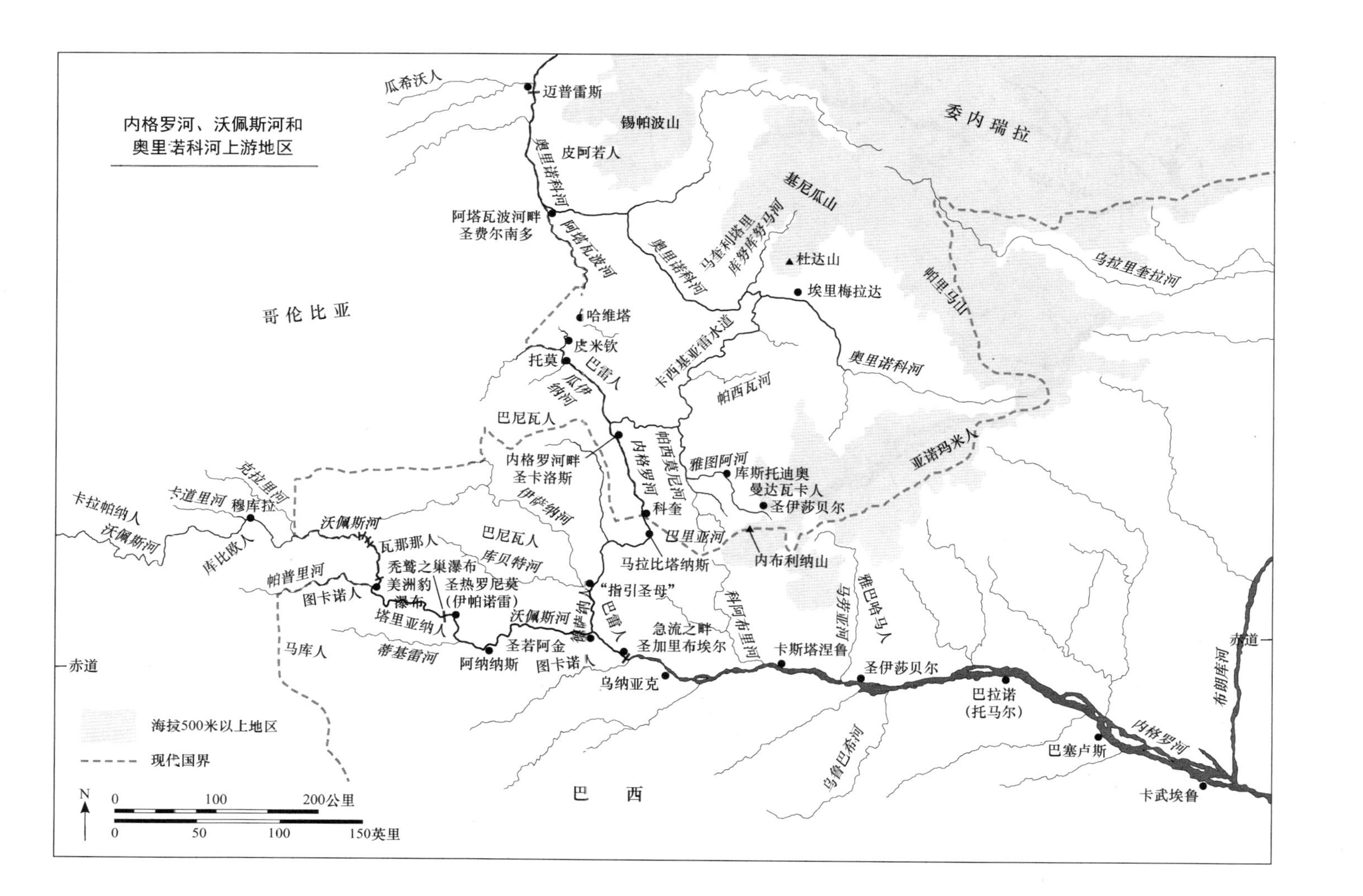
内格罗河、沃佩斯河和
奥里诺科河上游地区
委内瑞拉
哥伦比亚
巴西
瓜希沃人
迈普雷斯
锡帕波山
皮阿若人
奥里诺科河
阿塔瓦波河畔
圣费尔南多
阿塔瓦波河
基尼瓜山
马奎利塔里
库努库努马河
杜达山
埃里梅拉达
乌拉里奎拉河
帕里马山
奥里诺科河
卡西基亚雷水道
帕西瓦河
哈维塔
皮米钦
托莫
巴雷人
瓜伊纳河
巴尼瓦人
内格罗河畔
圣卡洛斯
帕西莫尼河
内格罗河
雅图阿河
库斯托迪奥
曼达瓦卡人
圣伊莎贝尔
亚诺玛米人
科奎
巴里亚河
内布利纳山
马拉比塔纳斯
伊萨纳河
克拉里河
卡道里河
穆库拉
卡拉帕纳人
沃佩斯河
库比欧人
沃佩斯河
瓦那那人
巴尼瓦人
库贝特河
秃鹫之巢瀑布
美洲豹
瀑布
圣热罗尼莫
(伊帕诺雷)
帕普里河
图卡诺人
塔里亚纳人
“指引圣母”
巴雷人
沃佩斯河
急流之畔
圣加里布埃尔
科阿布里河
马劳亚河
雅巴哈马人
马库人
蒂基雷河
阿纳纳斯
圣若阿金
图卡诺人
乌纳亚克
卡斯塔涅鲁
圣伊莎贝尔
巴拉诺
(托马尔)
巴塞卢斯
内格罗河
卡武埃鲁
布朗库河
赤道
赤道
乌鲁巴希河
海拔500米以上地区
现代国界
N
0
100
200公里
0
50
100
150英里

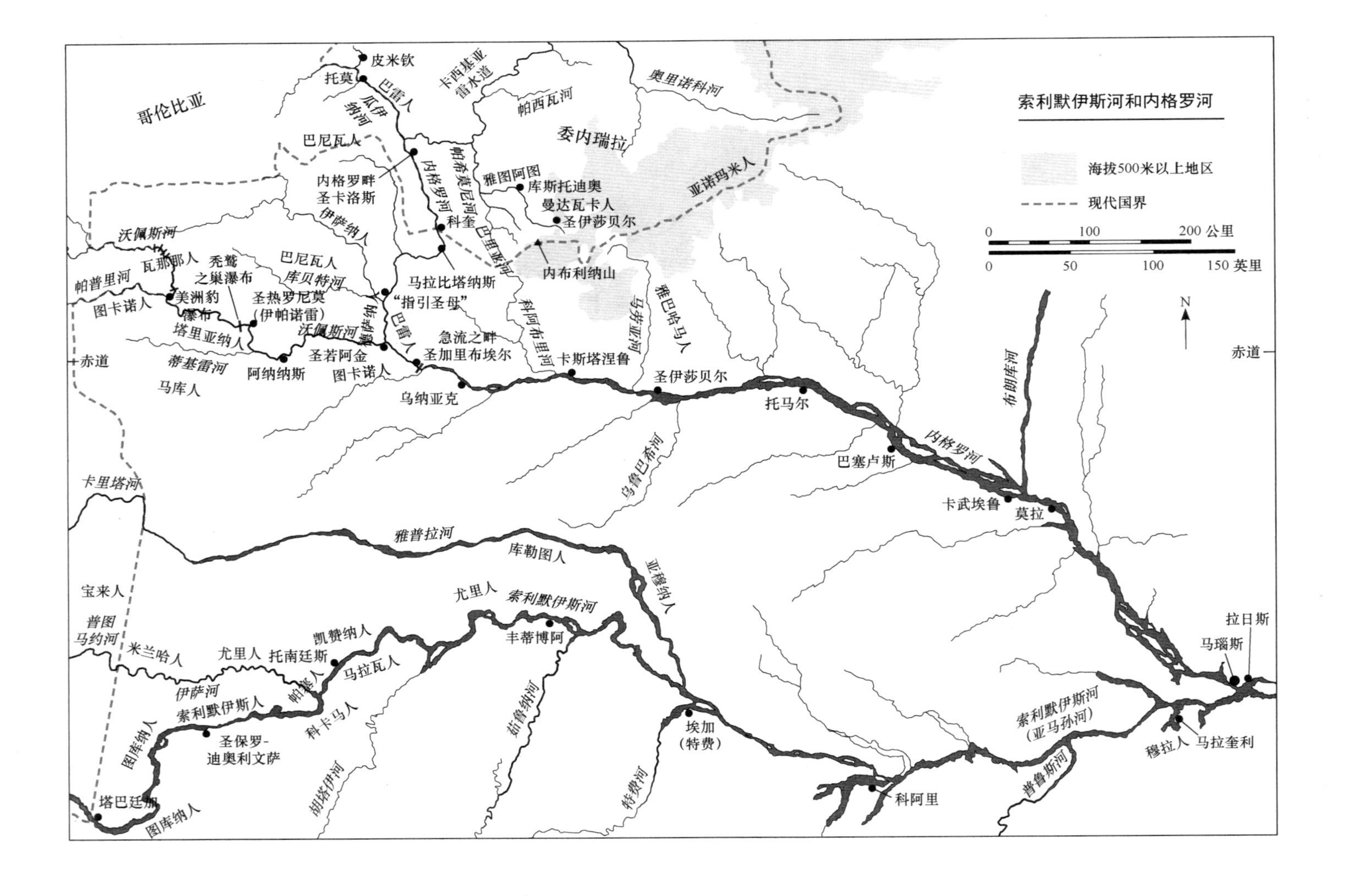

索利默伊斯河和内格罗河
海拔500米以上地区
现代国界
0 100 200 公里
0 50 100 150 英里
N
赤道
哥伦比亚
委内瑞拉
皮米钦
托莫
巴雷人
瓜伊纳河
卡西基亚雷水道
帕西瓦河
奥里诺科河
巴尼瓦人
内格罗畔圣卡洛斯
帕希莫尼河
内格罗河
科奎
雅图阿图
库斯托迪奥
曼达瓦卡人
圣伊莎贝尔
亚诺玛米人
巴里亚河
内布利纳山
伊萨纳人
沃佩斯河
瓦那那人
帕普里河
秃鹫之巢瀑布
巴尼瓦人
库贝特河
美洲豹瀑布
圣热罗尼莫（伊帕诺雷）
图卡诺人
塔里亚纳人
沃佩斯河
马拉比塔纳斯
“指引圣母”
巴雷人
急流之畔圣加里布埃尔
科阿布里河
马劳亚河
雅巴哈马人
赤道
蒂基雷河
阿纳纳斯
圣若阿金
图卡诺人
卡斯塔涅鲁
圣伊莎贝尔
马库人
乌纳亚克
托马尔
布朗库河
内格罗河
巴塞卢斯
乌鲁巴布河
卡武埃鲁
莫拉
卡里塔河
雅普拉河
库勒图人
亚穆纳人
宝来人
尤里人
索利默伊斯河
普图马约河
凯赞纳人
丰蒂博阿
米兰哈人
尤里人
托南廷斯
马拉瓦人
伊萨河
索利默伊斯人
科卡马人
茹鲁纳河
埃加（特费）
拉日斯
马瑙斯
索利默伊斯河（亚马孙河）
穆拉人
马拉奎利
图库纳人
圣保罗-迪奥利文萨
胡塔伊河
特费河
普鲁斯河
科阿里
塔巴廷加
图库纳人

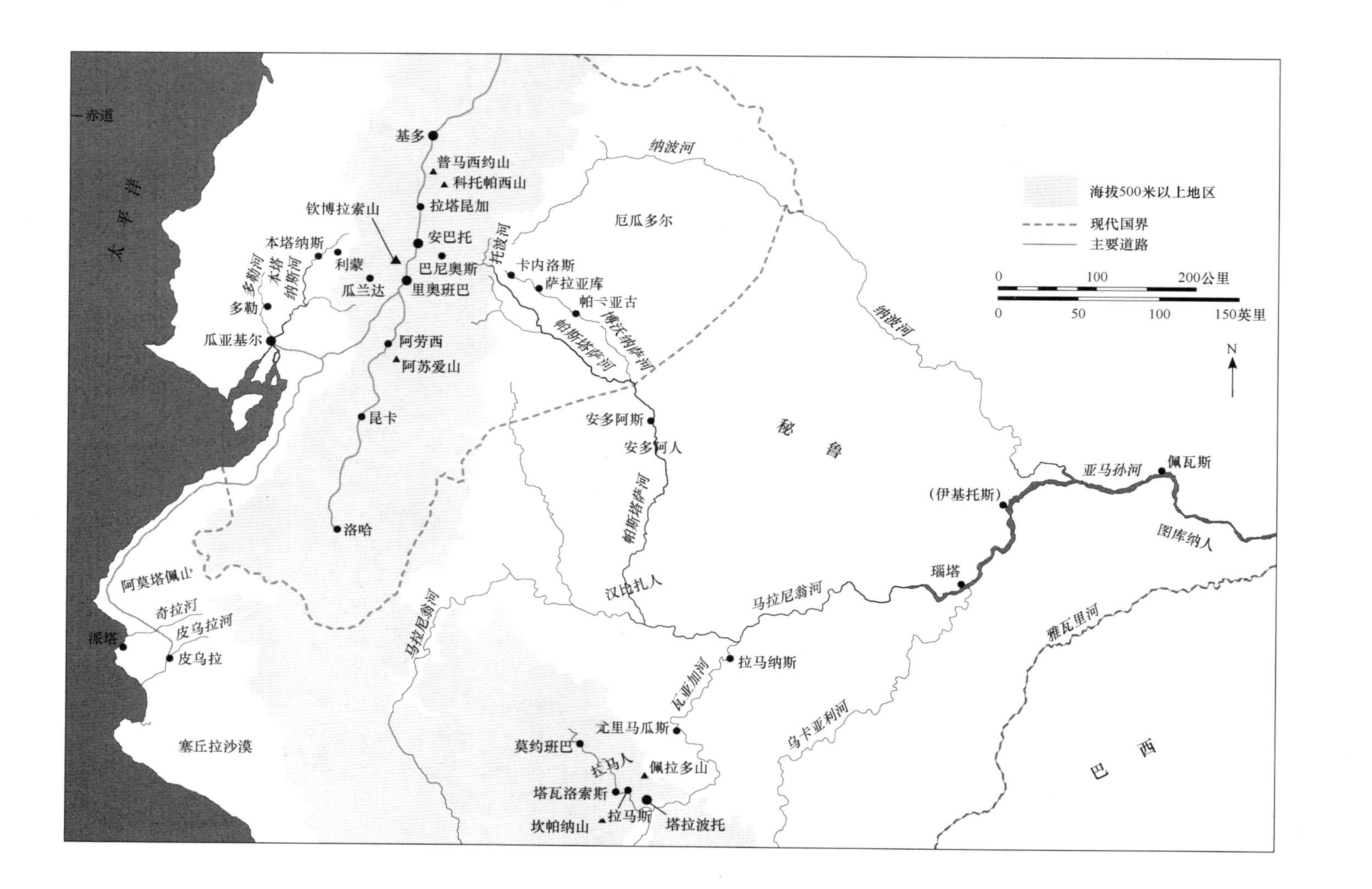
海拔500米以上地区
现代国界
主要道路
0
100
200公里
0
50
100
150英里
N
赤道
太平洋
基多
普马西约山
科托帕西山
拉塔昆加
钦博拉索山
安巴托
巴尼奥斯
里奥班巴
本塔纳斯
利蒙
瓜兰达
多勒河
本塔纳斯河
多勒
瓜亚基尔
阿劳西
阿苏爱山
昆卡
洛哈
纳波河
厄瓜多尔
托波河
卡内洛斯
萨拉亚库
帕亏亚古
帕斯塔萨河
博沃纳萨河
纳波河
安多阿斯
安多阿人
秘鲁
帕斯塔萨河
汉比扎人
马拉尼翁河
亚马孙河
佩瓦斯
(伊基托斯)
图库纳人
瑙塔
雅瓦里河
阿莫塔佩山
奇拉河
皮乌拉河
派塔
皮乌拉
塞丘拉沙漠
马拉尼翁河
拉马纳斯
瓦亚加河
乌卡亚利河
尤里马瓜斯
莫约班巴
拉马人
佩拉多山
塔瓦洛索斯
拉马斯
塔拉波托
坎帕纳山
巴西

目　录

第一章

博物学家的乐园

1848年5月26日，两名年轻的英国人乘坐船只驶入亚马孙河口，并在最大的城镇格劳－帕拉省的贝伦（Belém do Pará，意为帕拉河畔伯利恒）登陆。两个人中年长的是25岁的阿尔弗雷德·拉塞尔·华莱士（Alfred Russel Wallace），另一位是他的朋友，23岁的亨利·沃尔特·贝茨（Henry Walter Bates）。两名旅行者都只接受过基本教育，他们的家庭无财无势，他们几乎没有在外省乡镇生活的经历，而且他们本人也没有什么钱。但是他们对博物学充满兴趣，也有在世人所知最茂盛的自然环境中发现真相的属于年轻人的热情，甚至可以说狂妄。他们来到亚马孙地区是希望了解关于物种起源的更多信息，并且他们计划通过向英国博物馆和收藏家出售异域生物标本维持生计。

这两名年轻的访客最初对热带森林感到有些失望。贝茨承认："这里的植被并不像我在远航的无聊间隙想象的那样色彩斑斓、令人惊叹。""鸟类和昆虫的数量以及美丽程度起初并不符合我们的期望。"视野中仅有的几只鸟都非常小，而且色彩灰暗，就和在英格兰看到的一样。"整个国家最初都像是一个高耸的绵延不断的黑暗森林，没有鲜花，而且几乎没有生命的声音。当一鸟的叫声打破沉静时，回声能惊吓到独行者的脚步。昆虫很少在阳光下飞行，它们更愿意躲在树叶缝隙里窥视。”华莱士读过如此多关于“热带植被的非凡美景，以及动物世界的奇怪形状和鲜艳颜色的书籍，以至于有了一些狂热的想象”。所以他的第一印象也非常失望，因为他觉得自己身处一个安静的森林中，表面上看起来很像他本国的景象。首次进入热带雨林的新来者现在仍会有华莱士和贝茨这样的反应。

但是，这两名英国人都是出色的博物学家。他们很快就纠正了自己过去的认识误区，意识到他们看到的只是城镇附近的被人类侵扰的森林，而这里处于庞大无比的亚马孙植被的最东缘。他们发现，在中午看似空空如也、没有生机的森林，在黎明和黄昏就会迸发出生机。随着经验的积累，他们了解到，很多动物生命都是夜间活动，很多昆虫和鸟类都有非常令人迷惑的伪装，大部分自然生命都在人头顶上方的树冠中繁荣兴旺。不久之后，贝茨写道：“森林的景色好到超出想象：在一些地方，五分之一的树都是棕榈，它们将细长的枝干伸向很高的高度，并将羽毛状的叶子悬置在更高的树木的枝条之间。”“这些树很少有两株是同一个品种……树叶繁茂的树冠部分离我们很远，好像是处于另一个世界。只有当上方出现一点缝隙时，我们偶尔才能看到植物叶子在湛蓝的天空下所形成的花纹窗格。”在下面，树干由相互纠缠的藤本植物连接在一起，这些藤条扭曲得就像是电线，“它们弯曲成各种各样的形状，像蛇一样缠绕在树干周围，或者形成巨大的循环或线圈……其他的则是之字形，或者像楼梯的台阶一样相互交错，从地面开始上升到一个令人眼晕的高度”。

贝茨不愧是一名昆虫学家，即使在城镇本身中，他也会“谈论自己看到的各种各样值得炫耀的奇珍事物”。在一条路上，有一些肉桂树，它们有优美的羽状树叶以及显眼的黄色花朵，并且有成簇的树枝状花蕊，并且“在花蕊上面，有大量颜色鲜艳的蝴蝶在翩翩起舞，数量之多超过我们之前的所见所闻。有些蝴蝶浑身都是橙色或黄色的［Callidryas，现为菲粉蝶属（*Phoebis*）］，其他的则有极长的翅膀，能在空中水平飞行。蝴蝶的颜色还有黑色，以及蓝色、红色和黄色（Heliconii）。一个外表华丽的草绿色物种［Colaenis Dido，现称绿袖蝶（*Philaethria dido*）］尤其吸引我们的注意力”。①

当华莱士最终深入这片原始森林之后，他变得像是一个哲人。与很多后来的访客一样，他将这些巨大的树干比作大教堂中的柱子。在头顶上很高的地方，树冠稠密到足以阻挡阳光。“这里充满着怪异的幽暗和庄严的寂静，它们共同产生了一种无限世界所具有的广阔和洪荒的感觉。在这个世界中，人就像是一个入侵者，人们在这里会感到被永恒力量的凝视所压倒，这些力量……创造了大量植被，它们遮盖着，甚至就像是压迫着土地”。

在1849年7月，在华莱士和贝茨抵达后的十四个月，另一名英国人来此加入其中。这就是32岁的约克郡人理查德·斯普鲁斯（Richard Spruce）。他要比其他两位年龄大一些，已经是一名经验丰富的植物学家。但他的出身、教育和条件也同样很卑微，他只是渴望能研究亚马孙地区的环境，并作为职业收集者靠出售其标本为生。他们三个都想通过做自己最喜欢的事来谋生。

虽然是经验丰富的植物学家，但初次体验真正的热带雨林，斯普鲁斯感到眼花缭乱。“这里有数量众多的树木，树顶有巨大的叶子，周围有奇妙的寄生生物，而且还挂着无数藤本植物”。他越深

① 在19世纪，写作者会用一个大写字母来指代每种植物、动物（种加词首字母也大写），但并不会总是用斜体字来表示学名。直接引用的话就是上面所写的那样。但是在其他地方，对于生物的学名，我遵循现代的斜体字用法，并且只对属的首字母大写。

入亚马孙，就越感到敬畏和高兴。在几年之后，他兴奋地对一名植物学家朋友写道："世界上最大的河流在世界上最大的森林中穿行。想象一下如果你可以在500平方公里的森林中通过横贯其中的河流进行不间断的航行。"这个规模是惊人的。"植物的几乎每个发展时段都能在这里找到代表物种。这里有高达18米甚至更高的草本植物（竹子），它们有时直立生长，有时纠缠在多刺的灌木丛中，使得大象也无法从中穿过。构成连续树丛的马鞭草拥有像马栗树一样的指状树叶。远志是一种矮小的木质缠绕植物，它们能一直爬到最高树木的顶端，并且为它们装饰以芬芳的花簇……我们在这能看到与苹果树一样大小的紫罗兰……以及长在赤杨一类树木上的雏菊（或者只是看起来像雏菊）"。

贝茨同样变得非常兴奋。他充满热情地给他哥哥写了一封信："这个国家的魅力和荣耀在于它产出的动物和植物。有关它们的学问取之不尽！……这是一片稠密的丛林：种类丰富的高耸林木全都被攀缘植物连接和捆绑到一起。它们的树干上覆盖着丰富的蕨类植物、附生植物、海芋属植物、树兰族植物等。林下灌木丛主要由树龄短一些的树木构成，包括各种小棕榈植物、含羞草、蕨类植物等，并且地面上堆满了坠落的树枝，而巨大的树干上则覆盖着寄生生物等。"几年之后，当他非常熟悉了亚马孙之后，他仍然热情不减地写到，这是"一个可以被称为'博物学家的乐园'的地方"。而这三名年轻人注定要在这个乐园中度过多年时间。对他们每个人来说，这都将是其成长阶段具有决定性意义的经历。

第二章

前　辈

在开始亚马孙冒险之旅的四年前，阿尔弗雷德·拉塞尔·华莱士和亨利·沃尔特·贝茨于1844年在英格兰的莱斯特（Leicester）相遇。两个人都没有留下有关他们具体是在什么地方邂逅的记录，但很可能是在公共图书馆中。他们的友谊很明显是基于研究博物学的共同热情——华莱士更加倾向于植物学，而贝茨则倾向于昆虫学。他们都是如饥似渴的阅读者，主要是自学成才，他们还喜欢一起谈论有关生命、自然和物种起源的理论。

他们相遇时，19岁的贝茨在自家地盘上。莱斯特是一个拥有4万名居民的城镇，这里过度拥挤，贫民窟林立，是一个卫生条件恶劣、供水不足的不健康地方。它的产业完全依赖于针织品：这个地方在两个世纪的时间里一直是英国的制袜中心。这就是贝茨家族从事的行业。小亨利的父亲也叫亨利，他继承并逐渐建立了一家兴旺的小企业，负责对针织袜进行染色，并进行切边，从而能用蒸汽熨斗对它们进行塑形。亨利的母亲和祖母也是来自从事针织业的家庭。

贝茨生于1825年，是四个男孩中最大的一个。他的童年时期是快乐的。在他的终生朋友爱德华·克洛德（Edward Clodd）看来，他的母亲萨拉（Sarah）智慧而优雅，是“一个生性亲切、慈爱和无私的人，但体质较弱……容易患病”。他的父亲亨利（Henry）比较强健，并且是“一个能干、正直和谦逊的人，被人们称为诚实的亨利·贝茨”。他在一神会教派（Unitarian）中爬得很高。所以他的大儿子9岁时，就被送到由持不同意见的神父史克里顿（H. Screaton）运营的寄宿制学院。这是一所知名度颇高的学校，位于距莱斯特约14.5公里的比尔斯登（Billesdon），它的目标是为受人尊敬的绅士的子弟提供教育，并聚焦于“贸易和商业事务所需的”科目。另外三个年幼的兄弟上的是日间学校，所以他们非常想念他们的老大哥。其中一个名叫弗雷德里克的弟弟写信表达了他们曾多么期待亨利能回来度假，因为他是他们“亲爱的‘向导、哲学家和朋友’，他曾经努力用他亲切和蔼的方式引导我们获得更高的思想和品行”。弗雷德里克还写到，当时商人子弟的学校教育在十三四岁就停止了：所以贝茨在1838年离开了学院，而他当时只有13岁半。

未来的亚马孙博物学家立即开始在他父亲的朋友奥尔德曼·格雷戈里（Alderman Gregory）的针织店里做学徒。这是一份辛苦的工作，需要每天从早上7点工作到晚上8点，每周要工作六天。但这个男孩异常勤勉，是一个真正刻苦工作的人。正如他弟弟所说的，他正是在这个时候“奠定了日后所有成就的基础”。他的朋友爱德华·克洛德也曾充满挖苦地评论道：“他念书很少，因而保持着对知识的渴望。”莱斯特很幸运能有一个技工学院，它在开明教师的努力下已经“发展成为一个大型的杰出教育机构”。小亨利学习了希腊语、拉丁语、法语、绘画和作文（散文写作）的课程，并且在大部分课程中都获得了奖励。他的热情和“工作能力这时是惊人的……对他来说，在 14 小时的工作日之后再学习到半夜，并且在早上 4 点起床迎接新的一天，这是常有的事”。他在拉丁语法书的扉页上写道：“我十分喜欢拉丁语，就像女人喜欢绸缎一样”。他的两篇散文从这些课程中脱颖而出，其中一篇是关于古代不列颠人，另一篇是关于政府，这两篇散文“对一个 15 岁的男孩来说都是非常有才华的作品”。他读起书来如饥似渴，啃下吉本所著的《罗马帝国衰亡史》（*Decline and Fall of the Roman Empire*），以及学院的很多“图书馆优秀藏书”。他在合唱团中担任男中音，学习如何随着吉他唱和，后来又爱上了瓦格纳和沙利文等人的戏剧音乐。

贝茨早年的经历有三个方面值得注意。一个方面是他父亲所信奉的一神会教派。一神会教派是英国国教会的一个持不同意见的分支（后称不信国教的教徒），他们信奉单一的神至高无上的地位，而不信奉三位一体。一神会教派在 18 世纪是被禁止的，赢得了一些名人的支持，于 1813 年得到合法化。但是，虽然一神会信徒是敬畏上帝、勤劳和正直的人，但他们被视为赞成法国大革命的政治激进分子。他们后来在接受达尔文主义的创物观点时几乎没有什么困难。亨利·沃尔特·贝茨从来不是坚定的宗教信徒，但他早期在莱斯特一神会教堂的礼拜可能有助于他成为一名独立的思考者。

另一个重要的影响因素是技工学院。从 19 世纪 20 年代开始，这些令人钦佩的学院很快散布到几乎每个英国城市（到 1850 年约有 700 家），并且也扩散至加拿大和澳大利亚。它们是拥有自己大楼的慈善机构，这些大楼被用作图书馆以及成人教育（在贝茨的情况中则是提供中学教育）。本地商人认为资助技工学院对他们有利，因为这些学院培训了工程师和熟练工人——他们在工业革命早期是必不可少的。一些学院演变成公共图书馆和博物馆，然后变成理工学院，甚至在20世纪末转变为大学。

第三个方面是贝茨健康状况欠佳。青少年时期，贝茨的循环系统被认为很差，因为给他进行按摩的人使用粗糙的手套。他的脸上长满斑点，为此他要服用奎宁药水。他的消化功能也“一直不是很好”。这些弱点可能遗传自他的母亲，或者由于“他自愿进行的可怕工作让他受到伤害”，或者他的疾病仅仅是由于那个时代医学知识还不发达以及缺少治疗方法。

1840年，15岁的贝茨在莱斯特的新市政厅举行了一次展览，目的是为技工学院募集资金。门票是6便士，其中能看到数千种“经过防腐处理的外国和英格兰的四足动物、鸟类和昆虫标本”。他尤为感兴趣的是昆虫。因此，贝茨在十几岁时最重要的成就并不是他的针织行业学徒经历，也不是他非凡的自学过程，而是他逐渐形成的对博物学的热情。爱德华·克洛德说，他是一个天生的博物学家。在技工学院，他结识了两个热衷相同事业的男生。（这两个男生是兄弟，他们后来在自然科学和鸟类学方面进行了深造。）这些年轻收集者幸运的是，当时年事已高的斯坦福德伯爵（Earl of Stamford）对在莱斯特附近他的布拉德盖特公园（Bradgate Park）里饲养用于打猎的鸟类采取宽容的态度，他也不介意这些男孩在他的查恩伍德森林（Charnwood Forest）中寻找昆虫。贝茨的弟弟弗雷德里克后来加入进来。他回忆起他们如何兴高采烈地盼望着耶稣受难节、狩猎季的结束和自己采集标本活动的开始。“我的脑海中仍然能够展现这快乐的一群人在那些天的一个早晨兴高采烈地出发，带着自制的采集网，没走几步就进入了茂密的树林和昆虫最多的地方”。贝茨对每次收集旅行都会做笔记，并对收集到的昆虫和野花添加示意图和描述，这为他后来作为收集者所展现的非凡才能提供了良好的训练。他的父亲很鼓励他。由于生意取得成功，老亨利·贝茨于1841年在更靠近市中心的地方为家人建造了一所大房子。年轻的贝茨起先是将昆虫存放在他能发现的所有橱柜、抽屉或脸盆架中，但他的父亲随后给贝茨兄弟提供了一间书房，里面有桌子和抽屉，供他们存放昆虫。

与大多数男孩一样，小亨利开始是捕捉蝴蝶。收集蝴蝶和飞蛾（均属鳞翅目）在此前一个世纪中还局限在少数绅士范围内，但此时却正在变成社会上所有阶层都热衷的活动。在此后几十年中，维多利亚时代的英国房屋中经常有存放漂亮昆虫的橱柜。昆虫迷订阅了刊登着昆虫图片的刊物分册或部分著作。贝茨很快把兴趣转向鞘翅目甲虫，对距离自己出生地如此近的地方有这样丰富的物种感到惊奇。那时识别甲虫是非常困难的。“除了詹姆斯·斯蒂芬斯（James Stephens）所著的《英国鞘翅目或甲虫手册》（*Manual of British Coleoptera or Beetles*）外，当时没有很多材料能让收集者确定甲虫种类，对这本书感到晦涩的人都领教到了这种困难”。尽管如此，贝茨靠着年轻人的自信，与顶级昆虫学家进行了书信来往。到17岁时，他提交了一篇名为《关于潮湿地点常见的鞘翅目昆虫的笔记》的简短论文。这篇论文1843年1月发表在新推出杂志《动物学家》（*Zoologist*）的创刊号上。

若干年后，他的朋友格兰特·艾伦（Grant Allen）写道，贝茨几乎从摇篮中开始就是一个甲虫猎人。让艾伦感到惊奇的是，贝茨具有广泛的兴趣和知识，因而本应集中精力研究必要的、却晦涩难解和单调乏味的生物分类学。贝茨在与朋友进行的一次炉边谈话中解释说：“我年轻时就想成为博物学家。但我很快就明白博物学家的时代已经过去了。如果我想有所作为的话，我必须术业有专攻，就是必须成为昆虫学家。稍后，我目睹了昆虫学家有限的鼎盛时期，认识到如果我想有所建树，就必须成为甲虫学家。渐渐地，当我对我的学科有更多了解时，我发现没有人能了解所有的鞘翅目昆虫，而现在我则满足于研究各种天牛，并取得了某种成果。”不过艾伦写到，虽然贝茨表示了种种抗议，但他不可能有远远超越“学科范围有限的普通专家”的更多成就。

奥尔德曼·格雷戈里于1843年去世，此时贝茨还未完成他的学徒期。这个年轻人经营了一阵子格雷戈里的库房，随后又在其他两家针织企业中度过了几个月。但他并不开心。所以1845年，另一名昆虫学家朋友安排他逃离针织业，在特伦特河畔伯顿镇的奥尔索普（Allsop）啤酒厂担任文员。这个城镇位于莱斯特西北40公里。这次搬家可能是贝茨的第一次离家之旅。

在贝茨动身去从事新工作（那个新地方在甲虫收集方面也将会略有不同）前，他结识了阿尔弗雷德·拉塞尔·华莱士。

比贝茨年长两岁的华莱士也出身于我们现在所称的中下层阶级。他于1823年出生于威尔士东南部的阿斯克（Usk）小镇。[1] 华莱士受洗取名时，他的中间名拉塞尔在洗礼登记册上只被粗心地写了一个L。华莱士终生都对这个错误耿耿于怀，因此他在自己的所有著作上都骄傲地署名为阿尔弗雷德·拉塞尔·华莱士。

他的父亲托马斯是一名绅士。像很多苏格兰人一样，他宣称自己的血统来自19世纪的爱国者威廉·华莱士（William Wallace）爵士。他具有担任律师的资格，但从未操行此业。他继承的遗产足够他每年获得500英镑的收入，但他自己从来没有从事商业方面的工作，而且他在判断失当的商业冒险中散尽了自己仅有的一点财富。

---

[1] 阿斯克位于蒙茅斯郡。19世纪，对这个地区属于英格兰还是威尔士存在歧义。最终在1974年，蒙茅斯被确定属于威尔士，但它已经不再是一个郡，而是成为大格温特郡的一部分。

所以，在阿尔弗雷德出生前几年，一家人不得不离开伦敦北面赫特福德郡（Hertford）的舒适住所，而他母亲的祖父曾担任过该市的市长。华莱士一家搬到阿斯克河畔一处比较便宜的村舍。阿尔弗雷德就出生在这里。他的父亲在这种乡村生活中过得很愉快，他为家人种植水果和蔬菜，饲养家禽，并教育他的九个孩子（其中三个不幸夭折）。但在1828年，当阿尔弗雷德5岁时，他的母亲从她的继母那里继承了一座位于赫特福德的房子以及一些金钱。于是一家人又从威尔士农村搬回到伦敦附近，在普通的排屋中住过。其中的第一座房子，即圣安德鲁街11号，现在有一块纪念阿尔弗雷德·拉塞尔·华莱士的牌匾。

阿尔弗雷德在赫特福德文法学校学习了六年半。当时由四名老师教八个男孩，而且都是在一个教室中。课程从早上7点开始，每周有三天的上课时间持续到下午5点。而在冬季黑暗的下午，每个学生都需要自己携带蜡烛。阿尔弗雷德学习了算术、初级法语和“令人厌倦的”拉丁语，以及一些地理知识（背诵地名）和历史知识（熟记人名和日期）。他在自传中写到，与从学校中学到的内容相比，他更多的知识来自父亲和哥哥。托马斯·华莱士喜欢给家人朗读文章：包括他从读书俱乐部中获得的莎士比亚的戏剧以及大量其他文学作品。他随后找到了一份在赫特福德“相当不错的镇图书馆”担任图书管理员的工作，阿尔弗雷德也在那里度过周六以及节假日的半个下午，他蹲在角落的地板上，如饥似渴地阅读。他读过《汤姆·琼斯》等小说，以及菲尼摩尔·库珀（Fenimore Cooper）、拜伦、斯科特等人的现代作品，还有一系列更加难懂的经典著作，从蒲伯译的《伊利亚特》到斯宾塞的《仙后》，但丁、米尔顿、沃尔顿和塞万提斯的作品都有。他从年长五岁的哥哥约翰那里学到了基本的力学知识，以及把自立当作立身之本所带来的愉悦和作用。

但家里的财务问题在恶化。托马斯·华莱士在一次房地产冒险中失去了他最后的积蓄。他妻子的叔叔破产了，并且毁了她，因为这位叔叔已经私下把自己监管的她的微薄遗产当作借款的抵押。就这样，1836年，几乎一贫如洗的夫妇俩搬到了霍兹登村（Hoddesdon）的一间小农舍里。孩子们不得不离开学校进入社会。时年26岁的最年长的威廉已经学习成为一名土地测量员。存活下来的女儿范妮则成为家庭教师，尽可能多地给父母寄钱。约翰在伦敦的一间作坊里成为一名木匠学徒工。而14岁的阿尔弗雷德则从文法学校退学，被送到伦敦，在这里与哥哥约翰共住一个房间，也同睡一张床。

与哥哥和贝茨不同，华莱士并不期望当学徒。但他看到一所技工学院里工作的人后，加入了他们的行列。这所学院是约翰和阿尔弗雷德经常去的地方，它位于伦敦北部的汉普斯特德路（Hampstead Road）附近，与莱斯特寂静的教育学院截然不同。其学员受到了伟大的、激进的、有远见的社会改革家罗伯特·欧文（Robert Owen）的启发和影响。时年66岁的欧文当时成就卓著。他开始是曼彻斯特的一名成功的纺织厂经理，娶了一个来自格拉斯哥的女孩，随后又在妻子家族位于城外的新拉纳克（New Lanark）的工厂工作。欧文逐渐引入了一种革命性的管理风格，将新拉纳克转变成为一个模范职场。在那里，工人及其家人获得关怀和尊重，成果显著。职工队伍身心健康，感到满足，他们的孩子是快乐和行为端正的。这家企业最初通过生产优质产品获得商业上的成功。社会改革者、政治家甚至俄国沙皇都曾访问并称赞新拉纳克。但这种乌托邦式的愿景并没有持续下去。欧文自己与合作伙伴发生争吵，并在1828年离开新拉纳克，随后定居伦敦。他发明了“社会主义”（socialism）这个名词，发动了合作社运动，尝试建立一个统一的贸易联盟。结果，他的所有实验均以失败告终，因为它们都过于先进、超前或不切实际。欧文也是一名不可知论者。他认为在受到教育和环境影响之前人人平等。这与那种认为个人要为自己的道德负责以及在犯罪时要受到审判的基督教信仰相矛盾。所以欧文成为咄咄逼人的世俗论者，主张宗教是基于一种“荒谬的”概念，即认为人是“一种脆弱、低能的动物，要么是愤怒的盲从者和狂热分子，要么是可怜的伪君子”。

年轻的华莱士1837年来到首都时，罗伯特·欧文的著作和演讲已经产生了很大影响，以至一名评论家认为，他的学说已经成为劳苦大众的信条。十几岁的华莱士只与哥哥在伦敦待了几个月时间。但他看到了劳动中的工匠，夜晚，他和哥哥会到菲茨罗伊广场（Fitzroy Square）附近夏洛特街（Charlotte Street）上的一个礼堂中参加欧文主义者会议。华莱士在近七十年后撰写自传时说：“正是在这里，我首次接触到欧文的部分著作，尤其是他多年来在新拉纳克的惊人善举。我还第一次获得了关于怀疑论者观点的知识，并且读了托马斯·潘恩（Thomas Paine）的《理性时代》。”当时是欧文主义扩张的时代（与更加政治化的“人民宪章运动”形成竞争），所以他们非常欢迎这个代表未来的年轻人。年轻的阿尔弗雷德毫无疑问受到这个工人友好团体及其所获得的大胆想法的影响。但是直到很久之后的19世纪70年代，华莱士才完全信奉社会主义。他后来解释说，作为一个男孩，他曾是“罗伯特·欧文的一名热情仰慕者”，却无奈地得出结论，社会主义“是不切实际的，而且在一定程度上与我的个人自由和家庭隐私观点相矛盾”。

1837年中期，阿尔弗雷德的大哥威廉请他到伦敦以北的贝德福德郡（Bedfordshire），担任测量工作的助手。14岁的阿尔弗雷德当时有1.8米高，而且还在长个，并且他“非常白皙”。虽然兄弟两人的年龄差有 14 岁，但他们相处得非常不错。阿尔弗雷德钦佩威廉，认为他是一个严肃、有些缺乏幽默感却非常有能力的年轻人。两个人始终四处奔波，在威廉寻找土地测量工作的时候一个村庄又一个村庄地停留。他们在一起待了七年，其间阿尔弗雷德学会了如何在当时英国农村的恶劣条件中生存下来。他徒步在乡村长途跋涉，身体变得非常结实，获得了对自然的兴趣，并且从自学成才的威廉那里积累了地质学的基础知识。阿尔弗雷德还学会了测量，这在一定程度上是在与哥哥的实践中实现的，但也是源自他阅读得到的关于这个科目的所有知识。与贝茨一样，他是一名十分着迷的自然学者。他十分钟爱制作地图以及注意自然边界（尤其是地质边界）。几年之后，华莱士兄弟向西搬到了什罗普郡（Shropshire），随后到了威尔士。议会的一项法案使向英国国教会支付的什一税正规化，这意味着所有教区都必须进行测量，从而可以评估各种财产应当缴纳的金额。这经常会导致公共土地的圈地运动。华莱士后来变得非常愤怒，因为地主剥夺了贫苦农民对公共土地的使用权；但是在 19 世纪 40 年代，他过于热衷于调查工作，以至于没有担忧他们所做工作的道德问题。威廉是一名宗教不可知论者，并且在这方面对他的弟弟产生了影响。所以，具有讽刺意味的是，他们的工作是为了英国国教的利益。1841 年底，他们搬到威尔士南部斯旺西（Swansea）附近的海港尼思（Neath）。当时工作短缺，所以他们尝试了包括土木工程在内的任何工作，如在尼思建造仓库和改善航行。

几年来穿越条件艰苦的乡村进行勘探工作，让阿尔弗雷德意识到植物的多样性、美丽和神秘。这让他记起小时候在阿斯克不远的地方与父亲进行的植物学研究活动。就这样他开始采集野花。他不满足于植物的外观，他还想进一步了解它们的分类。尼思一名友善的书商卖给他一本小书，里面介绍了英国植物群落不同的目，并且华莱士学着识别所有的常见花卉。但在威尔士的荒野中，他发现了罕见的野花，他对植物学的兴趣已经超越了他那本简单的书的范围。因此，他花费超过半周的工资购买了约翰·林德利（John Lindley）的《植物学原理》（*Elements of Botany*）。令他失望的是，由该国最重要的一名植物学家所著的这本书只是从总体上介绍了植物界的分类方法或系统分类学，而在给英国花卉分类方面无济于事。但它却帮了华莱士一个大忙：它向华莱士介绍了科学方法论这个激动人心的概念。他了解到瑞典人卡尔·林奈（Carl Linnaeus，后被授予爵位，成为 Carl von Linne）已经通过将动植物整理成纲、目、属、种，从而建立了分类学学科。林奈在他 18 世纪中叶出版的《自然系统》（*Systema Naturae*）、《植物哲学》（*Philosophia Botanica*）、《植物种志》（*Species Plantarum*）中还建立了"双名制"，其中每种植物都用两个词命名：第一个是属，随后是种加词。种加词可能是描述性的，也可能是发现者姓名或者发现地点。华莱士从书商那里借了一本英国植物百科全书，随后花几个月时间抄写所有本土植物的属和种，并且将这些内容插入他那本《植物学原理》中的合适位置。这项勤劳的工作让自学成才的阿尔弗雷德·华莱士变成了一名令人钦佩的业余植物学家。

给华莱士留下重要印象的另一本书是托马斯·马尔萨斯（Thomas Malthus）的《人口论》（*Essay on the Principle of Population*）。这本书主张，人类和动物的种群增长都取决于可得到的资源多少。初尝富于哲学思考的生物学——多年之后——使华莱士获得了"长期探索的线索，以了解有机物种进化过程中的能动因素"。林德利和林奈都曾以为，动植物的多样性都是由神创造的，却没有质疑其起源和进化过程。但是在 1842 年，华莱士购买了威廉·斯温森

（William Swainson）所著的《论地理学与动物分类》（*Treatise on the Geography and Classification of Animals*）。这本书唤起了他对动物（尤其是鸟类）地理分布的兴趣。

1843年，阿尔弗雷德的父亲托马斯·华莱士去世，享年72岁，这个一贫如洗的家庭就此各奔东西。他们寡居的母亲玛丽·安妮（Mary Anne）成为一名女管家。威廉和阿尔弗雷德在那一年剩余的时间里继续在一起从事测量员的工作。约翰仍然在伦敦当木匠。范妮乘船到达美国，并在佐治亚州的梅肯市（Macon）成为一名教师。而时年14岁的赫伯特不得不离开学校，在伦敦成为一名皮箱制作学徒。

1844年1月，威廉无法再向阿尔弗雷德支付每周1英镑的助理薪水，这个年轻人不得不找另一份工作，而在那个经济不景气的时期，这并非易事。他曾尝试通过伦敦的一家代理公司找一份教书的工作，但他自己所接受的教育对大部分学校来说都过于粗浅。幸运的是，随后莱斯特出现一个空缺，寻找一个能教授美术以及测绘学的人，此外还要教授一般的小学科目。阿尔弗雷德获得了这个职位，他匆忙复习了自己的拉丁语和数学，带着他仅有的财产——几本书、他钟爱的六分仪以及收集的植物标本——搬到莱斯特。

作为一名小学教师，华莱士很吃力地避免在教学方面落后，但年幼的学生们都喜欢他。校长亚伯拉罕·希尔（Abraham Hill）教士也喜欢阿尔弗雷德，这可能是由于不知道他不是信徒。正如华莱士在《我的一生》中所写的，任何宗教信仰到目前为止都“消失在哲学或科学方面的怀疑论的影响下……我到成年时绝对不信宗教，不关心也不思考有关宗教的任何问题”。他坚持这种不可知论，尽管他的父母一直以一种“正统的英国国教方式”笃信宗教，并且经常会带他去教堂（偶尔去非英国国教派的教堂），有两次还是在周日。阿尔弗雷德曾短暂地热衷于宗教，但“由于不存在有关可理解的事实充分依据，也没有相关的推理来满足我在知识上的渴望，所以我的这种感觉很快就消失了，并且从未再回来”。他当然受到了他对罗伯特·欧文以及其他“宗教怀疑论者”，如托马斯·潘恩的《理性时代》一书中的论述和他哥哥威廉的影响。但是，华莱士依靠他刨根问底的头脑得出了自己的结论。他担心，如果上帝能够阻止邪恶但又不愿意这样做的话，他就不是仁慈的。但是另一方面，如果他没有力量去阻止邪恶、瘟疫、大灾难或魔鬼的话，他就不是万能的。与这种不可知论或无神论形成对照的是，华莱士开始对流行的两种伪科学感兴趣——颅相学（测试颅骨上的隆起部分来确定人们的性格）和催眠术（他曾向小部分观众演示催眠术）。这导致他在后来的生活中成为一名狂热的唯心论拥护者。

在莱斯特年轻的大自然爱好者小圈子中，阿尔弗雷德·华莱士听说亨利·贝茨是一名充满热情的昆虫学家。他们可能是在图书馆中相识的。华莱士“发现，贝茨的专长是收集甲虫，而他自己也收藏了一大堆英国蝴蝶”。贝茨很自豪地展示了他的收藏。让华莱士感到吃惊的是，贝茨已经收集了莱斯特周围的数百种甲虫。所以华莱士也积极地开始收集甲虫。他获得了一个收集瓶、大头针、一个储物箱以及斯蒂芬所著的《英国鞘翅目手册》。“这些东西从此后给我带来的乐趣几乎不亚于林德利的《植物学原理》带给我的快乐”。他在周三和周六下午的散步过程中收集昆虫，而且通常会有两三名学生陪伴。

1846 年对华莱士一家来说又是一个难熬的年份。37 岁的威廉死于“重感冒所致的肺淤血”——当时的医学知识十分欠缺，以至于我们不知道真正使这个健康年轻人丧命的是什么疾病。28 岁的约翰和 23 岁的阿尔弗雷德到尼思去料理他们大哥的后事。他们在那里待了一年时间，为一条拟建设的铁路线进行勘探工作，随后又短暂地回到伦敦进行另一条铁路线勘探，以及从事他们能够找到的任何其他工程工作。其中包括为尼思的技工学院设计一座不太大的砖房（现在仍然矗立在教堂广场，已经成为一座公共图书馆）。

华莱士家的孩子们相濡以沫。他们的姐姐范妮从美国回来，与兄弟们在尼思小住。她了解巴黎，并带约翰和阿尔弗雷德到那里一游。华莱士非常喜欢他的第一次海外旅行。他充满热情地给贝茨写信描述巴黎的优雅以及这里的博物馆和画廊是如何免费向所有人开放，而与此相反，在伦敦“不给好处或不给钱”，就几乎什么都看不到。范妮·华莱士后来嫁给了托马斯·希姆斯（Thomas Sims），他是一名专业摄影师，也是华莱士的朋友。弟弟约翰尝试运营一家小型乳牛场，但失败后，于1849年乘船来到加利福尼亚州加入淘金热，并在这里定居，养活一家人。

出人意料的是，来自小贝茨的一封介绍信让华莱士能进入伦敦的大英博物馆博物学分部（即今伦敦自然博物馆）参观昆虫收藏。[①] 所有这些都激发阿尔弗雷德涉猎了本地收藏以外的活动。他想深入地研究一个属或科的昆虫，“主要着眼于物种起源理论”，希望能取得“一些明确的结果”。他要他的朋友帮他选择一个昆虫科，以便成功地收集“更多数量已知的物种”。

---

① 19世纪，博物学收藏是大英博物馆的一个部门，这正是三位博物学家对这些收藏的称呼。他们在几十年中一直称之为大英博物馆（博物学）。1866年，发生了对政府的请愿（请愿书上签字的有查尔斯·达尔文、阿尔弗雷德·华莱士和托马斯·赫胥黎等），要求将两个博物馆分开，但直到将近一个世纪后的1963年，这项分离工作才正式进行。与此同时，藏品被搬到位于伦敦克伦威尔路（Cromwell Road）上的金碧辉煌的新哥特式建筑中，设计师为阿尔弗雷德·沃特豪斯（Alfred Waterhouse）。1992年，新场馆更名为自然博物馆，本书通篇将使用这个名字，尽管华莱士、贝茨和斯普鲁斯当时并不知道它。

华莱士和贝茨此时都读了一本刚刚出版的、极具煽动性的匿名书籍《造物的自然史遗迹》。查尔斯·达尔文（Charles Darwin）后来查明，这部著作为爱丁堡的一位名叫罗伯特·钱伯斯（Robert Chambers）的编辑所著。该书认为，千百万年来，有机生命一直按照不为人理解却是上帝意志表达的自然法则在进化。在很多人看来，这种认为生命形式极为古老的观点当然是亵渎神明的。但钱伯斯却说，想象上帝安排了地球上无数物种的详细创造过程是对上帝的不敬。钱伯斯想象了一个上升的渐进过程，其中很多物种都有共同的祖先，而人就处于灵长类家族的顶端。华莱士兴奋地给贝茨写信讨论这本书的革命性观点。贝茨则清楚地回复，他认为这本书的渐进理论是“一种草率的一概而论”。华莱士坚持认为这是一种具有独创性的假设，但需要进一步的研究，因为钱伯斯并未尝试解释物种之间为什么彼此不同。这本书为每个自然观察者提供了一个关注的主题，而观察者所观察到的每个事实要么有利于，要么不利于这种理论。

回到威尔士乡村后，华莱士又重燃了对博物学的热爱。他采集植物，并用最新的1便士邮票与他的朋友贝茨通信，话题“主要是关于收集昆虫”，以及关于昆虫“品种”与“变种”之间的差异。在1847年秋天的某个时间，贝茨穿越英格兰，与华莱士一起待在尼思。很明显，二人讨论了他们对博物学的热情，并且严肃考虑了他们是否能够作为收集者通过向博物馆和业余爱好者出售标本来谋生。华莱士已经在本地的技工学院教授科学科目，并且渴望参加英国科学促进协会，因为该协会正好决定要在斯旺西附近举办年会。于是他们分享了英国当时旺盛的知识热情，每个科学都在建立自己的专业学会。他们也都清楚地意识到了，富有的知识分子正流行建立私人的收藏。

贝茨将成为职业亚马孙收集者的想法归功于华莱士。他稍后在1847年写道："阿尔弗雷德·拉塞尔·华莱士先生……向我提议一起到亚马孙河探险，从而能探索它沿岸的博物学"。他们将积累个人收藏，并且在伦敦出售重复的部分，从而支付他们的费用，并且正如华莱士先生在他的一封信中解释的那样，他们还"为了解决物种起源的问题而收集事实"，而他们就这个话题已经进行了很多对话和通信。华莱士还回忆到，在巴黎度过一周回来后，他在自然博物馆的昆虫室里待了一天时间，并且对"自己能够看到海量的甲虫和蝴蝶"而感到眼花缭乱。他向朋友写信说，他最喜欢的科目就是"物种的变种、安排、分布等"。所以，靠着年少轻狂，他坚定地认为："对自然事实进行全面和仔细的研究，最终将找到关于物种起源这个伟大问题……秘密的答案。"

一些书籍曾激励过他们去亚马孙的想法。第一部书就是在1816—1831年在巴黎分13卷出版的伟大的德国博物学家亚历山大·冯·洪堡（Alexander von Humboldt）男爵的旅行日记，这些日记在同一时期也被翻译成英语。洪堡和他的法国同伴艾梅·邦普朗（Aimé Bonpland）在1800—1801年沿委内瑞拉境内的奥里诺科河（Orinoco）溯游而上进行旅行，并穿过一个矮平的分水岭，前往内格罗河上游的森林。但他们被拒绝进入葡萄牙殖民地巴西，并且被迫折返沿奥里诺科河向下回到西班牙殖民下的南美洲。[①] 洪堡在著名的《关于前往新大陆赤道地区旅行的个人叙事》中用抒情的口吻描述了热带雨林的磅礴之美。这两位年轻博物学家的另一个灵感来自1839年在伦敦出版的查尔斯·达尔文的《日志与评论》（内容是

① 拒绝入境的命令来自里斯本和里约热内卢，并发到位于内格罗河上游森林深处的马拉比塔纳斯（Marabitanas）小型边境站，因为当时知道这名德国科学家钦佩法国大革命，而当局害怕他可能会用他的颠覆思想来破坏巴西的亚马孙河流域。

关于在“小猎犬号”上进行的第二次探险)。达尔文实际上并未进入亚马孙森林:“小猎犬号”的使命是绘制南美洲南部圆锥位置以及加拉帕戈斯(Galapagos)群岛海岸的地图。但华莱士在给贝茨的信中写到,他把达尔文的书读了一遍又一遍。“作为科学旅行者的日志,这本书仅次于洪堡的叙事;但要作为一本让大众感兴趣的作品的话,它可能要优于洪堡的著作。他是地质学家查尔斯·赖尔(Charles Lyell)观点的一名充满热情的仰慕者,也是最有能力的支持者。我非常钦佩他的写作风格,没有任何繁冗、做作或自负的成分,充满兴趣和原创思想。”

除此之外,当时的英国关于亚马孙的书籍很少。这很大程度上是由于,葡萄牙偏执地认为其他强国会尝试夺取它的伟大的巴西殖民地。所有外国人都被严厉地驱逐出巴西。这种隔离在1808年结束,当时拿破仑一世入侵了葡萄牙,导致葡萄牙法院逃到里约热内卢,他们在这里仍然相当满足,直到巴西在1822年独立。在这期间,一些欧洲科学家被允许进入,主要是在1816年拿破仑战败后的第一任法国大使的随从人员,以及在1818年的一名要嫁给皇室继承人的奥地利公主。这些博学和有艺术能力的访客只在巴西南部旅行。第一批获准到达亚马孙的外国科学家是两名巴伐利亚人——动物学家(鱼类学家)约翰·巴普蒂斯特·冯·斯皮克(Johann Baptist von Spix)以及植物学家卡尔·冯·马蒂乌斯(Carl von Martius)。在1819—1820年的八个月时间,他们沿亚马孙河、索利默伊斯河(Solimões)和雅普拉河(Japurá)向上游旅行到很远的地方,并且写了《巴西旅行》(*Reise in Brasilien*)一书,详细记述了他们的行程。这本书分三卷用德语出版,但只有第一卷在1824年被翻译成英语,而且这一卷并未涵盖他们在亚马孙旅行的部分。所以华莱士和贝茨不可能已经读过斯皮克和马蒂乌斯关于亚马孙的内容，但他们的确知道和敬佩斯皮克关于亚马孙鱼类的科学著作以及马蒂乌斯关于植物的著作。在同一时期，讨人喜欢的古怪英国人查尔斯·沃特顿（Charles Waterton）深入英属圭亚那（今圭亚那）进行旅行，甚至曾越界进入巴西最北端的突出部分。沃特顿是第一个写书赞扬热带雨林的英国人，并且他的《南美洲漫游记》（*Wanderings in South America*，1825）理所当然成为畅销书。但是，虽然华莱士和贝茨知道沃特顿的作品，但他们并未认真地对待它。他们同样对下述英国海军中尉写的关于沿亚马孙河快速航行的两本书几乎没有印象——亨利·利斯特·莫（Henry Lister Maw）1829年出版的书以及威廉·斯密斯（William Smyth）和弗雷德里克·罗尔（Frederick Lowe）1836年出版的书。

也有其他著名的旅行家曾到过亚马孙。德国人格奥尔格·兰斯道夫（Georg Langsdorff，在葡萄牙法院逃到巴西后担任俄国驻巴西的一名外交官）在1828—1829年领导沿塔帕若斯河（Tapajos）向下进行了一次出色的探险，但他自己发疯了，报告也沉睡在圣彼得堡的档案馆中，直到他去世很久后才得以出版。1829—1835年前后，奥地利动物学家约翰·纳特勒（Johann Natterer）在亚马孙河的南部和北部支流进行了令人惊叹的旅行，其间他研究了72名原住民。但他的笔记在维也纳的一场大火中惨遭烧毁，因而从未出版过。一个英国化的德国人罗伯特·朔姆布尔克（Robert Schomburgk）被皇家地理学会派去测量英属圭亚那的边界。在1839年，他越界进入巴西，并进行了为期一年的前往奥里诺科河上游、沿内格罗河向下并且往回沿布朗库河（Branco）线上的巡回之旅。这次经历被发表在学会的《地理杂志》（*Geographical Journal*）上。华莱士和贝茨知道这位伟大的探险家，但很明显并未读过他的报告。他们还知道普鲁士亲王阿达尔伯特（Adalbert）在

1842—1843 年沿欣古河（Xingu）而上进行的一次探险，陪同的有一名副官，也就是未来的"铁血宰相"奥托·冯·俾斯麦伯爵（Count Otto von Bismarck），但亲王的书直到 1849 年才被翻译成英文。

让华莱士和贝茨坚定了去亚马孙想法的是一本很薄的旅行书——《逆亚马孙河而上之旅》（*A Voyage up the River Amazo*），它的作者是一位名叫威廉·爱德华（William Edwards）的年轻美国法学学生。他 1846 年在贝伦镇（当时称为帕拉①）待了几个月，并且沿着河流而上一直到达马瑙斯［Manaus，当时称为巴拉（Barra）］。爱德华喜欢他所看到的城镇以及伟大的河流，他充满热情地描述了那里的植物、动物、人和气候，并与一些定居在那里的非葡萄牙欧洲人交朋友。他夸张地描述了在这个世界最丰富的生态系统中的野生动物、树木和水果的繁茂程度。但对这两个穷困的英国人吸引力最大的是爱德华提到的"这里随手就能得到人们所需的几乎所有东西，生活成本很便宜，气候也很宜人"。华莱士确认他们能享受到爱德华所描述的"植物的美丽和壮丽"以及和蔼的人们，"同时表明生活和旅行成本都是适中的。［所以］贝茨和我立即就认定，如果存在任何通过出售重复收藏来支付费用的可能性的话，那么这就是我们要去的地方"。

他们同意在 1848 年 3 月在伦敦碰面。他们想学习自然博物馆中的收藏。博物馆的蝴蝶管理人爱德华·道布尔迪（Edward

---

① 在图皮－瓜拉尼语中，帕拉（Pará）的意思是"大河"。获得这个名字的是流入马拉若岛南部大西洋的宽而短的河流，这里是亚马孙河的南河口。当葡萄牙人于 1616 年在那里建立堡垒和定居点时，他们将这条河称为贝伦的帕拉河。整个地区也被称为帕拉，在殖民时代是一个区，后来在巴西帝国（1822—1889）期间是一个省，随后是现在巴西共和国的一个州。在 19 世纪，这个小镇通常被称为帕拉，但它现在是大型的贝伦市，而为了避免混淆，本书中将使用贝伦这个名称。

Doubleday）对他们尤为鼓励，他说巴西北部（亚马孙地区）的鳞翅目很少为人所知，非常稀缺。这两名有抱负的收集者研究了博物馆的南美洲动物藏品，并记下了它们的差异。他们还到访了英国皇家植物园——邱园，在其温室里观看活的南美洲植物，并在植物标本馆查看压制的标本。邱园的管理者教给了他们更多关于实地采集的知识，并表明该植物园愿意购买独特的植物标本。华莱士和贝茨访问了邱园的主管威廉·胡克（William Hooker）爵士，他随后送给他们印制的植物收集者指南。胡克也满足了他们的请求，写了一封信，显示“我们代表的是自己人，请予以协助进入亚马孙内部”。这封信帮助他们获得了所需的通行证。

这两个年轻人还想购买一些参考书、收集装置以及热带服装，并且打听航线——因为当时英国和巴西之间的交通航线非常少。华莱士购买了新眼镜，并且给自己接种了疫苗。幸运的是，他们真正碰到了旅行作家威廉·爱德华。这个年轻的美国人当时正在伦敦见他的出版商，也就是令人敬畏的约翰·默里（John Murray），他专门出版旅行和科学书籍。爱德华为这两位旅行者提供了关于贝伦人的有用介绍：他曾经写过他们的对陌生人的友好和好客，尤其是对英国和美国商人。他鼓励这两个年轻人，并让他们尽快到达亚马孙，从而能享受它的整个干季。

这两个有志向的收集者随后又有意外的好运。正如华莱士后来所写的：“我们很幸运能找到一名出色和值得信赖的代理——塞缪尔·史蒂文斯（Samuel Stevens）先生。他是一名充满热情的英国鞘翅目和鳞翅目昆虫收集者，并且是伦敦国王街考文垂花园（Covent Garden）知名的博物学拍卖商约翰·C. 史蒂文斯的哥哥。在我在海外居住的整个过程中，他一直是我的代理人，不遗余力地以最佳效果处理我重复的收集品，负责我的私人收藏，为每件发出的收集品投保险，并一直为我提供现金以及我需要的其他用品，而且最重要的是，他会写信向我全面介绍每件收集品的销售进度，其中包括引人注目的稀有品。他还向我提供关于其他收集者的进展以及关于一般科学兴趣的信息。”史蒂文斯证明自己是一个真正的代理王子。从他的众多特质中，我们应当看到他是如何聪明地将来自华莱士和贝茨的信件植入半学术杂志中，如《动物学家》和《植物学家》，并且相当炫耀式地为他们出售的标本做广告。华莱士后来说，在一起合作的十五年中，他和史蒂文斯从来没有在任何事上有过不同意见；并且贝茨同样也对他们令人钦佩的代理人感到放心。

可能就是在伦敦的这段时期内，25 岁的阿尔弗雷德·华莱士照了一张相。他当时非常高，约 1.88 米，并且他的浓密的黑发已经变成棕色，脸颊还有刚长出的连鬓胡子。他戴着圆形金框眼镜，看起来瘦高黝黑。没有这个时期的贝茨肖像，但几年后他自己画了一张。他有平均身高，也是戴着圆形眼镜。他的蓬松的毛发垂到鬓角，几乎就要碰到他的下巴，而且他还长着一撮小胡子。

华莱士随后在莱斯特与贝茨的父母度过了一个告别周。这两位收集者练习了射击、剥皮以及给鸟类填充材料，但很不幸，临时抱佛脚式的标本剥制术是不足够的：他们不得不在野外以及从斯温森等人的书籍中学习这项技能。每个年轻人都给他们的事业投入了 100 英镑。华莱士的钱来自他的测量和教学工作。贝茨的父亲为他们支持了额外的资金，但他的母亲对那个遥远的目的地以及他们能否作为收集者谋生持怀疑态度。不过当他们的家庭医生说气候的改变可能有助于年轻亨利的健康时，她就释然了。

这两个人随后乘公共马车出发前往利物浦。这是“一段寒冷和相当悲惨的旅程”，因为他们为了省钱而坐在马车顶部。他们在德比郡打断行程，到德文郡公爵的查茨沃思庄园参观了著名的兰花和棕榈收藏。（他们首次进入亚马孙森林时的失望在一定程度上是由于野外的兰花要更加稀少，并且不像查茨沃思庄园温室中的展品那样茂盛。）他们随后前往利物浦。在1848年4月20日，他们作为唯一的乘客登上只有192吨的小型贸易船“胡闹号”（*Mischief*）。“床位和其他住宿条件非常缺乏”，并且华莱士曾一度因为晕船而卧床不起。但经过29天的航行后，他们沿着帕拉河向上游到达贝伦镇，而他们的伟大冒险就此开始。

作为在巴西从事收集工作的第三名年轻的英国人，理查德·斯普鲁斯拥有与华莱士和贝茨相似的教育背景。他同样很贫穷，也是中等的中产阶级出身，拥有像贝茨一样的柔弱体质，也像华莱士一样是温和的社会主义者。斯普鲁斯也只接受过小学水平的教育，但他也成了一名一丝不苟和勤勉的学生。最重要的是，他与他们一样也有对博物学的热情。

理查德·斯普鲁斯于1817年出生于约克东北23公里霍华德城堡（Castle Howard）边缘的甘瑟普村（Ganthorpe）。他的父亲也叫理查德·斯普鲁斯，是非常受人尊敬的甘瑟普村学校的教师，并且后来成为也同样接壤霍华德城堡的威尔本（Welburn）学校的教师。他的母亲来自一个约克家庭，在他还是婴儿时就去世了，所以他完全由父亲进行教育。他从父亲那里学会了数学和漂亮的书法，并且从其他老师那里学习古典文学。老理查德·斯普鲁斯后来再婚，并且有八个女儿，其中有两个死于猩红热和其他疾病，所以他“无法为他的儿子做任何事情，只能帮助他跟随自己的职业，成为一名教师。这个男孩帮助他的父亲，曾短暂地在另一个乡村小学教书，并且在1839年他22岁时，成为约克大学学院的一名数学老师。他从事这份工作有差不多五年时间，直到学校自己停业”。

斯普鲁斯获得了另一份教学工作，但它是全职的，并且要住校。所以他拒绝了这份工作，因为“对他非常孱弱的健康来说，这份工作牵涉到太多，精神紧张……他的肺受到［约克潮湿天气的］影响，并且他觉得自己不应该在那里再生活一年”。他不断得病，尤其是在冬天，会患上“重感冒以及不断复发的冬季咳嗽”，而涂抹一种被称为“永久水泡”的药膏能得到一定程度缓解。他患有一些现代医学也无法识别的疾病（如“严重的脑部淤血疾病”），并且还患有能造成剧痛和体弱的胆结石。

但斯普鲁斯放弃教学的真正原因是他对植物学以及户外生活的热爱。在少年时期，当他走在约克郡沼泽地上时，他就不断进行观察和收集。在 1834 年，他制作了一份整洁的书面清单，上面列出了甘瑟普村周围的 403 种植物，而三年之后，他列出了来自马尔顿（Malton）地区的 485 种植物。他不仅仅是一名收集者，他还正在成为一名仔细的植物学家。在 1841 年，他找到并识别了一种稀有的莎草，随后发现一种藓类，它们对英国来说都是全新的物种。这是一个转折时刻。在距离他几公里远的地方，他发现了“一种带钩突的灰藓属（Hypna）植物拥有灿烂的果实。他对植物的热爱……带来了这样的一种力量，他立即发誓，对植物的研究自此以后将成为他生活的伟大目标”。

同样重要的是，并且像华莱士和贝茨一样的是，年轻的斯普鲁斯也与主要的植物学家进行通信。一些朋友和通信者是本地的，如锡匠萨姆·吉普森（Sam Gibson），他是“19 世纪早期众多北方劳动阶级植物学家之一”。斯普鲁斯的导师中有三个人是《英国藓类植物》（*Muscologia Britannica*）的作者或投稿者，他们分别是爱尔兰西南部基拉尼（Killarney）的托马斯·泰勒（Thomas Taylor）、兰开夏郡沃灵顿（Warrington）的威廉·沃特森（William Watson），以及苏塞克斯郡亨菲尔德（Henfield）的威廉·鲍勒（William Borrer），其中尤为重要的是最后一位，他是“最敏锐和有热情的英国植物学家之一”。在随后几年中，这些藓类爱好者要么是来看望斯普鲁斯，要么是他去跟他们在一起。在南美洲之行的五年前，斯普鲁斯给鲍勒写了66封信，并且他们发现了他作为藓类权威而不断增长的自信。1845年，斯普鲁斯在《植物学杂志》上发表了第一篇论文，介绍了23种新发现的英国藓类植物，并且在名为《植物学家》的一本新杂志上发布了一份约克郡藓类植物和苔类植物清单，其中也记录了英国的23个新种类。斯普鲁斯像热爱藓类植物一样热爱苔类植物。（这些苔类植物之所以被称为liverworts，是因为它们的叶子轻微像肝脏的形状，并且是由于人们认为它们能产生一种治疗肝病的药。）在他的教学岁月中，斯普鲁斯将所有空闲时间都用于收集来自整个欧洲的藓类，并且在显微镜下观察它们，从而“可以根据记忆来给出几乎每个种类的与众不同的特征”。

通过威廉·鲍勒和他的出版物，斯普鲁斯被威廉·胡克爵士熟知，其中后者在邱园创建了世界上最好的植物园。而且斯普鲁斯也被胡克爵士有影响力的朋友乔治·本瑟姆（George Bentham）注意到。这三个伟大的植物学家讨论这个聪明的约克郡年轻人的未来，并且确定，他应当尽全力到法国的比利牛斯山进行一次收集探险。本瑟姆在一次出访中发现了这些山峰的植物学潜力。所以他为斯普鲁斯提供了一笔贷款用于探险，并保护他在比利牛斯山收集到的标本。从1845年4月到1846年，斯普鲁斯在比利牛斯山度过了愉快的一年，并且在1846年的剩余时间中，安排出售和配送他收集到的高山植物。伦敦《植物学杂志》发表了他写给胡克的两封信，其中完美地记录了他的行程。斯普鲁斯随后回到约克郡待了两年，编写学术文章《比利牛斯山的藓类植物和苔类植物》，并在爱丁堡植物学会的《学报》中占据了 114 页。他当时已经是深奥的藓类植物和苔类植物领域的重要权威，而高山上的空气也让他的健康出现极大改善。

斯普鲁斯在 1848 年到达伦敦，帮助他后来的朋友托马斯·泰勒一家销售他的植物标本和书籍，而他在这里碰到了威廉·胡克爵士和乔治·本瑟姆。他们鼓励他最应该做的就是进行“亚马孙流域的植物学探险”。他们都受到了来自华莱士和贝茨的信的影响，而这些信是史蒂文斯劝说《动物学家》杂志发表的。这些报告热情地描述了亚马孙的人、气候以及最重要的自然奇观是多么令人赏心悦目。所以斯普鲁斯决定前往亚马孙。他在 1849 年春天回到邱园，并在随后几个月为这项重大活动做准备。

乔治·本瑟姆提供了一个不错的条件。他同意接受斯普鲁斯从亚马孙发回的所有植物收集品，并根据属进行分类，对已知的种类进行科学命名，并描述新奇的种类。他随后就将植物发给英国以及欧洲其他地区的“订购者”（加入私人联合会的收藏者）。本瑟姆将寻找这些收藏者，从他们那里获得付款，保管所有账目，并将收入发给身在巴西的斯普鲁斯。“作为对他将要收到的重要服务的回报，［没有佣金，但］要向本瑟姆提供收集到的第一整套植物”。这份君子协议在未来几年运行得非常不错。起先只有 11 个订购者，但得益于胡克发表的关于斯普鲁斯的报告以及本瑟姆作为一名植物学家而具有的很高声誉，所以很快订购者就增加到 20 名。并且几年后，“当大量新奇的收集品以及它们令人钦佩的标本状况变得更为人广泛熟知时，［这些订购者］超过 30 名”。斯普鲁斯对此非常感谢。

所以这位32岁的植物学家乘坐一艘名为“大不列颠号”（*Britannia*）的小型双桅横帆船（217吨，拥有12名船员）穿越大西洋而去。与他一起的还有赫伯特·华莱士，他是要找他的哥哥阿尔弗雷德。还有一个名叫罗伯特·金（Robert King）的年轻人，他“同意作为我的同伴和助手，勇敢面对亚马孙地区的荒野”。在从利物浦出发经过五周的航行后，他们在1849年7月12日到达贝伦。

第三章

充满进取心的年轻人

代理人塞缪尔·史蒂文斯在《博物学年鉴与杂志》(*Annals and Magazine of Natural History*)的封面上发布了一个广告，推销他从巴西收到的第一批托运物。他让杂志的编辑写道："各位先生，华莱士和贝茨这两位充满进取心和值得奖励的年轻人去年 4 月离开这个国家，到南美洲远征，探索帕拉省未被开拓的一片广阔区域，这里据说有丰富和多样的博物学产品。"史蒂文斯随后诱惑杂志读者，说他收到了两个美丽的包裹，里面包含所有纲目的昆虫，拥有大约 7000 个保存良好的标本，还有大量新奇物种，以及昆虫界［几乎］不知道的稀有物种……另外还包括一些贝壳和鸟皮。

这些"充满进取心的年轻人"很快让自己适应了新环境。来自英国工业革命阴暗环境的他们对热带地区的地中海风格建筑感到兴奋。他们第一次看到日出中的贝伦时"最令人感到愉快"。贝茨喜欢这里以红色瓷砖做屋顶的白色建筑（这是整个葡萄牙的典型城镇房屋），还有"教堂和修道院的无数古塔和圆顶，建筑物后面栽种了大量棕榈，所有这些与湛蓝色的天空形成清晰的边界，显示出一种最让人兴奋的明亮和欢快的景色。而四季常青的森林则朝向陆地的各个面上保卫着城市”。但贝伦是一个只有15000名居民的小镇。它的商业区仅仅是靠近港口的一些高大、阴暗、修道院样式的建筑构成的几条街道。包括镇长官邸、堡垒、大教堂和一些修道院在内的公共建筑很宏伟，却由于腐蚀和缺乏维修而显得很破败。在这些建筑之间有些花园和废弃土地。而为数不多的广场周围排列着优雅的棕榈，但它们看起来更像是“村庄广场，而不是大城市的一部分”。作为主干道，商人大道（Rua dos Mercadores）拥有对外营业的房屋，其中一些有黄色或蓝色的外观，这算是对白颜色的一种补充。两名参观者都喜欢那条一英里（约1.6公里）长的“碎石”城郊主路——蒙古贝拉斯路（Estrada das Mongubeiras），这里排列着壮观的马拉巴栗（*Pachira aquatica*）。但更近距离观察就会发现，贝伦是一个破旧的小地方。“这座城市由几条路况极差的道路组成。除此之外，这里还有魔幻般最美丽的小巷，路边上种有棕榈，而且这些拥有最壮观树叶的植物在这里完全是过度生长。”

这几个年轻的英国人对贝伦的历史几乎一无所知。这座城市是在1616年葡萄牙人第一次到达亚马孙河口时建立的，自此它就成了数百名定居者的家或基地。在随后的两个世纪中，依靠奴役探险以及不经意间输入却极具破坏性的致命疾病，这些为数不多的殖民者彻底摧毁了原住居民。当1750年《马德里条约》重新确定葡萄牙和西班牙这两个伊比利亚半岛王国之间的边界时，这个城镇的地位发生了变化。根据原先的1494年《托德西拉斯条约》，西班牙控制几乎整个南美洲，而葡萄牙只拥有大西洋海岸线凸出的部分。但是1750年的条约彻底改变了这种情况。它规定，每个王国应当得到其公民已经渗透到的区域。所以，葡萄牙就获得了被它的奴隶贩子和传教士洗劫的亚马孙流域的大部分地区——广阔的森林以及河流。这片巨大的区域被认为是没有什么商业价值。所以葡萄牙属巴西获得了它大致的现代边界，并且覆盖了半个南美洲。为了巩固其新获领土的小首府，葡萄牙当局从博洛尼亚派来了友善和令人钦佩的建筑师安东尼奥·兰迪（Antonio Landi）。他规划了贝伦的绿树成荫的街道，并设计了它巴洛克式的建筑，而一名德国工程师则改进了供水和排水系统。

在 18 世纪下半叶，葡萄牙曾经非常坚定地要尝试实现巴西亚马孙流域的经济成功，却最终以失败告终。1759 年，耶稣会传教士被驱逐出境，他们的传教村也被灾难性地委托给外行的“主管”。原住民族遭遇了悲惨的对待。这一点，加上巴西 1822 年独立后的政治动荡以及欧洲和共济会成员对葡萄牙人的憎恨，在 1835 年残酷的卡巴纳仁叛乱中一起爆发出来。这就是巴西历史上最伟大的起义。被压迫的“卡巴诺人”（Cabano，即泥滩棚户区的居民）两次占领贝伦，并且他们的叛乱在整个亚马孙流域持续了三年时间。冲突双方有数万人被杀。这条伟大的河流以及它的支流已经被数个世纪的疾病和奴役所摧毁，而这场叛乱则让它们被进一步毁坏。贝伦陷入长满杂草的失修状态，并且虽然叛乱在 1839 年被镇压，但城镇并未在 19 世纪 40 年代完全恢复过来。它的人口已经从 1820 年的 25000 人下降到 1848 年的 15000 人。

华莱士和贝茨在威廉·霍华德的书中已经读过一点关于卡巴纳仁叛乱的内容。这本书表现的是统治阶级对动乱的看法：州长已经被暗杀，“一些很体面的人也被杀害……城镇的任何地方都被洗劫，城市被毁坏，牲畜被掠夺，奴隶被带走。……现在（1846 年）仍然能感受到这些动乱的灾难性影响，并且当前的不安全感非常普遍”。如果他们读过曾在 19 世纪 40 年代早期来过亚马孙的普鲁士阿达尔贝特亲王的旅行日记的话，他们可能就会看到他的不同判断，即“这些动乱是白人从一开始就对贫穷的原住居民进行的无休止压迫造成的恶果”。

在到达时，他们船舶的受托人同时也是英国副领事丹尼尔·米勒（Daniel Miller）接待了这些想成为收集者的年轻人。他将他们安顿在离镇中心一公里远的他的自留地中，这其实就是一块森林空地。他们购买了吊床，因为每个人都会用到，而且这些吊床将在未来几年中成为他们的床。他们还获得了做饭用的器具，并且他们的简陋房屋只需“一些椅子和桌子以及我们的箱子”作为家具。这个房屋的房间很宽敞，却是空的：大部分活动都在房屋宽大的外廊中进行。他们还雇用了一个名叫伊西多罗（Isidoro）的年长自由黑奴，他“常穿的衣服”只是一条棉毛裤而已。后来证明，他是一个出色的厨师和杂务仆人，并且还拥有令人钦佩的品质。伊西多罗对大自然也了解很多，所以这是他成为向收集者介绍本地树木的第一个人。

贝茨给他的朋友埃德温·布朗（Edwin Brown）写信说，他们一开始就被他们要研究的博物学的复杂程度和丰富程度所征服。他们还“对这个奇怪和精彩的国家……语言、礼仪、种族混合以及人们的新奇职业感到非常困惑：城市一直处于由人们的喧闹习性和宗教娱乐所造成的一种混乱状态中；烟火、嘈杂的音乐、游行队伍以及钟声……几乎每个早晨和夜晚都是如此。在第一次登陆的时候，每个地方的繁茂生命立即朝我们扑面而来；在大街上，升起一股潮湿、炎热的泥土气味，并且在墙上还有很多蜥蜴在蹦蹦跳跳”。我们的两位英国年轻人都是出色的观察者。但他们之前都没有到过国外（除了华莱士在巴黎度过的一周外），所以每件事都是新鲜的，而且他们注意到巴西人从未留意的一些细节。实际上当时并没有本土的旅行作家：只存在很少的历史故事，而这个偏远的地区很少被提及，或者只有省长会在枯燥无味的官方年度报告中提及。我们今天很高兴能通过这些聪明和充满热情的年轻人的眼睛来一窥 19 世纪中叶巴西亚马孙的风貌。

白人当然处于社会等级的顶层。他们穿着一尘不染的棉质服装，因为这里并不缺少洗衣工。但是更浮夸的是有人“穿着黑布外套和领结，在阴凉处温度都达到 85—90 华氏度（29.4—32.2 摄氏度）的情况下，这是看起来最不舒服的衣着”。贝茨给他的哥哥弗雷德里克写信，谈论他们可笑的礼服、大礼帽和铮亮的靴子。他和华莱士的穿着要更明智一些，他们穿着彩色衬衣、牛仔布裤子、普通的靴子和宽边软帽。

所有欧洲人都有健康的体魄，这让贝茨感到非常惊讶，因为小镇周围环绕着潮汐泥滩，而且像大多数人一样，他认为疟疾（*malaria*）是由来自沼泽的“臭气”（*miasmas*）造成的。贝茨给他的哥哥写信说，他自己从来没有像当时那样感觉更好或更强壮，并且已经在那里居住数十年的英国人又恢复了他们“红润的面色”以及“英国佬”的食欲。定居在那里的欧洲商人和少数外国种植园主都抱怨这里物资的缺乏以及劳动力的成本，因为这些因素使他们无法“获得这个国家拥有的海量财富”。对白人定居者来说，自己动手做事是难以想象的。但这里禁止让印第安人做奴隶，并且卡巴纳仁叛乱造成的人口减少又让自由的本地工人变得非常稀缺。亚马孙区域普遍过于贫穷，无力购买非洲奴隶，并且由于英国海军要消灭奴隶贸易，所以此时黑奴也非常昂贵。

随着时间的过去，贝茨结识了一些上流社会中“受过良好教育的巴西人”，并且发现他们是彬彬有礼、活泼聪明的人。他对这些精英人士关于女性态度的变化做了一个有趣的观察。他们“逐渐让自己摆脱从葡萄牙人那里继承的愚昧狭隘的观念”，因为葡萄牙人不让自己的女人进入社会或者接受教育。但在 1848 年，“巴西女性才刚刚开始从这种低人一等的地位中崛起”，并且由父亲们教育自己的女儿。贝茨觉得过去“女性拥有的不光彩的地位”已经让两性之间的关系变得不尽如人意——它导致“所有阶级之间的……混乱交往，并且私通和调情［成为］大部分人的严肃事务”。但是在贝伦，这个“纯洁”小镇的内部，生活仍然非常保守。

巴西的男性和女性都穿白色的衣服，女性因为“她们光滑的黑色皮肤或者棕色皮肤”而显得更迷人。一些女性拥有“会说话的黑眼睛，而且还有非常浓密的头发”，但是在高温下，她们“穿着邋遢，光着脚或者穿着拖鞋”。“这些女性的美丽与悲惨”的对比使贝茨感到震惊。她们（包括黑人奴隶的女儿）都戴着拥有大金珠的巨大金色链子、耳环和项链。他尤其喜欢那些适应新文化习俗的印第安女性所穿的衬衫。这些衣服拥有宽纽扣的袖子，但“是由花边和棉布制成的，做工如此精良，以至于它们是将女性胸部隐藏起来而不是盖住”。华莱士依依不舍地注意到，在格子百叶窗后面，“在我们经过的时候会有很多眼睛在扫视我们”。但这些年轻的英国人只能从远处欣赏巴西女性。亚马孙流域中的家庭用一种接近摩尔人的方式来保护他们的女性，这与印第安部落很像；并且在这个河边小镇上不存在妓女。所以收集者们仍像在英国一样过着禁欲的生活。

华莱士和贝茨在英国时就几乎没有阶级意识，更不用说是在巴西。他们喜欢这里非常文雅、有礼貌和友好的普通人。他们的小镇看起来相当安静和有序：“这里任何阶级的人都不带刀子或其他武器，并且在白天和晚上，这里的噪声、打斗和醉酒的人都要少于英国的任何［类似］城镇”。这里的宁静源自人们本性善良，而且尽管有种族大混合，尽管在每条街道的角落中只需 2 便士就能买到 1 品脱（约 0.5 升）的朗姆酒。这里的居民是懒散的、乐天的和喜欢享乐的。他们似乎几乎不进行任何耕作，因为“土地和河流能够自发地生产出所有的生活必需品”。

存在很多词语来描述印第安人、黑人和白人之间拥有各种肤色或种族混合的混血儿，如黑白混血儿穆拉托（mulatto）、白人印第安人混血儿马梅卢科（mameluco）、黑人印第安人混血儿卡夫佐（cafuzo）。失去部落特征的印第安人也被称为塔普雅人（tapuio），而在河岸和森林中居住的普通人到今天也还被称为卡布克罗人（caboclo）。在清晨，访客在位于小镇周围潮湿洞穴的公共水井旁欣赏到喧闹的景象。吵闹的黑人女性在清洗大量家用亚麻布。男性则在给他们的水车装水，“在车子上放着彩色的水桶，车子由牛拉着”，他们在叽叽喳喳地不停说话，就好像已经在肮脏的街角卖酒商店中喝了几杯清晨朗姆酒。但“这个地方多彩的生活”是迷人的，其中穿着破旧制服的懒散士兵正在漫不经心地拿着他们的毛瑟枪，这里有神父，有在头顶上平稳地顶着水罐的黑人女性，另外还有严肃的印第安女性，在她们后面跟着光屁股的婴儿。贝茨对黑人进行了概括，这些人大部分是奴隶，他认为他们是“极其独立和精明，但脾气都非常好”。他看到黑人男性在大街上用正式的吻手礼来彼此打招呼。一天晚上，当他在寻找甲虫时，有一群孩子跟着他。“开始是一个甜美的印第安小女孩抓着我的手，同时抿着嘴唇，其他小孩都跟着做相同的事，说‘passa bem，Senhor’（再见，先生）。出于这个原因以及其他许多奇怪的景象，在大街上散步成为我可能获得的最大快乐”。

在米勒先生的自留地度过几个晚上后，这些英国人从一位名叫戴姆（Damn）的葡萄牙老绅士那里租了一处房子。这里距河边小镇中心有 2.4 公里远，位于一个名叫纳扎雷（Nazaré）的小村庄中（这里现在是位于不规则的现代贝伦人都市中心的一个城市广场和公交车终点）。这处房子是“一个美丽的地方”，它有四个房间，周围有广阔的外廊，它有用瓦平铺的屋顶，总之它“很凉爽，能让人愉快地在里面起居和工作”。这处房子有一个种满咖啡、木薯和果树的小花园。它位于一个长满草的广场上，周围有几所房子以及用棕榈盖的棚屋，还有拿撒勒圣母教堂。新教徒贝茨将这个圣母玛利亚雕像描述成是一个大约 1.2 米高的、戴着银色王冠穿着镶金星蓝色丝绸礼服的英俊洋娃娃。她非常受本地人欢迎，并且人们认为她创造了很多神迹（周围有很多她治愈的肢体模型），她还是每年 10 月举行的大型朝圣和庆祝活动的主角。贝茨详细地描述了这项活动，因为它是所有欢庆活动中最盛大的节日。在所有宗教庆祝活动过后就是“节目单中的假日部分”，它看起来像“是一个集市，但没有幽默和玩笑，也没有英国类似假日中的噪声和粗俗”。

这绝不是贝伦唯一的宗教假日：这里几乎整年都有要庆祝的节日，而且每个都持续几天时间。在他们抵达后不久，大教堂就举行了圣灵节，随后在一个名为三位一体（Trinity）的小一点的教堂中举行了宗教仪式。每个宗教节日的内容都包含开场烟花表演，穿着鲜艳衣服售卖餐后甜点（糖果、蛋糕和水果）的女孩，拥有骰子盒和轮盘赌的露天赌博摊，拥有花车、圣徒和十字架的艳丽的游行队伍，特殊的民众，亲吻图片和圣物，教堂钟声以及随后更多的烟花。华莱士作为一名转变为无神论者的英国国教徒，观察、取笑、注意所有这些东西，并且稍微有些傲慢地评论道：“人群中混合了黑人和印第安人，所有人都穿着白色衣服，都完全享受其中的乐趣，并且女人都戴着她们引以为傲的金链子和耳环。除了这些外，一些更高阶级的人以及外国居民的出现则让这个景象变得优雅。音乐、噪声以及烟花是让巴西民众开心的三个基本要素”。贝茨则更加着魔。他注意到女人成批外出，“她们浓密的黑发装饰着茉莉花、白兰花和其他热带花朵。她们都穿着自己通常的节日盛装、薄纱无袖衬衫和黑色丝制衬裙”，当然，她们还佩戴着很多金首饰。“柔和的热带月光给整个活动带来了奇妙的魅力。这里没有喧闹的欢乐，但每个地方似乎都能感受到一种宁静的享受，并且一种温和的礼仪支配着所有阶级和肤色的人”。在人群后面是隆隆的钟声、一阵阵的烟火，而且“乐队开始演奏，包厢中各种肤色的人开始跳舞。大约 10 点，巴西全国的人都在玩耍，而且都悄悄地、冷静地传播到他们家中”。但在两周后，这些英国访客几乎受够了这些喧闹的娱乐，因为人们“从早到晚都会发射步枪、手枪和加农炮”。

华莱士和贝茨愉快地在他们租赁的房屋中安顿下来，进行了为期三个月的专业收集工作。房屋周围在三个方向都有森林，里面有杂草丛生的小径。他们很高兴地得知，其中一条路是通向三十多年前巴伐利亚人斯皮克和马蒂乌斯用的一所房子，这两人属于获准进入亚马孙的第一批外国人。另一条路是向东通向马拉尼昂州（Maranhão），但现在草木过度生长，已经变得几乎不可能通行。他们的日常生活是在拂晓起床，先喝一杯由他们的仆人伊西多罗冲制的咖啡。伊西多罗随后就会去镇上购买当天所需的物品，而收集者则花两个小时在鸟类学上面，也就是学习如何诱捕或射杀鸟类。在早晨……整个自然都是新鲜的，新叶子和花蓓蕾在快速生长。几个早晨过后花丛中就会出现一棵树……统一的绿色森林，而很多花丛就像是用魔法突然创造出来的一样。鸟儿也都非常活跃……在大约 10 点，在伊西多罗准备好早饭后，他们会花四五个小时在昆虫学上面，因为研究昆虫的最佳时机就是在中午变热之前。让他们感到幸运的是，看管他们房屋树木和花园的三个人中有一个是著名的昆虫、爬行动物和小哺乳动物的捕手。这个名叫文森特（Vincente）的人是“一个友善、矮胖、英俊”的黑人，他曾给华莱士带来一只从蜘蛛洞穴中挖出来的巨大的多毛蜘蛛（可能是一只狼蛛）。在下午 2 点，

“鸟或哺乳动物的叫声都归于平静”，而唯一的响声就是树上的蝉偶尔发出的吱吱声。“在清晨还非常潮湿和新鲜的树叶现在则变得疏松和下垂，花儿的花瓣也掉落了”，印第安或穆拉托农场工人睡在他们的吊床上，或者坐在阴凉处，“他们太过疲倦，甚至懒得说话”。华莱士和贝茨在4点吃他们的正餐，随后花整个晚上准备他们的标本并做笔记。或者他们会闲逛到贝伦，看着即将活跃起来的街道，或者是与他们的欧洲朋友闲谈。在赤道上，夜晚总是在6点到来。所以这些英国人会在7点喝茶，并回到他们的吊床上酣睡。

在他们抵达后，贝茨就立即充满诗意地记述了6月和7月的日常天气模式。在下午晚些时候，海风将减弱消失。“大气的热量和低压随后变得几乎不能让人忍受。疲倦和局促占据每个人；甚至森林的居民也会通过它们的运动来背叛森林”。来自大西洋的黑云挡住太阳。“随后就能听见一股急促的强风穿过森林，使树顶摇晃，一道耀眼的闪电突然爆发，随后是隆隆的雷声，并降下倾盆大雨。这种暴风雨很快结束……并且整个自然都焕发精神……傍晚的生活再次复苏，而灌木丛和树上又传来响亮的喧闹”。

这些博物学家注意到，热带与温带森林之间的最大区别之一就在于前者是常绿的，并且全年都处于不断运动中。不同种类的阔叶林不会同时开花或者落叶，鸟类也不会同时脱毛、配对或繁殖。“但在赤道森林中，全年每天的情况都是相同的或几乎如此：每种树木都始终在发芽、结果和落叶。鸟类和昆虫的活动不间断地进行，每个物种都有自己单独的时间……这里从没有春天、夏天或秋天，而是每天都融合了这三个季节”。在19世纪，没有人能够理解这种缺乏季节变换的情况所产生的一个重要后果。由于没有季节变化，所以就不存在能够聚集腐殖质的冬季间歇期。相反，几乎所有营养素都被生长中的生物质重新获取，而不幸的是，热带雨林下面都是非常贫瘠的酸性土壤。

在这些愉快和多产的几个月中，这些年轻人采取了必要的步骤来学习葡萄牙语。巴西人几乎不讲其他任何语言。但华莱士和贝茨都是聪明的学生，他们的基础拉丁语知识帮了大忙，而葡萄牙语是一种相对简单的语言，所以两个人很快都能流利地使用葡萄牙语。

收集者们进行了几次远足。他们在高森林中穿行了几公里，去看望他们的房东达宁先生（Senhor Danin），他住在一个曾经非常繁荣的养牛场中，而现在他在这里制作瓦片。“由于［卡巴纳仁］动乱，这里像其他大型机构一样也遭遇了衰退。耕作的土地以及通向土地的道路现在都长满了过度生长的森林”。而劳动力（奴隶或自由人）的缺乏则增加了土地撂荒的数量。达宁是一个有礼貌的绅士，他曾到访过英国，并且会说英语。他们在一次散步时遇到了瑞士领事，他名叫巴洛兹（Borlaz），是一名法国人，住在距离贝伦1.6公里远的河边。他向他们介绍异域水果，并让他们在他“非常丰富的”河边植被中进行收集工作。

他们最有趣的行程是到近20公里之外的小溪马格里（Magoari）那里，溪岸上有大型锯机以及两个用于加工干稻米的工厂。这个企业的拥有者是一个名叫厄普顿（Upton）的美国人，管理者是一位能力出众的名叫查尔斯·利文斯（Charles Leavens）的加拿大人。美国作家威廉·爱德华在他那本吸引华莱士和贝茨来到巴西的书中曾介绍过这些人。华莱士对锯木厂十分着迷。它由一个从蓄水池流下来的3米高的小瀑布提供动力：水从一个小孔中奔流而出，推动一个相对较小的轮子，而这个轮子则连接到带齿条齿轮的锯，从而每次转动都让两个锯片来回工作。利文斯向他们展示了锯开的不同类型的树。最有趣的要数圭业那铁线子（*Manilkara huberi*），这是一种高大的硬木树种，它的顶端要远高于森林树冠层。这种树的本地名称是“奶牛树”，因为它有大量多汁木浆，看起来和尝起来都非常像奶油。本地人非常喜欢它。但是大量饮用它的乳汁是非常危险的，因为它很快就会稠化成“一种黏着力极强的胶水”。利文斯向他们展示了他用奶牛树胶水做的一把小提琴。这种“奇妙的树……是森林主宰者中最大的树种之一，并且它的外观非常奇特，因为它拥有刻痕很深的微红色粗糙树皮”。大型锯机能从巨大的圭亚那铁线子树干以及从齿叶蚁木（*Tabebuia serratifolia*）中获得 30 米长的正方形原木。为了能产出如此长的切割原木，活着的树必须高 55—60 米。

通往马格里溪的路让华莱士和贝茨见识了真正的原始森林，这与小镇周围二次生长的森林形成了鲜明对比。他们很幸运能让他们的仆人伊西多罗跟他们在一起，因为他曾经在森林中工作过，非常了解其中的树木。伊西多罗通常是沉默寡言的，他“相当喜欢展示他在我们最愚昧无知的话题上拥有的知识，但与此同时他也相当愿意学习”。他的教学方法是谈论他们经过的每种树，并说出它们的优点和用途。这里曾有一种名叫尤库尤巴（*ucu-ubá*，在图皮－瓜拉尼语中 *ubá* 是树木的意思，也指一种独木舟）的维罗蔻木，它对治疗喉咙痛非常有好处——伊西多罗这时会做一些漱口的手势；独蕊木（quaruba）能用来做房屋地板；普迪卡树（putieca）能制作船桨；诺瓦拉树（nowará）则可作为熔炉的柴火。这里还有很多棕榈，如高大的多用途蔬食埃塔棕（açaí，*Euterpe oleracea*），它的营养丰富的果实能制成帕拉人最喜欢的饮料；油棕（inajá，*Attalea maripa*）拥有很厚的树干和“稠密的树叶”，而它的复叶（类似蔬食埃塔棕的复叶）能够产出最好的可食用的棕榈核心——棕榈芯（*palmito*）；行走棕榈（paxiuba，*Socratea exorrhizd*）则能够矗立在沼泽区域的高跷根上。[1]

贝茨首先是一名昆虫学家。在几周之后，他非常兴奋地给塞缪尔·史蒂文斯写信谈论昆虫的趣味和美丽。让他感到好奇的是，这里的昆虫并不是很多——在经过一天的辛苦收集后，他也只能得到30—50种蝴蝶以及20种甲虫。“但它们几乎都是不同的种类。我现在［1848年8月］单单蝴蝶就已经数了460个不同的种类，而每次我出去都能带回一些新的种类”。他描述了一个名副其实的鳞翅目展览。其中他热衷的是大型黄色钩粉蝶（*Gonepteryx*）和菲粉蝶（*Phoebis*）、凤蝶（*Papilio*）以及其他燕尾蝶（swallowtail）、一或两种豹纹蝶（fritillary）、黄色的锯蛱蝶（*Cethosia*），还有色彩斑斓的绿袖蝶（*Philaethria dido*）、长尾弄蝶（long-tailed skipper）、优雅的带透明翅膀的红带袖蝶（heliconid），其他的带有天鹅绒黑色翅膀以及绿色和深红色的纹带，另外还有数不清的各种较小蝴蝶品种的变种。在森林的沼泽地带拥有很多奇妙的昆虫，而在森林的浓密林荫小道中还能看到大型大闪蝶（morpho）飞过后留下的蓝色耀眼光辉。在巴西待了三个月后，贝茨向他的朋友埃德温·布朗写道：“我们已经向英国发送了一大箱昆虫，里面有3635件标本，以及大约十二箱植物”。

收集当然是要步行完成，但在亚马孙的旅行过去是并且始终都是要完全通过水路。在8月26日，华莱士和贝茨开始了他们的第一次探险：一沿托坎廷斯（Tocantins）河下游向上游航行。托坎廷斯河是向北流入亚马孙河的大河中最东边的一条河流。工厂经理查

---

① 本书全文都使用了现代俗名和学名，因为它们的拼写甚至它们的学名可能从19世纪中叶以来已经发生了变化，或者由于英国收集者可能对他们听到的名称做了非常大胆但通常不准确的音译。

尔斯·利文斯组织了这次行程，因为他希望在这条河上获得大量洋椿原木。这种洋椿（*Cedrela odorata*）是木匠们的最爱——斯普鲁斯将它称为亚马孙的“松木板”。巴西人误将它称为“雪松”，因为它的木头看起来和闻起来都像是雪松这种完全不同的欧洲针叶树。它是一种山地软木，但由于它能够轻松地漂浮，所以很多漂流木都是洋椿原木。利文斯负责处理即便最简单的旅行也需要的繁琐的内部通行证和执照手续——包括复杂的表格，“要在不同的地方签字和确认，要提交申请，并且要注意手续”。这些英国人正在学习如何在这个森林和河流世界中生活和旅行。

这里有能够适应每种不同河流状况的船舶，但都是由帆和桨相结合来推动——蒸汽船在随后十年间才开始到达这里。这次特别的旅程在托坎廷斯河汇入帕拉河的开阔的水域中可能会碰到波涛汹涌的海面，但在上游地区则会有急流和吃水浅的区域。所以利文斯雇用了一艘8米长的双桅帆船，它有一个平坦的船首、非常宽阔的船身、甲板以及两个拱形船舱，舱顶的柳条编织品上覆有棕榈叶。找到一组桨手通常是一个主要问题。但这一次，利文斯从他的大米厂中带来了三个印第安人，为首的名叫亚历杭德罗（Alejandro），而贝茨钦佩地称他是“一个聪明和友善的塔普雅人（失去部落特征的印第安人），也是一名专业水手以及一名不知疲倦的猎手”，他很瘦小，拥有英俊的五官，是“一个安静、懂事、有男子汉气概的年轻人”。贝茨承认，如果没有亚历杭德罗的技巧和忠诚，他们几乎不可能在行程中有任何收获。而在他们这边，华莱士和贝茨带了他们的仆人伊西多罗以及一个名叫安东尼奥（Antonio）的印第安人，他“是自己送上门来的”。

一个世纪以来，为了避开这条湍急支流汇入帕拉河时产生的充满狂风、隆起和岩石的浅滩，往来贝伦和托坎廷斯河的船舶会向上游航行到遥远的更小的莫茹水道（Moju），沿着一条穿过平坦森林的半英里长的运河航行，然后向下到达托坎廷斯河上的主要城镇卡梅塔（Cameta）对面的河段。我们这些旅行者刚开始的进展还比较快速，这得益于顺风和潮汐，但当潮汐转换时，他们必须将他们的船只绑到树上。黎明时景色"极其美丽……茂密多样的森林形成了一堵紧密的墙，枕在河流表面"。对贝茨来说，它是一张挂毯，其中"看起来像穹顶的圆形外生树木……构成了基底，而无限多样的阔叶海里康和棕榈则是……丰富的刺绣……早晨太阳倾斜的余晖……点亮了最壮观的景象"。华莱士对日落后神奇的半小时感到高兴，因为优雅的棕榈和高耸的露头树在金色天空的背景中显出清晰的轮廓，并且岸边棚屋周围的果树、"多草的河岸、壮丽的河流以及不朽森林形成的背景，这些都在柔和的光线中变得柔软……构成了一幅无比美丽的画卷"。

贝伦的内陆是繁荣的。在莫茹水道的下游，他们经过了布里森伯爵（Count Brisson）的企业，里面有150名奴隶在种植木薯，供应给城镇。这里也有更小的定居者房子、村庄以及印第安人与黑人混血儿的河边空地。亚马孙河拥有世界上全部流动河水的五分之一，所以它的主要支流是非常巨大的。当船只到达托坎廷斯河时，河流看起来"非常壮观……宽阔的河流欢快地随着微风起舞，而在对面河岸八九公里远的地方，能看到一条狭窄的蓝线"。

他们在一个岛上过夜，上面覆盖着两种棕榈。贝茨、华莱士以及后来的斯普鲁斯都非常崇拜棕榈，并且三个人都写过关于棕榈的书。在这个岛上的是布里奇棕（buriti，*Mauritia flexuosd*；在亚马孙河口叫miriti，在西班牙语中被称为moriche）和布埃棕（buçú，*Manicaria saccifera*）。布里奇棕是一种神奇的树，它有巨大的光滑树干，能够长至30米高，并且树冠上有成簇的扇状复叶。"植物界中没有什么能比这个棕榈林更壮观……树冠……在很高的顶部密集地挤在一起，完全遮住了太阳的光辉；而下面黑暗的荒凉氛围［就像是］在一个庄重的寺庙中”。这些英国人后来听说了这种棕榈的无数用途，它们能作为建筑、木筏的原木，作为吊床或篮子的纤维，并能产出一种果实，它的黄色果肉能制作营养丰富的果汁或者［现在的］冰激凌。亚马孙地区早期的人们种植了大量有价值的布里奇棕，这也是这座岛上拥有稠密棕榈林的原因。小岛边缘的布埃棕让贝茨想到了巨大的羽毛球，因为它们拥有粗短的树干以及由宽阔的、近8米长的深绿色树叶组成的圈子。这些鲜艳耐用的树叶与香蕉树很像，它们是房屋屋顶或船舱的理想材料，并且猪非常喜欢布埃棕的果实。

这两名收集者都在不断了解河流旅行的痛苦，并且也在观察巴西人的生活方式。从远处看，位于高高河岸上的卡梅塔相当不错。但它只是一个很小的落后的地方。有一个印第安人桨手失踪了，而且无疑是在某个酒馆中发生的，所以船舶在随后一天不得不在没有他的情况下继续航行。由于延误，他们错过了顺风，所以剩余的人和男孩必须持续划船，“这让他们的心情都相当不好”。

在这些人口稀疏的河流上，旅行者们从一个联系人那里移动到另一个联系人，并且这里有一种好客的文化。在卡梅塔，他们认识了一个商人，他招待了他们，并带着他们四处转了转，随后又陪他们向河流上游航行了48公里，到达他们的下个目的地——维斯塔阿莱格里（Vista Alegre）。这是安东尼奥·戈麦斯（Antonio Gomez）先生的河边农场（sitio）。他们有贝伦的一名显赫绅士给他写的一封介绍信。“我们在这里有机会看到巴西乡村房舍的布置和习俗”。这个建筑是在桩子上建造的，从而能让房屋高于河流的最高处。一个坚固的木制码头伸向河流，并且有台阶能上到房屋的外廊。这里通向一个接待访客和开展业务的房间。另一条抬高的堤道通向一个单独的房屋，女人、孩子和仆人就住在里面。贝茨评论道：“就像在巴西的中产阶级房屋中一样，我们并不会被介绍给女性家庭成员”，而只能远距离看看她们。而让华莱士感到遗憾的是，他们“从来没有荣幸看到夫人或其成年女儿的出现”。款待包括：在早上6点的咖啡；上午9点的早餐是牛肉、鱼干和木薯，并且有更多咖啡；主要的晚餐是在下午3点，会提供大米粥或虾汤、肉类或鲜鱼以及放在浅碟的切成片的水果（菠萝和橙子）；随后在晚上8点后会提供茶和木薯蛋糕。黑人和印第安人男孩会在桌子旁边等候，他们会非常高效地撤走空盘子，并且随后由后厨的女性洗刷。在房屋附近有一个由公牛牵引的天然磨坊，用来将甘蔗研磨成卡莎萨（cachaça）朗姆酒。这里还有一些果树、一些容易被忽略的咖啡灌木以及可可树和一个用于制作木薯粉的大棚子。贝茨非常不赞同地提到，这里几乎没看到犁和农具。但这里的土地非常丰富。所以，每隔一年，一块新森林就会被砍伐，而之前的空地会重新恢复成森林。当时，没有外国人意识到，热带雨林下面的土壤过于贫瘠，不足以进行耕作。

桨手的缺乏是所有亚马孙旅行者都要面对的问题。这些英国人解雇了那些“变得懒散和不服从命令的”印第安男孩，所以他们无法继续前行。戈麦斯先生尝试让附近划独木舟的人加入他们的行列，但以失败告终。他最后将他的两名奴隶借给他们，帮他们划桨前往下个目的地，而他们在那里希望能够让军队指挥官迫使船夫为他们服务。贝茨感到非常恼怒，他认为“这些地区的人似乎并不是为了工资而工作。他们天生懒散”。但他承认，这些人通常有小生意或种植园能支撑他们，使他们变得独立。他还知道本地人不愿意为外国人工作，因为外国人被怀疑“拥有奇怪的习惯”。华莱士和贝茨在英国时都曾经非常同情工人；但在巴西，他们对旅行的渴望已经胜过了由于使用奴隶或者强制印第安人为他们划船而产生的负罪感。他们的下一个目的地是位于托坎廷斯河上游大约40公里处的拜昂（Baião，意为大湾）。当时几乎没有风，所以他们必须划船。他们使用的是被藤本植物系到长竿上的结实船桨。他们站在由木板组成的升高甲板上，它高于用茅草覆盖的船舱，并且他们在划船时会面向前。

在托坎廷斯河下游的河岸和岛屿上，有很多河边空地。在这些空地上发现的棚屋只是一个开放的框架而已，屋顶上盖有巨大的布福棕榈叶，并且建在很高的平台上。蔬食埃塔棕的外层树干“像牛角一样坚硬，这种树被分割成窄木板，用作地板和仅有的几堵墙。这是一个卫生的乡村房屋，它位于干净的河流上面，并且有多沙的河岸。人们似乎都非常满足和幸福，但很多明显的迹象都显示出了懒散和贫穷”。他们不担心河流的巨大涨落。“他们看起来几乎就是两栖动物，或者他们在水里就像在陆地上一样自在。当看到男人、女人和孩子坐在载满包和行李的狭小漏水独木舟中穿过宽阔的河面时，这种情形真的很让人惊恐”。这些河流摆渡人都是非常有礼貌和友善的卡布克罗人。他们依靠鱼、贝类、木薯和森林水果为生。每年有些时候鱼会非常稀少，人们几乎就要挨饿：所以他们必须储存一些食物来应对这种食物贫乏的季节。当旅行者们询问购买食物时，他们会回答：“没有食物。很抱歉，但我无法帮你。”

所有这些人都能享受的一个恩惠就是蔬食埃塔棕生长的富含维生素的水果。与水混合以后，就制成了“一种紫罗兰颜色的浓稠饮料，它能像黑莓一样把人的嘴唇染色”。华莱士观看了每种水果中的一层很薄的果肉是如何在热水中被吸收，随后又如何揉捏将其从石头上移除。获得的液体就变成紫色，而且像奶油一样浓稠。“吃的时候与糖和木薯粉一起；这种吃法使它的口感非常适宜，而且尝起来像坚果和奶油”。由于蔬食埃塔棕在不同的时间成熟，所以这种果汁全年都在贝伦的街道上出售。现在它的数量仍然非常巨大，仍然是贫苦人家的生活支柱，仅次于木薯，而他们每顿饭都会饮用这种果汁。它还被认为能够治愈多种疾病，并且是一种有提神作用的兴奋剂——但一名夫人告诉地理学家奈杰尔·史密斯（Nigel Smith）说：“那些喝了很多蔬食埃塔棕果汁的人并没有变强壮，而是变胖了。”

拜昂是一个位于河流东岸非常高的断崖上的只有大约 400 人的小镇（它现在仍在这里，但要更大一些）。访客们要攀登固定到河岸上的一个摇晃的 120 阶梯子。这里的指挥官以及最显赫的公民就是何塞·安东尼奥·塞沙斯（José Antonio Seixas），而这些旅行者有一封来自他在贝伦的商业伙伴的介绍信。华莱士发表了这封辞藻华丽的长信的译文，作为葡萄牙语写作和优雅的良好例证。这封信介绍了查尔斯·利文斯以及他的两名杰出的同伴，并请求塞沙斯先生在他们的辛苦事业中向他们提供所有帮助、友谊和保护，从而减轻“像他们一样的人的窘困，他们献身于科学，他们的唯一食粮就是博物学，而我们所在的国家就是盛产最精良的产品”。塞沙斯当时并不在农场，但他已经为他们安排了一所空房子。所以他们在高温中花了几小时将他们的设备从船上搬上来，然后又安顿下来，进行了为期几天的收集工作。贝茨第一次因为这些热带村庄中人的“轻松惬意的生活”而感到愉快。“我们在房间中安顿好之后不久，就有很多懒惰的年轻人来到这里观望议论，而我们不得不回答各种各样的问题……在他们熟悉的概念中，没有东西是故意冒犯的，他们这样做仅仅是想表示礼貌和进行交际”。拜昂的房子只有泥土地面，而且它们的门和窗户都是打开的，所以人们可以随意进出。

“但是，这里始终有一个更加隐蔽的房间，供女性家庭成员居住”。这些收集者在拜昂度过了“非常忙碌的”几天。在他们准备昆虫或者给鸟类剥皮时，有很多男孩和男人在围观。这些人对白人的耐心感到惊奇，但他们却不理解白人的目的。“他们似乎认为英国人不可能会如此愚蠢，只是想要一些鹦鹉和鸽子的皮”。所以他们猜测那些美丽的蝴蝶一定是为印花棉布（英国布料在巴西是一种贵重的进口品）提供图案，而丑陋的昆虫只可能是被用于药物治疗。随着访客们逐渐认识这个偏远村庄的人们，贝茨对一个名叫苏亚雷斯（Soares）的年轻公职人员感到震惊。这名卡布克罗人拥有一个图书馆，里面包括“大量他常常翻阅的拉丁文经典，如维吉尔、特伦斯、西塞罗的书信集以及李维的作品……这是一种意想不到的景象，在托坎廷斯河岸的一个涂有灰泥以及用棕榈叶做房顶的小屋里竟然有一个古典文学图书馆”。

当塞沙斯到达时，苏亚雷斯尽可能地对这些访客表示友好，他与大家一起进餐，为了他们而杀了一头牛，并且向他们提供了两名男性工人。但像其他地方一样，他并没有将他们介绍给自己的家人：贝茨只是瞥见过他美丽的妻子，她在与她年轻的女儿穿过院子时被绊倒了。这些英国人在一个曾作为可可仓库的房间中挂上他们的吊床，并且在里面工作，而这个房间里充满了老鼠和蟑螂。“蟑螂满墙跑，而且不时还会有一个突然掉到我的脸上，而如果我尝试把它弄走，它就会跑到我的衬衫下面。至于老鼠，整个晚上会有十几只在互相追赶，它们在地板上到处乱窜，在门沿上爬上爬下，并且还沿着开放式屋顶的椽木蹦跳”。因此这里很难入睡。

拜昂后面的土地是次生林，里面有被遗弃的咖啡和木棉树。生活在河岸棚屋中的人都非常贫穷，但他们努力工作，男人在不断捕鱼，女人则种植木薯，并将它们研磨成粉，她们还纺纱和织棉布，并用烧焦的可可壳混合来自苦油树（andiroba）果仁的油制作肥皂。贝茨问他们为什么要让他们的种植园荒废。“他们说在这一带尝试种植任何东西都是无用功。切叶蚁（saúba）会吞噬咖啡树幼苗，而任何人想尝试对抗这种宇宙级的破坏者都注定会失败”。这绝对是事实。但贝茨、华莱士以及所有其他访客都固执地认为，勤勉的欧洲人或北美人会克服这些害虫、寄生虫和贫瘠的土壤，并将茂盛的热带植被转变成繁荣的温带农场。

华莱士经历过一个不一样的冒险。在收集昆虫的时候，他无意间扰动了挂着的小黄蜂窝。“它们爬满我的脸和脖子，狠狠地刺我”，并且在匆忙赶走黄蜂并逃跑时，华莱士把眼镜弄丢了。但他对付疼痛的蜇伤非常有经验，所以疼痛很快就减轻了，而且他也有备用眼镜。在吊床上睡觉时，他开始习惯了“夜晚音乐会”。这里有吼猴的此起彼伏的吼叫声，“有蝉和蝗虫尖锐的摩擦哨声，以及秧鸡和其他水禽特有的叫声”，另外还混合着“蚊子在你跟前发出的令人讨厌的嗡嗡声”。但最特别的噪声来自青蛙。其中一种就是你能从青蛙那里听到的呱呱声。但其他的则“像是之前从未听到过的动物叫声。像是遥远的火车正在靠近，或者是一个黑人工匠正在敲击铁砧，它们真的很像这些声音”。而这些声音“模仿得如此真实”，以至于华莱士想象自己回到了英格兰，并听到有一列邮政列车，或者是听到了钢铁厂的锅炉制造工发出的声音。

在拜昂度过四天舒适的日子（但拥有吵闹的夜晚）后，他们继续沿托坎廷斯河向上游前进，并且多了塞沙斯先生提供的两名新船员和新鲜的日常用品。这条宽阔的河流充满小岛，所以他们有时会在较浅的水道中搁浅，人们必须下船去推船。有时会碰上轻微的顺风，这时他们就会竖起风帆。他们偶尔也会登陆，要么是尝试招募更多桨手（但失败了），要么是进行收集，或者是利文斯寻找他希望为自己的锯木厂找到的洋椿。

他们有一次停在了被浅森林覆盖的圆形丘陵上。他们在这里发现了一个意想不到的度假营地。这里的树木之间挂着很多吊床，地上散落着很多家庭用品。“这里有年长和年轻的女性，其中一些年轻女性非常漂亮，还有很多孩子带着他们的宠物，让这个营地显得很有生机。他们都是混血儿，是简单和友善的人”。他们解释说他们来自河流下游近 130 公里处的卡梅塔。他们来这里是为了躲避镇上的高温，并且来这里吃大量鲜鱼。所以男人们捕鱼，作为他们的日常餐食，而且可能会弄一些乳胶，或者收集一些药用的洋菝葜（sarsaparilla）和古巴香脂精油，能在他们回去后出售。但从本质上讲，它只是“一个为期三个月的野餐……这里的天气一直非常宜人，所以能很愉快地度过每天和每周”。[①]

贝茨不喜欢他们碰到的一些人。一个名叫帕图斯河畔纳扎雷（Nazaré dos Patos）的小村庄是一个典型的偏远定居点……这里是闲散的无用人士的度假村。这里当时正在进行某种节日，人们都被卡西里木薯酒灌醉了，这是一种发酵的木薯酒，尝起来像是鲜啤酒。本地巡视员或治安官是一个“非常狡猾的人”，他看起来非常讨人喜欢，但可能并不赞成他的人被招募成为桨手。所以利文斯不得不放弃前往阿拉瓜亚河（Araguaia）上游更远地方的最初计划，但他同意向他的朋友展示托坎廷斯河的著名瀑布。河流和岛屿中的石头变得越来越多，这是这些英国人头一次在巴西看到。他们可能不知道，但他们正在靠近的是巴西中部高原，这里有大量非常古老的前寒武纪地貌。南部的每条大支流在流向亚马孙主河道的过程

① 这是个令人愉快的营地，名叫特洛卡雷（Trocará，意为交换），它现在已经是一个小的原住民保护区。

中，都会在一个急流漩涡中从这个高原上落下。

旅行者们将他们大型扁平的双桅帆船停下来，而用塞沙斯为了这段行程而替他们租赁的一种名叫蒙塔里亚（montaria）的独木舟继续前行。这种独木舟是亚马孙河上的载物小船，它们经常在大型船只后面拖行。这是一种用木板制成的小船，一块厚木板经过加热后变弯曲，用来当作船底，窄模板则用来做船边，小的模板则是船头和船尾。独木舟上通常有一个用编织的藤本植物和竹芋叶子制成的拱形遮阳棚。独木舟上没有船舵：它的操控是靠船桨。贝茨对印第安人在这种“疯狂的小船”上拿自己生命冒险的行为感到震惊。当他们和他们的家人坐着载满东西的漏水独木舟穿过河流时，“这需要最完美的平衡：极小的动作都可能将所有人送入河底”。而秘诀就在于印第安人都是出色的游泳健将。如果受到暴风雨袭击，他们会都跳入河中，并且在四周游泳，直到波涛汹涌的水面归于平静，到时他们将再次上船。仅次于它的航行工具是尤巴（*ubá*），这是一种用巨大的树干挖出来的独木舟，并且要比蒙塔里亚独木舟更重和更加稳定。

在坐着小船继续前进的过程中，他们选择了一个名叫若阿金（Joaquim）的健壮的塔普雅印第安人做他们的领航人，但由于种种原因，人数减少到除了他只有两名船夫，似乎根本不足以划动船只来对抗强劲的水流。华莱士和贝茨对这三个船员应对强大河流的精力充沛和成功的方式感到惊叹。有时湍急的河流会迫使他们靠近河岸，并且用长船桨把船悬空。在离开拜昂九天后，他们到达了将托坎廷斯河阻断的十五个瀑布的最北部。从米纳斯吉拉斯（Minas Gerais，意为大矿山）带着黄金和矿石向下往南方航行的船舶必须勇敢地面对所有这些急流。但这需要出色的技巧和强大的勇气，很多船只碰到了露出水面的岩石，船员则不幸殒命。

宽阔的河流开始变窄，急流只有400米宽。他们登陆，并爬上了一个高地，看到一个令人惊叹的景象。“大量河水带着可怕的力量从一个陡坡上奔流而下，它们在阻断它们道路的岩石周围翻腾，并带着震耳欲聋的咆哮声”。“一股深沉有力的水流在深绿色水体的下方奔泻而下，产生了对独木舟来说比瀑布本身还要危险的涡流和漩涡”。“整个场景的狂野程度非常令人震撼。目之所及，能看到绵延不尽的被树木覆盖的山丘，还有看不到头的原野，只有稀少的印第安人部落还居住在这里”。这些急流最危险的地方是在图库鲁伊（Tucuruí），这里现在已经成为世界上最大水电站堤坝的所在地。

在向下游返回的时候，船员们为他们的努力获得了回报。“穿越急流真的非常有趣。这些人似乎非常乐于选择水流中最快的部分。他们非常兴奋地唱着喊着，用巨大的力量划着船桨，并且在我们向下游航行的过程中，他们在我们的头顶上激起了一层水雾”。在他们当天晚上到达一个村庄后，令人敬佩的若阿金给自己犒赏了太多卡莎萨朗姆酒，并且变得非常暴力，脏话连篇。为了让他安静下来，旅行者给他们的领航人灌了更多的酒，并且取得了预期的效果。但在第二天早晨醒来后，他感到很羞愧，并且为自己感到耻辱，因为塔普雅印第安人认为喝醉了是非常不光彩的事情。

当他们返回到双桅帆船上时，贝茨在岸上的若阿金的家中度过了一个夜晚。他有幸能够看到一个相对富裕的失去部落特征的印第安人是如何生活的。他的房子非常大，而且用棕榈叶做房顶，但除了一端的一个私人房间外，其他都是开放的。房子建在短木桩上，并且“在这个棚屋中放着所有家用器具：陶罐、锅以及水壶、打猎和捕鱼用具、船桨、弓箭、鱼叉等”。几个柜子里放着女人们为宗教节日准备的最好的衣服。但里面没有家具，吊床被用作椅子或沙发，并且吃饭是在地板上的一块布上进行，客人们要围坐在布的周围。好客和礼节是这些人口稀疏河流上的规范。“除外之外，若阿金先生的房子里还有其他陌生人，有穆拉托人、马梅卢科人和印第安人。所以我们一起进行了一次大型聚会……在吃过一顿简单的晚饭后，屋子中间生起了一个大型篝火，所有人都回到自己的吊床，开始闲谈”。一些客人睡着了，但其他人则在谈话，并直到深夜。与整个亚马孙地区的原住民一样，他们最喜欢的话题是打猎和捕鱼，或者关于野兽守护神库鲁皮拉（Curupira）以及其他对人类不友好的森林神明。“一个拥有红木色皮肤的面部像旧羊皮纸一样的人似乎是主要的讲述者”。他演示他是如何杀死一头美洲豹，而且毫无疑问，他曾无数次这样讲述，他模仿美洲豹嘶哑的咆哮声，并在火堆旁像一个恶魔一样跳动。贝茨对印第安人愈发感兴趣，他崇拜他们的技能。他后来写到，他意识到这次旅行和收集要取决于他们能否习惯于“低阶级居民的生活方式”。写给重要人物的介绍信当然都非常重要。但在亚马孙内部的荒野中，船员是他们自己的主人。“当局无法迫使他们前行或者让自己受雇于旅行者，因此，陌生人不得不讨好他们，从而能从一个地方到达另一个地方。”

他们还在塞沙斯先生位于拜昂的种植园的外廊上度过了一个不同但宜人的夜晚。他的种植园是一个面积广大、财务状况良好的高效企业。在距房子远点的地方，灌木丛已经被清理干净，腾出地方种植了60000棵可可树。但由于这些生产巧克力的树木在大树的树荫中能生长得最好，所以树木被留了下来。其中包括橡胶树，印第安人一直用它们的乳胶来制作梨形小鼻烟管，原住居民会用这种鼻烟管来吸入鼻烟和迷幻剂，但现代巴西人把它用于药物。贝茨将橡胶树（*Hevea brasiliensis*）[①] 恰当地描述成一种高大但又不引人注意的树，它的树皮和树叶要类似于英国梣树。在托坎廷斯河口附近季节性淹没的岛上，他们看到了收集和制作橡胶的人居住的帐篷。但那时橡胶会在高温中变黏，在温度低时又会像石头一样坚硬。除了鼻烟管，它还用于制作胶套鞋（北美橡胶）、防水披风以及玩具动物。它的需求很有限，在 1848 年，橡胶只占帕拉稀少的出口产品的四分之一。这些英国旅行者不知道的是，欧洲已经用各种方式改进了橡胶生产，并且在不到十年前，马萨诸塞州发明家查尔斯·古德伊尔（Charles Goodyear）不小心将橡胶混合着硫黄滴落到了他的火炉上。他将这个过程称为橡胶的硫化（vulcanization），这是以罗马火神的名字命名的。结果就产生了我们现在所知道的橡胶——耐用、有弹性、不透水，以及不受环境影响。所以亚马孙地区的橡胶热即将开始。在 19 世纪结束时，橡胶产生的财富将改变这片沉睡中的巴西南部地区。

到托坎廷斯河下游的航行并不仅仅是为了让华莱士和贝茨了解更多贝伦镇之外的生活，或者是看壮观的急流：对他们来说，这次航行是为了收集能够出售的物种。虽然在划桨和航行过程中只能待在船上，但收集进展相当顺利。华莱士想起了射杀鸟类，梅花雀、鸽子、巨嘴鸟和鵎鵼。在十二年后所写的书中，贝茨说："华莱士先生和我从没错过任何给我们的收藏添加新物种的机会，所以……我们获得了相当多的鸟类、昆虫和贝壳。"但在当时写给史蒂文斯

---

① 这个属的早期植物学名称是 *Siphonia*（虹吸管或注射器），但后来改成了 *Hevea*，因为图皮语或杰拉尔混合语中表示树胶的词是 *heve*。西班牙和法国用 *caucho* 和 *caoutchou*，在亚马孙河上游支流帕斯塔萨河（Pastaza）的马伊纳斯人（Mainas）的语言中意思是"能够流泪的树"。英语名称"rubber"或"India-rubber"，因为它来自美国印第安人，这是氧气发现者约瑟夫·普利斯特里（Joseph Priestley）创造的词汇，这仅仅是因为它看到在伦敦出售的口香糖能够擦去铅笔痕迹。

的一封信中，他抱怨说蝴蝶“非常稀缺”，贝壳和兰花也是如此，所以他们为期五周的行程中只获得了少量引人注目的昆虫。

在9月底回到贝伦后，他们打包并发送了相当多的标本（这是在小镇周围以及从托坎廷斯收集到的），其中有400种蝴蝶、450种甲虫以及很多其他种类的昆虫。而正如史蒂文斯在他的广告中所写的，这里“有大量异域奇珍，还有一些贝壳和鸟皮”。这些收集品到达英格兰时情况非常良好，因为这些聪明的收集者在将物种装袋、剥皮、安装和保存的过程中，已经遵照了正确的程序，并且随后将它们包装好，进行横跨大西洋的航行。他们用蝴蝶网和糖饵陷阱捕捉昆虫，而不是用发光飞蛾陷阱、雾网或者是现代收集者所用的气体“树雾法”。他们并没有使用氯仿或氰化物的杀灭瓶：这些工具仅仅在他们离开英国前几年才推出（但史蒂文斯后来可能给他们发送了这类创新工具）。所以，他们杀死昆虫的方式主要是通过将它们活着钉起来，或者是将它们压扁。皇家地理学会最梦寐以求的一样东西就是贝茨在亚马孙的这些年中挂在腰带上的一个紫色的小插针包。鸟儿只能通过射杀来获得，或者用一种伤害小一些的方式，用印第安人助手的箭来刺伤或吓唬鸟类。直到今天，亚马孙区域的原住民猎人仍然带着一些拥有不锋利箭头的箭，从而能在不伤害鸟儿美丽羽毛的情况下将鸟儿击落，因为他们要用羽毛来做头饰。华莱士和贝茨只能负担得起便宜的猎枪。到1848年，这些枪械可能已经使用火药，而不是来自燧石的火花，但它们仍然是从枪口装药，因为后膛填装的枪械那时才刚刚传到英国，而现成子弹出现的时间要更晚。

在托坎廷斯之行中，华莱士曾两次因为遭遇与他的枪支有关的灾祸。在拜昂附近，他和他们名叫亚历山大的印第安人船员乘坐一艘双人小独木舟去探访一个湖泊。这个湖中充满凯门鳄（caiman，在巴西语中是*jacaré*；英国人错误地将这种鳄鱼称为只在北美发现的短吻鳄)。亚历山大射中了其中的一只，那是一种较小的凯门鳄(*Caiman sclerops*)，它们只能长到4米长，而更大的黑凯门鳄(*Caiman niger*)则能够长到6米长。虽然看起来都很危险，但这两个物种几乎给人类构成不了威胁。但当华莱士下去收集亚历山大射中的那只鳄鱼时，他被吓了一跳：那只鳄鱼翻着身，看起来已经死了，所以他抓住了它灰色腹部的一根腿。但"它突然猛冲，溅起很多水花，绕过他钻到了我们的小船底下，而他半身都浸透了水，相当失望"。凯门鳄重新出现在水面，他们用木棍戳它，"看看它是否真的死了或者是在装死"，但它还活着，并且游走了。几分钟后，华莱士射中了一只翠鸟，并且正在重新给枪填火药。亚历山大射中了一只黑鸭，但后坐力让华莱士失去平衡，所以他的枪掉到了水里，并且几乎要从独木舟上掉下去。"我当时以为我在这次航行中的狩猎已经结束了"。但幸运的是，湖水相当浅，所以他们找回了枪，并且经过几小时的小心拆解、干燥和上油后，它又能用了。

几天后，在他们回程中，在塞沙斯先生的种植园里，华莱士想射击几只鸟。他站在一个堤坝上，伸手去拿躺在船只顶部的他的枪，并且枪口朝着他自己扣动了扳机。但枪的击锤被卡在船舶甲板的连接处，掉在帽子上，并射出了火药。"弹药擦破了我手腕下方的一点儿皮，并从我胳膊下方穿过，幸运的是，它没有射中我身后的几个人。我觉得我的手已经被猛烈地炸掉了"。当时他流了一些血，但华莱士用一些棉布止住了。回到贝伦后，他的手发炎非常严重。一名医生将他的手吊起来，并且"我这样持续了两周时间，无法做任何事，甚至不能钉昆虫，而后果是相当悲惨的"。

在图卡拉(Tocara)度假营地附近的森林中散步时，他们看到了一些亚马孙地区最漂亮和最稀有的鸟类紫蓝金刚鹦鹉。当时叫

Macrocercus hyacinthus，但这种金刚鹦鹉属的学名后来改成琉璃金刚鹦鹉属（*Anodorhynchus*），现在叫艾拉金刚鹦鹉属（*Ara*），这是以图皮语名称的拟声词，模仿了这种华丽鸟类的叫声。它们几乎 1 米长，并且“全身都是完美的靛蓝色，鸟嘴发白；它们飞得很高，我们无法找到它们的进食地点”。他们的确看到了这种鸟的嘴能够毫不费力地咬碎一种姆卡贾棕榈（mucajá，*Acrocomia aculeata*）非常坚硬的果壳。华莱士想知道为什么这种可爱的鸟只在那片很小区域中才有发现，而其他金刚鹦鹉则在整个亚马孙地区飞翔。斯温森和赖尔等科学家之间流行的观点是认为不同的物种是通过神的设计而位于各自合适的地方。这就能够解释金刚鹦鹉为什么在亚马孙热带雨林中能够如此繁荣，却不能解释紫蓝金刚鹦鹉为什么只在一个地方。华莱士一直对物种起源感兴趣，他想知道为什么“飞行能力这么强的一种鸟”却只存在于如此有限的一个范围内。他猜测，可能是因为这种金刚鹦鹉喜欢某种只在急流岩石附近生长的食物。实际上，紫蓝金刚鹦鹉拥有相当广泛的分布范围，但华莱士和贝茨当时是在这个范围的北部边缘。但是，华莱士能够挑战物种是按照神的设计而进行分布的观点，这一点是非常超前地正确。

正如我们已经看到的那样，华莱士和贝茨都是非常优异的学生，而且能够自学。在本地向导、他们看过的仅有的几本书以及他们在英国的经历的帮助下，他们正在不断学习如何对巴西的动植物进行分类，而这当然是他们新职业的基础。他们识别了数百种昆虫、鸟类、动物和植物，并且给出了本地名称，经常还有植物学、动物学或昆虫学中的学名。他们学习了葡萄牙语以及一些杰拉尔混合语（*lingua geral*）的词语，其中杰拉尔混合语是一种基于图皮语的语言，耶稣会成员在他们的整个范围内都引入了这种语言，并且在传教士被驱逐后的八十年后，民众仍然讲这种语言。他们还观察和同化了各阶级居民的亚马孙习俗，包括从官僚、农业和贸易到旅行和社会等各个方面。

在 1848 年 10 月，也就是他们抵达巴西的四个多月后，即托坎廷斯河之行后不久，华莱士和贝茨决定分开行动。我们不知道他们为什么要分开。他们都非常谨慎，以至于他们在自己的信中或者随后的书中都没有谈论过这个话题。当理查德·斯普鲁斯在随后一年离开后，邱园的威廉·胡克爵士询问他们当时如何时，斯普鲁斯回复说："我忘了提及，我们已经见过华莱士先生几次。他和贝茨吵架了，并且很久之前就分开了。"像刚离婚的夫妻一样，他们找不同的房子住，并且在未来几个月中当他们恰好都在贝伦时，他们选择彼此不交流。但这并不是一个刻薄的分离。当 1850 年 1 月同时在马瑙斯时，他们还曾一起快乐地漫步。贝茨给史蒂文斯写信，说他如何怀念"有一个志同道合同伴"的日子；而当 1852 年 6 月在圣塔伦（Santarém）错过与"最想见的贝茨先生"会面后，华莱士感到非常遗憾。并且在那十年随后的日子中，当华莱士在现在属于印度尼西亚的世界的另一端时，贝茨则正在亚马孙河上游，这两个人还彼此通信。

对这次分离存在各种各样的解释。华莱士的传记作家彼得·拉比（Peter Raby）觉得，他们可能有财务分歧：他们都没有很多钱，所以他们都担心他们的联合收集品是否能够有个好销路，或者没有决定如何分配收益。他们可能觉得，一个人带着自己的设备时会更容易穿过拥挤的河流船舶，但截至 1848 年 10 月，他们几乎没有什么亚马孙旅行的经验。或者可能是脾气不合。贝茨要更加合群、宽容和放松，而"华莱士要更加有紧迫感、焦躁和有求胜心"。贝茨的传记作家安东尼·克劳弗斯（Anthony Crawforth）则有不同的解释：收集者几乎不可能成对工作。如果其中一个找到了更好的物种，那么可能就会引起从嫉妒、愤怒到自卑感的复杂情绪。克劳弗斯引用同样是充满热情的昆虫收集者的小说家弗拉基米尔·纳博科夫（Vladimir Nabokov）的话说，“在富足感和力量方面，没有什么能够胜过昆虫探索带来的兴奋……［但这］急切需要自己一个人行动，因为任何同伴不管多么安静，都可能会干扰我聚精会神地享受我热衷的事业”。真正的原因可能是关于他们做事方法的争端，即他们是只从几个地方进行集中收集，还是冒险进入未知的森林和河流，寻找难以捉摸的奖励。在英国，贝茨的收集几乎都是在他的莱斯特本地进行的，而华莱士则有多年时间是与他的哥哥在乡村间穿行，进行土地测量和寻找工作。所以在巴西，在未来几年中，贝茨注定只会在亚马孙河主河道的上下游进行旅行。他在两三个地方定居了几个月甚至几年时间，在每天的短足中进行专业的、不知疲倦的和有条不紊的收集。相比之下，华莱士则是沿着支流向上游行进到很远的地方，有时候会超越之前的非巴西领地，并且在寻找外来物种的过程中进行了很多探险。他是一名拥有快乐的求知欲的热切旅客。

贝茨只在给史蒂文斯的一封信中相当简洁地提到了这次分离：“从托坎廷斯河回来之后，我仍然在这里（贝伦）待了两个月，华莱士则去了马拉若岛（Marajó）”。华莱士根本未提及这次分离。在他的书中，与贝茨一样，他通常会使用第一人称，但如果他写到“我们”，那么在 1848 年 10 月之前就是指他和贝茨，之后指的就是在 1849 年中期到达巴西的他的弟弟赫伯特。贝茨可能觉得，托坎廷斯河之旅是一次非常快乐的旅行远足，但收获的可供出售的物种太少了。而华莱士则渴望更多冒险。

第四章

亚马孙河口

华莱士和贝茨决定分道扬镳后，华莱士做了一个充满好奇心的决定，他要去访问马拉若岛上归属于阿奇博尔德·坎贝尔（Archibald Campbell）的一个养牛场。那是位于亚马孙河口的一个大小类似于瑞士的岛屿，就像瓶口上的瓶塞。华莱士为了等待航行船只延误出行，并且因为枪支走火意外造成胳膊受伤而耽误了两周时间。所以他去找他在贝伦担任瑞士领事的法国朋友巴洛兹先生，“他非常好心地为我在他的乡间住宅奥拉里亚（Olaria，意为砖坊）提供了一个房间，并让我与他一起就餐”。

在奥拉里亚的一个月间，华莱士都在观察和收集鸟类。那里有很多辉蚁鵙（*Sakesphorus luctuosus*）。这些鸟拥有蓬松、光滑的长羽毛，上面有黑色和白色条带或斑点。它们在浓密的灌木丛中跳跃，寻找昆虫，所以华莱士爬进灌木丛中几米之后才能看到这些鸟，而这种时候“很难在不把它们轰成碎片的情况下射中它们”。这种鸟的近亲是吃蚂蚁的鸫科（Turdidae），后者有更强壮的腿和短尾，这使它们能够行走寻找蚂蚁猎物。但“当射中一只鸟后，过去拿它……常常是很危险的，因为地上通常会挤满蚂蚁，它们会以最无情的方式用尾刺和嘴攻击入侵者”。华莱士通常不得不放弃自己射中的标本，并且“不体面地撤退”。

这名年轻的博物学家再次质疑了一种被普遍接受的理论，即每个物种都是“被创造和修饰出来的”，从而在给定的环境中获得自己喜欢的食物。他当时看到的却是完全不同的鸟类在相同的地方寻找相同的猎物。“因此，夜鹰、燕子、霸鹟和鹟䴕等鸟类吃的是同一种食物，并且……它们都是在飞行中捕捉昆虫，不过这些鸟类的结构和整体外观完全不同！”燕子拥有强有力的翅膀，并能连续飞行；类似的夜鹰则相对弱一些，但它们拥有合适的夜视能力，所以它们是夜间活动的，而且它们从地面飞行很短距离就可以捕捉昆虫；霸鹟有强有力的腿，但翅膀很短，所以能从位于光秃秃树林中的栖木上猛冲下来，用张开的宽阔鸟嘴捕捉昆虫；鹟䴕也是用相同的方式俯冲，但它有很长的几乎与翠鸟一样的尖嘴；咬鹃有类似的捕猎方式，但它们的嘴要更加强壮和呈锯齿状；小蜂鸟会在花上或在空气中捕捉昆虫。涉水鸟类同样是多种多样。“朱鹭、琵鹭和苍鹭有形状各异的嘴，但人们可以看到它们并肩站在一起，从浅水中寻找相同的食物；并且打开它们的胃之后，我们在里面都可以找到相同的甲壳类和贝类小动物”。相同的情况也能从鸽子、鹦鹉、巨嘴鸟和鸫鹛等吃水果的鸟类中观察到。人们可能会发现，这些差异很大的物种会吃来自同一棵树的水果。

华莱士的船终于在1848年11月3日起航。那是一艘运牛船，上面只有一个简陋的客舱，但里面的两张床都太短，无法容纳这个高大的英国人，所以华莱士就睡在臭气熏天的货舱中。这艘船是沿着马拉若岛位于大西洋的一侧航行，向北驶向更小的梅希亚纳岛（Mexiana），因为坎贝尔在这里有一个养牛场。华莱士在这四天的航程中一直晕船。他七周的时间大部分是在梅希亚纳岛上度过的，但这里对收集者来说并不是一个理想地点——贝茨没来这里是正确的。这个岛周长40公里长，上面主要是热带草原，偶尔沿河岸能看到几块林地和森林。这里几乎没有昆虫，所以华莱士只能收集（射杀）鸟类，不过鸟数量虽然很多，但“都不是非常稀有或好看的鸟”。他的袋子里装了蜂鸟（葡萄牙语名称是 *beijaflor*，意为亲吻花朵者）；大食蝇霸鹟（*Pitangus sulphuratus*），这是一种棕色、黄胸的小鸟，它的叫声听起来像是葡萄牙语“*bem-te-vi*”（我清楚地看到你了），或者西班牙语“*Christo-fué*”（基督在世）；杜鹃，包括一种叫声像是生锈的铰链拉动声的杜鹃；大犀鹃（*Crotophaga major*），这种鸟与牛仔很像，因为它们从牛身上抓虱子；唐加拉雀属（*Tangara*）鸟类，这是一种拥有鲜艳石灰绿或翠蓝色羽毛的小鸟；一种红胸金莺（*Icterus militaris*），以及一只巨大的黄嘴巨嘴鸟（*Ramphastos toco*）。他总共收集了70个标本，包括鹰、隼、苍鹭、白鹭、鹦鹉、啄木鸟和秃鹫等。

在梅希亚纳这个平坦和有季节性洪水的岛上，华莱士看到了亚马孙生活的其他方面。这里只生活着40个人。其中一半是黑人奴隶，他们要听命于坎贝尔的德国监工莱昂纳多（Leonardo），负责照看1500头牛和400匹马。吸血蝙蝠是一个问题，它们会攻击牛，而对这些吸血捕食者的定期突袭在过去六个月中已经杀死了7000只蝙蝠。

华莱士对待奴隶的态度是非常有趣的。有人预期这个欧文主义的热情追随者可能会谴责奴役，但他并没有。对原住民进行的奴役在巴西被判非法已经有一个世纪时间（但仍持续存在各种形式的强制劳动；自由印第安人并没有动力为了微薄的报酬去工作，而且疾病和卡巴纳仁革命的破坏已经让他们的数量大幅减少）。但是这里允许存在黑人奴隶，甚至作为一种对印第安人奴隶的替代品而得到鼓励。我们必须记住，这里几乎没有机械，并且没有足够的牧草供役用动物进食，所以每件事都要依靠人力。但是，只有相对较少的非洲奴隶来到了巴西的亚马孙部分，而且他们对所有人来说都太过昂贵，只有亚马孙地区最富有的种植园主才能负担得起，在1848年更是如此，因为英国海军当时正试图消灭跨大西洋的奴隶运输线。①

可能是为了自己的信誉，华莱士并没有让他的自由主义良知扭曲他的看法，他如实地报道了他在梅希亚纳岛上看到的东西。“就像奴隶们通常表现的那样，这里的奴隶看起来相当满足和高兴”。他们每个早晨和晚上会来给莱昂纳多和华莱士两个白人致以正式问候。在晚上，他们会伴着自制吉他发出的只有四五个音符的单调音乐，演唱关于当天活动的即兴歌曲。华莱士看来，这些即兴创作的抒情歌曲非常类似于古代吟游诗人的叙事诗——他们“用一种恰当和充满热情的方式，伴着音乐歌唱，从而让众所周知的事实变得非常有趣”。这些奴隶是虔诚的宗教信徒，他们会在每个周六晚上聚在一起进行礼拜，其中由两名最年长的人主持礼拜，因为这里无疑没有神父。他们“把一个房间装饰得像教堂一样，里面有一个用圣母玛利亚和圣子以及很多圣徒的图像华丽装饰的圣坛”，所有这些都由德国人莱昂纳多雕刻的，并且“用一种最闪耀的方式进行着色和镀金……并且当点起蜡烛时……效果就跟很多小镇教堂一样”。虽然这些黑人奴隶在没有报酬的情况下每周工作六天，但他们会在周日照料自己的花园，或者可以通过猎捕美洲豹（jaguar），用它们

① 大英帝国在1807年通过了《奴隶贸易法案》（Slave Trade Act），并建立了一个皇家海军中队，用于阻断穿越大西洋的奴隶船以及其中的悲惨的人类货物。在1833年，英国在帝国全境内彻底废除奴隶制。巴西最终的确停止了奴隶贸易，但最后的奴隶个体直到1889年才获得自由。

的皮赚一些钱。

一天，华莱士与三个黑人船员乘坐一艘小船前往岛的远端。在开阔水域经过一段激烈的航行后，他们进入了一条弯曲的小河流。桨手们奋力划船，想要借助即将到来的潮汐。他们的乘客“对植物的美感到高兴，它们超过了我之前见过的任何东西：溪流的每个弯曲处，都会出现某个新的物体，一会儿能看到悬在水面上方的巨大洋椿，一会儿又能看到在森林中像巨人一样矗立的高大木棉树。优雅的蔬食埃塔棕不断出现……有时会将它们的树干伸向空中 30 多米，或者弯曲成优雅的曲线，直到几乎要够到对岸。宏伟的布里奇棕在这里也非常丰富，它们圆柱形的直树干像是希腊建筑中的柱子，它们有巨大的扇状叶子和一大束果实，形成了一幅壮观景象……这些棕榈上面经常有爬行植物，它们爬到树顶部，并在那里开花。树下的水边则有很多开花灌木，并且通常完全被旋花植物、西番莲或紫葳属植物所覆盖。每棵死树或半腐烂的树上面都覆盖着奇怪形状的寄生植物，或者是长有美丽的花朵，并且还有树茎形状奇特的小棕榈以及缠绕的攀缘植物，它们共同在森林内部构成了一个背景”。

在没有遮蔽的热带草原上经过一段艰辛的步行后，他们来到了充满凯门鳄和鱼类的湖泊。奴隶们用鱼叉叉住以及用套索抓住了很多巨大的黑凯门鳄，将它们拖出水中，并小心地靠近鳄鱼强有力的鞭尾，用斧头“在尾巴根上砍了一道很深的口子，从而让这个可怕的武器失去作用”。他们随后敲碎鳄鱼的脖子，让它们强有力的大嘴失去能力。他们还捕杀了大约 80 条较小的眼镜凯门鳄（*Caiman sclerops*）。大个的黑凯门鳄能产生大量脂肪，用于照明，而较小的鳄鱼则被杀掉供食用。这些湖泊还充满美味的亚马孙巨骨舌鱼（*Arapaima gigas*）。华莱士很喜欢这个“出色的物种，它 1.5—1.8 米长，拥有直径接近 3 厘米的鱼鳞，并且身上有红色的标记和斑点……它是一种非常美味的鱼”。大部分巨骨舌鱼都会被用盐腌制晒干，在贝伦的市场上出售。但钓鱼聚会上吃的是鱼的腹部，因为这个部位脂肪太多太肥而无法腌制。“这种鱼，加上木薯粉和咖啡，让我们吃了一顿美味的晚餐，并且我首次品尝的［凯门鳄的］尾巴绝对是一道不能被忽视的美味。”

1849 年 1 月，阿奇博尔德·坎贝尔和他的家人朋友来到这里，在他位于梅希亚纳岛的养牛场度过了几周时间。当他离开去看他位于马拉若岛上的另一个养牛场时，华莱士借这个机会与他一起乘船返回。他度过的一周仅仅是看风景而已。草原延伸到眼睛可以看到的地方，并且这里是很多牛的家。马拉若岛当时成为牛之国已经有两个世纪时间。在葡萄牙帝国 1760 年驱逐耶稣会的传教士之前，耶稣会已经“平定”了讲阿拉瓦克语（Arawak）的印第安人，并且随后发展了大量养牛场。华莱士羡慕这些友善年轻的黑人和黑白混血牛仔，他们“过着一种时而懒散时而兴奋的生活，并且他们看起来非常乐在其中”。他们经常只穿着裤子戴着缨帽骑马，并且“展示了他们拥有良好对称性的身材”。他们熟练地将牛群赶到围栏中，用套索套住要宰杀的牛。他们会把牛拉住后腿，并用一把弯刀捅进牛的心脏将其杀死，然后去皮切碎，而且周围会有一群狗和秃鹰享受牛血和内脏。“这是一个令人作呕的场景，但我不介意再多看几次”。当需要把踢腿、跳跃和用角顶撞的野牛装到船上时，就会出现一个展示斗牛勇气和技巧的场景。每只狂怒的动物都被套索制服并硬拉入水中，游向船舶，并在它们犄角周围缠上皮绳，用起重架将它们吊起来，“它们无力地挣扎着，就像被抓住脖子皮毛的小猫一样”。这些动物随后被下降到笼子中，它们在经过一点骚动后开始冷静下来。养牛场位于马拉若岛的北部海滨。回程航行花了一周时间，其间曾在各处停留，并且在沿达帕拉河向上游驶往贝伦前，这艘船需要驶入这个巨大岛屿东部海岸周围的大西洋海域。

在华莱士在梅希亚纳岛和马拉若岛期间，贝茨询问阿奇博尔德·坎贝尔他是否能在这名苏格兰人的另一个地点进行收集，而这片土地是坎贝尔通过迎娶一位巴西地主的女儿而获得的。这是位于宽阔的帕拉河沿岸卡纳皮耶（Carnapijó）的一个名叫卡里皮（Caripí）的农场。这里距离贝伦西部岛屿大约有37公里的航程。贝茨已经听说过，大部分英国和美国访客（包括作家威廉·爱德华兹）都曾到访过卡里皮，这里“以发现的鸟类和昆虫的数量以及美丽程度而闻名于世”。坎贝尔很爽快地同意了。所以贝茨与一个“恶棍般的葡萄牙人”进行了一番讨价还价，登上了他那艘没有甲板的30吨商船，因为这艘船会经过上述海岸。这艘船的乘客名单能让我们再次一瞥这个地区的生活。上面有三名正在休假的年轻奴隶裁缝学徒，他们是“讨人喜欢的、有礼貌的人”，他们受过教育，没事的时候在读一本关于外国岛屿的地理书籍来打发时间。船上另外还有一名逃跑的奴隶以及贝茨。船员包括一名船长以及他的穆拉托人情妇，以及一名领航员和五名印第安水手。当船到达卡里皮时，贝茨非常担心登陆问题，因为他听说一位名叫格雷厄姆的英国博物学家以及他的妻子和孩子都在那里淹死了，当时他的独木舟就在大浪中沉没。他非常惊恐地发现，他和他的所有行李都不得不在一艘如此小的漏水船舶中进行登陆。“大量箱子加上我和两个印第安人，让独木舟几乎下压到水面。我一路都在忙着捆我的行李。”但印第安船员的技能再次扭转了局面。“他们保持着最佳平衡，并且如此轻柔地划桨，使我们甚至感觉不到一丝震动。”

卡里皮有一套建造精良的大型红瓦别墅，周围被森林环绕。它位于一个迷人的海湾旁边，附近有一个沙滩。它曾经属于大约九十年前被驱逐的耶稣会，所以它现在已经被放弃和荒废。坎贝尔只把这里当作是一个家禽饲养场以及生病奴隶的医院。一位名叫弗洛琳达（Florinda）的老年黑人女经理欢迎了我们，她"把钥匙给了我，而我立即就占据了我想要的房间"。他在卡里皮停留九周时间，直到1849年2月中旬。这是一个不错的决定，因为他获得了很多重要的收集品。"我在这里度过了孤独但快乐的日子，因为这个地方的孤独有很多魅力。上涨的河水拍击着倾斜的河滩，发出一种不间断的潺潺声，这种声音让我在晚上平静入睡，并且当中午整个自然都在烈日下变得悄无声息时，这种声音似乎是一种合适的音乐。"

在抵达后的第二天，贝茨就碰上了好运。他的房子中出现了两个蓝眼睛、红头发、会讲英语的男孩，并且贝茨很快见到了他们的父亲。他是一个名叫皮特策尔（Petzell）的德国人，他曾在新独立的巴西军队中服役十四年时间，后来去了美国，在密苏里州圣路易斯附近从事了七年农业工作，其间他结了婚，并有了几个孩子。但他非常向往帕拉，在经过一段弯曲艰辛的旅程后带着家人又回到那里。皮特策尔在亚马孙森林中建造了一间小木屋，他喜欢这里的开拓生活，并且钦佩生活在附近的塔普雅印第安人，但他的妻子和孩子们则想念北美的面包和其他舒适生活。

对贝茨来说幸运的是，皮特策尔和他的家人是专业的昆虫收集者，所以他立即雇用了他们。他给史蒂文斯写信说，这个德国人"是我的重要同伴，因为他也曾收集过甲虫"。贝茨的日常生活就是每天在黎明时（在赤道上始终是6点）起床，喝一杯咖啡，出去寻找鸟类，在10点吃早餐，然后花五小时抓昆虫，直到下午3点。他有时会与皮特策尔全天都出去收集，而这个开拓者的儿子们会给贝茨带来“他们碰到的所有四足动物、鸟类、爬行动物和贝壳”，当然还有昆虫。

与皮特策尔一起，“我们抓了很多甲虫……其中有大约100种属于天牛科（Longicornes）、10种属于虎甲科（Cicindelas）、两种属于Megacephala、大型Brachini，以及很多奇怪的属，如Ctenostoma、Agra、Brenthus、Ingá等”。贝茨在收集甲虫和蝴蝶时是最快乐的。他仔细地向他的代理人史蒂文斯描述这些收集品。天牛是“非常优雅的昆虫，它们拥有瘦长的身体和长长的触须，而且通常会有条纹图案和几簇毛发”。常见的蜣螂“体型巨大，并且拥有美丽的颜色。其中一种蜣螂拥有一个从头顶上突出来的矛状长角，叫作矛角秽蜣螂（*Phanaeus lancifer*，现在被称为*Coprophanaeus lancifer*）。这种甲虫在飞行时能带来令人讨厌的气味”。[图版26]

贝茨一直在不断了解这个新世界。其中一个启示就是蝙蝠。贝茨在半夜被一阵哗哗的声音吵醒，他发现“房间中充满了大量蝙蝠。空气中到处都是这种生物；它们把灯熄灭，而且当我重新点灯时，这些到处乱飞为数众多的蝙蝠让整个房间看起来都黑了”。他用棍子打它们，尝试赶走这些不大的哺乳动物。这似乎把它们赶回了位于房梁中的栖息处，所以贝茨就回去接着睡觉。但在接下来的时间中，有一些蝙蝠钻进了他的吊床中。“它们在我身上爬的时候我抓住了它们，并且将它们扔向墙壁”。在这些小生物在黑暗中展翅飞翔的时候，曾经是科学家的贝茨成功地识别和描述了四种蝙蝠：有两种是犬吻属（*Nyctinomops Phyllostoma*）蝙蝠，一种是叶口属（*Phyllostoma*）蝙蝠，一种是长舌叶鼻属（*Glossophaga*）蝙蝠。[在巴西有大约100种蝙蝠，这要比欧洲已发现的种类多很多。其中大部分都是吃昆虫的蝙蝠（农民的好朋友），一些是吃水果的蝙蝠（对果农来说是不幸的），一些大型蝙蝠会从水面掠过去捉鱼，而一些吸血蝙蝠则是农场经营者的心头恨，并且让所有人都害怕。]一天早上，贝茨在他的臀部发现了一个伤口，这很明显是吸血蝙蝠咬的。“这相当令人不悦”。所以他对蝙蝠宣战，并尝试消灭所有蝙蝠。在蝙蝠倒挂在房梁上时，他自己射杀了很多。他还让黑人奴隶从外面爬梯子到房顶，从房檐中赶出了数百只蝙蝠，包括年幼的蝙蝠。对现代读者来说，这种对蝙蝠的攻击是令人震惊的。但是从很多方面来讲，贝茨的行为是可以被原谅的：他只是刚到亚马孙，所以不了解蝙蝠带来的好处。也不知道在这个生机勃勃的生态系统中，尝试消灭任何物种的努力都是徒劳的。那个时候的欧洲人几乎没有保护自然的观念——对大多数人来说，自然是野蛮的，是人类的敌人。并且贝茨也有维多利亚时代对蝙蝠的恐惧，认为它们是黑暗力量，并且他没有意识到，蝙蝠的声呐是如此精确，以至于它们从来没有撞到过人们的头发。而且，在他身上爬的一定是吸血蝙蝠，所以他将这些蝙蝠扔到墙上的行为也就情有可原了。

贝茨学到的另一个经验教训就是：素食是不足够的。在几周之后，他耗尽了从贝伦带来的供给品，并且吃光了本地人能够拿出来卖给他的所有小鸡。他在给代理人史蒂文斯写信时说道：“我在接近两个月的时间里都靠咸鱼和木薯粉为生：我的早饭是木薯粉加鱼，而晚饭就会是鱼加木薯粉”。他感觉非常虚弱，非常渴望能吃肉。老弗洛琳达问他吃不吃巨食蚁兽（*Myrmecophaga tridactyld*）。本地人认为这些动物是不合适食用的，但贝茨听说南美洲其他地区有人吃这些动物。所以他告诉弗洛琳达，任何肉都可以。她让一个名叫安东尼奥的老黑人用狗抓住了一只食蚁兽，并且贝茨发现它的肉煮烂后“非常好吃，味道有些像鹅肉”。在随后几周中，贝茨会给安东尼奥一点小报酬，让他带着狗去抓食蚁兽。这是一种非常可爱的动物，头和身体能有1.3米长，并且它鲜艳多毛的尾巴（作为印第安酋长的帽子而受到欢迎）又让它变得更长。但一个傍晚，安东尼奥跑来告诉贝茨一个可怕的消息，他最喜欢的狗已经被一只食蚁兽抓住杀掉了。他们急忙赶到现场，发现两只动物都受了伤，但仍然活着：狗被食蚁兽用于破坏白蚁巢穴的长爪严重地撕裂了，但它仍然活着。贝茨为这两只在生死之战中撕咬的动物画了一幅生动的素描。他还描述了四种食蚁兽：巨食蚁兽快速穿过草原，破坏白蚁巢穴；并且另外三种更小和更稀有的在树上栖息的食蚁兽则攻击了白蚁位于树干上的洞群和巢穴。一个印第安人给贝茨带来了后面三种食蚁兽中的一种，而贝茨把它当宠物养了一天。这只食蚁兽在椅子后面一动不动，但当发怒时，它会从椅子上跳起来，像猫一样伸出它的前爪。贝茨最终把它放到了一棵树上，因为他显然知道，英国收藏者是不会对一个被喂饱的标本感兴趣的。

在卡里皮附近的森林中分散着很多小农场，并且每个农场都有一些果树。与很多亚马孙树木一样，这些果树可以在全年的任何时候开花，它们吸引了大量美丽的蜂鸟。很多蜂鸟都在早晨和傍晚空气较凉爽的时候围着花朵上下翻飞。贝茨着迷于它们不同寻常的运动。它们能敏捷地从一棵树突然窜到另一棵树，速度是如此之快，以至于他的眼睛几乎无法跟上它们。依靠“以不可思议速度运动的翅膀”，这些蜂鸟会在每朵花前悬停片刻。与有条理的蜜蜂不同，蜂鸟似乎能用“最任性的方式”随意跳跃。贝茨对不同蜂鸟的鲜艳颜色感到高兴，其中有很多蜂鸟都有闪闪发光的彩色羽毛。但他知道，这些低地森林中蜂鸟的种类要少于安第斯山脉两侧中的种类。他曾多次射中蜂鸟天蛾（*Aellopos titan*），但它不是真正的蜂鸟。在头和翅膀的尺寸、形状方面，这两个物种看起来惊人地相似，而且它们都能空中悬停，甚至这种飞蛾用喙探索花朵的方式也非常像。

这位英国博物学家花了很多天才能将两者区分开来。但此后本地印第安人和黑人仍尝试让他相信这两个物种是相同的生物，并且是天蛾变形成了鸟类。“看看它们的羽毛，”他们说，“它们的眼睛是相同的，而且它们的尾巴也是如此。”“这种信念是如此深深根植于他们的内心，以至于就这个话题与他们理论是无用的。”贝茨的另一个迷人画作就是关于这种几乎完全相同的鸟类以及探索相同花朵的鸟嘴的图示［图版 24］。这提高了贝茨对拟态和伪装的兴趣——这种兴趣造就了他最伟大的科学遗产。

在卡里皮有非常多的蛇，而那些无害的蛇经常会溜进贝茨的房间里。在森林中，“当研究树干上的昆虫时，在距离头部不远的地方突然看到……一双闪闪发光的眼睛以及一个分叉的舌头，这是相当令人害怕的”。其中最漂亮的一种蛇是珊瑚蛇（*Micrurus* sp.），它拥有黑色和朱红色的条带，并且有白色的分隔环。他似乎并不认为珊瑚蛇是最危险的亚马孙蛇之一。虽然并不具有进攻性，但如果被它们咬伤，它们的毒液也会是致命的，并且没有针对这种蛇的血清解药。贝茨的收集品包括一些精美的爬行动物，但他注意到，当用烈酒保存时，它们的鲜艳的颜色会变得黯淡。

在卡里皮度过的“孤独但愉快的”几个月中，贝茨逐渐了解了当地人。在与皮特策尔进行的一次远足中，他曾穿过几公里长密集黑暗的原始森林前往内陆，到达一个被称为穆鲁库皮（Murucupi）的小溪。这片人迹罕至的区域在很长时间里一直是被印第安人和混血儿占据。在果树和棕榈之间，“到处都能瞥见他们用棕榈叶做屋顶的开放式小屋”，而沿溪流两岸“生长的茂盛植被堆叠到相当高的高度”。其中有一所房子要超过其他房子，它拥有涂有白颜色的泥墙和红瓦房顶。里面挤满孩子，“大量貌美的白人印第安人混血女性在忙着洗刷、纺织和制作木薯粉，她们让这所房子变得更加迷人”。其中有两个人在走廊上为即将到来的本地节日缝制衣服。欧洲人立即受到欢迎，并获邀留下吃晚餐。“在我们接受邀请的时候，他们杀了一些家禽，并且很快就准备好了经过调味的米饭和炖肉”。缺少女性同伴的贝茨非常望眼欲穿地评论道：“在这些幽闭的地区，家庭女性成员接近陌生人的情况并不多见”。这些女士是来自贝伦的一名生意兴隆的商人的遗孀和女儿们。他为女儿们提供了他能够负担的最好教育，并且在他死后，他的这些女儿不管结婚或没结婚，都退隐到了他的乡村住宅中。晚饭过后，一位英俊的穆拉托人女婿“弹着吉他，为我们演唱了一些优美的歌曲”。

在卡里皮度过的九周中，贝茨对“印第安人的友善”和好客感到高兴。一个名叫雷蒙多（Raimundo）的威严的印第安人是贝茨的一个特别朋友。贝茨将他描述成是一个在努力从事造船业的人，他还雇用了两个年轻的学徒，不过虽然他非常勤勉，但仍然很贫穷。卡里皮周围的人能够自给自足，他们自己种植木薯、玉米、棉花、咖啡和甘蔗，并将多余的产品运到32公里之外的贝伦出售，而且不必支付任何租金或税金。

雷蒙多是一名具有传奇色彩的猎人。他保守着他最好猎场的秘密，但当贝茨苦苦哀求陪他一起打猎时，雷蒙多宽厚地同意了。为了早点出发，贝茨晚上与雷蒙多以及他非常健谈的妻子待在一起。他们的房子是一个很大的开放式棚屋，里面挂满了吊床。这一天碰巧是印第安人以及白人印第安人混血儿的守护神圣托梅（São Thomé）的圣日，所以有一队村民来到这里请求施舍。“雷蒙多先生非常有礼貌地接待了他们，这对处于主人位置的印第安人来说是非常自然的”。所有村民都留下了吃晚餐，并在这里过夜。“食物非常简单：带米煮的家禽、一份烤巨骨舌鱼、木薯粉和香蕉。每个人都非常节俭地分享食物，其中有些年轻人是靠吃大量的米饭来填饱肚子的”。经过深夜畅谈后，雷蒙多精明善良的本性给这个英国年轻人留下了深刻印象。他回忆了“卡巴纳仁叛乱，人们经常这样称呼1835—1836年的革命时期”，他当时被错误地指控是一名卡巴纳仁叛军。他说印第安人“对白人非常有善意，并且只是乞求能够被放走”。将大片森林奖给不打算耕种或不能成功耕种的白人，这样做是不对的。他自己就曾多次被从自己的家中驱逐。

狩猎之旅从半夜开始。他们花了几小时“在月光下静悄悄地穿过弯曲狭窄的小溪，上面有倾斜的巨大树干，而在沼泽地中，树枝状魔芋宽阔的叶子在月光下闪闪发光”，后来他们在坚硬的独木舟上又补了一会儿觉。随后就到了亚马孙短暂但令人眼花缭乱的黎明。“一切变化非常快：东边的天空突然变成了可爱的蔚蓝色，其中有几片很薄的白云。而正是在这样的时刻会让人觉得我们的地球是多么美丽”。狩猎人员包括雷蒙多、他的徒弟、贝茨以及五只猎犬。他们在迷宫一样的小溪和水道中划桨前行，有时会逆着潮汐，而有时又能获得它的帮助。他们的猎物是两种半水生的啮齿动物——刺鼠（*Agoutipaca*）以及更小的刺豚鼠（*Dasyprocta* sp.）[图版72]，其中刺鼠身体呈微红色，带有白色斑点，贝茨认为它的尺寸有一只西班牙猎犬大小，并且“外观介于猪和野兔之间”。这些啮齿动物会在清晨出来活动，吃掉落的水果。当被发现时，它们会钻进自己的洞穴中。猎狗会从洞穴中将它们挖出来，而猎人必须在它们消失在溪水中之前快速将其击毙。他们装了半袋的刺鼠和刺豚鼠。贝茨随后钦佩地看着雷蒙多用巴卡巴酒实棕（*Oenocarpus bacaba*）的叶子碎屑、旧锉刀和燧石以及用蚂蚁制成的手感很软的物质生起了一堆火。刺豚鼠被烧去毛、收拾好并进行烧烤，上面加上一个柠檬、一些红辣椒、盐以及木薯粉。“当我们的刺豚鼠烤好后，我们痛快地吃了一顿早餐，并且边吃边喝葫芦里的纯净河水。”

华莱士和贝茨都非常乐于加入亚马孙社会的每个层级，他们一直非常好奇，在不断学习、钦佩他们观察到的东西，并且不会觉得他们所吃的东西很难以下咽。不过他们也坦言偶尔会受到惊吓。为了狩猎探险队的回程，雷蒙多砍树为他们的独木舟制作桅杆和船首斜桅，并挂上了他带来的风帆，沿着帕拉河口的开阔水域航行了11公里。这艘窄小漏水的船载满了三个人、他们的猎物以及五只猎犬，其中猎犬在船首因为害怕而号叫，并且偶尔还会从船舷边落水，“这又在混乱中造成很大骚动”。他们没有船舵，所以雷蒙多以及他的徒弟就负责操纵独木舟，而贝茨则把水从船里舀出去，并看着猎犬。贝茨认为那是极其蛮干的做法。浪非常高。但这名老印第安人的勇气和技巧让他们免于“落入海槽中并且被立即淹没”。船绕过一个水流湍急岩石密布的海岬后，“雷蒙多坚毅安静地坐在船尾，他的眼睛稳稳地看着船首。能够亲眼目睹印第安人在水上展现的像水手一样出色的能力，那么航行中的风险和不适也就是值得的”。

令人意外的是，正是由于这类的遭遇，使得贝茨喜欢以及钦佩印第安人。回到贝伦后，他给史蒂文斯写信说：“我与印第安人相处得非常好，我与他们待在一起时要比与巴西人和欧洲居民在一起时更有家的感觉，他们要更加友好。你听到后可能感到遗憾，但这里的英国人一直以来并没有露出要给我们提供丝毫帮助的意思……”当然，这两位穿得像卡布克罗人一样随意的穷困的年轻博物学收集者并没有东西能提供给镇上的商人阶级，而这些人只对贸易、金钱和社会地位感兴趣。贝茨在一个葡萄牙人家庭（他们受到巴西人和其他外国人的排挤）那里找到了住处，他们对他非常友好，并且帮助他获得所需的小东西。所以他继续他不变的收集事业，但现在则是回到了小镇附近熟悉的山路上。

贝茨在1849年2月中旬回到贝伦，华莱士则是在4月初完成了他为期五个月的岛屿之行。华莱士已经给他的货运代理人米勒写信，让他帮忙寻找住处。后者在位于贝伦边缘的一个名叫纳扎雷的村庄找到了一间小房子，而这里正是他们一年前到达后所住的地方。华莱士很高兴可以不用仆人就能生活，因为一个在隔壁开酒馆的葡萄牙人能够为他提供餐食。毕竟收集工作要更加重要。邻近的男孩们知道这个外国人会购买小动物，所以他们为华莱士提供了稳定的收集品供应，尤其是蛇类，华莱士会把蛇保存在烈酒中。更好的事情是他找到了一个名叫鲁伊兹（Luiz）的获得自由的老年奴隶，因为他是一名专业猎手。伟大的奥地利博物学家约翰·纳特勒（Johann Natterer）在里约热内卢买下了当时还是一个男孩的出生于刚果的鲁伊兹。在十七年的时间里，这个年轻奴隶与“医生”一起在巴西各地旅行，射击鸟类和兽类，并给它们剥皮。当纳特勒1835年返回欧洲时，他释放了鲁伊兹。而鲁伊兹随后攒了足够的钱买了一块土地以及两个他自己的奴隶。华莱士向鲁伊兹支付了适当的预付费用以及他的生活费。“他会走很远，从早到晚都在树林间徜徉，而且一般都会带回来一些非常漂亮的鸟类。他很快就为我抓住了一些非常不错的红衣鹦鹉、红胸咬鹃、巨嘴鸟等。他知道几乎每种鸟的栖息地和习性，并且能够模仿它们的多种叫声，从而能把它们吸引过来”。在夜晚，鲁伊兹会给华莱士讲很多关于他喜欢和敬佩的纳特勒的故事。

奇怪的是，在4—5月的几周中以及在1849年8月初，华莱士和贝茨都在贝伦，但他们很明显并不想费心见面——即使华莱士曾在他的书中抱怨那里单调的生活。而从中我们可以看出，贝伦对英国社群对他们两个都不感兴趣这件事是多么失望。

两个英国年轻人都进行了第二次河流远行，其间他们目睹了巴西亚马孙生活的其他方面。作为曾经的冒险家和观光客，华莱士在5月去观看了河口大潮，这是一种怒潮，能在春潮时让亚马孙河口及其支流怒吼。他曾听说在瓜马河（Guamá）上有一个令人印象深刻的河口大潮，这条河在汇入广阔的帕拉河前会流经贝伦。而对贝茨来说，他远行的时间是在6月，并且这是一次前往卡梅塔这个托坎廷斯河下游古镇的返程之旅。

华莱士这次决定他需要自己的船，所以他从一个法国人那里购买了一艘小船。他招募了两名混杂的船员：其中有一个是跛足的西班牙人，他说他了解瓜马河，另一个是混血男孩。这个西班牙人请求提前支付费用购买衣服，但他在卡莎萨朗姆酒上搞砸了。他醉得太厉害，以致无法帮忙装船，但他酒醒后就变得很安静和顺从。这个男孩看起来像是印第安人，却有一个肤色浅黑的母亲，所以“他当然也享有了她的命运”，成了一名奴隶：华莱士是从他的主人那里雇用他，他的主人是一名军官，但看起来很像他，很可能是他的父亲。作为对他尝试逃跑的惩罚，这个男孩通常会戴着一个大锁链，他会把锁链藏在裤子下面，但他每走一步都会发出令人不悦的叮当声。在他被交给华莱士时，他承诺说会忠诚和勤快，所以他的枷锁已经被移除。华莱士的旅行伙伴是鲁伊兹，这个让华莱士敬佩的收集者，一个已经自由的奴隶。华莱士整理旅行所需的用品，其中包括用于保存鱼的桶和烈酒，以及针对鸟类和昆虫的收集工具。

一行人从贝伦向东南方向出发，缓缓地划桨沿瓜马河而上，船主要是靠每次涨潮来推动，并且在退潮过程中会绑在一些河边农场或小屋上。华莱士和鲁伊兹会上岸进行收集。而河口大潮在上游大约48公里的地方袭击了他们。那是一股突然的急流，它在岸边泛起泡沫，并像一股巨大的海浪一样把船举起。这是刹那间发生的事，随后就是一股非常快的水流。河口大潮给河岸造成巨大破坏，能够将树木连根拔起，并且将船拍碎。但河流中心的船是安全的。华莱士的典型反应就是要尝试猜测是什么构成了这股涌潮。他画了一些图画，演示了他是如何想象河床凸起造成涌潮。但他的想象是错的，因为据现在所知，这种大潮仅仅是位于即将到来的一股强有力潮汐的前端的浪潮，而它会推挤河中水流。（现代冲浪者会来到这段瓜马河，借着河口高潮向上游进行冲浪比赛。）

再往上游走，他们在位于贝伦东南部 80 公里处的卡明河畔圣多明戈（São Domingos do Capim）进行了一周不重要的收集，然后又沿着在此处汇入瓜马河的卡平河向南逆流而上。所有这些河流都拥有“相当多样化的”糖类和稻米植物。这里拥有坚固的殖民地房屋，每个都有小教堂和奴隶住所。“它们从外观和审美方面都要大大超过当时建造的任何房屋”。

沿卡平河向上游行进三天后，他们到达了目的地：圣约热（São Jozé），它是卡利斯托（Calistro）先生的一处房产，而华莱士有写给卡利斯托先生的一封介绍信。卡利斯托是一个结实、幽默感很强的人，他看起来要比这个英国博物学家年长一些。当他听说华莱士的意图后，他热情地邀请他想住多久都可以，并且会提供所有协助。后来证明他是一个非常慷慨的主人，在收集工作的各个方面都为华莱士提供了帮助，如提供船只、追踪者、桨手以及丰富的供给品。他甚至修改了自己的就餐时间来适应博物学家的远足。

而且我们能再一次有趣地看到身为欧文主义者以及未来社会主义者，阿尔弗雷德·拉塞尔·华莱士是如何对这个运行良好的奴隶庄园做出改善。他再次受到了正面的触动。这里的房屋、舂米厂、仓库以及河岸码头都是“我在巴西见到过的最好的现代建筑，它们完全用石头制成，这是一种非常稀缺的商品，加工时必须涉及大量奴隶的辛苦工作。卡利斯托拥有50名奴隶，各年龄段都有，其中有很多是印第安人，他们都在他广阔的稻米和糖类作物田中劳作，并乘坐他的船将农产品运到市场上。糖会蒸馏变成利润可观的卡莎萨朗姆酒。工人有很多是技能出众的各种金属领域的工匠、木匠、造船工人、泥瓦匠、鞋匠和裁缝。所以这个庄园能够自给自足”。

卡利斯托解释说，他通过让他的印第安人与黑人奴隶一起劳动而让印第安人做更多的工作，因为黑奴不得不经常性地长时间工作，并且他们服从管理。华莱士承认：“这里奴隶们的待遇相当好”。他们每周工作六天，并且在主要圣徒的纪念日还有额外假期，其间他们会获得朗姆酒以及宰牛的奖励。他们每个人在晚上都能得到坐在外廊安乐椅上的卡利斯托的祝福。他们在晚上会问主人要细微的恩惠，而且一般会得到准许。所以他们“简直就是把卡利斯托看作是一个族长，［但］与此同时，他也是不能被糊弄的，而且他对那些绝对懒惰的人是相当严厉”。那些未能带来自己稻米或甘蔗的人“会受到轻微鞭打的惩罚”，并且惩罚程度会随着懒惰情况的持续而加深。卡利斯托将他的奴隶们看作是一大家庭中的孩子，他给他们娱乐、休息（在辛苦工作后）以及惩罚，并会满足他们的需求和生计，即使当奴隶们年老或生病时也是如此。因此，华莱士觉得，“从最有利的方面来看”，这个庄园是奴隶制的。从纯粹的物质角度看，这些奴隶可能要比自由人好很多。但这个英国年轻人仍然在思考奴隶制度的道德性。即使从最好的方面看，就像在这个庄园一样，难道让人类处于“成年初期状态（也就是一种没有思考能力的童年状态）”是对的吗？华莱士的结论认为，这是不对的，因为奴隶制度剥夺了人的关心、挑战、志向、权利、义务、私人财产、教育以及普通公民能够得到的智力乐趣。他知道，这样的观点对普通巴西奴隶主来说太不现实了，他们关心奴隶的物质需求只是想让他们使劲干活而已。

华莱士在卡平的收集工作相当有收获。他雇人帮他用网捕鱼或者射杀庄园附近的鸟类。他随后陪伴一些印第安猎人往卡平河上游以及它弯曲的小溪前进了几天，进入了“野蛮、完整以及无人居住的原始森林”。吃过一顿丰盛的晚餐以及喝了他喜欢的咖啡后，华莱士躺在一块森林空地中的吊床上，穿过树冠凝望着满天繁星以及同样明亮的萤火虫。他抓住一只萤火虫，发现可以沿着每行字移动萤火虫来看报纸。印第安人像往常一样，通过重述自己的狩猎冒险来自娱自乐。以后的几天几夜就不怎么令人愉快，因为雨下得非常大。一天晚上，华莱士不得不穿着湿透的衣服睡觉，他在一艘小船中非常不舒服地蜷缩成球形。但在早上雨停了，“一杯热咖啡又让我精神抖擞”。华莱士和贝茨都有这个优点，他们并不在乎雨林生活中偶尔不舒适的经历。他们都没有像后来的一些“绿色地狱”作家和冒险家那样夸大这些森林中的任何危险。但从收集的角度看，华莱士与猎人们在一起的这一周是令人失望的。他未能获得自己的两个目标物种：一只大型鹎（*Tinamus major*），这是一种优雅的像松鸡一样的猎鸟；还有就是稀有的紫蓝金刚鹦鹉（*Anodorhynchus hyacinthinus*），而且他们在托坎廷斯河也没能找到这个物种。

在瓜马河和卡平河上度过愉快但不特别有成果的七周后，华莱士在1849年6月快速地划船回到贝伦。他对这艘不平稳的船非常不满意，所以把它退还给了它的法国主人，但“在经过很多麻烦和烦恼后”，他没能要回自己已经支付的10英镑押金。对一个只带着100英镑资金来亚马孙的人来说，这是一个严重的打击。他回到位于纳扎雷的小房子中生活。

与此同时，从卡里皮回来后，贝茨在贝伦附近已经进行三个月的密集收集工作。他给他的哥哥弗雷德里克写信说："当然我过着一种相当孤独的生活，只会偶尔在晚上去看望英国朋友；但我一直忙于收集、安装标本、做笔记等工作……现在已经进入雨季，每天都会下雨，水沿着街道奔流。早饭前的时候是最好的，并且在大多数早晨我会在我的老巢里散步取乐。"从某种意义上说，贝茨是欢迎雨的，因为它能带来大量"拥有美丽翅膀"的蝴蝶。他收集了很多 mechanites，"它们身着带有明黄色斑点的黑色和红色天鹅绒制服翩翩起舞"，这些是菲粉蝶属（*Phoebis*）和黄粉蝶属以及菜粉蝶属（*Pieris monuste*）的不同物种。正如在巴西森林中一直碰到的那样，其中最炫目的要数"艳丽的大蓝闪蝶（*Morpho menelaus*），它们舞动着巨大的亮蓝色翅膀，显得光彩夺目"。雨也带来了更多鲜花，并且让绿色显得更鲜艳。作为一名职业收集者，贝茨意识到他并不一定需要探索偏远和令人兴奋的地点。在他房子附近步行十分钟的范围内有一片成熟树木形成的森林，其中羽毛般的棕榈顶从树冠上渐渐冒出来，包括蔬食埃塔棕、酒椰（jupatí，*Raphia taedigera*）、布里奇棕榈（miriti 或 buriti，*Mauritiaflexuosa*）、木鲁星果棕（murumuru，*Astrocaryum murumuru*）以及奥达尔椰子（urucuri，*Attalea phaleratd*）。

这里还有成群的猴子：悬猴属（*Sapajus*）和蛛猴属（*Ateles*）的猴子"在首领的带领下玩耍，并且能一只接一只进行令人惊叹的跳跃"。这里甚至有赤掌柽柳猴（midas tamarin），本地人称它们是萨格伊（*sagüi*）。贝茨曾经见过这些稀有生物沿着树枝奔跑，像是三只小白猫。它们是广受欢迎的宠物。他曾见过一位女士将这种宠物一直放在胸前，并且会用嘴给它喂食：这是一种不足 18 厘米长的"最胆小和敏感的小东西"，它们拥有柔滑的白色长毛和一条黑色尾巴，脸上则没有毛。

贝茨很骄傲地将所有收集品都放到一个巨大的托运箱中发给他的代理史蒂文斯。1849年6月8日，他目送携带着他的收集品和信件的远洋轮船“乔治·格伦号”（*George Glen*）驶离贝伦，并且他热切地写到，这艘大船正在返回他的家，“那片文明、快乐和活跃之地”。

在同一天，贝茨开始了他前往托坎廷斯河卡梅塔的返程之旅，他要“更加深入地了解这片愚昧和野蛮的土地”。不过他不应该有这种自怜情绪，因为实际上他非常享受前往卡梅塔的旅程。为期三天的航行是令人愉快的：“船员们都非常开朗，天气也不错，而且船是一艘不错的帆船”。与往常一样，贝茨与普通巴西人相处得很愉快。在穿过托坎廷斯河汇入帕拉河的开阔水域时，他们被一场暴风困住，并且几乎让他们“船身横向倾斜”。那是贝茨曾经见过的一个最美丽的星光熠熠的夜晚。当天也非常欢乐，因为名叫若奥·门德斯（João Mendes）的船只引航员伴着自己吉他的音乐歌唱，这个年轻英俊的马梅卢科人用这种方式让大家进行娱乐。所有人都唱歌，但门德斯是“一个即兴创作的高手”。在每次激情澎湃的合唱后，他都会唱一首关于行程以及船上人员的幽默小曲。这“会让所有船员都开怀大笑，而音乐家自己则会放下乐器，并高兴地尖叫”。其中有一首小曲是关于贝茨，内容是关于他如何大老远从英国到这里给猴子和鸟剥皮以及如何捕捉昆虫，“最后提到的职业当然带来了巨大的欢乐”。他们继续航行，贝茨则把自己包裹在甲板上的一个旧船帆中睡觉。但门德斯凌晨就把他叫醒，让他“欣赏这艘小帆船在狂风面前劈波斩浪的场景……而帆杆和船帆都已经弯曲和伸展至最大程度”。那是一个晴朗、寒冷、有星光的夜晚。船员们正在冲泡草药般的马黛茶，而且他们火堆的火焰“在欢快地向上翻腾。就是在这样的时刻，亚马孙旅行才是令人享受的，而且人们也不会再怀疑很多人……为什么喜爱这种漫游生活”。

之前与华莱士一起进行为期九个月的旅行时，贝茨曾在卡梅塔住过一晚。他现在开始了解这个可爱的小镇。它建立在一个很高的河边断崖上，能够一览宽阔的河流景色。卡梅塔只有5000名居民，他们的房子位于三条与托坎廷斯河平行的未铺砌的街道上，但这里还有20000人生活在周边的乡村地区。这里并不是高大的原始森林，而是被部分伐倒的树林，里面有成荫的小树林，遮蔽着小农户的棕榈叶小屋。这个小镇是以卡梅塔原住民命名的，卡梅塔是一个巨大和成熟的酋邦，这里的人曾经普遍欢迎欧洲殖民者。卡梅塔女性非常漂亮，并且是非常出色的妻子。在过去两个世纪中，移居者与他们自由通婚，实现了“两个种族的完全混合”。而几百名黑人奴隶的加入则进一步增强了这种融合，而且这里还有两个或三个葡萄牙白人和巴西人家庭。他们都以精力和毅力著称，而且都非常开朗、机智、健谈和热情好客。贝茨碰到的“聪明人”包括一名诗人，他曾写过关于其家乡自然美景的诗。所以他能够反驳那种普遍的认为混血人种存在缺陷的种族主义论调。“找到表现出才能和进取心的白人印第安人混血儿是非常有意思的一件事，因为它表明，退化并不一定是源自白人和印第安人血统的混合”。与帕拉其他任何地方的人一样，这里普通人是懒惰和世俗的。他们喜欢圣人纪念日的庆祝活动，他们与“宗教的关系与米迦勒节（Michaelmas）在莱斯特的作用差不多”。但这种道德状况“出现在一个永远被夏季统治的、能如此轻松获得生活必需品的国家中一点也不足为奇”。这里的河流充满鱼类，一小块地的木薯粉就能提供一种形式的面包，并且每个家庭都会种一点用来制作吊床的棉花，还有咖啡、可可、洋芋以及各种水果。

在巴西亚马孙广阔区域中的众多城镇中，每个小镇都有自己稍微不同的特点。卡梅塔引以为傲之处在于它是唯一一个在过去十年的卡巴纳仁叛乱中未被占领的城镇。一位名叫普鲁登西奥（Prudêncio）的神父帮助组织防御工事，并抵抗大量叛乱分子的进攻。贝茨接受了那种既定的观点，认为卡巴纳仁叛乱分子都是无政府主义者和半野蛮的革命分子。

作为一名到处游历的科学家，贝茨认识了卡梅塔的很多人。他们邀请他到他们的房子中，为他挂上吊床，年轻的女孩会在小屋后面给他冲咖啡，主人会给烟斗装满烟并点上，然后递给这位英国客人。但对贝茨来说，最大的礼遇是与镇上最著名的公民安吉洛·库斯托迪奥·科雷亚（Angelo Custodio Correia）医生会面。这位杰出人士曾在欧洲接受教育，并曾两次担任帕拉州长，而且曾作为自由主义者在巴西议会任职。作为一个在偏远的莱斯特以针织学徒的身份长大的人，贝茨从未见过重要人物，他将科雷亚视为是“一个令人满意的巴西本土最高阶级标本……可能与巴西人普遍遵守的规则相比，他的礼貌并不是那么拘谨，而他的善良则更加彻底和真诚。他深受人们钦佩和喜爱，因为我有很多机会能在整个亚马孙地区进行观察”。这位显达以他对陌生人的友善而闻名，并且他欣赏贝茨正在做的事情。所以“他主动向我提供了一所漂亮的乡间住宅，而且不要任何租金，并为我雇用了一名穆拉托仆人”，而在这个不知道旅馆为何物的地方，贝茨无法为自己找到这些东西。那所美丽的小房子属于一个友善的人，他像典型的英国乡村绅士那样矮胖和面色红润。这所房子位于一个美丽的沙地河湾上，如果潮汐允许的话，贝茨在早饭前可以去洗澡，“然后就坐在海边的一棵被伐倒的棕榈上，享受日出时惬意的凉爽，并遥望宽阔的蓝色水体以及上面点缀的棕榈岛；此时的美是无法用语言描述的”。

贝茨在卡梅塔度过了快乐的五周时间。但出人意料的是，他在这里进行的收集工作不像他在贝伦附近高大树林中进行的收集那样有成果。他给史蒂文斯写信说，他现在更有选择性，只会收集他新碰到的物种，或者他之前很少发送的物种。在小镇周围的树林中有猴子，包括成群的黑丛尾猴（*Chiropotes satanas*），它们在白天会休息和隐藏起来，而到黄昏时就会在树林间跳跃。

贝茨收集的一个标本是一个大蜘蛛 *Mygale avicularia*［可能就是我们今天所知的亚马孙巨人食鸟蛛（*Theraphosa blondi*）］，它也被称为南美洲鸟蛛或螲蟷（trapdoor spider）。它的身体有 5 厘米长，而它的腿能长达 18 厘米。其中一些蜘蛛生活在被活板门遮蔽的光滑倾斜地下隧道中。这种捕食者的特别之处在于能够吞食小鸟。贝茨见过（并生动地描绘了）两只小燕雀被这种鸟蛛抓住的情景：其中一只已经死了，而另一只在蜘蛛下面，“身上涂着这只怪兽流出的肮脏液体或唾液”［图版 27］。收集者杀死了这只蜘蛛，并且尝试救治已经半死的燕雀，但它很快就死了。蜘蛛有自己的报复手段。它们就藏在蜘蛛灰色和微红色的粗糙体毛中，当贝茨不小心碰到时它们就会脱落，并导致贝茨在三天时间里要面对几乎令人发狂的刺痛。

最有趣的收集就是贝茨钟爱的蝴蝶。他很骄傲地给史蒂文斯写信说，他发送了一对正在交配的鲜艳的燕尾凤蝶（*Papilio sesostris*，现称 *Parities sesostris*）。他实际上看到有 5 个物种正在交尾，而且他有“关于其他 4 个种类的可靠的间接证据”，其中包括他曾观察到一个雄性蝴蝶（它的前翅上有绿色圆斑点）正在它的伴侣周围振翅，那是一种“漂亮的生物，它的前翅上有不规则的绿色斑点，并在后翅上有带珍珠光泽的深红色环带”。他发送的众多鳞翅目昆虫中包括 proteus、theclas、erycinidas 以及两例正在交尾的 mechanites，还有他用毛毛虫培养的蝴蝶。他说他已经给很多 eurygonae 进行配对：他能够通过在它们下面的纹理来判断公母，所以他“把母蝴蝶分配给它们合适的伴侣”。

河流旅行始终是一个问题。当贝茨在 7 月底回到贝伦时，他曾搭乘一艘被当地人称为库博塔（*cuberta*，意为有篷船）的货船，它是“游商浮贩”最喜欢的船。这艘船并没有装甲板，但它的船首和船尾已经被加高做成拱形，从而能将货物堆砌高出吃水线。前面的拱形有一个厚木板做成的屋顶，供船员站立，并且当没有风时可以用长桨推动它；但正常的推进是由两根桅杆上从船首到船尾的船帆来实现。做饭是在一个狭窄的甲板中心地区进行。这艘船能运载 20 吨货物，并且它途经的是从卡茹水道（Caju）到莫茹水道的内河河道，而不是通过托坎廷斯河和帕拉河的危险外海。贝茨知道他们为什么选择更安全的水道。“我非常震惊地看到，那艘船在各个面上都在漏水。船员们都在水中潜水去感知漏洞，随后他们用破布和黏土堵住洞口，而且一个老年黑人在把船身中的水舀出去”。但船主对漏水情况却非常不在意。他向贝茨承认，他以非常便宜的价格购买这艘船，因为它已经被丢弃在海滩上任其腐烂。但这个懒散的人对贝茨非常友善，曾带他上岸到莫茹水道岸边的每个有意思的地点进行收集。因此，这段旅程花了五天时间。

贝茨睡在户外，而且又一次把自己包裹在一个旧船帆中，但当下雨时，他不得不把自己和船帆拖进“客舱”中。在行程的最后阶段，也就是在莫茹水道和瓜马河在贝伦前面交汇的地点，他们遇到了强风，而且船舶出现了倾侧，漏水的地方突然再次泄漏，船主则升起更多船帆从而能更快地到达。但是，“又出现的一阵风让这艘旧船出现令人担忧的倾斜，绳索失去控制，桅杆和船帆轰的一声跌落下来，这让我们担心船舶会失事”。船员们不得不划船前行。当他们几乎要达到时，贝茨害怕“这艘疯狂的船只会在到达港口前沉没”，所以他说服船主用小艇送他和他最贵重的标本上岸。

1849 年 7 月 12 日，当贝茨在卡梅塔时，双桅帆船“不列颠尼亚号”（*Britannia*）带着货物以及三名乘客从英格兰抵达贝伦。这些乘客分别是植物学家理查德·斯普鲁斯、他的助手罗伯特·金以及华莱士 20 岁的弟弟赫伯特。正如我们已经说过的，斯普鲁斯已经读过贝茨和华莱士的报告，也就是史蒂文斯很聪明地在《动物学家》以及其他杂志上发表的那些报告。在胡克和本瑟姆的鼓励下，斯普鲁斯决定来到世界上最丰富的生态系统中，加入这两位年轻收集者的行列。斯普鲁斯认为金是一个高大体宽的人，“他是一个年轻人，愿意作为我的同伴和助手，勇敢地面对亚马孙的荒野”。赫伯特·华莱士希望能用同样的方式为他的哥哥提供帮助。1846 年，阿尔弗雷德让他守寡的母亲、他的姐姐范妮以及他的弟弟约翰和赫伯特到威尔士的内思找他团聚，但这个家庭随后就散落了。赫伯特从加的夫乘船到利物浦，试图靠做法语老师谋生，但那里几乎不存在对他初级语言技能的需求，所以阿尔弗雷德建议赫伯特可以到巴西加入他的行列，成为一名博物学收集者。

华莱士将他的鱼和昆虫收集品放到带他弟弟来巴西的那艘双桅帆船上，发往英国。他随后开始带年轻的赫伯特出去到热带森林中进行训练。几天后，他们发现了一只正在一棵树上进食的绿色的卡罗莱纳长尾鹦鹉（*Conurus carolineae*）。它们被当地人称为帝鹦鹉，非常受人尊敬，因为它们的颜色就是巴西国旗的颜色，而且斯皮克在“他关于巴西鸟类的昂贵著作中”曾经描述过这种鸟。华莱士“长期以来一直在寻找它们，而且当他的弟弟射中一只时，他非常高兴”。

华莱士兄弟决定，他们要向西前进，更加深入亚马孙地区。阿尔弗雷德储存了大量供给品，并从英国和美国朋友那里借了一些书，用来打发在河上的时间，随后他们在8月初出发。当时距他们到达巴西已经有16个月时间，而且与贝茨一样，华莱士在这段时间中也了解了很多关于人、本地习俗、语言、旅行习惯的知识，而且最重要的是关于动植物以及如何收集、保存和包装它们的内容。与往常一样，仍然很难找到航道。华莱士兄弟最终作为一艘小商船上的唯一乘客开始航行，这艘船正驶向河流上游，返回圣塔伦。船上没有客舱，所以他们将吊床挂在货舱中，而里面仍能闻到之前货物的味道。“我们发现里面有咸鱼的芬芳，而且仍在货舱中的一些兽皮并没有让气味改善”。但华莱士现在对本地习俗已经相当有经验：他非常明智地评论道：“在亚马孙河上航行时一定不能太挑剔。”

理查德·斯普鲁斯有一封给詹姆斯·坎贝尔（James Campbell）的介绍信，詹姆斯就是曾对华莱士和贝茨都非常友善的阿奇博尔德的哥哥。斯普鲁斯认为他们是在帕拉拥有大量财产的历史悠久的殖民者。詹姆斯·坎贝尔诚恳地邀请斯普鲁斯和金留在他的房子中，而且他们也真的在那里待了三个月时间。即便只是贝伦镇附近以及亚马孙大森林最东缘的壮丽植物也已经很快让时年31岁的植物学家斯普鲁斯感到眼花缭乱。他写道，“植物学如此完全地占据着我”，以至于他几乎不会观察关于小镇或者巴西人的任何东西。

成熟的雨林可能包括超过100种不同种类的树。“这位植物学家将会震惊于植物的各种不同形式，因为这里相同种类的两棵树几乎不会并肩生长”。这是一个重要观察。热带雨林包含众多不同的树种。每种树都花很大精力去传播它的种子和花粉，从而让它的后代能够分散。为了实现这个目标，树会生成果实或者鲜艳的花朵，从而吸引它的目标分散代理人，如鸟类、蝙蝠、猴子、昆虫或风。这样做的目的是保护树免于遭受这个最丰富的生态系统中无处不在的寄生虫、枯萎病和捕食者。

斯普鲁斯立即要面对一个曾在半个世纪前阻碍洪堡并且当今仍然阻碍生物学家们的问题：在地面上识别热带雨林时面临的困难。只有通过检查植物的叶子、花朵和种子才能确定无疑地识别每个物种；但是每种树都竖直向上朝着头顶上树冠之外的阳光和雨水生长。与洪堡一样，斯普鲁斯也遗憾地发现，他无法找到“敏捷和有意愿的人，能愿意为我像猫或猴子一样爬到树上”，最低的树枝也仍然太高，无法用杆子和钩子获得花朵，而树干又太粗而无法“攀爬”。所以斯普鲁斯逐渐意识到，获得花朵和果实的最佳方式就是将树伐倒。“但我花了很长时间才克服那种仅仅为了收集花朵就毁灭一棵大树的负罪感”。他最终克服了自己因为故意破坏树木而产生的内心不安，他给自己的理由是：这样做是为了科学，并且能让人们在博物馆中更加了解树木。更加使他安心的想法是，亚马孙森林“几乎是无限的，这里超过 700 万平方公里的土地都被树木覆盖，而且除了树还是树”。所以本地人在毁坏最高贵树木时并不比英国人在从玉米地中拔除绉叶菊或罂粟花时想得多。

斯普鲁斯当然收集了各种各样的植物。他从最容易获得的物种开始。“由于之前在家乡从未见过热带植物，所以对我来说它们都是新鲜的，而且是美丽的”。但他知道，在整个热带地区都能发现这些沿海植物，所以它们是很常见的，因此对英国本土的收集者来说其中只有少数植物种类才是有价值的。在一条溪流（*igarapé*，意为独木舟小道）的泥泞河口，存在很多美丽的草，如像莎草一样的高大的香附（cyperi），它“拥有光亮的伞状花序以及棕色或绿金色的小穗花，看起来非常漂亮”。但与红树林一样，这些物种分布如此广泛，以至于人们很快就对它们单调的充裕感到厌烦。潮湿的低地平原中含有圭亚那藤黄（*Vismia guianensis*），这是一种灌木植物，它的树干能流出浓稠的红色汁水，干燥后能形成一种封蜡的替代品。这里还有多个不同种类的印加树（inga），它们是豆科植物，每种的树枝上都挂着不同形状的豆荚（有些长近1米）。在树上生长着旋花植物和匍匐植物，如拥有黄色或粉色花朵的金虎尾科植物（*malpighiaceae*），或者更加艳丽的使君子科植物（*combretaceae*），其中一种就是红花番君藤（*Cacoucia coccinea*），它鲜艳的绯红色花朵拥有很长的花穗，成为这个绿色世界中的一块鲜艳的色斑。除了常见的野西番莲（*Passiflora foetida*）会散发出浓重的秃鹫窝一样的气味之外，大部分西番莲蔓藤都能发出细腻的味道。各种胡椒植物垄断了潮湿地区的土地，并且一些"看起来像是细小的藤类，因为它们用螺纹一样的根茎在树干上攀爬"。在原始森林中，每位访客都会被黑暗地面上鲜花的缺乏所触动。但丰富的蕨类植物以及他钟爱的藓类植物和苔类植物给了斯普鲁斯些许安慰。有一种特征甚至对他来说都是首次碰到。这就是在潮湿的热带森林中，"树叶上覆盖着美丽的地衣和苔类植物"。地衣通常是一种发白的外壳，带有黑色、红色或黄色的保护层。在肉眼看来，苔类植物仅仅是各种颜色的斑块或者细长线条。但在放大镜下观察时，能看到它们拥有对称排列的小叶子，而且有各种形状的小花。

斯普鲁斯的主要远行是在8月进行的，当时他和罗伯特·金与阿奇博尔德·坎贝尔（他们主人詹姆斯的弟弟）及其家人一起去探访他在卡里皮的房产。这是一个破旧的房屋，以前曾是耶稣会布道的地方，贝茨在当年早些时候曾在这里度过一段快乐时光。这所大房子已经关闭了一段时间，并且提供给斯普鲁斯的房间的地面中间有一大堆鲜土，看起来像是新挖的墓地。这是切叶蚁（leafcutter saúba ant）的杰作，它们被称为“伟大的挖掘机……或者亚马孙流域的挖土工”。与贝茨碰到的情况一样，熄灯后会有一大群蝙蝠在疯狂地飞来飞去。斯普鲁斯有一天半夜恰好醒来，借着微弱的灯光看到，金睡觉时的头到了吊床外面，而且几乎要碰到地面。在头附近是一个蟾蜍大小的“乌黑的小淘气”。斯普鲁斯从他的吊床上跳下来，拿着他的弯刀，跳着穿过房间去阻止那个怪物。它突然伸展翅膀，原来是一只年幼的吸血蝙蝠。就在那时，“蝙蝠父母从房顶飞下来袭击我，当我把它们赶走时，它们就在房子里盘旋，而且每次经过我时都会尝试用它们的翅膀袭击我，而我则会用我的［弯刀］攻击它们”。年轻的金现在醒了，当看到这个奇怪的战斗时，“他笑得直不起腰，而我随后也大笑起来”。

在从卡里皮出发的一次出行中，斯普鲁斯访问了好客的印第安人的小屋，并且看到了他们是如何制作耐火陶器，那是一种在整个亚马孙地区都使用的厨具。其中的秘密就是将细黏土与卡莱佩木（*caraipé*）的树皮混合，因为树皮里含有大量石英或二氧化碳。当让树皮燃烧并且在研钵中碾碎后，它就能让陶器耐火。他们好不容易才找到一棵卡莱佩木。斯普鲁斯高兴地看着一个印第安男孩爬上它相当细长的树干，他的脚趾放在藤条制成的一个环中，用手臂抱着树干，弓着身向上爬行，并且紧紧地抓着缠着树的藤条环，作为某种形式的台阶。男孩弄下来一些树叶，斯普鲁斯将它们晾干，并发给他的专业顾问乔治·本瑟姆。“依靠他广博的比较植物解剖知识”，本瑟姆认为这种树几乎肯定就是可可李属（*Chrysobalanea*）的一种利堪蔷薇木（*Licania*）。

从卡里皮出发，斯普鲁斯和金乘船来到位于帕拉河口岸上的阿奇博尔德·坎贝尔的妻子继承的另一套房产。这段行程要花几天时间沿阿卡拉河（Acará）向上，向贝伦的正南方行进。这次前往原始森林的行程成为他获得关于亚马孙植物生命无与伦比知识的基础。

理查德·斯普鲁斯后来写了一份30页的总结，介绍了他所称的赤道原始森林的植物丰富程度。在一个世纪后，作为20世纪最伟大的亚马孙植物学家，哈佛大学的理查德·埃文斯·舒尔特斯（Richard Evans Schultes）教授认为斯普鲁斯的总结仍然是初学者首次进入这个环境时的最佳入门材料。其中最华丽的一种树是木棉或者丝绵树（图皮语是*sumaúma*，学名是*Ceibapentandra*）。斯普鲁斯敬畏地凝视着一棵木棉树干，它的周长接近13米，并且从地面它第一次开始分叉的地方的厚度就有15米。他测量了一棵被伐倒的木棉树，长约48米，并且他肯定地说，其他木棉能够长到60米高，从而从树冠层露出来，并超过森林中的其他树木。他喜欢抬起头向上看木棉树圆顶形的树冠，而那些“腐烂的树叶会形成拱桥，跨越柱状树干之间的空隙，并且投影到上面乐园的穹顶上”。

斯普鲁斯马上就注意到了亚马孙森林与欧洲温带树木之间的不同之处。其中一点就是这里的系统是常绿的：“树木的树叶从来不会完全掉光”，因为它们会在旧叶子落下之前就长出新叶，而且这里不存在让所有树木都变光秃秃的秋季或冬季。另一点就是“最高的森林通常也是最容易穿过的森林”，因为它的匍匐植物和附生植物会远高于树冠层，而且在地面上几乎没有林下植物。即使在低一些的森林中，草本植物的数量通常也仅仅是与蕨类植物、莎草、看起来像棕榈叶的美丽的雨林竺（pariana），以及一些灌木和矮树差不多。斯普鲁斯还描写了树皮的变种、树干的形状以及这样的一个事实：高处地面的很多树的树干都“非常整齐，甚至是几何形状的，这导致了轮廓的对称性”。

在写树叶的形状时他提到，树叶经常被藤本植物和附生植物所掩盖。但当它们清晰可见时（如在河岸上），“随便一个观察者都能看到树木有大量光滑的叶子，并且混合着像羽毛一样的含羞草以及其他类似植物的明亮叶子，以及棕榈巨大的羽状叶子”。令人意外的是，这里几乎没有不同类型的叶子，“让总体效果变得相当单调，因为大部分亚马孙树木的叶子都是卵圆形或予尖形的、皮质的、光滑的，并且完全都在边缘”。对斯普鲁斯来说，他几乎无法看到那些让他想起英国树木的“有深深分叉、强力切口、锯齿状或波浪状的树叶”。而这种千篇一律树叶的一个例外就是那些中等尺寸的树，如木瓜树和伞树（cecropias），它们拥有“巨大的树叶，树叶浅裂或深深裂开形成指状分叉”。伞树叶子下面是灰色或灰白色的。斯普鲁斯回忆说：“当我的船在水上缓慢地漂浮时，在炙热和耀眼的太阳下，没有一点风”，而一阵狂风翻开了“[伞树]叶子下面鲜艳的色彩，并且让景色变得生动和美丽”。

就像在欧洲马栗树上看到的情况那样，包括高大的木棉树在内的一些树木拥有很多源自同一个梗的复叶。一个梗上可能有 5 个、7 个或 9 个这样的叶子，但它们只存在于后来成为亚马孙最有利可图自然产品的巴西橡胶树（*Hevea brasiliensis*）上。庞大的豆科植物家族中，大部分都有羽状树叶，就像欧洲水曲柳或胡桃一样，但在北半球并没有树木长着像一些属含羞草那样的二回羽状复叶。很多林下植物都属于野牡丹目，它们都拥有对生叶，通常很大并且“有绒毛或毛状凸起”，并且树叶上的脉络和纹理给它们“一种非常整洁和几何形状的外表”。这些就不同于它们附近的桃金娘科植物的叶子，两者的叶子都差不多一样浓密，但“后者拥有光滑无叶脉的更小的叶子，上面还镶有透明斑点”。在整个森林中，“几乎每个绿色树荫都可以看到树叶的色彩”。

由于这里没有凋落期或秋季，所以这里也就没有红色和棕色的即将枯死的树叶，但“能与树木其他叶子的深绿色形成鲜明对比的幼叶所具有的粉红色和浅黄绿色色调”几乎弥补了这一点。

当谈到开花（斯普鲁斯一直称为“花朵”）时，斯普鲁斯警告读者，这里几乎看不到颜色艳丽的花，因为树木不会同时开花，并且它们的花朵通常寿命很短。而且，“老实说，亚马孙树木的花朵经常并不起眼，这要么是由于它们非常小，要么是由于它们的绿色已经使它们同化成树叶。而它们是如此之小，以至于只有植物学家才能看到”。但是存在很多美丽的例外。在亚马孙河口，一些豆科植物和紫葳科（Bignonias）植物“在其花朵的丰富程度和美丽程度方面都让其他植物相形见绌……长得更高的山扁豆属（*Cassias*）以及一种 Sclerobium 植物在树梢上都有大量金色花朵；但更加优雅的花朵要数羊蹄甲属（Bauhinias）植物像鸡冠花一样的纯白色大花朵……［在紫葳科植物中，］高大的角豆树（*Tecomas carobs*）在它们的花季就会长出一个由大量像毛地黄一样的花朵形成的紫色或黄色的花团……Clusias 树白色或红色的艳丽花朵……一定能够立即吸引植物学家们的注意力。一些 Tiliads（*Molliae* sp.）上布满星状白色大花，这些花是西番莲花（*Passiflora*）开出的耀眼晨星，用自己的方式吸引人们注意，而西番莲花则让沿河边分布的藤本植物帘幕闪闪发光”。斯普鲁斯提到了很多其他奇怪和艳丽的花朵。但他重复他的警告说，“森林中的大部分树木，甚至很多藤本植物，拥有的都是不起眼的花朵”，或者根本没有花。

在亚马孙森林中，“给观察者留下最深印象的第一件事差不多就是”很多树干底部的巨大三角形根肿。这些根肿很少超过 15 厘米厚，但它们却可以从树干底部开始在地面上延伸多达 4.5 米，并且它们的顶端可以长到 15 米高。每棵树周围有 4—10 个这种根。

印第安人正确地将它们称为“水平根”（*sapopemas*，*sapo* 意为根，*pema* 意为水平），因为它们是地面以上的根。它们还能支持根肿。斯普鲁斯注意到，雨林树木会在附近的地面伸展它们的根，只有很少是深根。如果没有根肿，它们就很容易被周围倒下的树木砸倒。现在人们知道，这些浅根的目的是获取落下的所有营养，从而供应它种族中的每棵树都能长高获得树冠上的阳光和雨水。正如我们已经看到的那样，由于产生的热带雨林土壤是如此贫瘠，因此树木只需要一两个生长在地下的主根：剩下的则水平地位于树根和落叶浅层中。斯普鲁斯记录了不同树种之间在水平根大小和形状方面的差异，其中樟科之类的一些树种就没有差异。他还注意到，一些树（尤其是某些棕榈）拥有高跷根，这些是呈一定角度的腿，能够让树干高于会被季节性洪水淹没的土地。

斯普鲁斯惊叹于藤本植物悬垂的枝条，并且认为它们相当于是“船上的绳索和索具，而树的树干和树枝就是桅杆和帆桁”。在图皮语中，这种枝条被称为西波（*sipo*），而它们的厚度非常不同，从细长的线条到“像巨大的蟒蛇一样粗”都有。它们的截面形状是圆形的或者扁的，一些有结，其他的“则像线缆那样出现整齐的弯曲”。本地人将一种枝条称为扁平螺旋“乌龟梯”。它们是“最奇特的”藤本植物，拥有“像缎带一样扁平的树茎，它们呈波浪状，就好像是用面团进行塑形，并且放在手里挤压时仍感到每隔几寸就非常柔软”。虽然它们的直径绝不会超过 30 厘米，“但它们长 60—90 米，它们能够爬到树顶，从一棵树爬到另一棵，并且经常会又下降到地面”。这些特殊的藤本植物就是豆科植物（斯普鲁斯称为 *Schnella* 属，现在是羊蹄甲属），在整个亚马孙地区都能看到它们。

很多藤本植物是紫葳科植物，这可以通过它们四角形的树茎来进行识别，并且相隔不远就有肿胀的叶痕。斯普鲁斯回忆起

"一个我曾经见过的最华丽的景象"。一些树被伐倒，在森林中留下一个空隙，一种拥有很多树茎的紫葳科植物"曾经轻松地攀爬到［树顶上］，现在则悬挂在两棵相距36米的大树间，它形成一根优美的垂线，并且它的树茎上都覆盖有像毛地黄一样的花朵以及略呈紫色的深绿色大双叶"。斯普鲁斯提到，每种藤本植物都"通过爬上它们周围更加粗壮和自我站立的树木而矗立在这个世界上。当两个或多个这样的流浪者在半空发生碰撞时，并且找不到其他可以缠绕的东西时，它们会彼此像电缆中的电线一样紧密地缠绕在一起，而且结局通常是更强壮的那个植物将弱一些的植物挤压而死"。

一些藤本植物拥有挂钩，这既能帮助它们攀爬，同时也是"可怕的自卫武器"。在19世纪的亚马孙森林中，少数几种广受欢迎的药用植物中包括洋菝葜；它的根用于泡制药用滋补茶，而且正如它的植物学名称暗示的那样，它被认为是能缓解梅毒。[①] 斯普鲁斯生气地将洋菝葜比作是"我们的荆棘，它们无规律地蔓延生长，但从来长不到很高的高度"。一些拥有"三角树茎，它们的角非常厚，而且长有刺。它们有时会在地上危险地蔓生，人们只有在不小心踩到它们上面并且让脚受伤后才能发现它们"。这里有一种长满刺的攀缘植物，名叫"朱鲁帕里鱼钩"（jurupari-pina，意为恶魔鱼钩），因为它"在叶托上拥有宽阔弯曲的刺"。有一种钩藤属（*Uncaria*）植物被称为"猫爪"，因为它拥有结实的像钩子一样的长刺。这种植物在河岸森林中很常见，它们"严重妨碍了在这里的航行，因为向上游行驶的船舶为了避开一些地方的急流必须靠近河岸"。斯普

① 1911年的《大不列颠百科全书》曾提到，在经过详尽的医学测试后，撒尔沙植物被认为"在药理学方面是无效的，在治疗上是无用的"。所以"Salsaparilla"现在仅仅是牙买加一种受欢迎的软饮料的名字。

鲁斯知道有人曾被这样的钩子困住，并被挂在半空中，而他们的船则被冲向下游。但最可怕的河边藤本植物要算攀缘棕（jacitara），这是南美洲藤属（*Desmoncus*）的一种棕榈，它的叶子末端是拥有箭头倒刺的坚硬树刺。“当独木舟在悬伸的大量攀缘棕旁边或者下面快速经过时，那些被这种植物的爪子抓住的不幸的人就要面临灾难，因为植物的爪子绝对会撕下它们抓住的任何东西，这可能是人肉或衣服，也可能两者都是”。

很多到雨林的访客都会被一种攀缘植物迷住，它是如此“奇怪地平贴在树干上”，以至于它看起来就像是画在上面的一样。它的椭圆形叶子“分成两行紧密地对称地镶嵌在树干上……并且它的叶子是天鹅绒般的深绿色，上面带有美丽的白色网状纹理”。这属于未成熟的杜比亚龟背竹（*Monstera dubia*，在斯普鲁斯时代它被称为 *Marcgravia umbellata*），而且它“与成熟后的植物是完全不同”，以至于斯普鲁斯很难追踪到相同植物在完全不同的两种形式之间的结合点。当这种龟背竹爬到有阳光的地方后，它就会伸出结实的分支，上面带有绿色的大叶子，末端是锋利的“滴水叶尖”，而且它雕刻有如此多的圆孔，以至于植物学家现在将它称为“瑞士奶酪植物”（Swiss cheese plant），并且它是巴西之外一种常见的室内盆栽植物［图版 10］。

“很多藤本植物都藏有大量流动的树液，它们通常是乳状的和辛辣的”。在很多夹竹桃科或萝藦科缠绕植物中，一些泡林藤科（Paulliniae）植物的树液可能是“浑浊的和有剧毒的，但有时又是透明的、甘甜的和无害的”。斯普鲁斯当然喝过著名的水藤植物（*cipó de água*）的树液，它已经挽救了很多口渴的旅行者。他解释了如何从这种锡叶藤科植物（*Dilleniacea*，现称 *Pinzona coriacea*）中获得一杯纯净水：“必须同时割断相距不远的两个点，并且被切断的这段树茎两端必须处于相同的高度；然后当一端稍微降低时，一股细流就会缓缓流出，这样就适合饮用”。

附生植物（epiphyte）“会栖息在树木的树杈中或者树枝上”。它们将宿主树当作是支撑物，但不会像寄生虫那样伤害树木。附生植物的叶子可能像藤本植物那样丰富，所以这些租住的植物“会完全把它们坐落和悬挂的植物的叶子掩盖住”。存在一些天南星科植物，它们很像英国灌木篱墙中的海芋属植物，但前者的叶子要更大，“有时具有奇特的锯齿状或穿孔的叶子，而且在有些情况下叶子下面会是紫色或紫罗兰色”。环花草科植物看起来像是天南星科植物，因为它拥有“庞大的枝丛或者多汁的匍匐茎”，而且还有宽阔的两裂叶子或扇状叶子。这里还有很多凤梨科植物，包括多种铁兰属植物以及像巨大的菠萝树一样的其他凤梨科树种。这些凤梨科植物的叶子是具有黏性的，所以它们能保存雨水，并且因此成为微小的池塘，为昆虫和青蛙形成了一个微环境。斯普鲁斯了解到，“被绊倒时撞到一棵凤梨科植物绝不是一件舒服的事”，因为它们的叶子拥有多刺的锯齿和辛辣的叶尖，而且上面还生活着能蜇伤人的蚂蚁。

与华莱士和贝茨一样，斯普鲁斯也喜欢棕榈。他们后来都写过关于亚马孙棕榈的书籍或论文。他曾惊呼：“高大的棕榈与其他树混合生长在一起，而且在高度上通常也与它们平齐；而对于同一个棕榈科中的其他一些更加可爱的树种，它们带环的树茎有时几乎没有手指头厚，却能支撑羽毛状的复叶以及悬垂的一簇簇黑色或红色浆果，这与它们高耸的盟友的果实很像，它们与很多种类的灌木和矮树一起构成了浓密［但不稠密的］林下植物”。在棕榈的高度方面，斯普鲁斯温和地纠正了亚历山大·冯·洪堡的观点，后者曾说过棕榈要大大高出周围的森林。但实际上，这种情况只出现在一些河岸或海岸上。从内格罗河上方一处露出的岩石上凝望，在原始森林中，棕榈很少能超过外生树。“我已经看过很多森林”，其中棕榈几乎从未长到超过树冠层。

1849年9月底在贝伦，一艘80吨的双桅帆船沿亚马孙河向下，上面载着坎贝尔先生的朋友苏格兰人希斯洛普（Hislop）船长发给他的货物，这位船长是住在圣塔伦的另一名常年生活在此的移居者。圣塔伦虽然很小，但它是亚马孙干流上最大的城镇。它位于贝伦上游764公里，所以对理查德·斯普鲁斯来说，它看起来是收集“活动的一个非常令人满意的总部”。他决定在这艘船返航时要搭乘它。他很快就做了必要的准备。他给圣塔伦的一名商人带了一些介绍信，还有一包用作零钱的重量为一英担（112磅）的铜币。在食物方面，他准备了烤焦的面包、木薯粉、咸鱼（是他不喜欢的味道很大的巨骨舌鱼，还有更加美味的小一些的鲻鱼）、鸡蛋、咖啡和糖。他买了一个提篮，这是“旅行者必不可少的一件物品”，它拥有用来放置盘子、刀叉的隔间；还有容量为2.27升的大方瓶，用于装烈酒、醋、糖蜜等。他们在1849年10月10日驶向内陆。

亨利·沃尔特·贝茨也认为，对他来说，是时候离开贝伦和大西洋海岸而进入内陆了。他在卡梅塔的名人朋友安吉洛·库斯托迪奥·科雷亚已经向他许诺，他可以乘坐一艘属于他妹夫的船。贝茨给史蒂文斯写信说，他非常有希望能在这艘大船上进行快速航行。但是，正如在亚马孙地区常碰到的那样，事情进展并不顺利。整个8月都浪费在这个名叫若奥·科雷亚（João Correia）的年轻马梅卢科人造成的延误上面。他正在计划花几年时间进行这次贸易航行，所以他并不着急。有效率的贝茨恼火地写道：“享乐第一，业务第二”看起来是若奥的座右铭，并且当他们终于在9月5日起航后，前两周却用来重新造访卡梅塔，参加一个大型宗教节日。贝茨现在开始意识到沿这些河流活动时存在的问题。在19世纪30年代的卡巴纳仁叛乱前，富裕或有权势的人可以乘坐一种快速小船加莱奥塔（galiota）出行，上面配有十几名印第安桨手来加快航行。但由于这次叛乱造成人口减少以及劳动力短缺，现在几乎所有的交通都是用私人拥有的商船。由于只有很少的桨手，所以这些船只能依靠船帆，当然也就是依靠风。亚马孙的主要"信风"是东风，也就是从大西洋往河流上游吹的风。当这种风正常吹时，"航行中的船只就能非常好地行进，但当这种条件不具备时，船只就不得不在河岸附近抛锚，有时总共甚至要好几天时间"。这种情况在1月至7月的雨季期间要更加复杂：这不仅是因为东风会更加微弱或者根本不存在，而且也因为河流本身会变得更加无限强大。由于来自安第斯山的降雨会让河水暴涨，所以亚马孙河水位每年都会出现惊人上涨，淹没大片森林，并且拥有"猛烈的水流"。（我是一个笨拙的游泳者，但当5月在亚马孙河中游向下游泳时，我看起来可以达到奥运会速度。）19世纪中期，在旱季时，一艘双桅横帆船可能要花40天的时间走完从贝伦到位于内格罗河口的马瑙斯超过1600公里的路程，而在雨季，时间要翻倍，也就是要花三个月才能完成相同的航程。这也是三位博物学家要等到1849年晚些时候才向内陆进发的一个主要原因。

贝茨准备旅行的方式与三周之前华莱士的方式很像。他也带了一英担的铜币，还有在内陆很难获得的所有供给品，包括弹药、木制大箱子、储藏盒以及一些关于博物学的书。一个不同之处在于，贝茨还带着他的所有家居用品、厨具和餐用器皿，因为他计划在某个地方租间小屋，定居下来进行认真的收集。他雇用了一名马梅卢科人作为仆人和收集者：他是一个"矮小、肥胖、黄脸的男孩，名字叫卢克（Luco）”，贝茨向斯普鲁斯描述他是一个半野蛮的有色年轻人，但他也是一名熟练的昆虫学家。所有这些准备都是“麻烦和昂贵的”，但贝茨希望一旦起航，他的生活费用将是微不足道的。他期待能看到真正的亚马孙森林，并且那里的生活将是“完全令人感到享受的”。但他想念与华莱士在一起的时光。他给史蒂文斯写信说：“我应当喜欢有一个志同道合的同伴，而不是自己一个人，但在这个野蛮的国度，我是不会有这么一个同伴了”。史蒂文斯后来在《动物学家》杂志上发表了这封信。

1. 亨利·贝茨在巴西度过的十一年中一直在森林中收集标本。图中他收集到了一个卷冠巨嘴鸟。当这只受伤的鸟发出尖叫声时，贝茨被它的同类围攻，但当他杀掉这只鸟时，它们就消失了

2

3

2、3. 河畔植被，这是华莱士、贝茨和斯普鲁斯在他们长达几个月的亚马孙河上的旅行中所见到的情形。上图是内格罗河上游沿岸的森林，下图显示的是在巴西的季节性淹水森林

4

在亚马孙森林中有数百个棕榈种类。斯普鲁斯写了一本关于棕榈的不朽著作，而华莱士也写了一本关于棕榈商业用途的较短作品

4. 雄伟的布里奇棕能够产出营养丰富的果实、用于制作吊床的纤维、用于编篮子和做屋顶的叶子以及用于建筑房屋的树干

5. 一名筋疲力尽的科学家站在一棵拥有爪形树根的行走棕榈旁

6. 高大细长的蔬食埃塔棕是另一种多用途棕榈，它富含维生素的果汁是深受亚马孙居民欢迎的饮料

5

6

7

8

7. 内格罗河流域中的一条小黑水河，它类似于斯普鲁斯在 18 岁时首次探索的帕西莫尼河
8. 大部分亚马孙河流都是空无一人的，但旅行者偶尔能看到印第安人乘坐自己的独木舟

9

10

11

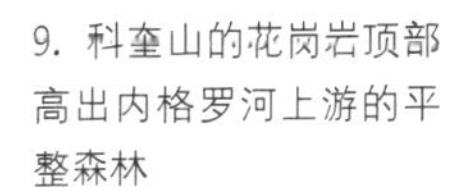

9. 科奎山的花岗岩顶部高出内格罗河上游的平整森林

10. 一棵美丽的杜比亚龟背竹，现在也被称为瑞士奶酪植物

11. 能够产生奎宁的金鸡纳树的树苗，它从一根树桩中长出来。这正是斯普鲁斯在1859年发现这些树时的情形，因为恣意妄为的树皮收集者已经砍伐了几乎所有大树

12

13

14

12. 时年 25 岁的阿尔弗雷德·拉塞尔·华莱士在出发前往巴西时拍摄的照片

13. 不到 40 岁的亨利·沃尔特·贝茨，这是他 1864 年在皇家地理学会任职后不久的照片

14. 时年 31 岁的理查德·斯普鲁斯在起航前往巴西前不久的照片

15

16

曾经启发过或帮助过这三位博物学家的人

15. 德国博物学家亚历山大·冯·洪堡男爵，他于1800年在委内瑞拉南部探索了奥里诺科河和内格罗河，并且写了一本关于其旅行的13卷经典游记

16. 克莱门茨·马卡姆，他在1859年鼓励斯普鲁斯从厄瓜多尔的安第斯山区带回金鸡纳树，并且他还是贝茨在皇家地理学会任职时接近三十年的同事

17

17. 这是名为《三个聪明人》的一幅现代绘画，它想象的是查尔斯·达尔文、查尔斯·赖尔以及约瑟夫·胡克对华莱士1858年关于通过自然选择实现进化的论文的反应。达尔文和地质学家赖尔扶持和帮助了贝茨和华莱士，而约瑟夫·胡克以及他的父亲威廉（在邱园任职）则是斯普鲁斯的仰慕者和赞助者

18. 卡尔·冯·马蒂乌斯在 1820 年正在进入一座穆拉人的小屋。巴伐利亚植物学家马蒂乌斯以及动物学家约翰·巴普蒂斯特·冯·斯皮克是首批获准进入亚马孙地区的非葡萄牙科学家。贝茨将穆拉人视为原始人，但他们是出色的船夫以及无畏的战士。马蒂乌斯后来尝试劝说斯普鲁斯为其不朽的巴西植物研究而撰写关于棕榈的著作

19. 贝茨和他的朋友安东尼奥·卡多佐在埃加附近的索利默伊斯河上看到一只巨大的海龟蛋猎手。一天晚上，他们的沙滩营地被一只巨大的黑凯门鳄入侵，它不侵犯人，但能够吃他们的狗。贝茨将自己描绘成是瘦小但有很多毛发的那个人，他从自己的吊床上醒来，而卡多佐则用燃烧的木头驱赶这条大鳄鱼

20

21

20. 贝茨描绘了他和卡多佐在索利默伊斯河外的一个潟湖中抓海龟的情形。米兰哈人吼叫着，并且伴着不小心网住一只黑凯门鳄时发出的笑声。与此同时，贝茨在岸上等待用一根棍子把它杀死。卡多佐在远处将海龟收集到一艘船上

21. 华莱士绘制的他对自己收集到的一些鸟类的幻想图。在左边是亚马孙伞鸟；它上面是一对优雅的凤冠雉；朝画家飞来的是两只卷冠巨嘴鸟，也就是围攻贝茨的那种鸟；站在水边的是一只高大的喇叭鸟；并且在右边是一对可爱的缨冠蜂鸟，它是蜂鸟的亲戚

22. 一只绿色的木蟋蟀（*Chlorocoelus Tanana*）。贝茨解剖了一只，想了解雄蟋蟀是如何发出非常大的鸣响。他发现，这是通过将一个内鞘翅对着另一个内鞘翅中的不同结构摩擦来实现的（如下方素描图所示）

23. 当贝茨泽尼亚蝶（*Zeonia batesii*）蝴蝶以他的名字命名时，贝茨非常兴奋

24. 左边的大天蛾（*Aellopos titan*）的外观和移动都与蜂鸟有惊人的相似。本地人认为昆虫能够变异成为鸟，并且贝茨无法阻止他们这样想

22

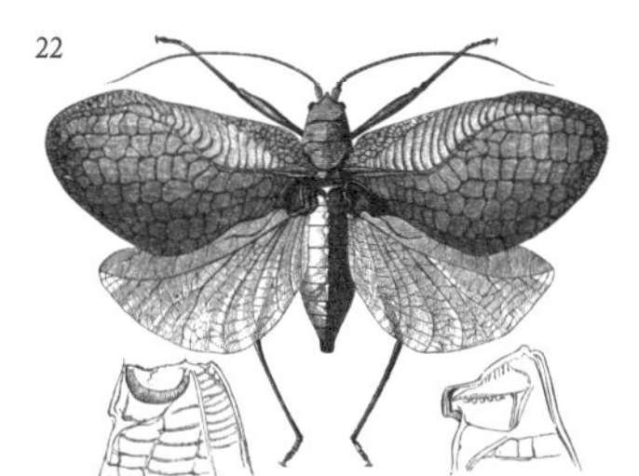

23

24

25. 贝茨看到一个黄黑泥蜂正在用泥块建立一个袋状蜂巢，并且随后存储了被打晕的蜘蛛，供蜂卵将来食用

26. 一只虎甲虫（*Tetracha punctata*）的幼虫正从一个坑道中钻出来，并长成一只能变色的有角甲虫。贝茨在卡里皮的沙滩上很难抓住它们，因为它们是夜行动物，跑得非常快，而且被追踪时会转身返回

27. 贝茨震惊地发现，一只食鸟蛛杀死了两只小燕雀，蜘蛛在密密的网中抓住了它们，并用有毒的黏液涂抹它们。他试图营救一只还活着的鸟，但徒劳无功

25

26

27

28

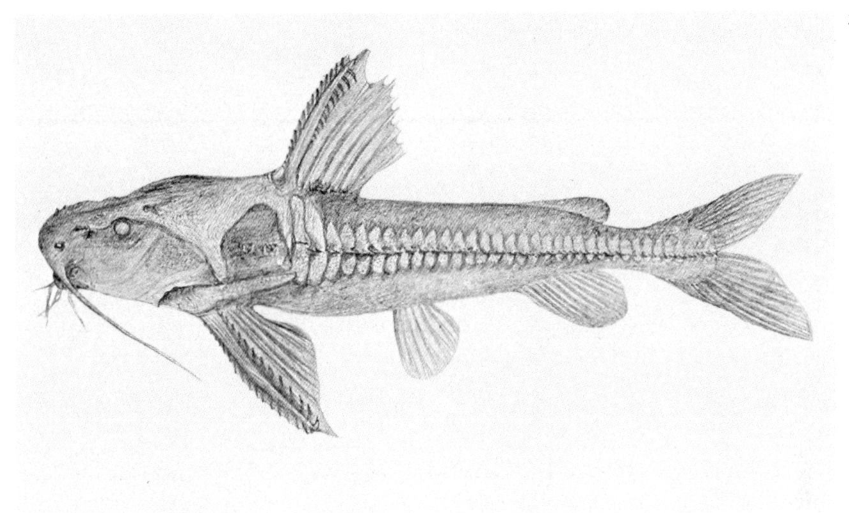

华莱士是亚马孙河淡水鱼的美丽而准确的素描图的首批绘制者之一。他从着火的"海伦号"双桅横帆船中抢救出一箱这样的素描图，并且它们在露天小船中得以幸免。它们现在是自然博物馆和伦敦林奈学会的宝贵财产

29 30

28. 半棘鲶（*Hemidoras stenopeltis*）是来自内格罗河上游的一种鲇鱼

29. 华莱士将这种慈鲷科鱼类（*Pteroglossum scalara*）称为"蝴蝶鱼"

30. 金菠萝鱼（*Cichlosoma severum*）是另一种慈鲷科鱼类

31

32

31. 纳扎雷小村，华莱士和贝茨1848年到达贝伦时曾在这里住过。华莱士的画展示了帕拉的人们每天都穿着白色衣服

32. 1859年贝茨回到贝伦时，他发现这里正被改造成19世纪末的城市，内港两侧是市场和仓库

33

34

35

33. 斯普鲁斯画的圣伊莎贝尔，这是一个由充满活力的逃亡奴隶库斯托迪奥在委内瑞拉南部的森林中创造的小村庄，它位于帕西莫尼河上游和内布利纳山下方

34. 圣塔伦在很多方面都是亚马孙河上最宜人的城镇。贝茨和斯普鲁斯都选择在位于贝伦和马瑙斯之间的圣塔伦进行成年累月的收集工作

35. 斯普鲁斯绘制的秘鲁北部的塔拉波托，在1855—1857年，他在这里度过了21个月愉快的植物研究时间。他的房子和花园就在右边

36. 每年1—3月，安第斯山的降雨导致亚马孙河淹没了大面积季节性淹水森林。在这些洪水中很容易逆流而上，并且旅行者们都惊叹于船员在森林迷宫中找到道路的能力。但是这时没有干燥的陆地可供人们扎营或者生火

第五章
进入亚马孙

经过四周的旅行后，华莱士兄弟在1849年9月初到达圣塔伦。而贝茨也正是在这时离开贝伦，并在10月9日到达这个小镇，不过他在第二天早上天一亮就起航向河流上游行进。斯普鲁斯在10月10日离开省会贝伦，但他拥有最快的航速：所以他的船在27号就驶入了圣塔伦。

从亚马孙河下游向上游的旅行是相当平静的。离开宽阔并且经常有暴风雨的帕拉河后，船舶花了一周或者更长的时间穿过位于马拉若岛西端的弗罗斯（*furos*）河道网络。这些河道是些被森林覆盖的有吸引力的河流。贝茨惊叹于植被形成的高墙，因为这些植被墙将他的航道变成了深深的峡谷。顶部为圆形的露头树要大大高于树冠层的树，其中有很多优雅的棕榈，包括有扇状叶子的布里奇树，还有成群的蔬食埃塔棕，它们在大量的圆形叶子中间“形成了一幅毛茸茸的图画”；大量布福棕榈伸展着羽毛球形状的鲜艳的淡绿色复叶；酒椰正好将它非常长的粗糙叶子悬在河道之上；庄严而非常优雅的巴卡巴酒实棕以及各种各样更小一些的棕榈装饰着水道两边。在所有这些植被上面，“从森林树木最高的树枝到河道水面，攀缘植物用它们最多样和最具装饰性的叶子形成了缎带式的装饰”。爬行的旋花植物把藤本植物和悬着的气根当作阶梯，并且这里偶尔还有含羞草以及带着长豆荚的浓密的印加树。这些河道两侧在 21 世纪仍然布满丰富的植被。其中最大的航道在直、宽和深方面都足以容纳现代远洋班轮。

在 1849 年，潮汐当然是一个重要的因素，并且人们每天都要等待退潮变成能够推动船只从河流下游向上游航行的涨潮。但对华莱士来说，有很多天都没有风，所有他的船不得不借助缆绳来前行。这种拖船过程包括让小独木舟带着一根长绳子前行，将绳子拴在河岸的一棵树上，印第安人随后回到大船上，并用手拖动船前行。这种费力的操作一次次重复，但进展却相当缓慢。

每艘船最终都到达了亚马孙河干流。浪漫的华莱士“带着钦佩和敬畏的心情凝视着这条强大而闻名遐迩的河流”。贝茨第一次借着月光看这条大河，它看起来非常气势磅礴。河流超过 30 公里宽，却被一系列长岛屿分成宽阔的河道。华莱士将它的水描述成微黄的橄榄色。而对贝茨来说，它们是赭色的和浑浊的，对华莱士来说河水的颜色包含从暗黄色到淡巧克力色等不同颜色。在亚马孙河下游的这个延伸地带，几乎没有什么人烟，在北岸完整的森林界线中，偶尔能看到一个城镇，如古鲁帕（Gurupá）、阿尔梅林（Almeirim）和蒙蒂阿莱格里（Monte Alegre），或者村庄，但在南岸被季节性洪水淹没的森林中，几乎没有生命。[①] 在第一周，他们是沿这片沉闷

① 在亚马孙泛滥平原地区，有两种季节性淹没的森林：*igapó* 和 *várzea*。虽然这在 19 世纪 50 年代很难被理解，但它们的不同之处在于，*igapó* 是由清水河（如塔帕若斯河）以及黑水河（如尼格罗河）的洪水形成的，而 *várzea* 则是被浑浊的“白水河”（尤其是那些来自地理上还年轻的安第斯山脉的河流）所淹没。亚马孙河－索利蒙伊斯河上游以及马德拉河（是来自南部的一条大支流）都有巨大的 *várzea* 平原。*várzea* 往往更加广阔，而且拥有更加肥沃的土壤（但不能用于种植无法抵御洪水的木薯），而 *igapó* 的往往含沙更多，植被更低。

的右侧河岸航行。他们在这边碰到的只有整个亚马孙流域都会出现的突如其来的暴风雨的袭击。贝茨"在令人厌烦的炎热中因为没有风而停船"两天时间。他和华莱士的船都是在沙洲周围航行，贝茨曾经偶然进入河中心非常高的浪中，结果"船令人害怕地突然倾斜了，并将未固定好的所有东西都从船的一边抛向另一边"。

鸟类为这里提供了主要的生气。这里有大量成群的鹦鹉，还有成对飞翔并发出嘶哑叫声的金刚鹦鹉，在沼泽中很多种类的苍鹭、鹳、秧鸡和鸭子，并且还有丰富的鸥类和燕鸥。华莱士着迷于燕鸥，它们"有一个习惯，会成排站在一个浮木上，有时会有十几只或二十几只肩并肩站在一起，并且会一动不动十分严肃地往下游漂好几公里，就像是在做什么非常重要的事"。

所有旅行者都对圣塔伦感到兴奋，而且现在的人也仍然如此。它位于塔帕若斯河的河口沙质海滩的倾斜地面上，环境非常优美，并且拥有温和的气候。在 1849 年，它是拥有 2500 名居民的一个干净和令人愉悦的地方。"白人和商人阶级"生活的这座城镇由三条建有大量房屋的街道组成，房子都涂成白色（或黄色），并且拥有翠绿色的木制品以及红瓦房顶。一些房屋有两层或三层。但是，由于没有马匹或推车，这里未铺砌的街道就被草覆盖。这里有一座建有两个塔尖的教堂，并且在一端的低矮土丘上还有一个古老的土木要塞。圣塔伦的一些精英人士过着一种懒散的生活，他们由黑奴服侍；并且这个小地方有种类齐全的官员，其中包括名声并不好的"劳工指挥官"（Comandante de Trabalhadores），他负责监督参与（也就是被迫提供）任何公共服务的印第安人。在繁荣小镇的旁边是印第安人和卡布克罗人的村庄（*aldeia*），这些人生活在棕榈搭建的棚屋中，房屋有泥墙或者四面开放。圣塔伦没有码头，所以访客不得不从小艇上涉水上岸。但河滩始终充满生机，有洗衣工在热砂上漂白亚麻制品，并且这里还有很多洗澡的人，原住民和黑人的孩子都“完全是两栖动物”。

几乎所有英国博物学家都有写给约翰·希斯洛普船长的介绍信，他是一个“健壮、脸色涨红的苏格兰人”，已经在亚马孙生活了长达55年。他最初是一名水手，曾经居住在圣塔伦，从事的业务是将瓜拉那酒精饮料和盐顺着塔帕若斯河向上游贩卖给位于南部很远的马托格罗索（Mato Grosso）的淘金者。他现在的业务是将巴西坚果、洋菝葜、木薯粉和咸鱼卖到下游的贝伦。在晚上，圣塔伦的知名人士会在能够俯瞰河流的希斯洛普船长房子的外廊上碰面，“他们在那里坐着抽烟，吸鼻烟，并会谈论一小时左右的政治和法律”。斯普鲁斯发现一件有趣的事：船长保存着很多的旧报纸，他会阅读并且重读这些报纸，即使它们已经过时几个月之久，但他只有两本书：《圣经》以及一本康斯坦丁·弗朗菲斯·沃尔尼（Constantin-François Volney）的《帝国遗迹》（*Ruins of Empires*, 1791）的译本。他已经根据这些来源“为自己塑造了一个混杂各种观点的信条”，并且在喝过几杯波尔图葡萄酒之后，他就会向他的客人介绍自己关于摩西或古罗马的理论。由于有（或者尽管有）这些怪癖以及他作为水手的爽朗举止，斯普鲁斯和其他人发现希斯洛普是一个有趣的伙伴和一个重要的朋友。

对这些年轻的博物学家来说，希斯洛普船长是一名慷慨的主人。他邀请阿尔弗雷德和赫伯特·华莱士可以与他一起尽情用餐，并且随后为他们找了一间简单的房屋。屋子是泥地面和泥墙，“里面落满灰尘而且非常破旧”。但这是能够获得的最好的房子，所以兄弟俩就充分利用这间房子——他们拥有在英国和亚马孙下游地区的恶劣环境中生活的大量经验，并且他们在向河流上游航行过程中所住的那间臭气熏天的货船货舱的条件也根本谈不上是奢华。他们在圣塔伦后面的热带草原（*carnpo*）乡村中进行收集，其中包括与名叫杰弗里斯和戈尔丁的其他两个英国人进行野餐远足，其中后两者已经娶了巴西女子，并且在那里定居。他们与印第安人、黑人以及大量供给品一起乘坐一艘相当小的船，前往被古树和成荫的灌木环绕的一条可爱的溪流和湖泊。在那里，“我们通过射鸟、捉昆虫以及检查新形式的植被来取乐”，随后是在清澈凉爽的湖中洗一个让人神清气爽的澡，然后借着月光吃晚餐和返回。

华莱士的与众不同之处在于他想进行更多游览。他已经听说过，蒙蒂阿莱格里（Monte Alegre），当时叫蒙特亚莱格雷（Montealegre）附近的内陆有非常有趣的岩画，而他们在沿亚马孙河向上游航行的过程中曾经过这个村庄。在斯普鲁斯给他的导师威廉·胡克写信时，华莱士“满脑子里想的都是到对岸去”。当华莱士不是为了进行有利可图的收集，而仅仅是希望看看“那里存在的印第安人画作”时，他进行的为期五周的行程就成为一段非凡之旅（虽然后来证明这是相当艰辛的一段旅程）。华莱士与圣塔伦的地方官员成为朋友，后者借给他们一艘出色的船只，用于进行这段95公里的航程。不过为了寻找印第安船夫而又出现了经常碰到的一周延迟，但这位官员和指挥官最终还是说服三个人来到了船上。经过两天的航行后，正当他们将要进入蒙蒂阿莱格里的溪流时，他们遭受了一阵突如其来的暴风以及巨浪的袭击，船几乎要被打翻，并让他们处于“相当危险的境地”，不过他们还是成功地到了更平静的水域。

这个村庄结果是一个悲惨的地方。它曾经一度相对繁荣和兴旺，却被卡巴纳仁叛乱摧毁。在开放广场中仍然有从叛乱之前就开始建造但只建到一半的砂岩教堂遗迹。现在的教堂是一个像谷仓一样的用茅草覆盖的大型建筑，大部分房屋都一样破旧，而且没有一个整洁的花园，“这里到处只有野草和垃圾，有时会看到用腐朽的篱笆围成的牛栏”。华莱士有一封写给一个名叫努涅斯的法国店主的信，而这位店主为他们找了一个空房——这种介绍信总是能让在亚马孙地区的行程变得平稳。这里的问题是在沼泽地中大量繁殖的蚊子。“日落后它们就立即蜂拥冲向我们，以至于我们发现无法承受它们”。华莱士兄弟将他们睡觉的房间房门紧闭，但蚊子很快就发现通过缝隙和锁眼进入房间。昆虫灾害变得日益“让人苦恼，它们使我们根本不可能在日落后坐下来读书或写字”。蜘蛛网在亚马孙是陌生事物，所以每个房间都燃烧冒烟的牛粪。华莱士雇用了一个印第安人为他们做饭。他每个下午都会被派去收集一篮子牛粪，这种东西能很容易获得，因为那里养了很多牛。燃烧的牛粪有“一种相当怡人的味道”，而且它能有效地阻遏蚊子，从而让生活“变得相当舒服”。

位于亚马孙河下游北岸的蒙蒂阿莱格里周围的乡村属于多沙的草原，这里处于主宰地位的是大量烛台仙人掌（*Jasminocereus thouarsii*），它们能够长到 9 米高，而且茎部能像人身体一样厚。那里有一些牧场，它们这片贫瘠的草原上饲养着牛和马。但主要的农产品是颜色鲜艳的葫芦以及可可。可可树（*Theobroma cacao*）天然地从亚马孙东部生长到墨西哥南部，并且一些树木已经被带到河流下游，在那里形成了种植园。这种小树木能在河岸上的开垦地中生长得相当不错。椭圆形的可可果实有大约 13 厘米长，在嫩果时呈绿色，而到成熟时就会变成金黄色。果实内部是嵌在白色果肉中的大量坚果种子。可可的种子被称为可可豆，在加糖后就能制成已经风靡欧洲的可可饮料以及硬巧克力（chocolate，这是一个阿兹特克词语）。白色的果肉在干燥后能够制成另一种提神饮料。因此，“如果一个印第安人能够种植几千棵可可树，那么他就能度过懒散、安静和满足的一生：他需要做的就是每年给可可树除两次或三次草，并且收集和晾干种子”。实际上，种植可可树并不像华莱士想象的那样简单："女巫花"真菌以及其他寄生虫会攻击可可树，并且加工可可豆和果肉也是复杂和充满风险的。

华莱士在蒙蒂阿莱格里后面的波状乡村中进行一些收集工作：咬鹃和鵎䴕鸟，以及在溪水潮湿的石头上收集的“令人好奇的蕨类和苔藓，以及美丽的爬行植物”。这些溪水周围阴暗的树林产生很多昆虫，包括美丽的褐色蓝蛱蝶（*Asterope leprieuri*）。但华莱士仍然决定要到向北近 20 公里的山中看“印第安人的画作”。努涅斯先生陪伴他们一起乘坐一艘用一种水生植物的皮制成的重船帆推动前行的独木舟。他们花了一天时间驾驶这艘头重脚轻的船向上游驶过一条小溪，随后又花几小时穿过水草区域，这些水草是如此密集地铺开，以至于叉状的船桨头能够碰到它们；然后他们穿过比他们的头还要高的草丛，即便人们“只是碰到它们，手也会被严重割伤”。他们最终到达一个位于开放草场上的养牛场。他们有通常会带的写给农场主的介绍信，后者非常友好地接待了他们。这个养牛场的穆拉托牛仔有“奇怪的装备：……古怪和看起来很笨拙的木制马鞍、巨大的马镫、很长的套索以及皮制弹药包，里面装着长枪和尺寸巨大的火药筒”。这些旅行者坐在地板上的一块毯子上，吃了一顿丰盛的淡水龟大餐。他们在房间中横七竖八挂着的其他吊床中间挂锁自己的吊床。里面“相当拥挤，但巴西人并不在意这些，并且他们习惯于一起睡觉”。

他们想去的那些山丘位于圭亚那地盾的最东南端，这个地盾是一个贯穿南美洲的由砂岩山丘和桌状山组成的条带。它们从地质学角度上看属于前寒武纪，是地球上最古老的岩石（这种岩石在西非仍然继续形成），但它的两个部分在十亿年前被板块构造分开。华莱士当然不知道这些：这种理论直到19世纪晚期才建立起来。但是有意思的是，他是如此渴望看到这些山丘上的“洞穴和画作”。他是第一批欣赏原住民岩石壁画的人之一，而这些壁画后来成为亚马孙考古学的一个重要分支。华莱士兄弟和他们的向导度过了让人筋疲力尽的一天，攀登巨大的岩石，并在无数裂口间攀爬，而且上面都布满了粗糙的坚硬植被。天气非常炎热，他们喝光了葫芦中的水，并且浪费几小时到一条小溪中去解渴。他们爬上一座山，能够看到广阔的无人居住的波状平原，但周围每个方向上都有长方形的矮山。他们“向下走时非常险峻……他们在裂口周围蜿蜒，在突出的岩石下面爬行，并且要紧紧抓住树根和树枝”。在返程时，华莱士得到的奖励是能够观察“我一直非常期待看到的一些壁画”。这些是画在悬崖上的画作，使用的是以红土为基底的颜料。一些壁画展示的是动物、凯门鳄、鸟类和家用器具，其他的则是圆圈和几何图形，还有一些“非常复杂和奇怪的形状”。它们看起来相当新鲜，并且未风化。但“没人知道它们已有多少年的历史”。在随后一天，这些人开始返回，并且华莱士爬上了一个被不同图形覆盖的悬崖。他素描或摹写了其中一些壁画。随后在第三次尝试时，他们找到了一直在寻找的洞穴，因为洞口被树和灌木丛封住了。里面有一个很大的拱形山洞，并且有非常光滑的多沙地面，再往里走就是通往其他山洞的开口。由于没有蜡烛，所以他们无法看到任何山洞壁画或者人类居住的痕迹。但是几乎可以肯定的是，佩德拉平塔达（Pedra Pintada，意为有画的岩石）注定将成为亚马孙流域最著名的考古遗址之一。就是在这个地方，来自芝加哥大学的安娜·罗斯福（Anna Roosevelt）教授在接近一个半世纪后跟随其他考古学家的脚步，做出了关于亚马孙早期人类的重大发现。而一直充满好奇心的华莱士则依靠他对考古学的兴趣，领先了他所在的时代。

华莱士兄弟花了几天时间才回到蒙蒂阿莱格里。这里的一个宗教节日吸引了来自周围地区的印第安人，他们跳舞喝酒狂欢了一天一夜，但让华莱士恼火的是，他们的印第安仆人觉得与给他们做饭相比，为聚会拉小提琴要更加重要。在一次收集远足中，赫伯特扭伤了腿，并且肿胀起来，形成了脓肿，这让他在床上躺了两周——他并未证明自己是一个像他哥哥那样不屈不挠的博物学家。他们到来时乘坐的地方官员的船舶已经起航前往亚马孙河下游。所以，在经过几番讨价还价后，阿尔弗雷德购买了一艘小船，带他们返回圣塔伦，并且他希望能向上游前往马瑙斯。与贝茨和斯普鲁斯一样，他们出行时必须带着满满一袋钱币，以及大量贸易品，但他们每个人是如何在不被偷的情况下带着那么多钱币出行却是一个秘密。

在完成蒙蒂阿莱格里的五周行程后，华莱士兄弟在 10 月底回到圣塔伦。他们找到另一所简单的房子，雇用了一名黑人老妇为他们做饭，并且定居下来进行一些认真的收集工作。他们在早上黎明 6 点时起床，准备网子和收集盒，这个过程中老妇人会给他们做饭，然后他们在 7 点吃早饭。一小时后，他们可能已经行走了 5 公里左右，前往他们最喜欢的收集地点，厨子则会带着一些钱去购买晚餐食物——圣塔伦“拥有丰富的牛肉、鱼、牛奶和水果”。华莱士兄弟会努力进行收集工作，并直到下午 2 点或 3 点。他们返程时会在塔帕若斯河中洗澡，并且他们到家时，总会有清爽的西瓜等他们享用。他们随后会换衣服，吃饭，整理他们的昆虫以及捕捉到的其他东西，并且在凉爽的傍晚喝茶，拜访或接待巴西或英国朋友。其中就包括“植物学家斯普鲁斯先生，他是在我们从蒙蒂阿莱格里返回后不久到达这里［在 10 月 27 日］”。华莱士后来写道：他从来没有像在圣塔伦的那几周那样过得愉快。虽然天气很热，但“经常的努力锻炼、纯净的空气以及讲究的生活都使我们处于最佳健康状态”。当斯普鲁斯在 7 月乘船去贝伦时，华莱士就曾与这位植物学家见过一面，但他们现在成了牢固的朋友。在他们在一起的短暂时间中，华莱士了解到，“斯普鲁斯是一位受过良好教育的人，一个最有热情的植物学家，并且他拥有非常令人愉悦的举止以及诙谐的谈吐”。这段友谊将走向成熟，并在他们的整个生命过程中延续。

与此同时，在他朋友若昂・达・库尼亚（João da Cunha）的船上度过悠闲的五周时间后，贝茨在 1849 年 10 月 9 日中午到达圣塔伦。但他并未停留，可能是因为华莱士已经不在这里。他乘坐库尼亚的船只继续前行。这艘船在第二天拂晓出发，向河流上游进发前往下一个城镇奥比杜斯。贝茨已经听说过，这里的收集工作非常不错，而且他想在雨季到达前收集到尽可能多的标本。结果，从 10 月 11 日到 11 月 19 日，他在奥比杜斯待了五周时间。他差一点就能见到在 11 月晚些时候抵达的斯普鲁斯，以及在此后不久到来的华莱士。

这三个英国人无法彼此进行通信。他们甚至无法留下准确的信息，因为没有人知道自己何时能坐上船或者旅程将花多长时间。其中的一个例子就是贝茨的船只花一天时间就走完了圣塔伦到奥比杜斯之间的 80 英里距离，而斯普鲁斯在 11 月中旬坐上一艘大船，但由于没有风以及船主拒绝在晚上行驶，所以他花了十天时间才走完这段路程。华莱士在圣塔伦出现耽搁，因为他不得不维修他在蒙蒂阿莱格里购买的那艘船只底部出现的腐烂（他并不是一名船舶购买行家），并且还因为常见的寻找三个印第安人船员的问题。在斯普鲁斯仍然在开包取出行李的同时，华莱士兄弟在他们漏水的小船中只花了三天就到达了奥比杜斯。

奥比杜斯轻巧地位于亚马孙河上面的一处很高的悬崖上，处于从秘鲁的伊基托斯（Iquitos）流入大西洋的澎湃河流上仅有的狭窄航道处。与亚马孙有关的任何事都要使用“最高级”，所以这段“狭窄航道”也仍然有1.6公里宽，并且水非常深，水流速度非常快。这段狭窄航道是由一块砂岩板块（属于圭亚那地盾向南的延伸）造成的，板块顶部在北面是一层层坚硬的塔巴廷加黏土，而在南边则是一块裸露的岩石。

贝茨非常享受在奥比杜斯度过的五周时间。按照亚马孙标准，这是一座古老小镇，拥有1200名居民，并且有用瓦做房顶的构造结实的房屋。亚马孙广大地区的每个城镇都有自己稍微不同的习俗。这里的不同寻常之处在于，镇里的居民会在彼此的房子里聚集打发夜晚时光。他们非常友善和好客，即便对年轻的单身英国人也是如此。他们聚在一起“进行社交娱乐，单身的朋友不会被排除在外，而包括已婚的和单身的所有人会一起进行简单的游戏”。贝茨将奥比杜斯的这些“友好的举止……以及普遍淳朴的道德”归功于一位杰出的老神父——雷蒙多·德·桑切斯·布里托神父（Padre Raimundo de Sanchez Brito），他树立了一个好的榜样，并且坚持严格的安息日仪式。贝茨作为一名英国国教徒长大，他现在是不可知论者，但他始终赞成天主教的奉献，并且会有感情地记录所有本地圣徒日的庆祝活动和游行。

奥比杜斯的一些历史悠久的家族在小镇附近的广阔草原上拥有大型养牛场或者可可种植园。但贝茨发现他们相当天真，因为他们懒于养牛和农业耕种，所以他们仍然很穷——“十几个奴隶以及几百头牛就会被视为是一笔巨额财富”。在十四年前的动乱中，小镇曾被卡巴纳仁叛军占领。一名来自奥比杜斯的老妇人令人钦佩地总结了这场充满暴力但又没有目标的叛乱：“我们怎么会遭受这些，因为有人想要一些没人知道的甚至他们自己都不知道的东西！卡巴纳仁叛乱是上帝派来惩罚我们的一个祸害。它是一个瘟疫，蹂躏着我出生的这片土地。每个人都深受其害。”

与往常一样，贝茨努力进行他的收集工作。这片区域富含他最喜欢的蝴蝶和飞蛾。这里有巨大的太阳闪蝶（*Morpho hecuba*），它巨大的金属蓝色翅膀能达到20厘米宽。但是很难捉到它们，因为它们是在离地6米或以上的空中飞行。很多种美洲热带地区特有的釉蛱蝶亚科蝴蝶都在低一些的灌木丛中飞行。这些中等尺寸的蝴蝶拥有很长的翅膀，一般呈深黑色，但根据种类的不同，会有深红色、白色和嫩黄色的斑点和条纹。“它们优雅的形状、艳丽的颜色以及缓慢、行船一样的飞行，使它们成为非常有吸引力的目标”，并且它们的数量是如此众多，以至于它们让森林都充满生机，并且弥补了树冠下方缺乏鲜花的不足。贝茨将他所画的袖蝶（*Heliconius thelxiope*）和红带袖蝶（*H. melpomene*）的画像包含在关于他旅行的书籍中。另一个明显的种类是图数字蝶（*Callicore*），贝茨将它称为*Catagramma*，他解释说这个名字借用的是希腊语的“字面意思”，因为翅膀下面是“类似阿拉伯数字的奇怪标记”。它们的翅膀顶部是朱红色和黑色的，并且有一种天鹅绒般的外观。贝茨收集了“几乎无尽多样的物种”，但随着贝茨向西进入亚马孙河上游，它们的种类变得更多。一种相关的蝴蝶是红腋星蛱蝶（*Asterope leprieuri*），它鲜艳的深蓝色上有宽阔的银绿色边缘。作为只在南美洲赤道附近被发现的两个蝴蝶属种，成群的图蛱蝶属（*Callicore*）和星蛱蝶属（*Asterope*）“无疑是这个地区的最美丽的产物，而这个地区的动物和植物似乎是从大自然最上等的模具中出来的一样”。

在整个亚马孙流域的河岸滩涂上，经常能见到的就是数量众多的硫黄色和橙色蝴蝶。它们聚集在潮湿的沙子上，尤其是动物小便的地方。它们大部分是菲粉蝶属（*Phoebis*），被称为硫黄蝶，并且这里只有雄性。它们可以形成很大的一群，有几米宽，“它们的翅膀处于垂直位置，所以河滩看起来就像是点缀着一片番红花”。它们是迁徙昆虫。在贝茨向亚马孙河上游航行的过程中，大量此类蝴蝶飞过湍急的河流，并且始终是从北向南，“队伍会从清晨到日落不间断飞行”。船上的每个人都注意到这些“迁徙中的群落”——即便很多本地人对大自然并不关心。很明显，只有雄性在迁徙，所以它们无法飞到离雌性太远的地方。雌性硫黄蝶更加稀少，只在森林边缘看到它们从一棵树飞到另一棵树，并且它们通常是在低处有阴凉的含羞草上储存它们的卵。

贝茨对一种淡绿色的树林蟋蟀（*Thliboscelus hypericifolius*）非常着迷，其中雄性蟋蟀会通过摩擦它们的翅膀而制造出一种非常响亮但悦耳的声音［图版 22］。它的“音调肯定是我曾听到过的由直翅目昆虫发出的最响亮最非凡的声音”（它像蟑螂一样拥有结实的前翅）。贝茨非常好奇。他切开其中一个“音乐蟋蟀”，查看它是如何制造出如此大的声音。他发现，它两个外翼的连接处是不同的。其中一个有角状裂片，另一个则有一排像刀子一样锋利的沟纹。因此，雄性蟋蟀用一根翅膀的裂片去拨弄另一根翅膀的沟纹，并且位于它类似羊皮纸的翅膀内部的一个像鼓一样的中空空间又产生了更大的共振。当然，这种声音是一种求偶呼叫——这个物种的雌性在翅膀上没有沟纹或裂片。非常浪漫的是，当雌性蟋蟀靠近时，“更大的声音后面会跟着一个更加柔和的音调，而成功的音乐蟋蟀会用自己的触角去爱抚自己赢得的配偶”。

奥比杜斯附近有很多鸟类，但贝茨现在不得不更加挑剔。他不能再向史蒂文斯发送自己在过去一年已经收集到的常见物种。其中一种新奇的物种是一种很小的画眉，本地人称之为可可画眉

（caraxué，*Turdus fumigatus*），它要比英国的画眉更小、更朴素和更不悦耳。但贝茨逐渐开始喜欢它甜美哀伤的音调，“在闷热的热带时节，它的声音与狂野寂静的林地非常协调”。

这里的树林中还充满猴子。奥比杜斯的军事指挥官达·伽马少校（Major da Gama）非常喜欢河岸猴（coatá monkey），并且过去经常每周派一个人去给他打一只摆上他的餐桌。这种猴子是体型最大的亚马孙猴子，身长能达到90厘米，并且它们的脸上有黑色的蓬松毛发覆盖。它们被称为红脸蛛猴（*Ateles paniscus*），这是因为它们有瘦长的身体和四肢。贝茨对物种起源非常着迷——这也是他和华莱士来亚马孙的一个重要原因。他觉得这些蛛猴必定是美洲最发达的灵长类动物，因为它们拥有缠绕抓握能力最强的尾巴。“在这里，大自然的趋势就是……让这些器官变得完美，从而使物种越来越彻底地适应一种完全的树上生活。”除了味美之外，蛛猴还是温和的生物，这让它们成为宠物，并且能跟随它们的主人到任何地方。印第安人很喜欢它们，并且印第安女性会用自己的乳汁给河岸猴幼猴哺乳。贝茨发现，它们身上一个污点就是它们是“声名狼藉的小偷”，因为它们会非常狡猾地偷窃和藏匿小东西。蛛猴既没有迷可猴（*mico*）或黑帽悬猴（*Sapajus apella*）的无穷活力，也没有它们的近亲、被当地人称为瓜里巴（*guariba*）的吼猴属（*Alouatta*，在贝茨所在的时代它被归类为 *Mycetes*）动物的不可驯服的性情。

贝茨于11月19日，乘坐本地人的一艘船离开奥比杜斯，船上载有将在内格罗河上交易的货物。船主是一个非常友善的人，他尝试让这个年轻博物学家尽可能感到舒适——他把前遮阳棚的一半空间都给贝茨，让他放吊床和箱子，并且为他提供了大量水和食物。但这次行程非常缓慢，因为船主只在白天航行，而且风很不稳定。

正如我们已经看到的，在贝茨离开后不久，斯普鲁斯以及随后的华莱士兄弟就到达了奥比杜斯。华莱士兄弟先用自己漏水的船只尽快向河流上游推进。与往常一样，他们的问题是如何找到印第安船员。从圣塔伦来的三名船员的合约只是到奥比杜斯，所以他们在帮忙卸船后就立即找了一艘船带他们回家。希斯洛普船长给华莱士一封写给达·伽马少校（也就是喜欢吃蛛猴的那个人）的信。华莱士新找了印第安人，但他们只会带兄弟二人经过四天航行到达下一个城镇——维拉诺瓦［（Vila Nova，现称帕林廷斯（Parintins）］。这三个英国人陷入了一个旅行困境。这里不存在定期航行船舶。所以他们不得不要么搭乘商船，忍受出发时间、船上条件以及行进速度的不确定性，要么购买自己的船只，面对寻找合适船舶、进行维护以及最重要的寻找印第安桨手和引航员的问题，而这些事情对本地人来说都已经足够困难，对年轻的外国人来说更是几乎不可能完成的任务。

斯普鲁斯也有一封写给达·伽马少校的介绍信，后者亲切地将他和他的助手金安排在自己房子的一个房间中。唯一的不足之处在于，这个房间属于船长懒散的儿子。相当严厉的斯普鲁斯并不喜欢这个“懒散的年轻人，因为他的时间完全是在吊床、中提琴和烟斗之间度过”。这两位植物学家花了几周时间在小镇附近的一片很有意思的栖息地中进行收集工作：这里有一些开阔的草原、繁茂的树木、一个沼泽般的湖泊以及被高大原始森林覆盖的小山。这里有新的苔藓和蕨类变种，这些都是斯普鲁斯的最爱。但是 11 月末 12 月初是雨季的高潮，对收集工作来说是一个不好的时间段。博物学家们不仅在外出时会在森林中被淋湿，而且他们随后也发现很难让他们的收集品免于腐烂和发霉。

虽然斯普鲁斯与他的两位更年轻一些的同事一样是充满热情和

有条理的收集者，但斯普鲁斯与华莱士一样也喜欢冒险。有人告诉过他，奥比杜斯西北部的埃雷佩库鲁河（Erepecuru）是一个进行收集的绝佳场所，所以他很渴望能到这个地方。[①]斯普鲁斯认为，下雨意味着他不得不放弃埃雷佩库鲁河的计划，但达·伽马少校向他保证，一切都会好起来：因为雨从1849年初就开始，所以在圣诞节后应当会有一个月的干旱期。这位指挥官甚至提出可以将自己的加莱奥塔船借给他们。这艘船配备来自特龙贝塔斯河（Trombetas）的五个印第安人，而这条北面的支流正是斯普鲁斯要前往的地方。斯普鲁斯当然兴高采烈地接受了这个帮助。但是仍然存在经常碰到的寻找船员的问题。即使这位军事指挥官发了命令，也只有三人到场，而且他们都极不情愿。虽然斯普鲁斯非常需要他们，但他对他们表示了同情："他们都是相当可怜的家伙，他们原本可以待在自己位于森林的家中，从事打猎工作，或者自由地嬉戏，但现在却要整天在烈日下或者倾盆大雨中划桨"。这艘船几乎不具备成为一艘加莱奥塔船的条件。它是一艘伊加拉特船（*igaraté*），是一种添加了船体筋和侧板的大型独木舟，并且船尾的地板"被冠上了后甲板这个显得高贵的名字"。在这个船尾甲板上的是常见的遮阳棚，但由于这个遮阳棚有一个弯曲的木板顶，而不是常见的棕榈叶，所以这艘船就要求使用"加莱奥塔"这个听起来更宏伟的称呼。

斯普鲁斯和金在12月18日出发，船上有两名30多岁的健壮船员以及一名接近60岁的引航员，不过这次旅程结果却成为一段令人筋疲力尽的冒险。他们为了避雨以及躲避蚊子而在引航员哥哥的农场度过一晚之后，他们花了几天时间沿特龙贝塔斯河下

① Erepecuru还被误称为Paru do Oeste（"Western Paru"）和Cumina，并且这三个名字都出现在政府地图上，即使在21世纪也是如此。

游向上游航行，随后进入几乎未被探索过的埃雷佩库鲁河。这条河流从圭亚那开始向南流，翻越位于苏里南边境上的图穆库马克（Tumucumaque）山脉，再前奔流354公里从东北方向汇入特龙贝塔斯河，随后又汇入亚马孙干流。行进变得越来越艰难。有时他们要用杆撑船划过阻塞的水草，随后又要面对岛屿之间的狭窄水道、河流的宽阔水面，偶尔还会被沙洲挡住，或者穿过有瀑布从悬崖上飞溅下来的峡谷。水流过于猛烈，使得他们既不能划桨，也不能用杆撑船。印第安人跳到岸上，割了一些紫葳科藤本植物，做成一条绳子，并将绳子系在船头，而他们在草木丛生的岸上以及在湍急的河水中用力拉，与此同时引航员尝试掌舵，并挥舞长杆，防止船被岩石碰碎。他们在圣诞节当天碰上了第一次急流，同时也是这次航行的极限。在吃一顿煮熟的早餐时，吃着玉米饼以及伴着湍急的河水，斯普鲁斯和金喝酒庆祝圣诞快乐，并祝福他们在英国的朋友。

斯普鲁斯想在被称为卡奴（Carnaú）的山中收集植物。他当时不知道的是，埃雷佩库鲁河现在因为它众多险滩上的岩刻而闻名于世——这些岩刻类似于华莱士在蒙蒂阿莱格里附近看到的壁画。但即使斯普鲁斯知道这些岩刻，他也不可能去接近它们，因为他的目标是植物。

斯普鲁斯的圣诞节饮酒成为他最后的舒适时刻。在随后两天中他们碰到了大雨和雷暴。在12月28日，天气似乎好一些，所以他们出发前往卡奴山。引航员被留下来看护船和他们的庇护所，所以斯普鲁斯和金外加两名健壮的印第安人一起出发，另外还有一个加入他们短暂探险的一个名叫马诺埃尔（Manoel）的黑人印第安人混血儿。他们认为很难沿着河流走，所以他们就穿越岛屿。他们穿过低矮的山丘，并向下进入长满充满令人窒息的竹子和木鲁星棕榈的山谷。印第安人不时爬到高树上，试图看到卡奴山。六小时后，他们停下来争论应当往哪个方向走。随后，在没有警告的情况下，两个印第安人离开往船的方向折回。这是理查德·斯普鲁斯第一次身处未被勘探过的原始森林中。他承认："我的森林旅行经验还非常有限，而且我还不知道始终听从我的印第安向导会有多么重要。"斯普鲁斯、金以及马诺埃尔认为他们就在埃雷佩库鲁河附近，所以他们尝试沿一条溪流向下，然后到达这条河流。但这非常费力。山谷间长满"浓密的灌木，藤本植物穿过长满缠绕一起的竹子和割草的低地沼泽，而我们只能用手和膝盖使伊加拉特船勉强通过"。当时天气很闷热，但突然"森林中传来的飒飒声打破了这个庄重的寂静，随后声音变大成为咆哮声，并且我们头顶上突然来了一阵可怕的雷暴"。罗伯特·金停下来想打开一些巴西坚果，但这并不容易做到，因为它们非常坚硬。金因此掉队了。斯普鲁斯和马诺埃尔过了好一会儿才意识到金走丢了，而且即使马诺埃尔爬上树也未能找到他。斯普鲁斯和马诺埃尔甚至有一段时间也彼此失去了联系。他们下午 3 点重聚了，"让我们高兴的是，我们听到了金的声音"。一小时后，三人终于到达了河流。由于没有经验，所以他们尝试沿着河向下游走，但岸边当然是有过于浓密和缠绕的植被，因为河岸的向阳面总是植被最浓密的一侧。所以他们再次向内陆前进，他们让马诺埃尔在前面，因为他走得更快些。斯普鲁斯承认，这是"我犯的另一个错误"，因为马诺埃尔是唯一一个有弯刀的人。斯普鲁斯和金挣扎了一会儿，并且全身彻底湿透。夜幕降临，而他们什么都做不了，只能坐在一棵大树的板状根之间，等待月亮升起。他们吃了一些凉鱼和被雨水湿透的木薯粉。他们随后尝试前进，但即使在有月光并且星光灿烂的夜晚，高大的树林中也是漆黑一片。他们没有灯或者刀子，而且有点恐惧，因为美洲虎据说会在险滩附近的森林中徘徊。他们在黑暗中前进，"一会儿冲到多刺的棕榈上，随后又被藤本植物缠住，而其中有些植物的刺非常多”。在白天，幽暗的匍匐植物都可能会把人绊倒、缠绕或者勒个半死，而到晚上就更加严重。“我们有一次踩到了大蚂蚁丘的背面，它们聚集到我们的腿上，把我们蜇得很厉害。”他们感到眩晕和筋疲力尽，便在河边的一块岩石上休息，等待月亮升得更高。他们回到树冠下面，已经有足够的月光让他们选择较稀疏的部分，却不足以看清树桩或藤本植物。他们缓慢而小心地前进，通过涉水或者找到一座光滑的原木桥来穿过溪流，并且终于在第二天早上到达了船舶和棕榈庇护所。其他人都在那里平静地等待着，但两个印第安人“都筋疲力尽了。这次灾难性的行程影响了我们整整一周时间。除了潮湿造成的关节痛以及僵硬，我们的手、脚和大腿都被撕裂，而且被树刺严重刮伤，有些甚至造成了溃疡”。他们身上还有“大大小小的跳蚤咬伤的伤口，以及被黄蜂和蚂蚁蜇伤的地方”。

斯普鲁斯写到，他之所以要讲出这次冒险经历，“是因为想让大家知道在亚马孙森林中迷路或者陷入黑暗中会是什么情景……可以让读者自己想象被森林覆盖的亚马孙山谷的广袤程度，想象里面居住的人是多么稀少，以及里面的植被是多么茂密……在里面人们几乎只能看到前面几步远的距离”。在里面很容易迷路，即使靠近标记或者地标。“在收集新植物或者追逐野生动物的兴奋中，人们经常会忘了正确标记自己的路，而且这在我身上也发生了很多次，当时我处于森林深处，就我自己一个人，而且无法找到我自己的足迹……当一个人确信自己完全迷路时，那就是一个相当痛苦的时刻”。作者本人同意斯普鲁斯所说的每件事。我也曾体验过迷路的痛苦，当时是自己一个人在完全未被探索过的森林中，而且知道我如果继续在错误的方向上前进，那么我可能就完了。必须要找到我自己的一些羊肠小道轨迹。斯普鲁斯在这方面给出了一些非常好的建议：旅程者不应完全砍掉幼树，而是应折断它们，并将它们弯向行进的方向。我要同意斯普鲁斯关于蚊虫叮咬的描述。四肢上大量叮咬产生的破坏性毒液会让人胳膊和大腿顶部的腺体变得肿大。

由于他是如此渴望到达山脉，并且因为他们的船过于拥挤，所以斯普鲁斯只收集了很少的植物。他收集的一种攀缘植物就是圭亚那囊苞木（*Norantea guianensis*），“这是一种奇怪的［含有很硬的水滴状乳胶的］藤黄（Guttifer），它从它众多深绿色的叶子上抽出新叶，就像火焰喷射一样，能达到60厘米长，并且每个都拥有大约200个奇怪的像育儿袋一样的玫瑰色苞叶，并且伴随着微小的紫色花朵”。他发现了生长在始终湿润的急流和瀑布岩石上的最古怪的植物。也是在急流附近，他发现了一种被称为斑点鸟（uirá-purú）的小鸟，他曾听有人说这种鸟“像一个音乐鼻烟盒一样为全世界唱歌”。这就是歌鹪鹩（musician wren，*Cyphorhinus arada*），它因为美妙的歌声而在整个亚马孙闻名，并且是很受欢迎的一种笼养鸟，是被认为能带来好运的传奇鸟类。斯普鲁斯突然“很荣幸能听到它在附近歌唱。它真的是具有铃声般清脆的音调，就像是乐器弹奏出一样准确”。它简短的乐节包含一整个八度音阶。但将这个乐节重复20次后，它突然就转到另一个乐节，并将音调改成第五大调，然后就重复这个乐节。“这种鸣叫与音乐一样简单，它来自原始森林深处的一位未曾谋面的音乐家……这种声音让我出神了接近一小时，直到它突然打断”。斯普鲁斯在他的日记里记录了其中一只小鸟歌声的音调——他之前在约克教学时学过一些音乐知识。[①]

斯普鲁斯意识到，他的同伴们很冷、很不满意，并且可能会弃

① 现代读者可以通过访问 www.xeno-canto.org，并搜索“musician wren”来倾听这种鸟的叫声。

他而去，所以他放弃了前往卡奴山的尝试。他们只花了八天时间就走完了埃雷佩库鲁河，并且在 1850 年 1 月 5 日到达特龙贝塔斯河以及亚马孙河。斯普鲁斯的三周冒险之旅在热带雨林技巧方面收获了痛苦但重要的经验教训。从那时起，他倾向于沿着河流探索，而不是在河流旁边的森林中探索，并且他非常注意不要迷路。

斯普鲁斯和金很快就顺着亚马孙河向下，返回圣塔伦。这里似乎是耐心等待雨季结束的最惬意的地方，因为雨季会持续四个月，其间会“不间歇地下大雨”，尤其是在晚上会经常有猛烈的雷暴和暴雨，而在出太阳的间隙又会出现令人难以忍受的异常炎热。结果他们也在那里度过了干季，并在九个月后的 1850 年 10 月才离开。

贝茨在他缓慢的商船上也在忍受着中午太阳令人厌恶的炙烤，只有令人窒息的船舱才能躲避这一切，不过凉爽舒适的夜晚为他提供了一些补偿。船员们会在岸上的一些种植园的渡口或者在有树荫的角落里做饭。在吃饭前，他们会在河中洗澡，然后“根据亚马孙的通用习俗”，每个人都一口喝下半杯卡莎萨朗姆酒，随后再用手抓一大把煮熟的巨骨舌鱼、豆子和腌肉。贝茨对一成不变的咸鱼感到厌倦，但他却奇怪地想象朗姆酒能够补偿营养物质的缺乏。船员们随后会用一根长绳子拴住船，让它漂到河中央，从而能避开蚊子。

雨季在一个晚上袭击了他们。当时“有一阵可怕的骚动，就像一阵飓风刮过一样”。有篷船被猛地抛向一处黏土河岸，每个人都不得不收拾起自己的吊床，并让船舶不被撞成碎片，与此同时，引航员穿过“淹没人的水沫”跳到岸上，用一根杆子将船推离岸边。他们很幸运靠近的不是在一个所有树木和植被都被冲走的岸边。一小时后，风慢慢减小，但倾盆大雨仍在继续。闪电照亮天空，“雷声不间断地从一边响到另一边”。他们的衣服、吊床和随身物品都被穿过漏水甲板的雨水彻底浸泡了。

让贝茨感到失望的是，他的有篷船花了九周的漫长时间才走完从奥比杜斯到马瑙斯大约 595 公里的航程。和善的船主佩纳先生（Senhor Penna）并不着急。他只在白天航行，并且会停下来和他朋友待很长时间。而且经常没有风，所以船员不得不逆着水流划桨，甚至是通过费力的船绳拖拽的方式前进。对这个合群而又有求知欲的年轻旅行者来说，唯一的安慰就是他能够了解关于亚马孙生活的更多东西。

他们曾到访一个典型的可可种植园——这种巧克力树是亚马孙中部地区主要的出口作物。这个种植园的拥有者是一个黑人印第安人混血家庭，他们拥有一所坚固的房子，外面刷成白色，并且有用瓦覆盖的房顶。他们的着装和生活方式都相当悠闲。主人躺在他的吊床上用一根长长的木管抽烟，并且很乐于进行长谈。在附近的外廊上，已经准备好的咖啡壶在三脚架上冒着热气。“我们得到了不错的接待，当陌生人到访这些偏远的住所时情况常常是如此。这里的人总是非常有礼貌和好客。”在他们离开时，主人的一个女儿给他们的船上放了一篮子橘子。这个小种植园有 10000—15000 棵可可树。每年收获这些果实只需几周时间，并且可以在树荫下进行这项轻松的工作。所以这里的生活非常快乐。但与大部分欧洲和北美访客中间普遍存在的情况一样，贝茨忍不住要表达轻微的不同意见。他责备“这里的人有不可救药的漠然和懒惰”，因为他们拒绝了“一个热带国家的所有奢侈”，只以鱼和木薯粉这种清汤淡饭为食。与其他评论者一样，他想象“来自欧洲的聪明定居者”将能够做得更好，但在实际中没有人能做到。他也没有领会到，将收获的可可豆加工成巧克力是一项艰苦和需要技巧的工作。

更加舒适的一次访问是他们在航程快结束时到马德拉河（Madeira）河口对面的一个农场进行的访问。年纪很大的黑人印第安混血农场主若昂·特林达德（João Trinidade）是“一个行业典范”：他是种植园主、贸易商、渔夫以及专业的造船者。他具备在“拥有旺盛生产力的大量黑土地上”进行耕作的优势。[①] 特林达德和他的妻子以及四个亲戚、一个自由奴隶、一个或两个印第安人、一家半流浪的穆拉人以及一个女性奴隶在农场中工作。这里是秩序、富足和舒适的典范。在河边有大约8000棵可可树，在内陆，则有大型的烟草、木薯、玉米、水稻、瓜类和西瓜的种植园，里面还有一个奇景：一个欧洲蔬菜园。贝茨喜欢在这里的日子，在一定程度上是因为农场主人对他的收集工作感兴趣。

唯一的其他访客是一位年长的自由黑人，他曾在卡巴纳仁叛乱期间，通过警告特林达德有叛乱者要攻击他，从而救了他一命。贝茨钦佩这位老人“充满男子汉气概行为……安静、热心的举止，以及他沉思和仁慈的面容”。他已经在几个自由黑人中很高兴地注意到这个人。其中包括“一个坦白直率的人”，他用自己的独木舟带着一年收获的烟草向阿巴卡克斯（Abacaxis）河下游行进。贝茨的船主彭纳以非常慷慨的条件购买了这些农产品，从而让这个年轻的农民以及他的妻子不必长途跋涉到市镇上。

与此同时，华莱士兄弟在自己的小船中努力向上游行进，即便

---

① 这无疑是“印第安人的黑土地”（*termpreta do índio*），这种令人惊叹的土壤很明显是有原住民社群有机废物经过几个世纪的缓慢灰化形成的。这种神奇的亚马孙黑土直到19世纪晚期才有科学家进行研究，并且它在150多年后仍然吸引很多人的兴趣。花匠非常看重这种土壤，一些研究者甚至想象它能形成一种生物体。现存最大的亚马孙黑土延伸区是位于圣塔伦以东大约35公里亚马孙泛滥平原边缘的塔佩林哈（Taperinha），另一个是从马瑙斯开始横跨尼格罗河的阿苏图巴（Açutuba）/哈塔哈拉（Hatahara）。

它漏得如此厉害，他们也没有害怕到不乘坐它进行探险。他们把船拉出水，用浸泡在热沥青中的棉花堵住它的裂缝。幸运的是，他们碰到了猛烈的顺风，所以他们能够日夜“快速前行”，其中华莱士“相当怀疑我们腐烂的船舶是否会散架”。他们还碰到了不可避免的寻找桨手的问题。来自奥比杜斯的船员同意只前进四天，直到维拉诺瓦。一名商人被说服，将自己的三个印第安人借给华莱士，从而让他们继续行程。其间出现了一个不光彩的小插曲。一个印第安人不想去，所以他“在严厉的鞭打下以及被刀架着脖子”才被赶到船上。印第安人从理论上讲是自由人，也就是让他们成为奴隶是非法行为。所以这个桨手大发雷霆，非常生气，并且发誓要杀死曾经强迫他并且打他的人。华莱士对他非常好，给他报酬、食物和饮品，所以这个印第安人向这个英国人保证他并没有恶意。但在第一天的停船地点，他礼貌地说了再见，然后拿着自己的一捆衣服，穿过森林往回走，进行他的复仇计划。

两名博物学家都拥有一些有趣的遭遇，从中能看出当时亚马孙的生活。华莱士在维拉诺瓦海滩受到了本地神父托尔夸托·德·索萨（Torquato de Souza）神父的欢迎。这位神父是“一名受过良好教育、非常绅士的人”，他与华莱士一样，也喜欢猜谜和文字游戏。一年后来到这里的斯普鲁斯将这个相当年轻的神父描述成是英俊和面色红润的，并且非常有礼貌，但过于喜欢听自己讲话。托尔夸托是当时活跃在亚马孙地区的极少数神父中最有学问的一个。七年前，他曾陪伴普鲁士阿达尔贝特亲王顺着欣古河下游向上行进。华莱士知道他的很多读者可能已经读过亲王关于其探险经历的书籍的英文译本，所以他评论道：神父理所应当获得书中给他的所有赞誉。斯普鲁斯说，神父对于自己被德国贵族提及这件事看起来相当受宠若惊。

所有亚马孙人都喜欢聚会。从维拉诺瓦河向上游经过几天行程能到达一个名叫穆坎布（Mucambo）的村庄，这里举行了一个庆祝活动，纪念圣母玛利亚怀孕。贝茨发现这个节日非常值得赞扬。这次活动是在一个名叫马赛林诺（Marcellino）的印第安人的房子中举行，他高大、英俊、文明，里面还有他瘦长结实而又非常活跃的上了年纪的妻子。他们是非常勤快的主人，招呼这个由五六十个印第安人和黑白混血儿进行的聚会。在圣母玛利亚画像前有一列队伍，人们用两把小手枪表达敬意，吟唱赞美诗和祷告文，并且还有一个宴会，人们坐在房屋前面平地上的一个垫子周围享用巨骨舌鱼、炖和烤的乌龟以及一大堆木薯粉饭和香蕉。随后就是畅饮本地蒸馏出木薯粉烈酒。年轻人会用吉他弹奏音乐，而贝茨和他的船主彭纳先生受邀加入跳舞队伍中，这种舞蹈是稍微有些色情的葡萄牙凡丹戈。“考虑到已经喝的烈酒量，每个人都非常安静地停下来，并且舞会一直持续到第二天早上日出。”沿着亚马孙河再往上，在圣诞节期间，贝茨的船在伊塔夸蒂亚拉（Itacoatiara，当时也被称为 Serpa）度过了五天时间。这里位于马瑙斯以东约 200 公里，之前曾是传教团所在地，当时已经变成一个拥有不规则街道的破旧小镇，中间长满杂草和灌木丛。这里大部分都被“生活在半完工的泥屋中的半开化印第安人”占据。河岸挤满了船，人们来这里都是为了参加圣诞节的庆祝活动。一直都对天主教礼仪非常着迷的贝茨描绘了各种各样的队伍，其中女性和女孩穿着“白色纱制无袖衬衫以及艳丽的印花裙子”翩翩起舞，而老年女性则手持一个装饰性的棉花棒和镜子，所有人都按照一个世纪前耶稣会传教士设计的仪式演唱赞美诗。“在傍晚，令人愉悦的狂欢在各个方面都充满诱惑力”。黑人拥有自己的关于黑人圣徒贝内迪托（Benedito）的庆祝活动，他们会伴着一种名叫甘巴（*gambá*）的鼓以及一种有凹口的竹管乐器的音乐，整晚载歌载舞。印第安人不会组织舞会，“因为白人和黑白混血儿为自己的舞会垄断了所有美丽的有色人种女孩”。

还有一天，他们向河流上游行进，到达了一个曾经的传教团所在地，现在被称为穆拉（Mura），因为它的20个“外形稍微有些优美的泥屋”当时被这个部落的人占据。穆拉曾经是非常强大的一个民族，是令人惊叹的战士和独木舟划桨人，他们令马瑙斯附近河流沿岸的定居者们感到害怕，直到在18世纪晚期，他们决定实现和平。他们在卡巴纳仁叛乱中英勇战斗，甚至杀了残忍的叛军首领巴拉罗亚（Bararoa）。所以在政府力量重新控制局势后，他们首当其冲受到了报复性惩罚。通常很敬佩印第安人的贝茨对穆拉人感到恐惧。这里的女性穿着破旧不堪的衣服，她们的皮肤涂上泥土以对抗蚊子，而男性则是阴沉和不友好的。他们拥有宽阔的肩膀和有力的胳膊，这全部来自他们的划桨工作，但他们的腿很短。“这些阴郁的野蛮人看起来污秽不堪而又非常贫穷……他们让我觉得相当悲哀”。穆拉人乞求提供卡莎萨朗姆酒，却不想提供任何东西，所以他们什么也没获得。“每个人都说他们是懒惰的、像贼一样的、不可靠的以及残酷的。”但这是因为他们是半游牧的渔民，他们非常了解自己的溪流和湖泊，却不想建造永久村落或者清除农场——而且他们痛恨为白人工作。

穆拉人很喜欢用太阳下晒干并碾碎的一种印加树的豆子制成的刺激性粉末帕里卡（*paricá*，也被称为 *niopo* 或 *yopo*）。他们用一根芦苇管将这种迷幻剂吹入彼此的鼻孔。这是这些博物学家第一次见识致幻植物，它们后来让华莱士——尤其是斯普鲁斯感到着迷。贝茨不喜欢这种东西。穆拉人在喝了自制的卡西里木薯酒或者更好的卡莎萨朗姆酒后就会吸入这种鼻烟。他们随后“会陷入持续好几天的醉酒状态”。帕里卡对平时沉默寡言的印第安人的影响是“神奇的：他们会变得特别能说，唱歌、吼叫，在狂热的兴奋中跳跃。这种反应很快就会出现……”贝茨将过量使用帕里卡的“贪婪的穆拉人”与更加成熟的讲图皮语的马韦人进行了对比，其中后者只会使用少量这种粉末，用来缓解瘴气。[1]

两位旅行者都碰到的另一个让人不愉快的遭遇是蚊虫叮咬。在亚马孙河的这片广阔的土地上，他们第一次见到巴西蚊（*pium*，在巴西南部被称为 *borrachudo*，在西班牙语中是 jejen），这种叮咬人的黑色小飞虫所属的科被昆虫学家称为蚋科（Simuliidae）。这些巴西蚊在马瑙斯西面的这里开始了它们的“可怕灾祸”，并且在亚马孙所有其他白水河中大量滋生。它们会在日落时准时出现（随后是夜间出来活动的蚊子），并且有些地方的蚊群是如此密集，以至于它们看起来有些像烟云。科学家贝茨观察“它们如何让人觉察不到地降落，慢慢接近、落下，并立即开始工作；它们向前伸长自己长长的前腿，而且这些腿像触须一样一直在不停运动，随后它们短而宽阔的鼻子叮到皮肤上。它们的腹部很快因为吸入血而变得膨胀，并成为红色”，而且它们因为吃得过饱而几乎无法飞行。贝茨解剖了一些巴西蚊，了解“这种小害虫是如何工作的”。他发现，它们是用两个角状刺来扎破皮肤，并在刺之间吸血。每只巴西蚊叮咬的地方都会留下一个小红点，并且有短暂的发痒刺激。贝茨与任何其他皮肤暴露的旅行者一样，每天能被它们叮咬几百次。19 世纪中期时，没有人会知道昆虫可能会传播疾病。当然，后来人们才知道，疟蚊（*Anopheles*）是疟疾的载体，但除了盘尾丝虫病（即非洲河盲症，这种疾病最近才出现在一些亚马孙河流上）以外，这种

---

[1] 现在在安德拉（Andira）河以及帕林廷斯下游的其他亚马孙南部支流上的保护区中有大约 10000 名马韦人或萨特雷－马韦人（Sateré-Mawé）。这是一个复杂的民族，现在正热切地转变成福音教派新教徒。

黑色飞虫不传播疾病。

所有的旅行者都深受蚊子之苦。“无数的蚊子落到我们身上，而且……像洗澡时的水滴一样密集地扑向我的脸”。一些人涌入船舱中，或者燃烧破衣服——但这些烟只让人类自己有些半窒息，对阻止昆虫几乎没有作用。华莱士发现，蚊子是“一个严重的折磨，我们夜复一夜地处于发热刺激的状态中，没有片刻闭眼的时间”。他注意到，印第安人像白人一样也深受其害。他们不断地拍打自己赤裸的身体，并尝试在令人窒息的船帆中翻滚来赶走蚊子。

另一种害虫是咬人的穆图卡（mutuca，或称 butuca），是虻属（*Tabanus*）的马飞蝇。人们现在知道，有超过 200 种穆图卡，它们大约 2.5 厘米长，并且有一个非常长的鼻子，贝茨发现这种鼻子是“一束角状刺”。它们的颜色有铜黑色到绿色。这种害虫是安静的飞行者，它们会无情地追杀它们的猎物，优美地降落，并在让人感觉不到痛苦的情况下插入它们的吸血管：只有当它们吸血时人们才会感觉到像热针一样的刺痛。它们会留下“一个伤口，血就从这里被大量地吸出来”。有时贝茨脚踝上会同时有 8 到 10 只这样的害虫。但它们非常迟钝，用指头就能轻松地将它们杀死。

贝茨在维拉诺瓦附近的季节性淹水森林中进行收集工作，他发现草地和低矮森林有大量蜱虫（属于硬蜱科）。这些 8 条腿的蛛形纲动物潜伏在植物上，一双腿“伸出去，从而能固定到任何经过的动物身上”。它们将自己短厚的尖牙插入受害者身上，然后逐渐吸血，直到一天或两天后，它们干瘪的身体变得肿胀，并达到咖啡豆大小。与在此类地方闲逛的任何人一样，贝茨每天也要花一小时来把这些小东西拿掉。他意识到，必须非常小心地将它们移走：如果它的尖牙折断，就会造成令人不快的溃疡。他推荐用烟草汁来移除它们，或者可以滴一滴汽油，或者点着的香烟。一种更严重的灾祸是微小的灰尘蜱虫，这是常见的美洲花蜱（carrapato estrela），即卡延钝眼蜱（*Amblyomma cajennense*）的幼虫。这些微小的扁虱成群地隐藏在叶子下面。任何人经过后都能发现自己身上爬满数百只这种害虫，并且有无法忍受的瘙痒。由于它们如此小，所以要花几小时甚至几天时间才能将所有扁虱清除干净，甚至一丝不挂时，也很难在雨林飘动的尘土中看到它们——这是本文作者从发痒的经历中学到的知识。

他们彼此之间不知道的是，华莱士兄弟乘坐的自己的漏水小船实际上在一个夜晚曾经碰到过贝茨，当时后者乘坐的商船正在伊塔夸蒂亚拉停泊。所以华莱士兄弟在1849年的最后一天到达马瑙斯，而贝茨直到三周后的1850年1月22日才达到。贝茨并未在他的书中提及这一点，但他发现，他在航行过程中很多钱都被打劫了。他给自己的杂志透露说，他只剩11英镑用来支付航行费用以及在马瑙斯的居住。这意味着他可能不得不在没有在亚马孙腹地森林中获得不错收集的情况下返回河流下游。在日记中他写道："我在旅行者显得是多么愚蠢。"他责备自己没有拿着来自贝伦一家贸易公司的信用函，但他没有胆量去要一份，因为他的前景是如此不确定。

第六章
马瑙斯

从19世纪末的橡胶大繁荣开始，马瑙斯就已成为亚马孙流域最大和最有活力的城市。它处于世界上最大的热带森林群的中心位置，并且靠近亚马孙最强大的两条支流——来自北方的内格罗河以及来自南方的马德拉河的交汇处。但当华莱士和随后的贝茨在1850年初以及斯普鲁斯在当年底抵达这里时，马瑙斯是如此微不足道，以至于它几乎没有成为一个镇的资格。它位于内格罗河东岸的一处断崖上，正好处于这条河流黑色的河水流入充满沉积物的白浊亚马孙干流之前。它当时仍然被称为巴拉（Barra，意为沙洲），因为它的小堡垒控制着河流的沙洲或河口，但它的名字即将发生改变。巴西政府决定将其西部的亚马孙领土从下游的帕拉省分离出来。马瑙斯将成为新的巨大的亚马孙省（1852年成立，1889年改设为州）的省会。具有讽刺意味的是，这个新名称是为了纪念在18世纪中叶英勇抗击葡萄牙奴隶贩子但最终被击败和毁灭的马瑙（Manau）或马诺阿（Manoa）原住民。

华莱士估计马瑙斯的人口有5000—6000人；贝茨认为只有3000人，因为很多印第安人已经离开。当原住民意识到法律保护他们免受强制劳役后，他们自然会更喜欢无拘无束地生活在自己的农场中或者村落里。马瑙斯围绕着它的小堡垒不断扩张。这里在1835年被卡巴纳仁叛军占领，随后大部分都被破坏和废弃，所以到1850年时，这里只有残垣断壁和高高的土堆。小镇自身布局非常整齐，但它的街道“却完全没有铺砌，上面高低不平，而且有很多坑，所以在晚上走路是非常令人不快的事。这里的房屋通常只有一层，房顶是红色的瓦，地面用砖铺设，墙壁被刷成白色和黄色，并且还有绿色的门和窗户”。这里有两座教堂，但都赶不上圣塔伦的教堂。

马瑙斯的公民都是印第安人或者混血儿。这里几乎没有纯正的欧洲人，因为葡萄牙人在这个偏远的地方已经如此彻底地与原住民通婚。更加富庶一些的镇民都是商人。他们向下游发送巴西坚果、洋菝葜和咸鱼，并进口便宜的棉花、次品餐具、珠子、镜子和其他小饰品，沿着河流向上游与印第安人以及河岸定居者进行交易。马瑙斯是这种贸易的主要仓库。沿亚马孙河向上游运输小麦粉、奶酪或葡萄酒需要花数月时间，所以它们都非常昂贵或者难以获得。

华莱士感到厌恶地发现，马瑙斯的商人“除了饮酒和小规模赌博之外简直没有任何娱乐：他们大部分人都从未看过书，或者有任何精神消遣”。但这些没受过教育的人却着迷于外表。在周日，女士们会穿上优雅的法国平纹细布或者薄纱衣服，并且仔细地打理她们的头发，其中她们会用鲜花进行装饰，并且从不会藏在帽子或软帽下面。男士们在一周的工作日内会在他们肮脏的仓库中穿着衬衣和拖鞋工作。但在周日，他们出现时会穿着考究的黑色西装、海狸皮大礼帽、缎子领结以及新奇的皮鞋。人们穿着这样华丽的衣服去参加聚会，并彼此致以社交问候。他们天生就喜欢传播流言蜚语。但相当古板的华莱士很震惊地发现，在这个世俗和有时尚意识的小镇，道德“可能处于任何文明社群的最低潮”。他听到了一些有名望家庭中发生的传闻，而这些传闻在伦敦最差的贫民窟中也几乎很难让人相信。

贝茨在向河流上游航行的过程中已经从被抢劫的阴影中恢复过来。他很高兴地发现，“我的同伴华莱士先生”就在马瑙斯。同行的还有两名英国商人，他们叫布兰德利和威廉，他们是“聪明和脾气好的人”，他们对贝茨很好，“几乎每天……都用嬉戏”来款待贝茨，他们给他提供了一些钱，并鼓励他到亚马孙河上游更远处从事他的收集工作。

这三位英国博物学家都曾从一位名叫亨里克·安东尼基（Henrique Antonij）的意大利商人那里获得恩惠。贝茨将他描述成所有旅行者的热心和永远可靠的朋友；对华莱士来说，他是最好客的绅士。当斯普鲁斯在他的同胞离开后到达这里时，这位慷慨的意大利人成为他在亚马孙的很多年中最亲密的朋友。这位意大利人邀请每个英国年轻人到他的房子里居住，并且与他一起用餐。贝茨说：“在其他外国人组成的令人愉悦的社会中以及在亨里克先生的家中，我们度过了一段愉快时光：我们长途河流航行的悲惨遭遇很快就被忘却了。”斯普鲁斯报告说，正如整个亚马孙都知道的那样，亨里克先生出生于意大利里窝那（Livorno），并于1822年来到贝伦，随后到巴拉（即马瑙斯），而他当时只有16岁。这座小镇当时正在衰败。但在随后的几十年中，他扩展了小镇的商业，开始新的产业，并建立了坚固的房屋，他的贡献是如此巨大，以至于“他的确应该得到巴拉之父的头衔”。时年45岁的他“仍然很年轻，并且面色不错，有一张真正托斯卡纳人的愉悦脸庞”。威廉·爱德华兹（也就是那位曾用书籍启发过华莱士和贝茨的美国旅行者）三年前曾接受过这位大方的意大利人的款待。他着迷于亨里克先生非常漂亮的年轻妻子，她像他国家中的女性那样自由地与陌生人讲话，并且他也被亨里克的四个迷人的金发孩子迷住了。所有这些都对缺乏女性和家人陪伴的英国年轻人有巨大吸引力。

在随后几年中，亨里克先生用多种方式为理查德·斯普鲁斯提供帮助，尤其是让他和金留宿并在自己家具考究的桌上吃饭。厨师烹饪技巧非常出色，而且乌龟做得“非常好吃”。马瑙斯位于乌龟王国的中心位置，所以这位主人在他的菜单上从来不会少于五道乌龟菜肴——炖煮、在龟壳里烤、剁碎加调料、铁扒烤或者是炖汤。不仅食物非常美味，而且在这些汇聚世界各地人士的餐会上可能会讲多达七种语言。

斯普鲁斯后来很高兴能问乔治·本瑟姆能否将他在内格罗河上发现的优雅的新树种以他意大利主人的名字命名为“Henriquezia”（腺柄茜属），以此回报“我老朋友的款待和其他美德”。本瑟姆当然公开宣布，“很高兴能同意［斯普鲁斯的］愿望……将一种全新和引人注目的紫葳科树木……献给亨里克·安东尼基先生”。其中一种树就是轮叶腺柄茜（*Henriquezia verticillata*），这是一种高达24—30米的高大树木，“它拥有螺纹型的树枝和叶子，并且长出大量像毛地黄一样华丽的紫色花朵”。

阿尔弗雷德·拉塞尔·华莱士决定在一个农场中进行一个月的收集工作，这个农场要沿内格罗河向上游航行三天才能到达。他乘坐自己漏水的小船，而他的弟弟赫伯特并没有同行，因为他已正变得不再着迷于雨林。华莱士拥有亨里克先生安排当局提供的印第安桨手。他的意大利朋友还借给他一个小伙子，帮他点火、煮咖啡和准备晚饭（如果有食物可用的话）。他按照惯例也拥有必不可少的介绍信，这封信是写给巴尔维诺先生（Senhor Balbino），他拥有马瑙斯之外少有的几座两层房屋（这些多层房屋被称为 *sobrado*）中的一座。但华莱士和他的小伙计寄宿在800米之外的一个印第安棚屋中，这是一个非常小的房间，“地面上有一个非常陡的斜坡”。这样能够深入地观察内陆的印第安人的生活有多么贫穷。在这个棚屋的其他部分中还有三个家庭，其中男人们只穿着裤子，女人们只穿着裙子，而孩子们什么都没穿。华莱士很悲哀地发现，他们的食物主要是各种木薯粉：早晨是一瓢敏高（*mingau*，非常稀的木薯粥），中午是用干木薯粉制成的块状物或烤山药，而在晚上则是更多木薯粉、木薯粥或一个香蕉。他们可能会每周一次获得一只小鸟或一条小鱼，但由于要在如此多的人之间分享，所以它们仅仅是“木薯面包的开胃小菜”而已。华莱士的印第安猎人划十四小时的独木舟可能只吃一袋干木薯粉，并且在晚上喝一葫芦木薯粥。虽然食物很贫乏，但这个人“就像英国人一样结实和面色红润”。而且印第安人非常勤劳，没有闲暇时间。女人们一直在开垦土地以及准备木薯粉和山药，制作砂锅，或者修补以及清洗她们仅有的衣服。男人们忙于清理森林（一个人要一周才能伐倒一棵树）、切割木材造船、给屋顶盖草或者制作篮子、弓箭。华莱士思考“在一个几乎能免费得到食物的国家中”，这些善良的人为什么会如此贫穷。他的结论认为，问题在于每个人都尝试自己做所有事情，而不是专业化并进行交易。

华莱士在这次远足中的主要目标是收集稀有的伞鸟，因为他听说在内格罗河下游的岛屿上发现了这类鸟。亚马孙伞鸟（*Cephalopterus ornatus*）是一种大型黑伞鸟属动物，华莱士认为它的尺寸和颜色与大乌鸦一样［图版21］。印第安人称之为“风笛鸟”（*ueramimbéé*），因为它的叫声很响亮和低沉。它的英文名称“umbrella”（伞）是受到它头顶上一个明显的黑色羽毛刘海的启发。“这种羽冠可能是所有已知鸟类中发育最完全并且最美丽的一种”。

它细长的羽毛可以向后折，而且几乎是不可见的，或者这种鸟可以在头部旁边以及前面将羽毛张开形成一个壮观的伞状半圆。它的另一种装饰物是在胸部前面垂下的由光滑羽毛形成的粗大流苏或者"羽毛吊坠"。贝茨后来有幸见到一只伞鸟如何发出求偶鸣叫。"它停在自己的栖木上，伸展开自己的伞状羽冠，扩大并晃动自己光滑的胸前垂饰，然后发出……一种深沉、响亮而又持续很长时间的像笛子一样的音符。"华莱士介绍了自己在收集这种稀有物种时面临的困难。伞鸟很胆小，它们在最高的树上栖息，并且"非常强壮，除非受伤严重，否则它们不会跌落"。所以他的印第安人猎手非常努力地定位并抓住它们，他们在拂晓前起床，晚上很晚才回来，并且带着最多一只或两只鸟。（值得注意的是，华莱士、贝茨和斯普鲁斯始终完全相信他们的收集者。这些人从不会在没有获得战利品的情况下假装自己获得猎物。）在准备标本时也存在一个问题，因为伞鸟的脖子有"一个很厚的肌肉脂肪层，非常难以清除"，但如果留下的话，它们将腐烂，并导致羽毛掉落。华莱士可以当之无愧地为他对这种鸟的剥制工作感到骄傲，所以他向自己的代理人发送了一篇关于这个剥制术的论文。一直非常高效的塞缪尔·史蒂文斯将这篇论文传给动物学会，后者再将论文发表在1850年的《会刊》中。

华莱士在2月回到马瑙斯，他发现连绵的降雨非常令人压抑，而且湿度使他很难保存标本。"昆虫发霉了，羽毛和毛发从鸟类等动物的皮肤上脱落，这使得根本不可能给它们上色"。但他很高兴地发现，亨利·贝茨在他不在时已经到达这里。这两位博物学家在这个雨季被困在一个枯燥的小镇时，他们很可能比较了自己的收集品，并且可能已经形成了自己关于进化论的理念。在下雨期间会有天晴的间歇，所以华莱士和贝茨几乎每天都到附近的森林中漫步。

他们都被亚马孙河干流沿岸的植被与内格罗河统一的深绿色起伏森林之间的突兀对比感到震惊。前者有更多棕榈，以及大量阔叶豆科树木。后者则有黑暗、单调的一面，它拥有由桂树科、桃金娘科、紫葳科和茜草科树木组成的更小但拥有优雅树叶的森林。两位博物学家都喜欢这些令人愉悦的远足，其中包括到访一个瀑布，这里是广受马瑙斯居民欢迎的野餐目的地。这是他们最后一次一起进行收集。

华莱士和贝茨在 1850 年 2 月 8 日一起庆祝年轻些的贝茨的 25 岁生日（华莱士已经在前一个月度过了 27 岁生日），但两者都没有像他们的家人那样庆祝这类生命里程碑。他们反而开始计划在令人生厌的天气结束后，在内陆"进行进一步探索"。他们再次决定前往不同的方向。贝茨给他们的代理人史蒂文斯写信说，他"同意华莱士先生去索利默伊斯（Solimões）（这是巴西对马瑙斯和秘鲁边境之间的亚马孙主要地区的称呼），并且把内格罗河留给他"。当贝茨在 3 月 26 日出发向西航行时，他写道："我带着歉意向我在马瑙斯的同胞道别，因为我们已经在一起度过了很多周愉快的时间。"所以认为这两位博物学家进行过严重争吵是不对的。他们只是拥有不同的旅行和收集方法，而且更喜欢独自行动。

在离开前，贝茨向史蒂文斯发送了五箱昆虫。他非常自豪地看着亨里克先生"宏伟的船舶带着我的收集品以及给家里写的信，挂起所有船帆，向河流下游驶去"。但他给他的代理人写信解释为什么他在离开贝伦后的七个月里只收集到了如此少的东西。他曾经"在这个懒散的国家中延误了出发时间，[这使他]错过了进行收集的恰当季节"，随后进行了五个月"漫长而乏味的旅程"，其间只在奥比杜斯进行了五周的收集，随后在抵达马瑙斯前"又不幸地被耽误"九周时间。

他沿索利默伊斯河向上游的行程并没有好多少。他乘坐的是一个商人的小型有篷船，由 10 名结实的科卡马人（Kocama，他们讲图皮语，来自索利默伊斯河上游很远的地方，现在几乎已经灭绝）进行操纵。启程时一切都好，航行了四天时间，但随后风速减小，他们利用费力的船缆绳拖拽的缓慢方式前进，通过系在河岸树木周围的船缆绳拖着船逆水流而行。贝茨也加入进来，“在冰凉的下雨天，我们都用手抓着船缆，光着脚在泥泞的甲板上排成一纵队，伴着有些狂野的船夫号子快步前行……［大部分行程］几乎都是通过一棵树接一棵树的拖拽来完成的”。贝茨在给史蒂文斯的一封信中讲述他的不幸，而代理人的部分职责就是安慰他的工人。“现在是雨季的高潮：雨夜以继日地倾泻而下，当我们在密闭的小船舱中睡觉时雨会涌到我们身上。而在白天，当太阳出来时，又会出现可怕的高温。”存在一些他们都不得不忍受的害虫：在白天会有大群黑飞蝇以及马蝇，而在晚上则有很多蚊子。贝茨上船时带着很多供给品，但这些东西很快就用完了，因为他与印第安桨手分享了这些东西。所以“到后来，我们什么都没有了，只剩发臭的木薯粉，以及当没有鲜鱼时，只剩半腐烂的咸鱼”。

五周之后，当他们驶入特费湖（Tefé）的一条 16 公里长黑水航道向南划行时，这段“达到让人难以忍受程度的、让人厌倦的”近 650 公里行程终于结束了。这个湖实际上是一条名叫特费的河流以及流入索利默伊斯河的其他两条河流的河口。贝茨的精神振作起来。他们于 1850 年 5 月 1 日在一个名叫埃加（Ega）的美丽村落登陆（这里现在与湖泊和河流一样，也叫特费）。“这个小镇看上去安静地坐落于它的绿色草地上，周围环绕着白色的沙滩，来自湖泊的潮水在上面滚动，发出令人愉悦的梦幻般的潺潺声，并且一排幽暗的原始森林构成了它的背景。”贝茨将这里选为他在未来一年的收集基地，并且他的选择相当不错。埃加拥有大约100所房屋，它们是用棕榈搭建或者是白墙红瓦，每所房屋都有一个围上栅栏的果树园。牛和羊在长满草的街道上吃草。在小镇后面是一个被草覆盖的山，而在更远处是“不朽的森林”，这位博物学家就是想到这里进行几个月富有成果的收集工作。除了少量白人和黑人居民外，在埃加居住的人是“懒惰和温顺的”印第安人，他们脸上的人体彩绘表明了他们的部落：尤里人（Yuri）、波西人（Pauxi）、图库纳人（Ticuna）、讲维托托（Witoto）语的米兰哈人（Miranha）以及讲图皮语的科卡马人（以上都是根据现代拼写）。所有这些人都幸存下来，但只有图库纳人现在繁荣兴盛成为一个大民族。他们都讲杰拉尔混合语，这是亚马孙地区的通用语言。贝茨立即开始学习这种语言。

贝茨写到，他在埃加的花费非常少。他租了一间干燥宽敞的村舍，并且雇用了一个印第安小伙子，而所有这些每年只需6英镑。这里的食物非常便宜：一只大乌龟只要8便士，一条大鱼6便士，牛肉很稀缺，但是每磅只要1便士，大束香蕉（“一种非常必需的食品”）只要几便士，或者干脆免费赠送，成篮子的美味橙子也是如此。主粮当然是木薯粉，并且贝茨在这里通常也能免费获得。

在结束了每天的例行收集工作后，贝茨非常享受少数几个非印第安巴西人的陪伴，他在抵达后就立即被介绍给这些人。其中就有名叫安东尼奥·卡多佐（Antonio Cardozo）的警察局局长，他是一个“结实、体格宽广的人，他拥有红润的肤色（白色，带一点黑色）”。“他用一种非常热情和动人的方式接待了我们”，并且在未来几年中，贝茨经常“对这位杰出同伴的无尽善良感到吃惊，他最大的乐趣似乎就是为他的朋友做出牺牲”。卡多佐最初来自贝伦，他还是一名小规模的天然农产品贸易商，雇用了几个印第安人来收集这些物品。贝茨后来遇到了军事指挥官，也就是巴西军队的普拉亚司令，他是一个“有点卷头发的人……始终保持愉悦，而且喜欢讲笑话。他的妻子安娜夫人是来自圣塔伦的一名着装讲究的女士，她是定居点的时尚领导者”。出人意料的是，教区主教路易斯·干发洛夫·格美斯（Luiz Gonçalvo Gomes）神父是一个印第安人，他来自一个本地村落，并且曾在马拉尼昂州接受过教育。贝茨后来曾多次见到这位令他钦佩的神父（他不同于大部分巴西神父），因为他是“一个和蔼可亲、善于交际的人，他喜欢读书以及倾听关于外国的东西”，而且令人赏心悦目的是他没有宗教偏见。“我发现他是一个完全正直、真诚和有道德的人”。这里还有一个叫罗马奥·德·奥利维拉（Romao de Oliveira）的受人尊敬的商人，他是“一个高大、英俊……聪明和有能力的老绅士。他建立一系列仓库，雇用了很多人，并且进行大量交易，因为印第安人尊重老罗马奥”。一次，当贝茨在一次旅行中留宿这里时，奥利维拉让贝茨随便到他的商店拿东西，但当贝茨尝试为他拿的东西付钱时，这位老商人拒绝接受任何付款。

得益于他合群的好脾气以及他对葡萄牙语的掌握，贝茨让这个群体中的大部分人都成了自己的老朋友。“这二十个左右的安静家庭……非常善于交际，他们的礼仪奇怪地混合了天真质朴和正式礼貌”。虽然没怎么受过教育，但他们“都非常聪明，[而且愿意学习，]对来自欧洲的陌生人非常有礼貌和友善”。在贝茨向他们解释了每个省会城市的自然博物馆后，他们以及马梅卢科人和印第安人“似乎就认为陌生人收集并向海外发送他们国家的美丽鸟类和昆虫是很自然的事”。有一次当贝茨把这一切告知“坐在长满草的街道上的长椅上的一群听众时”，一位殷实的商人充满热情地解释说：“让我们对这个陌生人好一些，那么他可能就会留下来与我们在一起，并教育我们的孩子”。这里经常有“社交聚会，人们会进行跳舞等活动”。一个本地嘉年华过程中就展现了贝茨作为一个怪人的受欢迎程度，当时“一个印第安人小伙子模仿我，给镇民们带来了无尽乐趣”。这个男孩借了贝茨的旧上衣和草帽。在表演当晚，他“打扮得像一个昆虫学家，拿着一张昆虫网、打猎袋以及针垫。为了让模仿变得完整，他借了一副旧眼镜框，并且把眼镜框架在鼻子上四处走动”。但这个英国人似乎并未与女孩们建立任何关系（女孩们被其家庭隐藏起来），甚至也未与这个微小保守社区的同龄男性建立友谊。

贝茨一开始在埃加感到很高兴，因为他正在通过做自己喜欢的事来谋生：收集博物学标本。他写道：“我过着一种安静、平凡的生活……像一个博物学家在欧洲城镇中可能做的同样用平静、普通的方式追求着我的事业。”他的日记末尾有好几周都只是关于他每日收集工作的笔记。他宽敞村舍的一个房间是他的工作室和书房，里面有一张大桌子，而书架上以及粗糙的木箱子里放着的参考书就构成了他的小图书馆。这里通风很好，因为空气能够通过墙壁与房梁之间的空隙进到屋里（有时雨也能进来）。贝茨用一个从屋顶房梁上悬挂下来的笼子来让他的标本干燥，笼子用一根在苦植物油中浸泡过的绳子系着，用来防止蚂蚁，并且笼子上有朝上的葫芦，用来预防老鼠。贝茨的日常活动是早上 6 点伴着太阳起床，穿过长满草、被露水打湿的街道，到河里洗澡。用过早饭咖啡后，他会花五六个小时在森林中收集标本，而森林离他的房子很近。在下午从 3 点到 6 点的炎热时候（或者在下雨时的全天），他会准备、解剖标本并给它们贴标签，他还会做笔记或者给它们画画像。他经常会让他的印第安小伙子划着一艘小独木舟，“通过水路进行短暂的漫游”。

贝茨在1850年的雨季结束时到达埃加。森林仍然很潮湿和寒冷，所以他在这里的前六周经常会错过收集工作。但他在6月中旬给史蒂文斯写信说，他已经收集了“超过40种显而易见的新的昼行蝴蝶”。蝴蝶和甲虫是贝茨热衷的物种。他兴奋地给史蒂文斯写信介绍三个新的凤蝶属（*Papilio*，这是一种大型蝴蝶属，在它们的翅膀下方有燕子一样的斑点）物种，“其中一个在前翅上有柔和的绿色斑点，在后翅上则是深红色斑点”。另一种独特的凤蝶非常“特别，它拥有与袖蝶属（*Heliconia*，一种数量不多的蝴蝶属，它们拥有更圆的翅膀）斑纹完全一样的形式和风格”。（这种关于拟态的观察随后被贝茨发展成为一项重要的科学发现。）贝茨对这些特别的凤蝶做了另一项有趣的观察：大部分亚种都非常本地化，所以沿亚马孙河向上游，一路上的每个收集地点都会产生一个或两个新示例，而宽绒番凤蝶（*Papilio sesostris*，现在被称为 *Parities sesostris*）似乎是唯一在所有收集地点中都有的种类。他发送了两种新的蛱蝶属（*Adelpha*）蝴蝶，还有“两种新的晶眼蝶属（*Haeterae*）蝴蝶，它们是埃斯梅拉达（Esmeralda）蝴蝶的同种蝴蝶，非常漂亮，但我认为欧洲已经知道这种蝴蝶”。[①]几个月后，贝茨给他的代理人写信介绍他发送的另一类不错的收集品。他确定会有很多新的蛱蝶科和凤蝶科蝴蝶。“我已经数了124种对我来说全新的昼行蝴蝶，并且现在我在亚马孙省数到了922个品种”。他还确定的是，专业收集者威廉・休伊森（William Hewitson）将会感谢他发送的“小批量的像袖蝶一样的凤蝶”。在随后的一批标本中，贝茨包含了158件微翅目类标本。他认为存

① 当史蒂文斯在《动物学家》杂志上发表这封信时，他添加了一个脚注，说在自然博物馆的一个展柜中，的确有一个在展示。

在数千种这类微型蝴蝶，却几乎不愿意去捕捉它们，因为收集者们对这些乏味的小昆虫没有兴趣。蓝色大闪蝶是另一个问题。每个人都想要这些美丽的生物。贝茨的确曾经发送过一些不同种类的大闪蝶，但正如他在奥比杜斯发现的那样，大闪蝶很难捕捉。他只有一张传统的蝴蝶网：他没有配备雾网、树雾化气体或者现代昆虫学家的诱虫灯。在他的信中，他讨论了收集各种鳞翅目昆虫的成功和困难。他让史蒂文斯将他已经发送的所有物种的名称和数量都发给他，“常见的和稀有的，并且有每个物种的建议”，从而他能在他的笔记本中识别这些内容。他忠诚的代理人还发送了相关的新出版物，如“怀特《天牛目录》的第二部分”……以及波赫曼《冠螺科》的最后一卷。贝茨会用一种积极的语调给信做结尾：“我的身体状况仍然很好，并且准备进行你提到的任何类型的运动。”

甲虫是贝茨的另一个最爱。在 1850 年 6 月，他发送了大量“我在其他任何地方都没有见过的大量鞘翅目标本”。一年后，他发送了更多甲虫类的“好东西”，并且提到，他还要发送 1600 件用于出售的标本。（他也在积累属于个人的每个物种的收藏品。）其中有一种是泰坦天牛属（*Titanus*），但它还不是最大的种类：贝茨曾非常努力地尝试收集这个物种，虽然他曾见过它们两三次，但他还没有获得一个完美的标本。他发送了天牛科和象虫科（Curculionidae）的“一些全新和状态良好的标本”，尤其是戈尔古斯（*Gorgus*）属的物种。

贝茨向史蒂文斯解释一名有热情的收集者是如何工作的，而且与往常一样，他将功劳归于他人。“从 1851 年 1 月到 3 月，我非常努力地在埃加收集鞘翅目昆虫，这是一个有阵雨的晴朗季节，处于连绵降雨开始前的时期。每当我听说有人在远处见过甲虫时，我就会弄一条船，航行几公里去追逐它们，并且雇用了一个人（他是整个镇上唯一被安排此类工作的人）以及在森林的空旷地方工作的他的家人为我寻找甲虫。他每天都会给我带来10—20只鞘翅目甲虫，因此我就能得到一些最好的东西”。他估计，自己已经在亚马孙河上游地区收集了很多不错的甲虫标本。①

这里也有一些稀有的鸟类。贝茨再次将这归功于他的本地助手。他写到，捉鸟需要时间和耐心，“因为你不得不依仗的本地猎人行动都很慢”，而且他需要更多“来自下面”的资金（也就是经由贝伦而到他手里的来自英国的资金）。他自己也收集鸟类。他已经意识到枪支在做这项工作时的无用性，因为枪的声音会吓跑猎物，并且射出的火药会破坏标本。所以在马瑙斯，贝茨购买了一种在西部和北部亚马孙地区的原住民猎人都会使用的吹枪（zarabatana）。他和华莱士让一个年轻的尤里部落印第安人教他们如何使用这个工具。当然，吹枪是很安静的。贝茨描述了制作一支拥有极高准确率的吹枪要耗费多么巨大的耐心和精湛技艺。当地人把一根很直的长木头劈开，每半都用一个豚鼠牙一样的工具挖空，然后用来自攀缘棕（*Desmoncus polyacanthos*）的带卷将它们绑在一起，并涂上黑色蜂蜡。武器的一端会装上吹嘴。不过猎人的主要困难之处在于如何让这个长（差不多3米）而重的吹枪保持稳定。飞镖是用来自棕榈干外皮的锋利针制成，并且用丝绵树或木棉树果皮的一小撮椭圆形轻丝状物做尾翼。一名专业的印第安人猎手使劲一吹，就能推动飞镖径直飞向目标猎物。飞镖涂有箭毒，能让鸟类或猴子在肌肉松弛后窒息，从而让它们掉到地

① 我们现在知道，这有些过于乐观了。世上存在数万种甲虫，所以每个地方仍然在产生新的品种，其中有很多是当地特有的。

上，而不是僵直地紧抓着树枝。[1]

贝茨喜欢巨嘴鸟，这种外表艳丽的鸟的鸟嘴看起来与它们的身体一样长。人们都知道巨嘴鸟的嘴是多孔的，而且非常轻，因此它们在飞行时嘴不会给鸟的前面增重。贝茨驳斥了关于巨嘴鸟吃其他鸟类甚至吃鱼的传言：它们的食物是水果和一些昆虫。但这位年轻的博物学家推导出了一种由自然选择形成的进化。巨嘴鸟的嘴已经变成瘦长型，但非常轻，所以这种鸟可以吃到“南美洲森林中大树树冠层上生长的水果，并且主要是生长在几乎不能承受任何相当大重量的细树枝末端生长的果实”。猴子用长长的四肢够到水果，蜂鸟通过在空中悬停，而贪吃的巨嘴鸟则拥有很重的身体和力量薄弱的翅膀，它们获得食物的方式就是站在附近更结实的树枝上，然后用它们的长嘴咬住食物。

贝茨拥有一只巨嘴鸟作为宠物。他在村子里发现这只鸟时它已处于半饥饿状态：它明显是从一间房子里逃出来的，但他无法找到它的主人。经过几天的照顾后，这只巨嘴鸟恢复了精神，并且成为“能够想象的最有趣的宠物之一”。贝茨对他的宠物“托卡诺”（Tocano）的“聪明程度以及容易相信人的性情”感到震惊。他让它自由地在房屋中的任何地方飞行，当然除了他珍贵的工作台之外。巨嘴鸟会在地毯上的一块布上一起吃饭，因为桌子还有更重要

---

① 亚历山大·布封·洪堡介绍了如何准备箭毒，而这也是查尔斯·沃特顿（Charles Waterton）在19世纪20年代到英国南部进行探险的主要目的。在回到伦敦后，沃特顿在皇家学会对箭毒进行了实验。他表面上用它杀死了一头雌驴。但他随后让皇家学会的同事给驴的气管里送气来让这头驴复活，以此表明箭毒是一种肌肉松弛剂。这头驴被命名为“箭毒”（Wouralia），并在沃特顿位于约克郡韦克菲尔德的庄园中活了很长时间。原住民用多种不同方式准备箭毒。在大约1840年，罗伯特·尚伯克（Robert Schomburgk）表明，箭毒常用的一种原料是藤本植物南美箭毒树（*Strychnos toxifera*），但至少有20种亚马孙植物含有有毒生物碱。印第安人还混合来自青蛙的毒，如箭毒蛙属（*Dendrobates*），以及来自其他有毒蠕虫和昆虫的毒。

的用途。这只鸟知道每顿饭的准确时间，并且能吃人类吃的所有东西：牛肉、乌龟、鱼、水果和木薯粉。“它的胃口是最贪婪的，并且它的消化能力相当强”，但有时它会变得“非常放肆和令人讨厌”。它习惯于在长满草的街道上趾高气扬地四处闲逛。不过令贝茨悲痛的是，有一天托卡诺被偷了。但两天后，它在晚饭时间从门外走进来，“带着它原有的步态以及像喜鹊一样狡猾的表情”。这是它刚从村落远端的一所房子里逃出来。

当有一天在森林中狩猎时，贝茨射中了一只卷冠巨嘴鸟（*Pteroglossus beauharnaesii*）。它名字中的“卷冠”指的是它头顶上的黑色羽毛，羽毛末端变成很薄的角状卷盘，看起来像是乌木的刨花或者卷发做成的假发。贝茨射中的这只鸟从一棵高树上落下来，但它只是受伤而已。当他去拿战利品时，这只卷冠巨嘴鸟“发出响亮的尖叫声。就像变魔术一样，阴暗的角落里立刻就像是充满这种鸟”，但贝茨并未注意到任何一个。“它们朝我俯冲下来，从一根树枝跳到另一根树枝，其中一些在木质藤本植物的树环和藤条上晃动，并且它们都在嘎嘎乱叫，像如此多复仇女神一样拍打着它们的翅膀”。贝茨杀死了这只受伤的鸟，并准备抓其他种类的鸟，这在一定程度上是为了“惩罚这些‘悍妇’的冒失”。但在第一只鸟停止尖叫后，其他鸟就立即消失了。贝茨画了一张图，生动地展现了他是如何被这些愤怒的巨嘴鸟围攻的［图版 1］。这是他在亚马孙的这些年中仅有的三张图之一。他戴着圆框眼镜，头发凌乱，留着完整的胡子和羊排一样的连鬓胡子。他的平顶帽有很宽的沿，他格子衬衫颈部和手腕处的扣子都系着（这非常正常，因为要应对昆虫），他的裤子上系着一根绳子，上面还固定着一个收集袋。从电影角度看，贝茨看起来像是希区柯克的电影《群鸟》中受到惊吓的伍迪·艾伦（Woody Allen）。

贝茨从埃加出发进行的四次最有趣的远足都与亚马孙淡水龟有关。这些著名的乌龟有很多种类，包括能长到大约90厘米长、60厘米宽的巨型侧颈龟（*Podocnemis expansd*）、中等尺寸的黄头侧颈龟（*Podocnemis unifelis*）、相貌很奇怪的长颈枯叶龟（*Chelus fimbriatus*）以及更小的手掌大小的斑腿木纹龟（*Rhinoclemmys punctularia*）和蝎形动胸龟（*Kinosternon scorpioides*）。在第一次行程中，贝茨乘坐的是一艘由十个人划桨的船，他们花了一天时间航行到索利默伊斯河干流中，并到达乌龟产蛋的一座小岛。埃加社区在一棵树的高处设置了两名哨兵，用来赶走来自其他社区的闯入者，并防止任何人打扰这种胆小的生物，或者它们价值很高的蛋以及里面的油。这种油主要用于点灯或者煎鱼。雌性乌龟会连续两周每晚“成群”从河中浮上来，并在沙洲中产蛋。“乌龟用它们宽大的前爪在细沙中挖出深洞：最先到的乌龟……会挖一个大约90厘米深的洞并产下蛋（大约120枚），然后用沙子将蛋盖住；随后的乌龟会在前一只乌龟盖上的沙子上继续产蛋，以此类推，直到每个洞都下满乌龟蛋”。贝茨在一个寒冷的夜晚在沙洲上睡了一觉，并在拂晓时爬到哨兵所在的高枝上观察被大量乌龟弄黑的沙滩，它们正摇摆着向河流前行，并且从陡峭的沙洲上头朝前翻滚下去。

第二次冒险是为了猎捕成年龟［图版20］。两艘船载着19个人，其中大部分是米兰哈印第安人，还有贝茨、他的警察局长朋友和商人安东尼奥·卡多佐以及其他一些人。他们顶着可怕的东风花了一天时间向大河下游划行。他们随后在北岸砍出一条进入森林的小径，到达位于迷宫般的雅普拉河口中的一个潟湖，并沿着这条小道（picada）在原木滚轴上推动船舶前行。“只有少数老练的猎人才知道”那些隐蔽的潟湖。与往常一样，贝茨细致地描述了这个潟湖：它里面充满蕨类和细小的水草，再上面是由树木状的海芋属植物构成的绿色栅栏，随后是由长着掌状树叶的伞树和拥有细长树叶的棕榈组成的更高大的森林，并且“作为所有这些空中图形的背景，存在大量普通森林树木，而从它们的树枝上垂下来的多叶攀缘植物则构成了花环、花彩和飘带”。虽然猎人们有网，但印第安人觉得开始先用他们的弓箭射击乌龟要更加有乐趣。他们是用一种神秘的技能来完成这项工作。他们先注意水面上的轻微波动，随后就立即向仍然潜在水中的动物射出一支箭，而且从来没有失过手。但他们更偏爱远一些的猎物，因为他们会先向空中射箭，箭的轨迹会弯曲向下，从乌龟壳上面最薄的地方射中乌龟。

此类射箭中包含令人惊叹的技能。印第安人使用的是有一个带倒钩金属尖的特殊箭头，当射入乌龟体内后金属尖会折断。乌龟虽然潜入水中，但那个金属尖会连在能漂浮的箭杆上，而箭杆则系在一条由菠萝叶子纤维制成的 27 米长的细绳上。猎人随后会划船到现场，轻轻地提起乌龟，直到可以用第二支箭将它了结。在手下人用这种方式射中很多乌龟后，卡多佐命令沿着浅水池的底部将网铺开。印第安人围成一个圈，花一小时时间拍打水面，将乌龟赶到水中央，“不断露出水面的小嘴的数量说明一切进展顺利”。印第安人随后一起举起网的末端，从而能很容易地将被困住的乌龟抓住和扔到独木舟里。贝茨跳入水里，加入混战中。卡多佐仍然在船上，负责将乌龟翻过身来。但他做得不够快，所以有很多乌龟从船上爬出去重获自由。经过 20 分钟的辛苦工作，他们捕获了大约 80 只乌龟。这些大部分是年轻的乌龟，年龄在 3—10 岁。它们身长 1.8—5.5 米，都非常肥胖［图版 20］。他们在随后两天进行了更多围捕活动，但只抓到更小的猎物。根据印第安人的说法，这是因为乌龟变聪明了，不理会拍打水面的人。这些天抓到的动物成了主食。贝茨和卡多佐“在此后的几个月几乎只靠它们为生。在壳中烘烤以后，它们变成了最美味的大餐”。

第三次出行是为了收集贝茨在三周前目睹的在沙滩上产下的乌龟蛋。埃加周围村庄的所有人都为这次收获精心打扮。贝茨和卡多佐坐在他们人员齐备的伊加拉特船中，旁边是“坐着各种尺寸船只中的大量男人、女人和儿童，他们都好像是在去参加一个大型节日聚会”。在岛上扎营的有大约 400 人，每个家庭都用棕榈建造了自己的临时居所。他们带着大铜壶，用来从乌龟蛋中榨油，并且沙滩上还分散着数百个红色的陶罐。活动进行了四天时间。之前先要进行在一个世纪前的葡萄牙殖民统治期间定下的一个程序。一名官员会记录每个家庭户主的名字，收取少量费用来支付哨兵的成本，安排每个人在一个大圆圈中，然后随着鼓声响起，所有人都可以开始疯狂的挖蛋工作。“这是一个愉快的场景，能注视着相互竞争的挖洞者在宽阔的圆圈中用他们有力的臂膀扬起沙云”。他们只在中午很热时才休息。到第二天结束时，沙洲已经被掏空。在每个家庭的临时住所旁都有一堆很小的白色圆蛋，其中有些蛋堆直径大约 1.5 米。大量的乌龟蛋随后会被扔进空的独木舟中，并且用木叉捣碎或者赤脚踩碎——乌龟蛋是皮质的，但没有壳。随后将水倒入被打碎的乌龟蛋中，并在太阳下晒几小时。油会浮到表面，然后用蚌壳勺子将油舀到铜壶中，并在火上进行净化。

在埃加附近岛上进行的乌龟蛋收获工作仅仅是一个前奏。10 月 20 日，卡多佐先生率领另一支独木舟队伍进行了 11 小时的航行，前往河流下游 96 公里处一个更大的乌龟沙滩——卡图（Catua）。这个地方的乌龟蛋收集能达到工业规模：这个沙滩本身超过 9 公里长；参加乌龟蛋收集工作的有来自多个社区的几百人，他们的临时小屋和棚屋绵延 800 米长；并且还有多艘大型帆船，用于运走抢掠的油。这些收集者包括来自与世隔绝森林和河流上的“原始印第安人”。他们中间有一个来自雅普拉河下游的讲阿拉瓦克语的亚穆纳人（Yumana）家庭，这个部落是很温厚的一个民族（现在已经不幸灭绝了）。这些亚穆纳人在他们的嘴唇周围有一个蓝色文身。贝茨被这个家庭的17岁的女儿迷住了，她是一个“真正的美人”，拥有“浅棕色的皮肤……她有近乎完美的身材，而那张蓝色的嘴并没有让她难看，反而给她的外表增添了一种相当迷人的涂饰”。但她极其害羞，而且一直黏在她威严的父亲旁边。与往常一样，这个英国年轻人只能远远地赞美本地女性。

在卡图沙滩进行的乌龟蛋围猎与河流上游较小规模的活动一样有高效的组织。在白天的疯狂挖掘和榨油后，人们会在晚上伴着吉他和小提琴的音乐跳舞和游戏。在“更加保守的埃加居民看来”，这里有很多快乐，“他们享受其中的乐趣”，但也会确保自己行为得体。人们喝了数量惊人的卡莎萨朗姆酒，这使得“害羞的印第安人和黑人印第安混血少女……有些失去控制”，但是，虽然贝茨“相当自在地与年轻人混合在一起……但「他从未」在沙滩上看到任何破坏礼节的地方”。他对此非常确定，因为“这里没有低俗的葡萄牙商人——也就是被贝茨他们鄙视的粗野的人中最低下的那些人”。这些葡萄牙流氓会尝试让女人堕落，让原住民男人喝醉，并撺掇他们从主人那里偷乌龟蛋油，因为很多印第安人都是替卡多佐这样的老板收集乌龟蛋。

贝茨估计，使用这种非常浪费的榨油工艺，灌满一个陶罐需要大约6000枚乌龟蛋。仅仅从巴西的这个地方就有大约6000罐乌龟蛋油会出口到贝伦或者被本地消费。所以每年会有3600万枚乌龟蛋，或者40万只乌龟后代在索利默伊斯河毁灭。更糟的是，人们会埋伏着等待捕捉那些逃过乌龟蛋大屠杀而孵化出来的小乌龟，因为这些也是非常可口的美味。当然，如果没有人类围捕，新出生的乌龟也可能会被鸟类、凯门鳄或其他肉食动物吃掉。在殖民地时代，耶稣会传教士实现了大致可持续的乌龟蛋收集，每年只允许抢掠乌龟沙滩上一半的乌龟蛋。但在他们被驱逐后以及由于巴西的放任政策，人类的挥霍变得没有约束。人们承认，“之前水中的乌龟就像现在空气中的蚊子一样厚。亚马孙河上游定居者普遍认为，乌龟的数量已经急剧减少，并且每年仍在减少”。出人意料的是，贝茨并没有像洪堡在1800年那样慷慨激昂地谴责这种屠杀行为。人们没有为此采取任何措施，并且在整个世纪中，这种行为在每年并没有出现衰减。因此，大草龟和较小的黄头侧颈龟现在都已经成为濒危物种。亚马孙乌龟的毁灭是19世纪和20世纪初最大的环境灾难。亚马孙其他方面的环境破坏在这段相当长的时期内还比较轻微。这并不是因为人们意识到需要保护环境，而仅仅是因为他们几乎没有商业动机去毁坏森林，并且他们没有能够轻松完成这项工作的任何现代机械（链锯和推土机等）。

在雅普拉河潟湖收集乌龟蛋的第二天，当人们跳进水里收紧渔网时，他们发现还抓住了一只大型黑色凯门鳄。除了担心这只大动物的挣扎可能会撕破他们的渔网外，这些印第安人根本没有感到惊恐。一个瘦高的米兰哈人“没站稳失去了平衡，随后就引来了无尽的笑声和呐喊声”。站在远处岸上的贝茨呼唤一个男孩去抓住那只凯门鳄，这个男孩照做了，他抓着它的尾巴，慢慢地将“这只危险而胆小的野兽”从浑水中拖到岸上。与此同时，贝茨已经从一棵树上砍了一根杆子，当凯门鳄上岸后，“用杆子在鳄鱼头上使劲一敲，它立即就被杀死了”。这是一只巨大的标本，它的嘴长超过30厘米，“完全有能力将人的大腿咬成两半”。贝茨描绘了在湖中的图景，画中有十几个正在大笑的印第安人，有三艘独木舟和一只黑色凯门鳄，而贝茨自己正拿着棍子，准备给鳄鱼致命一击。他穿着带纽扣的格子衬衣、格子呢裤以及宽边帽，这与他在被巨嘴鸟围攻的画中是同样的装束。他的胡子很浓密，而浓厚的连鬓胡子像刚长出的胡子一样下垂到他的下巴［图版 20］。几周后，当贝茨进行第二次乌龟蛋收获时，有很多巨大的黑色凯门鳄在享用被扔进河中的乌龟内脏。贝茨将大块乌龟肉扔给成群的“野兽”，以此自娱自乐。它们会用张开的大嘴抓住诱饵，“像狗一样”。［本书作者在 21 世纪，曾在离特费不远的马米洛哇（Mamirauá）研究站见过黑色凯门鳄用相同的方式进食。］一天晚上，当卡多佐、贝茨和其他人都在一处海滩临时居所中的吊床上睡觉时，一只“过度鲁莽的”黑色凯门鳄爬到沙洲上，从贝茨的吊床下面穿过，并且想吞掉卡多佐喜爱的小狗。宠物的主人从篝火中拿一根燃烧的原木将这只大家伙赶走。贝茨在他的另一幅生动的绘画中记录了这个插曲。这幅画显示了他的头发、胡子、连鬓胡和胡须已经长到什么程度，以及他是如何和衣睡觉的［图版 19］。

埃加位于世界上最丰富的生态系统的中心位置。所以直到在这里的最后一天，贝茨一直在聚焦于“动物王国中各个不同阶级的连续不间断的全新和稀奇的物种形式，而且尤其是在昆虫方面”。贝茨会定期发送他装在箱子里的收集品，这些货物会沿索利默伊斯河和亚马孙河一路向下，到达马瑙斯，然后到达贝伦，在这里由坎贝尔货运代理公司用船运到大西洋彼岸。

虽然收集工作进展顺利，并且埃加的老年人很友好，但贝茨变得孤独和沮丧。他想念智识社会以及自己同龄人或者同胞的友谊。让他感到奇怪的是，“各种欧洲生活乐趣的这种缺乏……并没有随着时间流逝而变得让人麻木，反而是愈发强烈，一直到几乎无法让人忍受的程度”。他悲哀地得出结论，仅靠关注自然并不足以“填补人类的内心和精神空虚”。一两个月时间悄然流逝，贝茨没有收到任何信件或汇款，他的衣服已经非常破旧，而且他“没有鞋穿，这在热带雨林中非常不便……我的仆人跑了，而且我的所有铜钱几乎都被抢光”。他的健康状况也不好，他认为这是由质量不佳且数量不足的食物造成的。他在1850年9月的日记中写道：“我现在是被困在这里的一个囚犯。这个季节没有驶向下游城市（马瑙斯）的船只，因为信风正向河流上游猛烈地吹……我正陷入低潮。”从乌龟沙滩向上游进行为期一周的旅行后，他在1850年11月10日回到埃加，此时情况开始出现好转。他收到了来自史蒂文斯的一包信以及40英镑汇款，随后又在12月收到了两次汇款。这让他能够换掉自己破旧的衣服和鞋子，并且偿还一些小债务。但父亲的一封信恳求他返回英国，因为家族的针织企业已经壮大，并且需要他回来。贝茨给史蒂文斯写信说，他已经权衡了进一步到河流上游在秘鲁进行收集的前景，但他决定接受他父亲的请求。在1851年1月，他在日记中透露：“考虑到这项职业未来前景不令人满意的本质，我认为更好的选择是回去为自己建立一个更确定的未来。因此，我现在只有一个想法，就是回到英国。”所以在1851年3月21日，贝茨离开埃加，顺着亚马孙河向下航行到达贝伦，并打算继续返回英国。

在他的朋友贝茨于1851年3月底离开马瑙斯之后，阿尔弗雷德·华莱士又进行了一次短途旅行：也就是从5月到7月在索利默伊斯河上的马拉奎利（Manaquiri）进行的为期两个月的旅行。每年春天，在安第斯山脉雨水的浇灌下，亚马孙河水位会急剧上涨，并且淹没大片的季节性森林。华莱士的行程开始时要穿过这片被淹没的森林，从而避开大河的水流。这是一次神奇的经历。旅行者在小溪、湖泊和沼泽上滑行，“并且周围到处会延伸出没有边际的一片汪洋，但所有这些都被高大的原始森林覆盖。旅行者将需要花好几天时间穿过这片森林，人会擦着树干在森林中航行，并且要蹲下才能从多刺的棕榈叶下面穿过，[而棕榈的树冠]位于12米高的树干上，但这些树冠是现在已经与水面齐平”[图版36]。由于他们的船是漂浮在干季的树冠上部，所以他们可以采摘棕榈的果实，如手杖椰子（marajá，*Bactris brongniartii*）。“在森林的阴暗处，以及在像来自深水的柱子一样耸立的高大圆柱形树干中间”，旅行者可能会偶然碰到正在进食的成群长尾小鹦鹉，“或者一些亮蓝色的鸫鹛，或是可爱的灰头绿鸠（pompadour），它拥有精致的白色翅膀以及深紫红色的羽毛。在鸟儿挥动翅膀的呼啦声中，一只咬鹃（Trogon）可能会在飞行中咬住一颗果实，或者是一些笨拙的巨嘴鸟可以在旅行者经过时晃动树枝”。[1]

让人感到不可思议的是印第安人如何找到路穿过这个没有路径的迷宫。他们非常确定地前行，一连几天划行，而且从未迷路。他们向华莱士展示这个周期性淹水森林中的本地树木是如何进化，从而能够忍受自己的树干在水下浸泡半年之久。这个生态系统还有特有的鸟类，如伞鸟（也就是几个月前华莱士在内格罗河的岛屿上收集到的伞鸟科），特别是美丽和稀有的小侏儒伞鸟。穆拉和其他部落已经适应了这种洪水泛滥，他们在干季会在沙洲上使用“容易移动的棚屋”，雨季则在木筏上度过：他们会在挂在深水上方树上的吊床中睡觉，并且靠鱼和乌龟生存，但是没有蔬菜。这里没有干燥

① 鸫鹛是指太平鸟科（Bombycillidae）鸟类或者各种类型的伞鸟。灰头绿鸠即白翅紫伞鸟（*Xipholena punicea*），也称为红酒伞鸟。咬鹃是更小一些的颜色艳丽的鸟，它通常有很长的尾羽，上面饰有黑白横纹。

陆地能让华莱士一伙人做饭。回到主河道，他们找到一根楔形的原木，并在上面生火烤鱼和煮咖啡。但他们“闯入了一片由能咬伤人的蚂蚁占领的殖民地，它们……涌入我们的船中，让我们用一种非常令人不快的方式为我们的晚餐付出代价”。

当他们到达马拉奎利时，华莱士与亨里克·安东尼基的岳父何塞·安东尼奥·布兰当（José Antonio Brandão）待在一起。这个精力充沛的70岁老头儿告诉华莱士，他年轻时是如何从葡萄牙来到这里，并决心将自己的一生献给农业。“他在马拉奎利主河道附近的一个湖泊旁为自己建造了一所房子，并从很远的距离带着印第安人与他一起定居。他们清理森林，种植柑橘、酸角、杧果以及很多其他果树，修建了舒适的街道、花园和牧场，里面放满牛、羊、猪和家禽，并且让自己安定下来，充分享受乡村生活”。但在1836年的卡巴纳仁叛乱期间，当布兰当自己身处马瑙斯时，附近的一个他“一直友善对待的”印第安人群落烧了他的房子，毁坏了他的花园、果树和牲畜，而所有这一切都是因为他被视为是过于葡萄牙化。他的妻子和孩子逃进森林中，他们在里面度过了三天时间，靠野果为生。布兰当在马瑙斯待了很多年，其间他担任警察局局长，而他的妻子也在这里去世。他随后返回马拉奎利农场，用大量果树和欧洲牛恢复了这里的生机，但他并不想重建他的房子。华莱士感到很奇怪，并且可能很渴望见到布兰当的女儿，她是“一个穿着漂亮衣服的年轻女子，坐在崎岖泥地上的一块垫子上，周围有几个印第安女孩，她们一起制作花边和刺绣”。他还对这位老人非凡的智慧、各方面的知识以及对学习的渴望留下了深刻印象。自学成才的华莱士谦虚地评论道：布兰当的教育是在没有机械学院以及他自己喜欢的廉价文学的情况下获得的。

在马拉奎利度过的两个月时间获得了不错的收集结果。华莱士在马瑙斯认识的一个猎人给他带来了鸟和猴子，他自己也出去射中更多此类物种，并用网捕捉昆虫，尤其是稀有的蝴蝶。他捕获的最好的一个标本是一只卷冠巨嘴鸟，它与当时在西边很远的索利默伊斯河上游围攻贝茨的巨嘴鸟是一个品种。华莱士像往常一样努力工作。他早上 5 点半就起床，每天早上都会花几小时时间给鸟剥皮，以及在森林中进行围猎和收集。他的回报就是每天两顿精致美食：亚马孙最美味的鱼——大腮巨脂鲤（*Colossoma macropomum*），或者农场养的鸡肉或猪肉，还有米饭、黑豆、木薯面包以及他随意享用的橘子。

1850 年，理查德·斯普鲁斯大部分时间都是在圣塔伦以及周围地区度过。在前往奥比杜斯进行为期七周的远行以及在埃雷佩库鲁河迷路以后，他乘船沿亚马孙河向下返回圣塔伦，而不是继续向上游前往马瑙斯加入贝茨和华莱士兄弟的行列。他在 1 月 6 日拂晓回到圣塔伦这个令人愉快的小镇，并且“我很幸运能见到这里的美景。新升起的太阳照耀着与河流平行延伸的成排的白色房屋，而河流上停泊着或者穿梭着大量各式各尺寸的船舶；在后面，长有灌木的热带草原隆起绵延到赤裸的山丘上，远处则是树木繁茂的蓝色山脊景象”。

1850 年的降雨和洪水情形是记忆中最糟糕的一次。降雨从圣诞节开始，并且以“不停歇的强度”持续了四个月时间。当时有猛烈的雷暴和倾盆大雨，在晚上尤其是如此，而且因为风力下降，在任何“适宜的晴朗天气”中都会出现令人难以忍受的高温。洪水标记上涨到最高水平。河流冲破河岸，溪流成为湖泊，而低洼地则被淹没。

斯普鲁斯充分利用这史无前例的情况。这时很明显无法进行正常的收集活动。所以他就研究一种洪水现象：也就是常见的在亚马孙干流向下游漂浮的巨大“草岛”。这些由活着的草组成的紧凑包块直径能有大约 46 米，面积大约一公顷。当被突然的暴风袭击时，小船有时可以划向这种密实的包块去避风。但这些在流速 4 节或 5 节的水流中竞速的岛屿也可能会带走甚至摧毁停在河中的船只。

漂浮岛通常由两种草组成：卡纳拉纳草（canarana，*Echinochloa polystachya* 和 *E. pyramidalis*），这是亚马孙河下游常见的一种牧草；以及卡皮姆草（caapim），这是图皮语和拉杰尔混合语中对草的一般称呼。两种草都在亚马孙沿线的浅水湖泊中有广泛分布。斯普鲁斯发现，当泛滥的河流冲入湖泊时，它会逐渐将卡皮姆草根上的泥土冲走，直到这些松动的草与地分离，在周围旋转，并被带走汇入世界上最大河流的干流中。通过检查一个浮岛，斯普鲁斯估计它的一大团根能有 6—9 米厚，并且当“经过几次徒劳的尝试后，我成功地抓住了一整根草茎，经过测量，长近 14 米，并且拥有 78 个节点”。草茎中长出生命力旺盛的花序，所以这种岛看起来就像是一个草木茂盛的牧场，并且草中间长着一些微小的植物（其中一种是科学上新发现的物种）。

泛滥的亚马孙河淹没了河岸边的可可种植园，所以种植园主就到城镇附近的棕榈搭建的避难所中躲避。英国人杰弗里斯（Jeffries）拥有一块木薯地。由于担心河水突然上涨，杰弗里斯让他的所有手下花了几天时间去挖木薯根，将它们洗净、整理，然后烘烤木薯。直到最后一天午夜他们才把最后一批木薯从种植园的烤炉中取出来。他们做得很及时。“第二天早上，烤炉以及整个种植园就被完全淹没在水下！”作为亚马孙流域的稀有品种，奶牛找不到任何牧草，所以它们游荡进森林中，慢慢变瘦、挨饿或者被淹死，这使得斯普鲁斯被剥夺了早餐牛奶和晚餐牛肉。

斯普鲁斯研究了水生植物以及草岛。他发现了一些王莲（*Victoria regia*，现称 *V. amazonica*），这是一种著名的睡莲，它的叶子能像自行车轮胎一样大。这里还有一些漂浮的钱苔属（*Riccia*）苔类以及满江红属（Azolla）蕨类和槐叶萍属（*Salvinia*）水蕨。但打动这位植物学家的是"一种稀奇而又美丽的红浮萍（Euphorbiad, *Phyllanthus fluitans*）"，它拥有淡绿色的心形叶子，在每片叶子下面有一个白色叶簇，并且还长有白色的小花。完全不同的植物是来自槐叶萍蕨类植物，"它的外形是如此像槐叶萍，以至于当我发现它是一种开花植物时，我几乎不敢相信我的眼睛"。斯普鲁斯思考这些如此不同的植物如何能看起来彼此很像，并且会拥有相似的营养器官。其中一个原因无疑就是"相同的生存环境"。但可能存在其他"更深层次的原因，超过了我们目前为止能够洞察的程度"，这可能是某种形式的拟态，正如在昆虫之中发现的那样，从而激发起这些"令人吃惊而又意想不到的模拟"。斯普鲁斯当时正在探索植物之间通过自然选择实现的进化。

人们觉得洪水让圣塔伦变得不健康。很多人都遭受流行性感冒和"慢性感冒"的袭击，并且斯普鲁斯自己"也未幸免"。塔帕若斯河向上游的村庄遭受了最严重的疟疾的袭击，超过 400 人因此死亡。斯普鲁斯将它称为"ague"（疟疾），这是一个源自法语"aigu"（急性）一词的用于说明疟疾的古老词语。它可能是与间日疟原虫（*Plasmodium vivax*）截然不同的恶性疟原虫（*P. falciparum*）。间日疟原虫今天仍然非常危险，因为本书作者曾经患过两次。与 19 世纪的每个科学家以及聪明的旅行者一样，理查德·斯普鲁斯对疟疾感到困惑。本地人认为它是在河水水位很高并且"不卫生的"季节由瘴气引起的：因此就有了"malaria"（疟疾，本意为坏空气）这个名字。但斯普鲁斯更进一步，他认为原因是在于亚马孙河上涨的速度要快于它的支流，这导致水被阻塞，并成为死水，上面还带有被称为“里莫”（limo）的黄绿色黏液泡沫。他在显微镜下对泡沫进行检查，发现它分解了的一种丝状绿藻。当然，没有人能够想象疟疾是来自一种在肝脏和血液中寄生的疟原虫，并且由渺小的雌性疟蚊的叮咬进行传播。在19世纪末，不同国家的科学家逐渐发现了疟疾的源头以及传病媒介。

斯普鲁斯还遭受了另一个苦难。一天，他和助手金进入城镇山地内陆上的一个被毁坏的棚屋中。他们先后都踩在了灌木丛中的一个生锈钉子上。他们花了三小时才忍着剧痛一瘸一拐地走回去，而且两个人都在他们的吊床上躺了三天时间。但是，像贝茨和华莱士一样，斯普鲁斯也是一名坚韧的收集者。“酷热高温或者倾盆大雨都从来不能让我暂停劳动，并且我会在整个雨季都继续进行收集。”他发现很难将他的大量植物标本晾干。所以斯普鲁斯使用了一大堆纸，并且他与在圣塔伦担任面包师的一个法国人达成协议，允许斯普鲁斯在面包师将每天的面包取出后使用他温暖的烤箱。

随着洪水退去，斯普鲁斯对“河岸边涌现的……大量微小的一年生植物”感到兴奋。它们从沙子中生长出来，开花，让种子成熟，然后在太阳下枯萎。“虽然个头很小并且存在时间很短，但它们都是非常漂亮的植物，其中很多都有艳丽的白色、黄色或粉色花朵，并且这些植物几乎都未被描述过。”他提到了很多狸藻类植物，其中包括一种狸藻属（*Utricularia*）植物，它有白色的花朵，结构很简单，它的茎就像是一根缝合针，被一个微小的细根圆锥体固定到沙子中。它“生长得如此繁茂，以至于直径很多米内的沙子都因为它而变成了白色”。本瑟姆将这种新物种命名为斯普鲁斯狸藻（*Utricularia spruceana*）。在发现了如此多各种大小的植物后，斯普鲁斯惊呼："植物在亚马孙流域中无疑拥有最庞大的规模，这不仅是指其中一些种类所拥有的巨大尺寸，而且指的是从巨大到极小的量级范围。比如，可以将丝绵树和油桃木与低矮的狸藻属和泽泻属（*Alismas*）植物进行对比"。

在圣塔伦附近有很多块被季节性淹没的森林，斯普鲁斯当然在里面进行了大量观察和收集。这里有一种常见的豆科植物月桂叶卡姆苏木（*Campsiandra laurifolia*），它是一种大量开花的分散在低处的树，"它的花里面是白色，外面是玫瑰色……它有时会在这种森林的最边缘形成一种绵延几公里的连续花边"。这种树的豆荚含有"很大的长形平豆，印第安小男孩发现它很适合打水漂"。他们的母亲们会将这些豆子磨碎，"制作能凑合着吃的木薯粉"，这首先要将它苦涩的麻醉成分滤去并进行烘烤，不过只有当木薯粉短缺时才会出现这种情况。最具观赏性的一种树就是中等尺寸的金合欢树——茎花猴耳环（*Pithecellobium cauliflorum*），它的花能直接从树干和分支上长出来。每朵花都有一个很长的螺纹一样的雄蕊，"上面是深红色，下面是白色"，并且它们是如此密集地长满树干，以至于树干看起来像是"包裹在巨嘴鸟的羽毛中"，与上面长满树叶但没有花的树冠形成了鲜明对比。

斯普鲁斯一直对经济植物（也就是具有商业价值的植物）感兴趣。其中一种植物就是巴西香可可（*Paullinia cupana*），它是一种低矮的攀缘植物，本地人能够用剪掉的树枝做成刷子。巴西香可可拥有黄色的梨形小果实，里面有一颗亮黑色的种子。种子被烘干、捣碎，然后磨碎放入水中就能制成一种非常香的饮品，它"有一种特别的和很香的味道"，是一种与咖啡很像的兴奋剂。马韦人是巴西香可可的主要生产者，并且过去（现在也仍然）在整个巴西都受到很高赞誉。它能刺激神经系统，并且通常被视为是"能够预防各种疾病，尤其是流行病”。斯普鲁斯当然品尝了巴西香可可，但发现它并不是万能神药。他还尝试了无患子（pitomba，*Sapindus cerasinus*）像樱桃一样的黄色果实，它的种子有“一种令人愉悦的黑醋栗的香味”。他在圣塔伦的朋友们都非常惊恐，告诉他这种植物属于有毒的种类。但斯普鲁斯有足够的技能推断出它在植物学上属于巴西香可可以及其他无患子科藤本植物，因此是无害和有益健康的：致命的是它的树茎和树根。他还吃过美洲格尼帕树（*Genipa americana*）的令人愉悦的像枸杞一样的果实。整个亚马孙的原住民都使用这种常见灌木的果实。它是他们普遍使用的黑皮肤染料，能作为一种美丽的装饰连同亮红色的胭脂木红而涂在身上，还能用于防虫。

这位完美的植物学家观察了不同栖息地中的各种植物对不断变化的季节的反应。在雨季的高潮阶段，存在大量草，“在河岸和低洼湿地中长有很高、很繁茂并且很多汁的草，而在南美洲草原上的小树林中和灌木丛中，则是苗条尖细的草”。他很快在城镇周围收集了 90 种草。在每年的前三个月，除了这些草和莎草外，几乎没有开花的植物。奇怪的是，在雨季，这里的树大部分“每天看起来越来越没有生气”，只在干季开始时会落叶并长出新叶。

斯普鲁斯曾经到高大的原始森林中进行了几次远行。他在里面发现的一种树就是亚马孙热美樟（itaúba，*Mezilaurus itaúba*）。“在亚马孙没有任何木材能像它一样能够用于建造大一些的船只。但这种重木头做的独木舟在充满水时肯定会沉没，就像我自己出钱看到的那样。”斯普鲁斯随意并且谦虚地提道，“直到我采集的关于它花朵和果实的标本能够提供用于确定它科属的材料后，这种高大的樟科树木才被人们熟知。”

斯普鲁斯如此忙于工作，以至于他只有很有限的休闲时间。他相当害羞，他承认自己（与贝茨不同）不喜欢所有巴西人。其中一个例外是圣塔伦的文职官员坎波斯（Campos）博士，他是一个“非常温文尔雅的”人，他了解英国和法国文学，像斯普鲁斯一样对数学感兴趣，并且不腐败（不同于他的前任），而且成为斯普鲁斯的一个亲密朋友。还有风趣和喋喋不休的老船长希斯洛普，以及其他两个英国居民。但斯普鲁斯“最令人愉悦或者最好的朋友”是亚伯拉罕·本德莱克（Abraham Bendelak），他是来自丹吉尔的一名犹太人，经常帮助这位英国收集者，并且跟他一起远足。有意思的是，斯普鲁斯写到，在亚马孙的城镇中有很多摩尔式的犹太人：他们来这里赚钱时没有带着妻子和家人，随后会返回摩洛哥。这个英国约克郡人不断重复本地关于亚马孙主要种族的下流概括用语。穆拉托人非常懒惰和无能，他们“往往很自负和倔强，当被恰当地掌控时，他们又足够容易被驾驭”；但卡夫佐人或桑博人（zambo）会被当作最恶毒和罪恶的人而摒弃。斯普鲁斯发现形成对比的是，来自非洲的黑奴“大部分是有礼貌和谦逊的，但与他们相处很愉快”。印第安人给斯普鲁斯造成的困惑与他们给其他英国人造成的困惑一样多。他敬佩他们令人惊叹的划船、伐木和打猎技巧，但他对他们缺乏野心、目光短浅、情绪上的不可预测以及不愿意为了报酬工作等行为感到遗憾。他很想从希斯洛普船长那里借一艘船沿塔帕若斯河向上游，但他知道他几乎不可能找到印第安人桨手。“每个自由的有色人种都欠本地商人的钱，他们会在允许这些人上船开始航行前强制要求他们还债”。奇怪的是，斯普鲁斯似乎责备的是卡布克罗人借钱而又未能偿还债务，而不是责备商人们通过以极高的价格出售商品来骗他们进入债务束缚。他有时会借一艘船沿着小溪和湖泊进行收集。但他不得不让小镇指挥官寻找桨手，并等他们两周，因为他们“很难被抓住……这多半是因为逃兵将会被送到内陆，并在他们的军营中遭受殴打”。斯普鲁斯对收集的热情超越了关于通过强征劳工而获得桨手的任何良心不安。

当雨终于停了时，斯普鲁斯想向河流上游前进，加入在马瑙斯的其他人。但由于没有自己的船只或桨手，他不得不搭乘路过的某条船只。他等待了三个月时间，其间大部分是干季，并终于在 10 月 8 日登上了圣塔伦的一位法国居民——古真尼斯先生（Monsieur Gouzennes）的一条小船。这后来证明是一次可怕的旅行。这是一艘很小的伊加拉特船，斯普鲁斯的行李就塞满了一半空间，而且用棕榈做顶的遮阳棚漏水是如此厉害，以至于衣服、纸和食物都被浸湿了。这艘船只有三名船员，这后来证明是不足的，因为天气非常糟糕，时而会平静，时而会狂风大作地下雨。最糟糕的是，在旁边一条更大的有篷船上的古真尼斯先生正在进行自己的年度贸易之旅，由于各种商业原因，船舶只能以令人痛苦的缓慢速度前进。

这位博物学家充分利用了延误和不适的时间。“当在奥比杜斯地峡中迎着湍急的水流缓慢前行时，我两次游到岸上去收集一种低矮的 Mimoseous 缠绕植物，它用顶部微小淡黄色花朵装饰了几公里长的河岸。”并且他还沉醉于大自然的繁茂中。“在亚马孙的河岸，很少有非常安静的时刻。即使在每天最热的时候……当鸟儿和野兽都隐藏起来时……仍然也会有忙碌的蜜蜂以及颜色艳丽的飞蝇发出的嗡嗡声，它们在河岸上成排的开花树木上采集花蜜，尤其是从某些印加树上……而且随着夜幕降临，无数的青蛙……在唱它们的万福马利亚圣歌，有时还会模拟鸟儿的鸣叫，其他的则是人类的喊叫声……”夜间出没的鸟儿会整晚不时歌唱。它们的本地名称就是它们叫声的一种体现，斯普鲁斯非常喜欢这种方式，例如眼镜鸮（*Pulsatrix perspicillata*）就因为它悲惨的歌声而被称为穆如库图图（murucututú），或者一种在黎明前鸣叫的鸽子似乎说的是：“玛丽，天已经亮了！”（Maria, já é dial!）

没有风意味着这两艘船花了十天时间才走完从奥比杜斯到维拉诺瓦（帕林廷斯）这150多公里距离。维拉诺瓦是亚马孙河的一个单调而又无聊的延伸。与所有的旅行者一样，他们在这里受到了托尔夸托神父的适当欢迎。他的“举止非常有礼貌”，斯普鲁斯有效地补充道：“但他非常喜欢听自己讲话。”

维拉诺瓦位于图皮南巴拉纳岛（Tupinambarana）的东端。这个岛是一片周长近300公里的广阔低地区域，上面有湿地、湖泊、热带草原和周期性淹水森林。亚马孙河流向北方，但图皮南巴拉纳岛在理论上是一个岛屿则是因为它有由流向南方的长水道和溪流组成的网络。斯普鲁斯是少数几个进入这些水道沿岸微栖息地的外国人之一，由于这些水道的东端有拉莫斯水道（furo of Ramos），所以它们被称为乌拉里亚（Urariá）。古真尼斯先生想与拉莫斯河沿岸的定居者交易咸鱼。他们预计只需几天时间就能完成，但由于捕鱼和腌鱼过程中出现延误，结果花了整整一个月时间才完成。斯普鲁斯则由于想观察星星而在外面待了一晚上，并且得了疟疾（他认为是由于他的毯子吸收了露水），这让情况变得更加糟糕。伊加拉特船上的两名印第安桨手有一人逃跑了，并带走了小船的救生筏。所以斯普鲁斯变得愈发难以登陆或者继续收集远行。但他的确观察了岛上湖泊里的捕鱼业，其中渔民生活在位于高支架上的宿舍棚屋中，并且努力晾干和腌制捕到的猎物。他还第一次见到了割胶以及熏制乳胶。生活在拉莫斯河岸上的很多农场的卡布克罗人是非常勤奋的民族。不过，虽然有肥沃的土地以及富含鱼类和水禽的湖泊，他们却日复一日地生活在一种比较穷困的状态中。他们很少使用金钱。他们的唯一财富就是腌制的巨骨舌鱼，而且这种产品通常在被捕获和加工前就已经被售出。在那个特定的年份，木薯粉很短缺，而且成群的鹦鹉已经吃掉了大部分大蕉。

在一个河岸农场中，年长的马梅卢科女主人有一个20岁的漂亮女儿。斯普鲁斯赞叹于她洁白的皮肤，并且了解到她的父亲是一个西班牙人，不过也知道她已经结婚了。“这个老妇人说她还有个当时在奥比杜斯上学的女儿，她更年轻并且更白皙，而且她说她想把这个女儿嫁给我，因为她对英国人很有好感。但我不想要一个十岁的媳妇，所以这件事就没有再谈下去。”

当时正处于干季结束时期。古真尼斯先生已经将有篷船带入了亚马孙干流，并让较小的船沿着水道继续进行他的业务。拉莫斯河上的空气很闷热，而且没有风，甚至水“都非常温暖，里面有如此多腐烂的丝状绿藻的烂泥，使得水非常不卫生”。这种停滞是因为水道西端被堵塞了。11月18日之后，一切都出现了剧烈变化，因为此时亚马孙干流水位已经上升到足以冲进这些水道。虽然旅行者们距此处有一日的行程，但他们可以听到这种强力冲击声。他们决定再增加四个人，从而向西进入水位上涨的水道。当时没有风，但到23日，他们已经在以令人痛苦的缓慢速度迎着激流前行，到达距离干流几公里的范围内。斯普鲁斯和年轻的船长借着星光进行勘察，看到“亚马孙河的河水正以真正令人敬畏的力量和响声流入水道，而且冲刷着沙洲，以至于在两侧都形成了一堵4.6米高的墙，而越来越多的激流正一刻不停地撕开巨大的沙块，从而拓宽了河床”。在第二天早上，他们奋力前行，其中斯普鲁斯在掌舵，船长古斯塔沃在拿着一根撑杆站在船首，金和他们的马梅卢科桨手则沿着危险的沙滩河岸牵引船舶。但他们几乎没有前行多少距离。他们在中午的高温中停了下来。随后奇迹般地出现了一艘船，上面有四个男人和两个男孩，这是来自其中一个河岸农场的朋友。由于有更多人在拖拽，所以船只能够进入湍急的河流中，从而避免在沙洲上搁浅。正在掌舵的斯普鲁斯很难让船首进入溪流中。如果他失败的话，船只就会撞向河岸，沉没并葬身于沙山下。“它需要运用的力量是如此大，以至于汗都从我身上流出来。”在河岸上拖船的那些人也同样在遭受苦难，因为太阳和沙子都非常灼热。但他们成功了。当他们终于发现自己“身处清风习习的宽广亚马孙河上时，我们之前沉默的焦虑变成了喧闹的喜悦表情”。

从圣塔伦出发经过九周时间走完近650公里的行程后，斯普鲁斯于1850年12月10日乘船进入马瑙斯。他给乔治·本瑟姆写信说到，在航行中的大部分时间中，健康状况不佳的他自己以及魁梧的助手罗伯特·金都处于生病状态。“如果您看过我们在登陆时苍白病态的样子……您就会同情我们。”在圣塔伦，雨量远超过前几年的量。“您无法想象这里的每件东西有多么潮湿，甚至在房子中也是如此。任何铁制的东西都生锈了，植物发霉，衣服挂起来两天或三天后重量就能翻倍，而对我的影响就是发烧咳嗽，并且在四肢有风湿痛。”

正如我们已经看到的，他们有写给可敬的意大利人亨里克·安东尼基的介绍信。这个慷慨的人立即将他们安置在他两层房屋的一间上房中，并且“邀请我们在他装饰考究的餐桌上吃饭”。其他英国人离开马瑙斯已经很长时间：贝茨是在3月26日沿索利默伊斯河向上游航行，而华莱士是在8月31日向内格罗河上游前进。

斯普鲁斯立即安定下来进行收集工作。虽然下着雨并且身体状况不佳，但他告诉本瑟姆，“我们一直在工作，而且身处新植被中会让人感到很满足”。三个月后，他给本瑟姆写道：连续五天都在下雨。“在总共三周的时间里，我没有一次外出不是被彻底浸透。我肯定不会退缩，而且到目前为止我还没感到这会对健康产生任何不利的影响。”本瑟姆给他写信谈论他来自圣塔伦的第一批收集品，并且斯普鲁斯很高兴地了解到，其中包含一些新物种。虽然雨季在收集和保存方面会有困难，但他已经收集了超过 300 种植物，其中有数千片干燥的植物标本，而且“我肯定会让我的巴拉（马瑙斯）收集品比之前任何收集品都更加多样和新奇”。在 4 月末，他发送了非常大的两箱植物，其中有 300—400 个品种。这些标本乘坐亨里克先生的大型独桅纵帆船沿河流向下驶往贝伦，由于这艘船来自索利默伊斯河，所以它在埃加可能也装载了来自贝茨的货物。罗伯特·金也在船上。他虽然比斯普鲁斯更加高大和健康，但这个年轻人并没有斯普鲁斯对博物学的热情，而且可能无法再忍受亚马孙森林的艰辛。

斯普鲁斯在马瑙斯以及周围地区待了 11 个月时间。几年后，他的朋友阿尔弗雷德·拉塞尔·华莱士写道：“几乎没有哪一小片热带森林能在如此有限的时间内，并且在面临始终存在的过度潮湿的气候以及非常受限的手段等不利条件的情况下，能在植物学方面获得如此出色的探索。”斯普鲁斯一丝不苟地记录自己的行动以及准确的收集地点。他还提到每种植物的品种，以及它们的属和自然顺序，并且在可能的情况下会提供它们的本地名称，从而对它们的叶子、花朵、果实和外观以及任何明显的特征或属性进行了非常详细的植物学描述。他平均每隔一天就会外出进行收集，而中间的一天他会用来做准备，以及干燥标本，并且对标本进行描述和目录编制。他会根据各种不同的树或其他植物开始开花的时间间隔而到访附近的每条路径、每个空旷的农场或沼泽、每条溪流或者小山……这种勤奋工作的成果从植物学角度来看是令人满意的……在内格罗河口度过的这 11 个月时间为他已经在亚马孙河下游收集的 1100 个品种又添加了至少 750 个新品种。

斯普鲁斯进行了各种远足，从而在不同的栖息地进行收集。在

1851 年 1 月底，他穿过内格罗河，来到加瓦尤里（Jauauari），这是位于海角的一块草原和沼泽地，其中内格罗河就在这里汇入索利默伊斯河。无处不在的亨里克先生在这里有一个破败的养牛场。斯普鲁斯决定在一间荒废的用棕榈做屋顶的泥棚屋中居住，“非常懒惰的牧马人”已经离开了这所房子，住在用于烤制木薯的拥挤的烤炉房中。这个棚屋周围被泥和水环绕，通过一角的一块厚木板进出。有两个房间处于水下，第三个房间有一个干地面，但它有两个门洞，“在暴雨过程中，风会穿过门洞猛烈地吹进来”。斯普鲁斯在这里住了一周时间，与他在一起的是一个名叫佩德罗的年轻马梅卢科人，他负责给斯普鲁斯做饭。当时每天都下雨。在一些早晨会有足够的阳光让斯普鲁斯晾干他的标本采压纸。但如果没有的话，他们就不得不划船向上游经过一条草木丛生的溪流，在烤炉房中把纸弄干。斯普鲁斯仍然在不断学习本地技能。他之前从未用桨来操控一艘独木舟，并且他经常让船冲入灌木丛中。他还学习了拉杰尔混合语，这是一种基于图皮语的语言，是整个亚马孙地区都在讲的语言。所以他无意中听到他的桨手告诉他的妹妹：“这个人什么都不知道……我甚至怀疑他能否用箭射中一只鸟！”他后来成为一名熟练的桨手，他在给邱园的威廉·胡克爵士写的一封信中自夸道，他怀疑欧洲最有名的植物学家们操控独木舟的水平能否赶得上他。但他在箭术方面永远赶不上印第安人。

斯普鲁斯对不重要的小植物的兴趣与对引人注目的大树的兴趣一样多。他陶醉于狸藻类植物、小兰花、海芋属植物、莎草，“其中后者有一种是令人讨厌的‘切口草’，我从旁边走过时我的脚踝都被完全划破”。衰败的蚁丘在沼泽地中形成了小岛，上面有它们自己的植物群。这片草原有一部分看起来要更加肥沃，上面长着茂盛的高草以及一些不错的灌木，其中包括一种野牡丹属

（*Melastoma*）植物，“它表面全部覆盖着紫色的大花：对我来说它是一个相当新的物种”。另一块草原要稍微高一些，并且“在各个方面”都非常不同。它位于松散的白沙上，上面有大量热带美洲特有的香膏属（*Humiria*）灌木。部分草原在发热的沙子上有成块的苔藓和蕨类植物，这让斯普鲁斯想起了一种英国石南。这里也有令人好奇的莎草蕨属（*Schizaea*）植物、两种新草以及兰花，而且它们一看就是热带植物。

这里有一种很小的植物古柯（*Erythroxylum coca*），当地人称它为伊帕杜（*ipadu*）。这是斯普鲁斯第一次接触麻醉植物，这个植物学分支后来让斯普鲁斯沉醉其中，并且他成了一个有首创精神的权威。他当然知道整个亚马孙地区的人都咀嚼古柯，而且它在几个世纪的时间里一直处于印加人和其他安第斯民族的社会中心。他提醒胡克，背着一打伊帕杜的印第安人可以在不需要食物和睡眠的情况下行走几天时间。但他未能劝服任何印第安人交换一个用于捣碎可可的臼，这样他就可能也发送给邱园。印第安人不愿意卖掉一个如此有用并且花费如此多时间和技巧制作的人工制品，这也是可以理解的。[①]

这位技能出众的植物学家很高兴地在马瑙斯周围发现了完全不同的栖息地。位于东南面约 13 公里处的是拉日斯（Lajes），它之所以有这个名称是因为河岸上有很多层的砂岩。这个拉日斯俯瞰著名的“水流交汇点”，富含单宁的内格罗河河水与运载沉积物的汹涌的亚马孙河河水在此发生冲撞。这两条河流在最终混合前会显著地分开流几公里的距离。斯普鲁斯喜欢爬到拉日斯上的低

---

① 华莱士不知道的是，在那个十年期结束时，德国化学家阿尔伯特·尼曼（Albert Niemann）分离出生物碱可卡因。它只占古柯叶的 0.4%，而且很难提取。可卡因是一种迷幻剂，曾一度被称为一种特效药，但现在已经成为国际毒品交易的基础。

矮山丘上，因为上面能获得广阔的视野。树木、河流和天空向东朝巨大弯曲的马德拉河口延伸，其中河口星罗棋布地分布着很多岛屿，并嵌有不少湖泊；视野西南方向是正在向上游朝着普鲁斯河（Purus）流去的索利默伊斯河。“在一块巨大陆地的中心位置，看到如此巨大的水流，它们翻滚着奔向海洋，让人无法不生出至高无上的赞美。”他喜欢在日落时凝视这个“真正宏伟的”景象，耀眼的粉色和金色云烟会深入夜晚的黑暗中。他给他的约克郡朋友约翰·蒂斯代尔（John Teasdale）写信说，这种景象让他充满亲切和敬畏的感觉。在拉日斯进行的收集工作非常不错：斯普鲁斯曾回来好几次。在前往拉日斯对面的遥远的亚马孙河南岸进行另一次远足中，他发现了那里完全不同的植被。他怀疑任何其他收集者是否会在这里工作，因为“这个地方的森林里有我从来没遇到过的蛇和蚂蚁”。

斯普鲁斯最冒险的行程发生在1851年6月，当时是沿索利默伊斯河向上游前往大约95公里处的马拉奎利。这是位于南岸一个入口上方的一座小村庄，华莱士在一年前曾在这里进行过一次非常有成果的访问。这次行程本来应当需要三天时间，斯普鲁斯虽然有四个桨手，但是仍花了一周时间才到达，因为水流强度很大，并且没有风。河流当时处于最高水位，淹没了泛滥平原中的大片森林。收集工作很难进行。斯普鲁斯给本瑟姆写道：“我们从没见过陆地，这里只有季节性淹水森林中树木的树干，它们已经习惯于让自己的底部在水下连续待几个月时间。”当他们靠近河岸时，斯普鲁斯站在船首，并且偶尔用一根很长的带钩长杆钩起一些开花的藤本植物；而且他的确曾在短暂的早晨在浸水的森林中进行了一些收集。干燥和压制植物的工作必须在船上进行。但由于下雨，他在让植物变干的时候碰到了麻烦——“在雨季要结束的时候，天气糟透了”。

当有风时，正在晾干的纸会被吹走，而且他无法在不妨碍桨手的情况下将纸铺开。

这些磨难对身处巨大雨林中心位置的植物学家来说是微不足道的。他正是在这个时候兴奋地给自己的植物学朋友马修·斯拉特（Matthew Slater）写信说："世界上最大的河流穿过世界上最大的森林。想象一下，如果你有500万平方公里的森林，它不间断地被流经它的河流拯救"。在写给一位赛门（Semann）博士的信中，斯普鲁斯描述了自己过得是多么开心。"这里只有树，树，树！它们全年都开花，从来没有一次开如此多的花，以至于让我要做额外的工作来保存它们。"在他的日记中，他沉醉于森林的美。"在早上的日出前后，可以看到内陆河的河岸。在早晨6点经过其中一个河岸，这时大部分树木已经长出了新叶，其中一些是精美的浅绿色叶子，其他是粉色或红色……它们从幽暗处长出来，优雅的合欢树的精致分叉的大叶子以及伞树像星星一样的白色大叶子会偶尔让叶子种类变得多种多样。与此同时，到处都悬挂着开紫色花朵的紫葳属植物形成的花彩。开白色或红色花朵的远志属（*Polygaleas*）攀缘植物通常会散发出最美味的味道，[水线上的]低矮灌木上装饰着数不清的各种旋花科（Convolvulaceae）植物的花朵，其中主要的品种是山芋，而且各处还混合着两三种菜豆科（Phaseolae）植物，一些开黄花，其他的则开紫色花"。

从马瑙斯出发进行的远足也让斯普鲁斯能一瞥亚马孙社会的不同阶层。在顶层的是少数白人种植园主。在马拉奎利，他住在他朋友亨里克先生的岳父何塞·安东尼奥·布兰当的家里，而后者过去曾对华莱士非常好。虽然已经70多岁，但布兰当非常有精神和很健康。斯普鲁斯将这归功于他作为农民而从事的辛苦工作，这不同于大部分选择轻松生活方式并且变得病怏怏和臃肿的巴西人。这个农场让斯普鲁斯想起了自己的家（华莱士也是如此），农场的马、牛、羊和猪在吃着稀疏的草，里面还有热带果树，并且有一个用甘蔗制作糖蜜和卡莎萨朗姆酒的用牛拉动的磨坊。

斯普鲁斯并没有提到这座可观的农场的一部分工作是由非洲奴隶完成的。布兰当是少数富裕到足以购买此类工人的人之一。斯普鲁斯还到访了一个种植园的咖啡树林，种植园主名叫詹尼（Zany），他是被称为“船长”的另一个成功的意大利移民弗兰西斯科·里卡多·詹尼（Francisco Ricardo Zany）的儿子。在三十年前，巴伐利亚科学家斯皮克和马蒂乌斯（即首批获准沿巴西亚马孙河向上游旅行的外国人）曾接受过老詹尼的款待。这些访客对他的大量农场留下了深刻印象，农场中有大量明显很心满意足的印第安人和黑奴在工作。但当詹尼带着马蒂乌斯沿着偏远的雅普拉河向上游行进时，这个德国人很震惊地看到虚构的“公共工程”中印第安人被强制劳动，以及这里存在的猖獗的人口贩卖问题，也就是稍加伪装的非法奴隶制度。

斯普鲁斯在去年（1850年）年底接近马瑙斯时，他访问了位于伊塔夸蒂亚拉的一个糖料种植园。这个种植园是由“英俊健壮、当然也有事业心、有思想、头脑清醒的”苏格兰人麦卡洛克（M’Culloch）建立的。这个拓荒者在贝伦工作的十一年间攒了一些钱，但在尝试建立一个水力驱动的大型锯机时在一系列的挫折中损失了所有钱，而这个项目由于遭受本地人的反对、官员官僚主义、法律诉讼以及最终的纵火而失败。所以麦卡洛克与无处不在的亨里克先生合作，开始建立糖料种植园，用于制作卡莎萨朗姆酒。这个苏格兰人自己不知疲倦地工作。他有时会使用一批穆拉印第安人（也就是被贝茨鄙视的那些人），他们会在觉得自己喜欢工作时进行工作，而且他们除了卡莎萨朗姆酒和一“帽子”木薯粉之外别无所求。“但他能够依赖的工人就是亨里克的四个［非洲］奴隶”。斯普鲁斯 1851 年 8 月回到马瑙斯后，他的朋友亨里克为他安排的住所就位于另一个奴隶主的房子内。这个人的五个奴隶逃跑了，但被警察抓获，并归还给他们的主人。“倔强的”逃跑者首领被拴在院子中的一根杆子上，但一天晚上他的主人经过时，他试图用藏着的一把刀刺死主人，不过只造成了一个很浅的伤口。所以这个奴隶就把刀子固定在他的杆子上，并且“带着孤注一掷的决心将刀插进自己的腹部”。第二天，其他奴隶将他的尸体缝到麻袋里运往河边，但他们一直在笑，就像是抬着一只死狗。斯普鲁斯言简意赅地向他的朋友约翰·蒂斯代尔评论道：“到目前为止也就只发现了奴隶制度的这种‘美’。”

斯普鲁斯在马拉奎利时正值 6 月，所以他与本地人一起庆祝巴西的一年中的重大节日——圣若奥（圣约翰）日前夜。他与布兰当先生的一个儿子以及来自里约热内卢的另一个年轻人一起前往庆祝。他们划船穿过几公里被淹没的森林，来到一所灯光明亮的房子，其中的一个房间被改造成一个给圣约翰准备的小教堂。这里有烟火，装满火药的火枪在射击，并且还有和着笛子、“疯狂的敲鼓声”以及铃鼓的歌声。当圣徒们聚集到一起后，在盖有白布的一张长桌上有美味的木瓜果冻和木薯粉，而且还有咖啡以及“不幸过于充足的”卡莎萨朗姆酒。这次聚餐有一个等级顺序。白人首先吃，随后是塔普雅印第安人，再就是穆拉托人，最后是“各种形式的”混血儿。在一圈篝火周围有祭祀舞蹈，也就是由戴着真牛头的小伙子表演的音乐剧。还有由戴着高面具的两个印第安人表演的喜剧舞蹈（他们很明显是来自索利默伊斯河上游更远处的图库纳人）。

斯普鲁斯向他的朋友约翰·蒂斯代尔介绍了整个庆祝过程。外廊被清理出来举办舞会，而舞会音乐来自一把小提琴和两把吉他。

每种此类庆祝活动都是由一名“男法官”和“女法官”进行指挥，而“法官”选举的标准就是他支付部分招待费用的能力，“女法官”的选择标准就是她的魅力。“法官”坚持认为斯普鲁斯应当有幸与“女法官”一起开始舞会。所以这位高大的英国约克郡人就脱下他的外套和鞋子，从而与其他人更像，并且牵引着那位美丽的女士起舞。“我们成功地完成了舞蹈，并且在结束时，响起巨大的欢呼声以及鼓掌声，因为‘这个不错的白人没有轻视其他民族的习俗！’而一旦‘进入角色’，我就跳了一晚上舞。”两个穆拉托人之间进行的持刀械斗曾让舞会中断，但斯普鲁斯正在独木舟中快速前进，前往女法官的房子。舞会还在继续，但就像英国的乡村舞会一样端庄地围成一个个圈。在一个舞会上，男人和女人们模仿啄木鸟，跳跃、唱歌、鼓掌和猛咬。“当我发出如此多笑声（特别是在跳跃部分）时，我还什么也不知道”。在另一个以蔬食埃塔棕命名的舞会上，跳舞者会突然转身，并在某一刻抓住附近的任何人。“女士们非常喜欢这个舞蹈，尤其是其中的拥抱部分，而且我常常发现很难从她们的拥抱中解脱出来。”孤独的斯普鲁斯很明显喜欢舞会的全部，因为在跳舞者中有“两个非常漂亮的马梅卢科女孩”，她们差不多就是白人，不过“剩余的人就很平常了。在晚上，我与每个人都跳过舞”。

在对拉格斯（Lages）进行的一次回访中，斯普鲁斯也与已失去部落特征的纯种印第安人一起度过了几周时间。他们的境况要好于大部分原住民。他们当然是技能出众的船夫和渔民，并且每个家庭都可以依靠自己清理出的木薯地、几株咖啡灌木以及大量果树和共同种植的烟草实现自给自足。他将印第安人的休闲装与马瑙斯市民可笑的华丽装束进行了对比，因为后者在周日会穿上黑外套以及戴上大礼帽。斯普鲁斯自己只穿着一件浅色的棉夹克和一条马裤，没有衬衫、帽子、鞋或袜子。印第安人穿得更少：男人们只穿着裤子，女人们则穿着一件“垂到胸部以下的”女士衬衫和裙子，而且经常穿着一件露脐装。年轻的未婚女孩只穿着这些服装中的一件或另一件，而且当有白人陌生人出现时，她们会撩起衣服不让陌生人注视她们的眼睛。没有了助手金，斯普鲁斯依靠印第安人帮他进行收集。他觉得自己已经学会了如何比洪堡更好地管理这些人。斯普鲁斯的秘诀就是绝不能“让他们像完成一项任务一样做任何事”，甚至不能说是为了优厚的报酬。相反，他可能会用拉杰尔混合语建议说，“我们出去走走”，乘一艘小船出发沿一条小溪向上游行进，并且“当我们到达森林腹地时，他们都能非常敏捷地爬树或者砍倒树。而花朵的收集始终表现得只是一种娱乐”。

正如我们已经充分看到的那样，这三个英国人都是出色的不知疲倦的收集者。但他们却是用不同的方式开展工作。亨利·贝茨觉得最好是在索利默伊斯河和亚马孙河沿岸的几个地点集中工作。斯普鲁斯和华莱士要更具冒险精神。在亚马孙河下游，华莱士沿瓜马河向上游前往梅希亚纳岛观看潮涌，并且去蒙蒂阿莱格里看岩画；斯普鲁斯在沿埃雷佩库鲁河向上时迷了路，并且从圣塔伦、奥比杜斯和马瑙斯出发进行了非常艰苦的远足。

在1851年3月，两个英国人顺着内格罗河向下来到马瑙斯，他们带着来自华莱士的一封信，说他已经去了北方很远的地方，在委内瑞拉境内奥里诺科河的一条支流上，“在一个浪漫而未被探索的国家中过得出奇地开心”。所以斯普鲁斯决定跟随他的朋友沿内格罗河向上游行进。令他恼火的是他在圣塔伦花了一整个夏天尝试搭船到马瑙斯，而且当他终于找到一条船时，这条船在整个行程中花了令人痛苦的63天时间。所以他决定必须有自己的船。他最终以相当高的 10 英镑价格买了一条几乎全新的巴塔洛船（batalão），它的载重能达到 6—7 吨。而且他不得不又花了几乎同样的价钱为船配置物资。这也是他去拉格斯的一个原因，因为这里是印第安熟练木匠的摇篮，他们能够制作船篷（tolda）。斯普鲁斯为船尾订购了一个船篷，供他睡觉，船中间的船篷则用于让他的物品保持干燥。随后就是永远存在的寻找船员的问题。他给本瑟姆写信说，“这里只有强迫劳动，世界上多少钱都不能引诱一个塔普雅印第安人自愿工作”。亚马孙的每件事情都依靠介绍信。但由于当斯普鲁斯在圣塔伦时这里并没有英国领事，所以他没有写给马瑙斯的小镇指挥官的信。他的朋友亨里克先生前来给他解围，他在半路从急流之畔圣加布里埃尔（São Gabriel da Cachoeira）沿内格罗河向上游派遣了五个印第安人。经过几周的等待后，让斯普鲁斯感到惊讶的是，这五个人突然赶到了：他们是结实的印第安人，加入斯普鲁斯在马瑙斯用某种方法“安排”上船的两个印第安人的行列中。为行程购买食物也同样困难。斯普鲁斯和亨里克一起购买了一头小公牛，并且他把自己的那一半用盐腌了起来。由于河水水位很高，所以无法抓到巨骨舌鱼，但斯普鲁斯买了很多乌龟。在沿内格罗河向上游的行程中没有接受金钱的地方（一些铜币除外），所以斯普鲁斯花费不多的积蓄来购买“印花布和其他棉质布料、斧头、弯刀、鱼钩、串珠、镜子以及很多杂货。交易这些东西要损失很多时间，但当时没有替代选项”。他随后将自己壮观的收集品打包，装船发给他的导师乔治·本瑟姆。但在斯普鲁斯的运输链条中出现了一次挫折：贝伦的丹尼尔·米勒突然去世，“他患了严重的冷战……后来加重为脑膜炎……可怜的米勒是一个非常好的年轻人，而他对我的损失是不可挽回的，因为他能如此迅速地做我需要的任何事情，甚至是可能让他不便的事情”。在华莱士和贝茨第一次抵达他所在的城镇时，米勒之前也曾帮助过他们。有多少乐于助人者在维持着与世隔绝的博物学家与他们祖国之间的脆弱联系！

1851 年 11 月 14 日，理查德·斯普鲁斯从马瑙斯起航，沿内格罗河向上游航行。虽然独自一人，但他精神高涨，因为有一批不错的船员并且有了自己的船只，它行进顺利，而且有一个令人感到舒适的船舱。

第七章
内格罗河上的华莱士

当斯普鲁斯在1851年底开始沿内格罗河向上游航行时，他充满冒险精神的朋友阿尔弗雷德·拉塞尔·华莱士已经在这条大河上游很远的地方度过了一年三个月的时间。

1850年7月，华莱士从马拉奎利匆匆赶回马瑙斯，因为他听说一艘属于爱尔兰商人尼尔·布兰德利（Neill Bradley）的船带来了他的信以及最重要的金融汇款。经过“令人厌烦的几周时间”后，这艘船终于到达了。它带来了“一大堆来自帕拉（贝伦）、英国、加利福尼亚（他的哥哥到这里加入1849年的淘金热）的逾期未收的信件，数量大约有20封，其中一些的日期甚至是一年多之前”。这三位收集者不得不担心与遥远的英国的通信，以及在亚马孙地区的行船，而且华莱士要半夜不睡觉来回复较为重要的信件，因为他前往内格罗河的船将在第二天起航。他完成了装满珍贵收集品的“运往英国的箱子”。他疼爱的弟弟赫伯特没有胃口或者能力进行热带雨林收集，所以阿尔弗雷德安排他在马瑙斯待了六个月时间，并且随后返回英国。他还为自己当年的行程进行了最后采购。友好的本地文职官员茹伊斯·德·迪雷托（Juiz de Direito）送给他一只火鸡和一头乳猪作为临别礼物。华莱士将前者留活口养着，并把后者烤熟，从而提供“一些供给品，以便开始起航”。

华莱士很明智地抛弃了自己漏水的小船——他并没有透露自己是否成功地将其出售。他乘坐一位名叫若昂·安东尼奥·德·利马（João Antonio de Lima）的葡萄牙商人的相当宽敞的船舶，在1850年8月31日出发。这艘船大约10米长、2米宽。船尾有一块用劈开的棕榈干做出的粗糙甲板，上面有一个用弯曲的棕榈做顶的船篷，它“高到足以让人在里面舒服地坐直”。在船头是一个平坦的“木筏”，当印第安人与划动固定在长杆上的桨叶的桨手吵架时他们会站在这个木筏上。利马先生是一个“中等身高、瘦长结实、头发灰白的人，他非常有礼貌和随和。他是一个典型的亚马孙商人，被人们称为上门推销商（*regatão*）[1]。他的船载满内格罗河上游半开化和野蛮的居民们最需要的所有商品”。其中包括几捆粗棉布和廉价的白棉布、很薄但鲜艳的彩色印花格子布或条纹棉布、蓝色和红色的手帕、斧头、弯刀、大量粗糙的尖刀、数千个鱼钩、燧石、火药、霰弹、大量珠子（蓝色、黑色和白色）、无数的小镜子、针、线、纽扣和条带。船上还有大量卡莎萨朗姆酒、葡萄酒和食物。船舱里装着利马的箱子以及华莱士的个人行李，但仍然还有很大的空间供他们舒服地坐着或者睡觉。

沿内格罗河向上游的航行是令人愉快的。虽然是亚马孙河的一条支流，但内格罗河自身就是世界上最大的河流之一。它有2237公里长，流域面积有69153平方公里，比很多国家都要大。它出奇地宽。从马瑙斯出发向北的第一周航行被阿纳维利亚纳斯

---

① 19世纪晚期，当橡胶业繁荣发展起来时，亚马孙地区的官员在撰写年度报告时经常猛烈抨击这些缺乏诚信的上门推销商。尽管这些人非法地进行交易，印第安人和河流上游的沿岸居住者却要依靠他们用产量低微的农产品交换制成品。

群岛（Anavilhanas，现在是一个国家保护公园）打断，但越过这些岛屿行驶很远距离后，内格罗河变得如此宽阔，以至于无法同时看到两岸：华莱士猜测河岸相距有16—40公里。它的水流要比亚马孙干流更温和一些。但它的平静经常会被突然而至的狂风暴雨打破。

对船员来说，在利马船上的日常工作就是在半夜后不久开始扬帆和划桨（可能是在月亮和星光的指引下航行）。他们会在黎明时停在岸边，生火做咖啡和奶油饼干早饭。他们在上午10点或11点会再次停下，让印第安人"烹制家禽以及在夜间捕获的所有鱼当正餐"。他们会在傍晚6点时再次停泊，准备有更多咖啡的晚饭，并且他们在向河流上游航行的过程中会在甲板上吃饭。他们随后在晚上8点或9点下锚，在河岸森林中挂起吊床，睡几小时觉。在白天，他们有时会登陆前往大片原始森林中的河岸棚屋，购买家禽、鸡蛋或香蕉。或者如果他们看到一块空地，他们可能会停下来尝试射鸟或捕鱼。"在凉爽的早晨和夜晚，我们站在船首的厚木板上，或者坐在船顶，享受新鲜空气以及我们周围深色河水的清凉景色。"华莱士和利马会在一起喝咖啡，欣赏令人眼花缭乱的日落，看着太阳将云彩从银色照成粉色、绯红色、紫色和金色，或者是夜鹰属（*Caprimulgus*）鸟类在河面上盘旋寻找昆虫。

内格罗河上的所有旅行者都会对它的黑水发表评论，而给这条河命名的第一个沿亚马孙河向下的西班牙人就是从黑水中得到的灵感。从上面看，河水是黑色的，但当在河中游泳时，它的水就是浓茶的颜色。19世纪或20世纪初的人们都不知道这种现象的原因。现在人们认为这是由单宁酸或者来自腐烂植物的石碳酸造成的。腐殖酸成分是可见的，因为内格罗河非常纯净：它发源于圭亚那地盾完全风化的古老砂岩，其中亚马孙河和索利默伊斯河由于来自地质上更年轻的并且有岩石掉落的安第斯山的沉积物而变成泥白色。华莱士还注意到一种“巨大的奢侈”，即内格罗河没有蚊子。他并没有猜到，之所以没有蚊子是因为蚊子幼虫无法在黑水中繁殖。另一个好处是，黑水河没有疟疾的困扰。但是人们并没有将连两者联系到一起，因为人们很难想象，一种能够将大个子击倒甚至杀害的疾病可以通过一种小昆虫的叮咬来传播。

由于水生资源不多，所以内格罗河从来没有像亚马孙干流那样有人类密集居住。但到19世纪中叶，它几乎完全变空了——这源自殖民地奴隶贩子的大规模掠夺、外来疾病以及卡巴纳仁叛乱的屠杀。这个地区正经济衰退，因为它几乎不产出商业产品。所有的村落都很荒凉，而且已经被部分遗弃。在卡武埃鲁（Carvoeiro）只有两户家庭，一户是铁匠家庭，一户是酗酒的船长家庭；在巴塞卢斯（Barcellos，这个地方在一个世纪之前曾宣称要成为一个省会），曾经引以为傲的河边房屋现在“已经成为破败的泥屋”，并且街道现在只是“穿越丛林的小路”。圣伊莎贝尔（Santa Isabel）“现在是一个长满野草和灌木丛的悲惨的村落”，那里唯一的居民是一个正派的葡萄牙小伙子，他不介意极端贫困的艰难和物质缺乏。

在被遗弃的村落里，有一些河岸农场和种植园。它们为人们了解如何在如此偏远的河流进行贸易提供了一些视角。其中一个穆拉托农场主以赊账的形式拿了利马先生很多货物，他承诺在回程时提供大量洋菝葜和其他农产品。与“成为这个国家的诅咒”的利马先生的赊账安排相比，华莱士更钦佩另一名葡萄牙种植园主兼商人，后者通过带着一船货物向下到达亚马孙河口的贝伦而致富，并且通过带回有需求的商品而让投资翻倍。这位成功的商人非常诚实和公平，但他不招人喜欢，“因为他并不会享受他被认为能够负担得起的奢侈和放纵”。华莱士讽刺地评论道：由于能如此轻易地获得食物，所以这个国家的生活几乎没有成本，除非有人喝酒或者赌博。

华莱士很享受沿内格罗河向上游的平静行程。带着习惯性的好奇和热情，他进行了两组有趣的研究：异国鱼类和岩刻。他捕捉、描述并绘制了多种美丽的鱼，因为内格罗河富含特有物种（并且它现在仍是为世界水族馆提供艳丽物种的一个源泉）。除了收集颜色艳丽的小鱼，华莱士还喜欢吃那些富含脂肪的鱼，并且制作美味海鲜杂烩。他还领先自己所在的时代，表现出对岩刻的兴趣。正如我们看到的，一年前，他曾付出巨大努力去观赏蒙蒂阿莱格里附近的岩画和岩刻。他此时则是绘制在布朗库河口的一个岛屿上发现的关于动物和人的刻画，并且收集了刻有这些画的一些“生动的花岗岩”。可悲的是，正如我们将看到的，这绘画以及他的很多标本后来都丢失了。

亚马孙河流域是如此平坦，以至于干流以及巨大的内格罗河的大部分都没有急流。但在内格罗河向下的漫长航道的三分之一处，这条河流在一系列汹涌的激流和瀑布中从圭亚那地盾跌落。这些急流和瀑布位于急流之畔圣加布里埃尔。虽然利马的船几乎不停地航行和划行，并且它的桨手每晚只睡几小时，但直到1850年10月19日（也就是离开马瑙斯的七周后）他们才到达“著名的内格罗大瀑布”。他们不得不放弃大船，并雇用一艘小一些的船舶继续向河流上游前进。“河流中到处都是小石头岛以及大量的裸露岩石。水流在突出的石头周围快速流动，并且主航道中充满水沫和漩涡……岩床和岩礁遍布河流各处，与此同时，河水带着可怕的暴力穿过它们之间的开口，在下面形成恶劣危险的漩涡和碎浪……我们冲入水流中，被快速地冲向下游，并在巨浪之间穿行，随后突然进入一个岛屿保护下的平静水面”。他们这时不得不爬到岩石上，与此同时，印第安人拖着船“迎着激流”前行。他们在河流中来回穿梭，寻找水道并避开交错的岩石。华莱士对船员的技巧和勇气充满敬畏。“全裸的印第安人将他们的裤子系在腰上，像鱼儿一样跳入水中。”为了将绳子固定在突出的岩石上，印第安人会跳入河中，下潜到平静一些的水流中，然后尝试爬到湿滑的岩石上。其中有两三个人失败了，筋疲力尽地掉下来，“在同伴的笑声中”漂回到船上。随后，他们会设法到达一座小岛的背风处。“我们立即就像水车一样在水流中前行：‘使劲划，小伙子们！’利马先生大吼道。我们正很快沿河流向下漂去。有一股很强的急流正载着我们，并且我们就要撞向刚高出水面的这些黑石块。‘好了，小伙子们！’利马先生喊道。就在我们似乎处于最大危险中时，船在一个漩涡中改变方向，使我们在一个岩石的庇护中获得安全。我们在静水中，但我们的每侧都靠近汹涌的急流和泡沫，我们必须再次横渡。”所以这种操作一小时接一小时地继续下去。他们晚上在一个岛上停下来。印第安人睡了一会儿觉，准备第二天继续搏击瀑布。由于无法提供帮助，斯普鲁斯就欣赏周围的风景。“灿烂的阳光、闪闪发光的河水、奇异的岩石以及支离破碎的多树岛屿，这些一直是我兴趣和乐趣的来源。”他们在第二天下午到达急流之畔圣加布里埃尔。最后的障碍是一个巨大的斜坡，河流在上面产生滚滚的巨大洪流，并且在底部，“河水以碎浪形式轰鸣沸腾，并且再下降一点就形成了涡流和漩涡”。船只必须在这里卸货，并且向上游拖行穿越有水沫的河水，使它尽可能靠近河岸。利马和华莱士穿得很少，因为河里有能让人浑身湿透的水雾，并且他们经常要跳入激流中。他们现在穿上衣服，并走向村落，向军队指挥官表达敬意——为了继续向河流上游前行，他们需要获得指挥官的许可。这个指挥官是利马的朋友，并且华莱士有一封写给他的介绍信，所以他们闲聊了一杯咖啡的时间，随后就在一个商人朋友那里度过了一个夜晚。

在急流之畔圣加布里埃尔上方，还要经历两天较小的急流，他们的船在河流中穿行，从一个岛屿到另一个岛屿，并且从一块岩石到另一块岩石。此后，内格罗河就一片坦途，穿越广阔的高大热带雨林和低矮的多刺灌木丛（*caatinga*）。他们通过沃佩斯河（Uaupés）河口，随后内格罗河就变得平静温和，但仍然很宽阔，并且比之前更黑。10 月 24 日，他们到达“指引圣母”（Nossa Senhora de Guia），这里曾是“一个人口稠密并且高雅的地方”，但现在只有十几个棚屋，像河流沿岸的其他村落一样凄惨。“指引圣母”的大部分印第安居民都住在他们的河岸农场中，但他们返回来欢迎利马，因为这里是他的家。他将华莱士介绍给其伴侣以及他们的五个孩子，这位伴侣是一个大约 30 岁的美丽的马梅卢科人。利马解释说他并不相信婚姻。他已经跟另一个女人生了很多年龄更大的孩子，但他把她赶走了，因为她是一个印第安人，无法教他们的孩子葡萄牙语或者教育他们。这个女人曾救过利马的命，在利马生病的 18 个月间照顾他，但他并没有对“将她扫地出门”感到任何不安，并且这个可怜的女人后来抑郁而终。利马船只上的船员也来自“指引圣母”，所以他们随后连续几天不停喝酒跳舞。

华莱士的一个讨人喜欢的特征就是他的热情。如果他听说了某种奇妙的事，他就会用专一的、充满孩子气的决心追逐这件事——这也可能是贝茨为什么选择不跟他一起出行的原因。在亚马孙河下游时，华莱士热切追逐的是河口处的岛屿，随后是河口涌起的怒潮；向河流上游行进，华莱士查看了蒙蒂阿莱格里附近的岩画；随后就是内格罗河下游的伞鸟。现在，他的热情是找到和收集动冠伞鸟（*Rupicola rupicola*）。作为一种中等大小的鸟，动冠伞鸟是一种类似于伞鸟的伞鸟科鸟类，但两者的区别之处在于它是亮橙红色，而后者是黑色的，并且它的鸟冠是头顶和鸟嘴上的一个半圆形羽扇，而其他伞鸟这个部位有一个伞形羽毛盖。

对动冠伞鸟的寻找始于巨大的伊萨纳河（Içana），这条河就在“指引圣母”下面从西边流入内格罗河。华莱士乘坐一艘小独木舟出发，上面有两名印第安桨手，以及大量食物和弹药。在沿伊萨纳河向上游航行几小时后，他们开始沿库贝特河（Cubaté）向上游行驶，这是一条从西边注入伊萨纳河的小一些的河流。库贝特河的水非常黑，并且它非常弯曲。在头两天，他们穿过了带有单调无趣植被的典型的多刺灌木丛。随后，森林变得更加高大，并且他们能够看到远处多岩石的库贝特山峰。

他们到达一个讲阿拉瓦克语的巴尼瓦人（Baniwa）村落。这是华莱士第一次见到原住民村落，虽然他们是些半开化的人。森林中镶嵌着六个棚屋，而棚屋也只是在三根树枝上盖上棕榈而已——棚屋没有墙，只有少数几个有一堵由棕榈叶构成的隔墙，用来形成一个睡房。这些棚屋（华莱士这样称呼它们）里满是裸露的孩子以及他们几乎裸露的父母。华莱士为捕获的每只动冠伞鸟提供优厚的报酬，所以大部分巴尼瓦男人和很多男孩都在第二天早上加入了他的探险。他们必须走 16 公里穿过茂密的森林。一小时后，他们来到山前的最后一所房屋。他们受到了一个满脸皱纹的、白头发印第安老妇人的接待，但与她在一起的是一个年轻的马梅卢科人，她“非常白皙和漂亮，拥有一种非常聪慧的容貌表情”。华莱士一看到她，就确定这就是利马曾告诉过他的一个人：也就是伟大的奥地利博物学家约翰·纳特勒与一个印第安女人的女儿。①

经过这所最后的房子后，行进变得非常困难。与印第安人一直做的那样，他们以最快速度行进。巴尼瓦人是全裸的，而华莱士哀叹于“在森林中行进时穿着衣服的无用以及造成的不好后果……我们道路沿线高低起伏着一些坚硬的树根，沼泽和泥地间交错出现石英鹅卵石和腐烂的叶子。并且在我光着脚在其间挣扎的时候，一些外悬的大树枝会将帽子从我的头上打下来，或者将枪从我的手里打下来。或者攀缘棕榈植物的钩状刺会钩住我的衬衫袖子”。石英和刺肯定让他光着的脚遭受了痛苦。他们开始在非常粗糙和不平的地上爬行，爬上陡峭的上坡，翻越腐烂的倒落树木原木，或者向下进入沟壑中。

当这些人杀掉一只西貒（peccary）时，他们碰到了意外的好运。这肯定是只自己觅食的动物（本书作者就曾射中过），可能是一只领西貒（*Tayassu tajacu*，它脖子上的一圈白色鬃毛形成了“领圈”）。与成群行动的稍小一些的白唇西貒（*Tayassu pecari*，下颚上有白毛）相比，这些动物更有可能独自行动。一旦被激怒，它们会一同攻击，并且它们好斗、有仇必报，无所畏惧。即使美洲虎也要

---

① 两年前，华莱士在贝莱姆和深入瓜马河的旅行中，雇用了令人钦佩的刚果出生的鲁伊兹（Luiz），他被纳特勒从奴隶制度中解放出来。鲁伊兹对这位奥地利人评价很高。纳特勒在哈布斯堡大公夫人莱奥博尔蒂娜（Archduchess Leopoldina）的陪同下于 1817 年抵达巴西，然后花了 18 年的时间在巴西各地旅行。1830—1832 年，他四十五六岁时，位于内格罗河上游。他在巴塞卢斯与一名巴西女子结婚，生了一个女儿，可能不是华莱士遇到的巴尼瓦女孩（1831 年 6 月，纳特勒在伊萨纳河上旅行与巴尼瓦人在一起，因此，如果他真的在那里生了一个女孩，在华莱士来访时她应该已经 19 岁了）。除了动物学和昆虫学的收藏外，纳特勒还汇编了令人惊叹的 60 个原住民词语，并收集了来自 72 个部落的文物。但遗憾的是，他从未发表过自己的旅行报告或任何学术报告。1843 年，他本人在维也纳死于肺病；他的大部分论文在 1848 年革命期间被大火烧毁，他唯一的遗产（除了他的女儿们）是维也纳人种学和自然博物馆的优秀藏品。

提防它们，而人在受攻击时唯一能做的就是逃得远远的。华莱士看着巴尼瓦人如何屠杀他们的猎物。首先要做的就是移除它背后的臭腺。这个腺体是西貒与野猪之间的主要区别。如果不能完全切除，它会让肉有一种令人讨厌的猪的味道。这只动物随后很快被剥皮，其中一部分肉被煮熟，并被当作晚饭吃掉，剩余部分则在火上进行熏制，然后包在棕榈叶中便于搬运。饱餐了这种美味的肉食后，他们在山脚的一个山洞里度过了一个相当舒适的夜晚。

随后一天的行程要更加糟糕。“我们开始向上攀登布满岩石的峡谷，翻越巨大的碎石，并穿过幽暗的洞穴，所有这些东西都以最离奇混乱的方式混合在一起。有时我们不得不抓着树根和爬行植物爬上悬崖，然后爬到由有角岩石形成的表面上，而表面的大小从手推车到一所房子不等。”华莱士得到的奖励就是射中了一只动冠伞鸟，并且让印第安人从一个深水沟中将这只鸟取出来。十三个印第安人奔向一个更艰苦的区域，寻找更多鸟，而华莱士决定和印第安男孩们一起回到洞中。但他们迷路了。“我们爬下岩石间深深的峡谷中，爬上陡峭的悬崖，并一次又一次向下走，穿过拥有巨大岩石的山洞，而岩石就在我们头上堆积。但我们似乎没有从山中走出来，新的山脊却在我们面前出现，而且我们也要穿过更加可怕的裂缝。我们艰苦地行进，一会儿抓着树根和攀缘植物爬上垂直的山壁，一会儿沿着一条狭窄的绝壁小道缓慢前行，我们每侧都有张着大嘴的深谷。我无法想象会存在这种锯齿形的岩石……裂缝和沟壑有 15—30 米深。”男孩们终于承认他们在茂密的森林中以及遍地的林下植物中迷路了，而且林下植物下面还覆盖着锯齿状的岩石。他们没有别的选择，只能折回原路。“这是一项令人厌烦的任务。我已经足够疲倦了。并且还要再次翻越这些可怕的山脊，以及翻下这些危险的黑暗峡谷，这种事绝不是令人愉快的。”

当他们终于找到山洞时，巴尼瓦人已经到达那里。虽然他肯定已经彻底筋疲力尽了，但华莱士还是对他的动冠伞鸟进行剥皮，并且“对它耀眼的柔软羽毛赞叹不已”。其中有两个人可以讲葡萄牙语，华莱士就在山洞的黑暗中与他们闲聊。他们问他关于白人世界的事情，然后是更加超自然的问题，如：“风来自哪里？雨来自哪里？以及太阳和月亮是如何在从我们面前消失后又重新回到它们的位置？”他尽全力满足他们的好奇心，虽然他知道的通常并不比他们多。作为回报，他们向华莱士讲述了关于美洲虎、凶猛的西貒的“森林传奇”，并且“还有讲述了可怕的森林守护神库鲁皮拉的故事，以及在森林中心很远地方发现的长尾巴野人的故事”。他们一直谈到深夜，直到他们睡着。

每个人都在黎明时醒来，因为没有任何遮盖的印第安人感受到了寒冷的早晨空气。第一个任务是生火，煮木薯粉粥。随后一天并没有抓住其他动冠伞鸟，所以他们决定到山的远端。“如果我们之前的道路已经足够差的话，那么这一次就是令人憎恶的。道路主要穿过次生林，这些树木要比原始森林厚，而且充满多刺植物、缠绕的爬行植物，在脚下还会交替出现软泥和石英鹅卵石。”这条折磨的道路把他们引到一片空地上，上面有一间被抛弃的印第安人棚屋，他们在里面住了四天。附近有一些小瓣野牡丹（*Leandra micropetala*），它们红色树茎上生长的莓果是吃水果的鸟类的最爱，其中就包括动冠伞鸟。这里也有大量为猎人们准备的食物——猴子以及两种美味的猎鸟：火鸡冠雉（*Penelope*）和巨大的黑凤冠雉（*Crax alector*）。所以当在森林中待了九天后返回巴尼瓦村时，华莱士有不错的收获——12 只动冠伞鸟、“2 只上等的咬鹃、几只蓝冠娇鹟（*Pipra coronata*，头顶上有一片淡蓝色区域）以及一些奇怪的巨嘴鸟（颜色非常鲜亮，像巨嘴鸟，但鸟嘴要小一些）和蚁鵖属

（Formicarius，一种中等尺寸的黄褐色 - 红色鸟）鸟类”。他在印第安村落中又度过了两周，收集了很多小鸟以及一只黑刺豚鼠的皮，并画了一些稀奇鱼类的画像。

回到位于伊萨纳河口附近的内格罗河上的“指引圣母”后，华莱士碰到了一些在这个偏远地区活动的不法之徒，而且后来碰到了更多。他的商人朋友利马借给华莱士一艘船，并配有四名印第安桨手，他们终于在 1851 年 1 月底出发沿内格罗河向上游航行。每个印第安人的行李都包含一支吹枪，并且有一袋箭头上抹有箭毒的飞镖。行李中还有一条裤子和一件衬衫、一支桨、刀子、吊床以及用于生火的火绒盒。华莱士自己则带着更多东西：“我的手表、六分仪和指南针（他是一名训练有素的测量员）、昆虫和鸟类箱、枪和弹药，以及给印第安人准备的盐、珠子、鱼钩、印花棉布和粗棉布。”他们很快就到达巴西的边境要塞马拉比塔纳斯（Marabitanas），不过这里仅仅是一个由几名士兵把守的破败的泥堡垒。在随后一天，他们经过一个巨大的露出岩石——科奎（Cucui，在西班牙语中是 Cocuy）。这种“花岗岩非常陡峭，几乎形成了一个棱柱形的正方形截头锥体，它有大约 300 米高”，耸立在茂密的森林中，并且在它的顶部还有自己的树冠。科奎现在也未改变：它仍然是一个孤立的地标，在延伸到四面八方的完整森林树冠中耸立［图版 9］。科奎的峭壁标志着巴西、委内瑞拉和哥伦比亚之间的实际边界（在内格罗河下游的西岸向下有一片急转弯的土地）。从这里向前，华莱士沿内格罗河向上，其中委内瑞拉在东边，哥伦比亚在西边——但这两个讲西班牙语的共和国在这些人迹罕至的森林中几乎没有任何存在感。

四天后，他们到达委内瑞拉南部的主要城镇——内格罗河畔圣卡洛斯（San Carlos de Río Negro）。这是一个很整洁的小地方，有典型西班牙殖民地城镇都有的大型广场，并且还有白色房屋构成的街道网络。华莱士与担任地方官员的一名年长的巴雷（Baré）印第安人一起进餐。这个官员居住在之前的女修道院中，并且他自己会每天做礼拜，并为贝尔人和巴尼瓦人镇民唱赞美诗。

内格罗河畔圣卡洛斯靠近卡西基亚雷水道（Casiquiare Canal）的南端，这条弯曲的河流在这个平坦的地形中将奥里诺科河和内格罗河连接在一起。与大部分旅行者一样，华莱士选择了两条大河之间的一个更直一些的连接处。他继续沿内格罗河北上，此时该河名字改为瓜伊纳河（Guainía），并且经由陆地绕过向北流入奥里诺科河中段的阿塔瓦波河（Atabapo）。半个世纪前，在1800年，洪堡和邦普朗曾沿这条航道向南行进。华莱士最终不得不让他的小船停下，因为当时雨水过少，瓜伊纳河虽然仍有1.6公里宽，但水位过浅，他的船经常搁浅。他乘坐由一棵树的树干制作的独木舟继续前行，这种船能够抵抗岩石撞击。这艘独木舟满到船舷上都是他的行李，所以他们经常不得不卸船，并将船拖过岩礁或芦苇丛生的浅滩。在2月10日，他和他的两名印第安桨手到达一个名叫托莫（Tomo）的小村庄，并且随后又沿一条小河流源头向上游航行两天，到达分水线的南端皮米钦（Pimichin）。

在这个偏远地区信奉基督教的印第安人中，存在一种令人好奇的商业活动大爆发。其中一个行业就是为内格罗河和亚马孙河上的商人制造大船和纵帆船。在托莫，一个名叫安东尼奥·迪亚斯（Antonio Dias）的葡萄牙人欢迎华莱士住在他的小屋里，并且他当时正在建造一艘能载重100吨的船只。这种船是用质量很差的木材用粗糙的技艺制造的，但它们是承担河流商业运输重任的主力。附近村庄的所有居民都在努力建造船舶，因为在整个巴西内格罗河上都存在对这种“西班牙船”的需求。印第安人在奴隶制时代学会了他们的技艺，并且在没有计划和图纸的情况下工作——他们只有斧子、锛子和锤子，只依靠手量和目测。[本书作者在20世纪末曾经让不识字的一些人用这种方式建造一艘独木舟。他们也是只使用斧头，并用一把扁斧来进行最后的收尾工作。他们测量是靠手、指骨关节（英寸）和前臂（腕尺）来进行。五个人花了一周时间伐倒一棵树，并用这种方式挖出了一艘极好的独木舟。] 在内格罗河上游建造的这些大船必须要等待雨季才能驶向河流下游。只有当水位到达最高处时它们才会驶过圣加布里埃尔的急流。

这些新船舶携带大量亚塔棕（piaçaba，*Attalea funifera*）、蔬菜和木薯粉货物，并且小一些的船只会带回来铁器和棉织品。亚塔棕是一种令人好奇的棕榈，它在其他地方是稀有植物，所以提供了另一种本地行业。这里更多的人口（男人、女人和孩子）在收集亚塔棕纤维，它们像一块粗毛厚垫子一样从棕榈树干上垂下来，另外还收集从复叶根部生长出的刺毛。这种纤维用于制作绳子和拉索，刺毛则用于制作扫把和刷子［图版57］。

安东尼奥·迪亚斯在托莫还有另一种技能：他能够制作花哨的吊床，上面用他自己的围边设计进行装饰。这些装饰来自“动冠伞鸟、白鹭鸶、玫瑰琵鹭、金鹟翠、金属色咬鹃、小七色唐纳雀、很多艳丽的鹦鹉以及其他美丽鸟类”的颜色亮丽的羽毛。华莱士震惊地发现，这个葡萄牙人“甚至在这个道德松散的国家也相当声名狼藉，因为他有家长制偏好，并且有一个由一名母亲和女儿以及两名印第安女孩组成的后宫。这些人都被他雇用从事羽毛工作，而且她们都有出色的工作技能”。

当华莱士终于接近亚马孙河和奥里诺科河流域之间的陆上运输点时，他和他的手下都非常饥饿：好几天以来他的餐食只有木薯粥以及一杯咖啡。在一个杂草丛生的小村庄中，这里唯一的居民是一个葡萄牙逃兵，他是一个“非常有礼貌的人，他把房子里唯一能吃的东西给了我。那是一条熏制的鱼，像木板一样硬，像皮革一样难吃”。华莱士很高尚地将这条鱼给了他手下的印第安人，并且与那个穷困潦倒的葡萄牙人一起用一杯不加糖的咖啡来填饱自己。值得注意的是这些偏远地区的人是多么慷慨。印第安村长（comisario）总是会为这个年轻的旅行者找到住处，并且通常会在曾作为传教士住所的房子中。华莱士派他的印第安人去用弓箭抓鱼，但他们没能成功。所以他花了一天时间与他们在一起，在一条小溪中使用来自树藤植物的汁液。树藤的毒足以能够让鱼昏迷，并且随后浮到水面上，但又不会让它们无法食用。印第安人在溪流中拿着篮子，抓住用这种方式赶出来的鱼，并且会潜水追逐看起来受影响的大一点的鱼。他们在一小时的时间里就抓了一篮子鱼，但大部分是小鱼。华莱士挑选了几条最新奇和有趣的鱼供他进行描述和绘画，剩余的则被倒进锅中，做了一顿“比过去好几天吃过的饭好很多的晚餐”。

为了找到搬运工，华莱士从皮米钦走到位于路上运输通道北端的哈维塔（Javita）。这段16公里的陆上运输通道非常直，且很平坦，并且在穿过众多溪流或沼泽的地方都有树干做的木板。在村长的帮助下，华莱士雇用了一个男人以及八到十个女人和女孩，随后又往回走了三小时，准备装货。船上有很多东西要搬运：一篮子100磅的盐、四篮子木薯粉、一罐油、一坛子糖蜜、一个便携式橱柜、箱子、篮子以及众多其他物品。华莱士自己就“拿了很多东西，其中有枪、弹药、昆虫盒子等”。所有这些都很消耗时间，所以在往哈维塔走的过程中，夜幕降临了。他们没有灯笼，而且也没有月光或星光。“我当时赤着脚走路，每分钟都会踩到一些突出的树根或石头，或者在侧边踩到一些几乎让我的脚踝脱臼的东西上。当时漆黑一片……而且完全看不见道路。”他经常掉到水里（幸好水很浅），或者不得不摸索着找桥或堤道。“在这种情况下，在1.2米宽的树干上行走就成为一件令人紧张的事。”他是独自一个人——脚步稳健的搬运工已经在他前面小跑着进入黑暗中，而他自己的印第安人白天时都在捕鱼，并且决定在第二天向北追随他。所以华莱士承认自己感到害怕。在前一晚出来散步时，他曾与一只黑色美洲豹面对面相遇，他非常兴奋地看着“在美洲大陆居住的这种最强大、最危险也最稀有的物种”。他想过射杀它，但他的枪填装的是小弹药。所以他只是赞赏这种华丽的动物，并且因为过于充满敬畏而没有感到害怕。但是现在，他非常恐惧，因为他知道这里充满美洲豹，并且是凶猛和狡猾的美洲豹。他还看到过致命的毒蛇巴西具窍蝮蛇（*Bothrops jararaca*），并且知道这种动物也是夜行的，在这里数量很多。

当他们到达哈维塔时，这种折磨终于结束了。华莱士再次在一个之前传教士的房屋中借宿。第二天，搬运工来找他要工钱。“他们都想要盐，所以我给了他们每个人满满一盆盐，还有一些鱼钩，因为他们背着很重的货物走了16公里远：这是他们通常的报酬。”华莱士观察到，“盐在这里就是金钱”：它是本地人民唯一进口的奢侈品，华莱士用它来支付每件东西。没人偷他的东西，即使只有他自己在这个偏远的地方，并且攻击他很容易。帮他搬运盐的印第安人可以很轻松地多拿一些，但他们没有。

沿路上运输通道搬运货物是哈维塔人的专长——他们有大约200人，都是纯正的巴尼瓦印第安人。这种终身职业意味着他们有时会一天运两次货物，走64公里，其中有一半的路程要带着很重的负荷。这远远不是那些没有技能的搬运工通常能做的事。他们会用小跑的形式前进，几乎不休息，并且他们能在保持完美平衡的条件下穿过独木桥。这些人会每年两次集体出动，清理一半的道路，修剪和移除树木和林下植物、除草以及打扫所有枯叶和树枝。（来自托莫和南边其他地方的村民会清理另一半陆上运输通道。）他们常常不得不走一段距离才能找到原木来维修桥梁，用藤本植物做绳子，将原木拖到滚木上。华莱士惊讶地发现，“用这种方式清理8公里长的一段路绝不是一件轻松的事，但他们在两天的时间里就非常容易和非常彻底地完成了工作”。这种共同工作没有报酬，但他们还是兴高采烈地做这件事。对哈维塔的印第安人来说，其他谋生之道就是收集亚塔棕纤维，并将它们编成绳子。

华莱士很喜欢哈维塔，这是一个很漂亮的村落，里面有整洁的街道，种着成排的棕榈、果树和其他树木。村里的房子是涂成白色的泥房子，并且用棕榈做房顶，并用绳子固定住。这些讲巴尼瓦语的人是虔诚的基督徒，他们没有神父，自己进行弥撒，围成圈用“自己特有的单调舞蹈”庆祝圣日，伴着簧管和小鼓的音乐大喊和唱歌。华莱士甚至做了一首关于哈维塔的打油诗，歌颂它简单、平和的生活方式，这里的人们没有对富裕的贪求，而是过着一种依靠狩猎和捕鱼为生的心满意足的乡村生活。他尤其赞美了村落中的少女，她们精心梳理的头发上戴着花朵和丝带，并且优美的身形上无拘束地飘着饰带：“这里有简单的食物，自由的空气，以及每天的沐浴和锻炼，所有这些都是大自然铸造一个美丽健康的身躯所需的。”伴随着诗歌的破格，华莱士陷入了沉思：“我想成为这里的一个印第安人，捕鱼和狩猎就能让我过上满意的生活。我可以划自己的独木舟，看着我的孩子像狂野的小鹿一样长大，并且拥有健康的身体和平和的思想。在这里没有财富也会很富有，没有黄金也能让人很快乐！”但华莱士并不是“高贵野蛮”的浪漫主义者。与贝茨一样，他想念自己国家的智力对话和事业追求。他很快就与印第安人村长没的聊了，而且过着“单调沉闷的”夜晚，因为没有人能够理解他的葡萄牙语与一点儿西班牙语组成的混合语。

华莱士写信劝说其他收集者来到这个位于亚马孙河－奥里诺科河分水岭上的丰富生态系统中工作，而且这里的生活成本简直微不足道（斯普鲁斯将在随后一年注意到这个建议）。但华莱士自己的运气却不怎么好：在他 1851 年 3 月抵达后，雨季立即就开始了，这比平常要早一个月时间。“雨日复一日地倾泻而下，每个下午或晚上都很湿……”他曾尝试充分利用这种意料之外的坏天气。他派他的印第安人带着吹枪，去寻找“好看的咬鹃、猴子以及森林中其他令人好奇的鸟类和兽类”。他自己每天都出去。他的印第安人也捕鱼，不过是供他们自己食用。华莱士会检查他们的猎物，寻找新的热带物种：当他发现一种色彩艳丽的新种类时，他必须在天黑前立即给它们绘图。这使华莱士暴露在微小的白蛉属（*Phlebotomus*）昆虫的危害中，它们每天下午会几百万只蜂拥而来：华莱士的手和脸都“变得像煮熟的龙虾一样粗糙和红肿，并有严重的发炎情况”。但华莱士是冷静的：肿胀和瘙痒很快就会消失，并且这些白蛉要比黑飞蝇、蚊子或马蝇好得多。日夜连续不停的降雨使华莱士几乎不可能收集小昆虫。“在干燥箱中，它们被霉菌破坏。而且如果放到露天中并暴露在［短暂的早晨］阳光中的话，小飞蝇就会在它们上面产卵，并且它们很快就会被蛆虫吃掉。”这里甲虫非常丰富，而且通常都是新品种，因为亚马孙地区有成千上万种鞘翅目昆虫。每当印第安男孩们带来一种甲虫，贝茨就会给他们一个鱼钩。大蓝闪蝶也出奇地丰富：它们会数十只站在陆上运输通道上，而不是独自在黑暗森林的高处飞翔。

令人好奇的是，华莱士决定不再继续向北进入委内瑞拉，而是返回内格罗河。他在十四天后带着些许遗憾离开了哈维塔。他的回程一切都进行得出奇顺利。他提前安排印第安人去将他的独木舟带到陆上运输通道的南端，并且村长安排其他人带着他的行李返回皮米钦。由于有雨，河水水位已经出现显著上涨，所以他加速向河流下游行进。他手下的人白天划桨，晚上则让船漂浮。在巴西境内前往马拉比塔纳斯的行程只花了向上游行进时三分之一的时间。华莱士沉湎于一些旅行购物中。在一个村庄，他用鱼钩和印花棉布换了印第安篮子和吹枪，以及好几箭袋头上有箭毒的飞镖。在托莫，他购买了“酋长”安东尼奥·迪亚斯的一个美丽的有羽毛装饰的吊床花边，而总价达到惊人的 3 英镑。他用印花布和棉布（这些商品在这里的价值是它们在英国成本的十四倍）、肥皂、串珠、刀子和斧子作为印第安桨手们的报酬。

在破败的巴西边境小堡垒马拉比塔纳斯，指挥官菲利斯比托·科雷亚·德阿劳若（Filisberto Correia de Araújo）中尉用最大的善意和热情接待了这个英国年轻人。[正如我们将看到的那样，这名中尉后来被证明并不是那么令人钦佩。十三年前，伟大的探险家罗伯特·朔姆布尔克同样被另一个北方堡垒的指挥官佩德罗·艾雷斯（Pedro Ayres）迷住了，他并没有意识到这个指挥官是一个追捕印第安人的猎手，也是巴拉罗亚的兄弟，而巴拉罗亚就是卡巴纳仁叛乱中叛军们精神变态苦难的制造者。] 生活在马拉比塔纳斯的人以庆祝每个著名圣徒纪念日而出名。他们似乎一半的时间都花在这些圣日上，并且另一半时间是用来为下一个圣日做准备。他们的聚会可以持续好几天，并且会喝大量用甘蔗和木薯蒸馏出的无水酒精。

向南行进大约 96 公里到达“指引圣母”后，华莱士整个 5 月都在这个小村庄中度过，等待他朋友利马的到来。雨水太大，无法进行大部分收集工作，所以他将精力集中到鱼类身上。华莱士是首先对亚马孙河流中惊人的鱼类学感兴趣的博物学家之一。他写道：

“我现在已经绘制和描述了160种仅仅来自内格罗河一条河流的鱼类。”这些通常是颜色鲜艳的小鱼，它们后来都被收集用于私人水族馆中。华莱士估计，这些水域中物种的数量肯定是非常巨大的。他是对的：在21世纪，在亚马孙地区已经发现了大约3000种淡水鱼类，占世界总量的30%，并且仍有更多被认为尚未发现。

六个月前，在沿河流向上的行程中，华莱士已经在“指引圣母”度过了很多“无聊的白天和令人厌倦的夜晚”。那时，他不得不倾听“利马先生已经老调重弹的传奇，以及关于买卖印花棉布、挖掘洋菝葜以及切割亚塔棕的陈腐对话”。“指引圣母”的印第安人当时正在等待何塞·多斯桑托斯·因诺森特（José dos Santos Inocentes）修士的到来，他是在巴西境内亚马孙北部仅有的两个发挥作用的神父之一。虔诚的巴尼瓦人觉得，他们的孩子必须由一名真正神圣的神父来命名。当修士最终到达并且在一个吊床上被从河面上举起时，他看起来是“一个很高很瘦并且过早衰老的人，各种纵欲已经彻底掏空了他的身体，他的手有残疾，并且身体也出现溃烂”。但他使用水、圣油、擦亮的眼睛、十字圣号、跪拜和祈祷，为各个年龄的大约20个孩子举行了一场不错的洗礼仪式——这一切都类似于“自己的‘法师’进行的复杂操作，从而让他们认为自己已经得到了非常好的东西，自己为仪式支付的先令有了回报”。修士随后举行结婚仪式，进行关于婚姻生活精神奖励的布道。（出席仪式的另外两个白人——利马以及马拉比塔纳斯指挥官菲利斯比托中尉都没有结婚，但他们拥有庞大的私生子家庭。何塞修士告诉他的教徒，他们不能像这些罪人一样去冒炼狱的风险。白人对此都哈哈大笑，“可怜的印第安人则看起来感到吃惊”。）

有严格教养的华莱士感到震惊，但这个世俗的修士让他感到愉悦。这位修士是这个地区最有趣和有原创性的著名健谈者，他对奇闻逸事有着无尽的兴趣。“他似乎知道这个省的每个人和每件事，并且总是能谈论关于他们的一些幽默话题。”但他高尚名字中的“无辜圣徒”（Santos Inocentes）却是一种讽刺。“他的故事大部分都是令人厌恶的粗俗故事；但聪明地用一种如此巧妙和有表现力的语言进行讲述后，并且依靠如此有趣的声音和动作模仿，这些故事就变得令人无法抗拒地滑稽。”他曾经讲过自己修道院生活的乔叟式故事。“与弗雷·何塞相比，唐璜是无辜的；但他告诉我们，他非常尊敬他的衣服，并且从来没有做过任何不敬的事——指的是在白天！”①

在1851年6月，利马和华莱士起程沿沃佩斯河向上游行进。这条大河源自哥伦比亚的安第斯山脉，并且在急流之畔圣加布里埃尔上游不远处从西边注入内格罗河：它实际上比内格罗河长，并且从理论上可以说是干流。利马要去交易洋菝葜，以及它所透露的，非法人类货物。华莱士则是去冒险，并且这里对博物学收集者来说还是一片原始森林。当时存在常见的招募人手问题，即使经验丰富的上门推销商利马也只招到两名印第安船员。因此，在人员不足的

① 这位修士确实是一位能惹事的传教士。作为一名陆军教士，他被派往瓜波雷河上一个与世隔绝的要塞，面对的今日玻利维亚地区；他被召回是因为他嘲笑当地的葡萄牙定居者。在卡巴纳仁叛乱前的动荡时期，他在贝伦，但他的政治操弄使他被放逐到布朗库河传教。在那条北部河流上，他试图宗教归化与英属圭亚那接壤的马库西人（Makuxi）。这导致了1839—1842年与一名新教传教士兼探险家朔姆布尔克产生冲突，后者在英属地区从事类似的传教工作。曾有一次，何塞修士试图向朔姆布尔克出售一些牛、印度头饰和手工艺品——这种交易活动是这位德裔英国探险家纵容的，因为这位修士已经十年没有得到报酬了。修士还请求英国人修理他的音乐盒，当他们失败时，他几乎哭了；但是送他几瓶酒，他就完全高兴起来了。在紧张的时刻，双方都小队士兵对峙，在伦敦和里约热内卢这两个首都有外交交涉。但是神职人员避免了武装冲突。马库西人村落被称为皮拉拉（Pirara），因此这一事件被称为皮拉拉事件。两国政府决定搁置争端；因此，直到20世纪初的仲裁之前，这里的边界问题一直没有得到解决。

情况下，逆着雨季水流前行几乎是不可能的，即使当他们穿越被淹没的森林时也是如此。他们的人不得不拖着船前行，或者用长杆推着前进，而且通常要连续几公里。在这个过程中，他们让船运行到极限，“并且我们身上也爬满50种不同的蜇人和咬人的蚂蚁。从轻微的瘙痒到严重的刺痛，它们每种都能产生自己独特的效果。并且它们还卷入我们的头发和胡须中，并且爬满我们衣服下的每个身体部位：它们是最不令人愉快的伙伴”。更加严重的危险来自黄蜂，它们的巢隐藏在树叶间，但如果受到干扰的话，它们会成群发动袭击。对割蜂巢的任何人来说，这些黄蜂仍然是令人畏惧的危险：人们必须要绕过它们的蜂巢，每个人都必须安静地轻轻移动。对在被淹没森林中穿行的所有旅行者来说，另一个不适之处在于，他们几乎不可能找到一块干岩石能让他们生火做饭。所以他们的简陋餐食都是冷的。

华莱士沿沃佩斯河向上游行进得到的奖赏就是看到未受外界影响的原住民，他们一直根据自己庄严的传统过自己的生活。在1851年6月至9月的十周时间里，以及随后在1852年2月至4月的十二周时间里，华莱士都与这些印第安人在一起。来到巴西三年后，华莱士对第一次见到真正未开化的印第安人而感到兴奋……他们仍然在自己生活的地方保持所有的本土习俗和特性。他知道只有很少的旅行者曾见过这类人，因为只有在远离白人居住地或者商道的地方才能发现这些人。他们超出了他的所有期望，并且“是全新和令人吃惊的人群，就像我被……运送到一个遥远未知的国度一样”。

在整个17世纪以及18世纪早期，葡萄牙奴隶贩子将亚马孙干流及其所有大支流中能够进入的部分都彻底扫荡一空。内格罗河中部的马瑙人封锁了这条河流，直到他们在18世纪30年代被打败。随后在1750年，对印第安人的奴役被正式禁止。所以，虽然人口贩子开始掠夺内格罗河和布朗库河上游的部落，但他们并未摧毁这些河流支流（如沃佩斯河）上的民族。正如我们已经看到的，修道会的传教士已经让内格罗河干流上生活的很多人转变成虔诚的基督徒。但随着耶稣会以及其他教会被驱逐，就不再有传教士让更偏远的部落改变他们的信仰。

华莱士开始了解沃佩斯河及其支流上的很多部落。他最终命名了干流上的十四个民族，包括图卡诺人（Tukano）、瓦那那人（Wanana）、德萨纳人（Desana）、塔里亚纳人（Tariana）、图尤卡人（Tuyuka）、卡拉帕纳人（Carapana）和库比欧人（Cubeo）。所有这些印第安人都讲图卡诺语（Tukanoan）的变种，但塔里亚纳人讲的是阿拉瓦克语。[①]

这些人通常彼此和睦相处，并且在衣服、装饰以及社会各方面几乎都是一样的。这些部落的男人都相当高，而且男人和女人的“身材都非常好……简直是人体之美的活生生的例证”。他们有乌黑、光滑和浓密的头发，他们的皮肤是铜棕色，没有任何体毛或面部毛发（长出的小毛发都被拔掉了），而且他们普遍的面容与好看的欧洲人只有肤色上的差别。每个人在项链上都悬挂着自己珍视的宝物：白石英做的长圆柱。这些垂饰非常珍贵，因为它们来自遥远的安第斯山，而且用来悬挂它们的小孔要花好几年时间才能钻出来，并且只能使用在细沙和水中旋转的野生香蕉叶进行钻孔。男人们唯一的衣服就是腿间系着的一小块内侧树皮，一些人也有非常珍

① 这些都是现代拼法，尽管一些人类学家现在使用k而不是c（如Kubeo等），拼写上述语言为Aruak而不是Arawak。

贵的美洲豹牙腰带。部落的男人和女人们都在大腿上系着“吊袜带”，而很明显这只是为了让他们的腿能迷人地凸起来。女人们通常是全裸的。与大多数其他观察者一样，华莱士说他对这种自然裸体几乎没有任何情色的想法——其暗示程度比不上那些穿着透明衣服的欧洲舞者。“在这些人看来，颜料似乎就被看作是足够的衣服，他们身体的一些部位上从来少不了颜料。”

在跳舞的时候，男人们会佩戴美丽的羽毛饰品。德萨纳人的头发从中间分开，并且从他们背后垂下来，头发梢用猴毛绳牢固地绑起来，并且可能会装饰着瀑布般的白色苍鹭羽毛［图版 49］。在他们的头顶，每个人都戴着一个木梳或者一个用红色或黄色巨嘴鸟羽毛装饰的王冠。加上他们没有体毛，并且拔掉了眉毛，这让他们有一种近乎女性的外表。［华莱士非常认真地怀疑在奥雷亚纳（Orellana）的第一个西班牙人在 1542 年看到的“亚马孙人”可能就是类似的看起来像女性的战士。］当跳舞时，女人们会穿着方形坦噶（*tanga*）腰裙，上面有呈优雅对角线排列的串珠。黑色（格尼帕树）、红色（胭脂木）或黄色（矿物）的身体颜料画成的对角或菱形图案让她们裸露的皮肤熠熠生辉，并且她们的脸上还装饰有深红色条纹或圆点。

这些部落的一个显著共同特征是拥有宏伟的公共棚屋，在拉杰尔混合语中它被称为马洛卡（*maloca*）。在沿沃佩斯河向上游行驶四天之后，华莱士第一次见到了属于德萨纳人的马洛卡。这个棚屋呈矩形，大概有 30 米长和 12 米宽。华莱士钦佩印第安人是如何让一根中间横梁贯穿整个房屋，并且能够如此优美地保持笔直和光滑……主要的支柱、房梁、椽木和其他部分都是笔直的，它们与所需的强度相称，并且通过一种连水手都敬佩的方式用劈开的匍匐植物将它们绑在一起。“这些树干支柱高 9 米或更高。在屋顶房梁上斜立着巨大的棕榈三角山墙，它的另一端正好落到地面。因此，这些建筑非常类似于早期的基督教长方形教堂。屋顶的茅草密集而整齐地缠绕在一起，并且是完全不透水的。厚厚的墙壁能阻挡箭镞甚至是枪击。即使当下大雨时，马洛卡内部也能保持干燥。三角形立面覆盖有兽皮，上面装饰着明亮的几何设计。墙上包含一扇很大的门，这是内部光线的主要来源。”［图版 44］

在内部，马洛卡拥有教堂一样的舒适幽暗。每个棚屋都能装下来自十几个家庭的大约 100 人，但是会有超过三倍的人来到这里跳舞。在中间过道的两侧，每个家庭都有一个由棕榈房顶隔间形成的“像伦敦剧院里包厢一样的私人房间”。酋长和他的家人会坐在呈弧形的远端。在棚屋中间有一个空间供孩子们玩耍和跳舞，并且棚屋非常干净整洁，一尘不染。人们当然是睡在吊床上，所以每个家庭唯一的其他家具就是矮凳子和储物篮。个人武器和饰品可能会悬挂在椽木上。大一些的炉子、罐子和其他用于准备公共餐食的器具会放在棚屋的中间过道上。

这些大房子是将沃佩斯河上的人们团结在一起的黏合剂。信奉欧文主义的华莱士被深深打动：“我禁不住要羡慕在族长制度下一起和谐生活的众多家庭的社会化和舒适程度。”可悲的是，几十年后，马洛卡被慈幼会传教士故意毁坏了。在 20 世纪 20 年代，人类学家柯特·尼穆恩达伊（Curt Nimuendajú）惊恐地看着这些人摧毁最后一批这类大房子中的一间。他知道这些公共大厅是“一种象征”，是被强加了基督教的社会的“真正堡垒”。“印第安人自己的文化就浓缩在马洛卡中：里面的每件东西都散发着传统和独立。而这也是它们必须倒下的原因。”

沿沃佩斯河向上游航行六天后，华莱士和利马到达第二个马洛卡，这个属于瓦那那人。当时一场仪式即将结束，有大约 200 名瓦那那男女仍然在跳舞。华莱士被这些健美的、裸体的和涂有颜料的印第安人的美迷得头晕目眩，他们佩戴着自己奇怪的饰品和武器，在一个充满烟的黑暗屋子里跟着有节奏的鼓声和歌声跳舞。他们反过来又羡慕和观察他，“主要是看我的眼镜，这是他们第一次见到这种东西，根本不知道是什么”。

利马与这些瓦那那人非常熟悉，所以他们围绕着数量惊人的卡西里木薯酒话题进行商谈。但这些原住民非常害怕其他巴西人。当出现陌生人时，男人们会消失在森林中，从而逃脱被强迫做船员的命运。华莱士知道内格罗河上的一些最坏的人会来沃佩斯河上做贸易。他们会用枪口迫使印第安人上他们的船，如果印第安人抵抗的话就会被射杀。内格罗河上贫乏的法治在这条支流上就根本不存在。

6 月 12 日，他们到达村庄圣热罗尼莫［São Jeronimo，现在叫伊帕诺雷（Ipanoré）］，它上面就奔腾着这条河上最危险的“秃鹫之巢”（Urubuquara）瀑布。只有空的小独木舟才能尝试渡过这条急流，而乘客和货物要通过一条陆上运输通道进行运输。这条河流比伦敦的泰晤士河宽三倍，并且在雨季时，河水非常深。河流在这里变窄变成一个狭窄的峡谷。“虽然实际的瀑布是微不足道的，但它却有不可思议的威力……上面有沸腾的水沫和旋转的涡流……［并且］有能够吞没大船的巨大漩涡。河水像海浪一样卷曲，并且会每隔 12—15 米就跃入空中。”

他们多花了三天时间才到达“美洲豹瀑布”（Iauaretê），这是位于另一个小瀑布下面的美丽村落。这里就是巴西和哥伦比亚的边境。“美洲豹瀑布”过去主要居住着塔里亚纳人，现在仍然如此。这里有另一个宏伟的马洛卡，它两侧有大约 20 座沿着陡峭的红土岸边分布的棚屋。“在山坡上以及房屋之间成簇矗立的刺棒棕

（pupunha，*Bactris gasipaes*）给村庄增添了一抹亮色。”（刺棒棕是用途最大的树：树干可以做建筑大梁；复叶能制作弓和箭头；它的微红色果实吃起来像是栗子，富含各种营养物质，可以发酵成一种饮料；它的核是可以食用的棕榈芯。）从宏伟的马洛卡“开始向森林延伸着一条非常宽阔的沙子路……它会一直保持干净和平整，用于进行一种名为达布库里（Dabucuri）的舞蹈”，达布库里是一种仪式性集会，各个部落会在此会面跳舞、饮酒以及礼节性地交换商品。这条宽阔的大道两旁是另一种有用的植物：巨大的尤玛丽树（umarí，*Poraqueiba sericea*），它们能长出一种土豆大小的多脂多油果实，并且在这些树木之间，“还蜿蜒着必不可少的卡披木（caapi，一种强力麻醉植物）”。华莱士喜欢“美洲豹瀑布”的酋长卡里斯多（Callistro，在他自己的语言中叫 Uiaca），因为他“有慈祥的面容和庄严的举止”；但利马将他称为一个不值得信赖的流氓，这很大程度上是因为他抵制白人商人。

利马让卡里斯多为华莱士组织一场舞蹈，后者欣然接受了。一切都从酿造大量卡西里木薯酒开始。女孩们随后“将黑色和红色的图案画满彼此全身，并在臀部和胸部画上一些圆圈和曲线”。女人们穿着很小的方形坦噶腰裙，只有在跳舞的时候才会如此，她们偶尔也会戴铜耳环。一旦完成了自己的身体彩绘，女人和女孩就会给她们的男人画画，讨论线条和图案能如何看起来更有吸引力。“项链、手镯和羽毛则完全被男人们垄断。”华莱士描述了他们丰富的羽毛，尤其是一个由好几行整齐的红色和黄色羽毛做成的王冠，他们的头上还插着一个梳子，以及一个由白鹭或稀有的角雕的白色羽毛做成的宽大装饰。

舞蹈本身也像这些饰品一样精致。一圈男人做出有节奏的移动，他们会整齐地向一边迈步、跺脚、旋转身体，并且唱着深沉的战歌。年轻的女人们有时会加入进来，她们每个人都用自己的手臂紧紧缠绕着一个男人，并且在移动的过程中向前弯身。在马洛卡外面，更年轻的男人们则在表演蛇舞。这个舞蹈由两行起伏的人组成，每行人都拿着一条12米长的由灌木做成的“蛇”，并用一个由亮红色伞树树叶做成的蛇头，“从整体上看像是一个样子非常可怕的爬行动物”。在宏伟的房屋内部，大约200名各年龄段的人整夜都在跳舞庆祝。50支横笛和长笛以及低声对话提供了不间断的音乐。当夜幕降临时，一大堆篝火照亮了美丽的异域景色。华莱士被迷住了。他前去感谢卡里斯多，并且喝了一整葫芦的轻度酒来让酋长夫人高兴。他发现卡西里木薯酒“非常不错”，即使他已经看到“一群老妇”在酿酒时会咀嚼木薯粉蛋糕，并将它们吐进酒糟中。

能够看到这个节日是一种稀有的优待。华莱士是第一个描述未开化的印第安人举行此类仪式的非巴西外国人。在整个殖民时期，葡萄牙都不让其他欧洲人进入巴西。拿破仑战争后有少量外国人获准进入，随后在巴西独立后，外国人开始在巴西东部和南部更开放的部分旅行，而这些地方的原住民长期以来一直受到殖民压迫和传教士的改造。第一批获准进入亚马孙的人中包括巴伐利亚人斯皮克和马蒂乌斯、奥地利植物学家约翰·波尔（Johann Pohl）以及我们已经知道的动物学家和民族志学者约翰·纳特勒。其中纳特勒是唯一一个曾经访问过沃佩斯河上的民族的人，并且他可能已经见过他们的仪式。但由于他的论文已经丢失，我们永远不会知道他是否见过。

华莱士注意到沃佩斯河上这些民族特有的各种习俗。其中一个就是母亲通常会在马洛卡中生产，并且在分娩过程中，棚屋中的所有东西都要拿走，“甚至罐子和坛子、弓和箭也是如此”，并且会这样持续到第二天。母亲会带着婴儿到河边，洗涤自己和孩子，随后她会在大棚屋中休息四五天。在青春期之前，少年儿童大部分吃木薯粉蛋糕和水果，他们不吃任何类型的肉，只有少量很小的硬骨鱼。在青春期，女孩要经历比男孩更艰苦的折磨。每个女孩都会在马洛卡中隔离一个月时间，并且只有粗劣的饮食。她随后会被带出来（当然是全裸地）到自己的亲戚和朋友中间，并且“每个人会用一根楝（一种有弹性的攀缘植物）穿过她的背部和胸部狠狠地打五六下，直到她失去意识倒下，甚至有时会死去。如果她能恢复，那么这个过程会重复四次，每次间隔六小时……”女孩随后就被视为是女人。她就可以吃所有食物，并且能够结婚。男孩们会经历类似的启蒙，但是严苛的程度要低一些。

另一种只能在这些民族中发现的“最稀奇的迷信活动”就是用博图托（*botuto*）在一些节日上演奏音乐。每个马洛卡都有好几对这类的神圣的喇叭或号角。对华莱士来说，每对乐器都“发出一种不同的音调，而它们能奏出一支相当好听的协奏曲，有些类似于单簧管和低音管”。但1852—1853年来到这里的斯普鲁斯则说它们发出悲伤的隆隆声。喇叭会隐藏在远离马洛卡的地方，并且只会为了特殊仪式才拿出来。当听到喇叭声接近时，所有女人和孩子都会跑开，躲进森林中或者某个小屋里，并且保持不可见，直到仪式结束。这是因为博图托是如此神秘，“以至于任何女人都不能看到它们，违反者会被处死”。如果一个女人看到了一个喇叭，即使无意中看到，“她也必定会被处决，一般是用毒药。一个父亲将毫不犹豫地牺牲自己的女儿，或者一个丈夫会毫不犹豫地献出自己的妻子……”

理查德·斯普鲁斯获得了这些危险喇叭中的两个，并将它们发给威廉·胡克，放在后者位于邱园的博物馆中。它们是“不方便打包的货物”，并且“它们虽然看起来可能是无辜的，但已经在本土造成了相当多鞭笞和毒害”。由于它们具有神奇的力量，“因此我费了很大力气才将它们带出去”。“我将它们包在毯子里，并在深夜将它们放到我的船上，并放到船舱地板的下面，在我的印第安水手看不到的地方，因为如果他们知道船上有这些物品的话，他们都不会跟我上船”。这些珍贵的神器现在仍然珍藏在邱园经济植物收藏品中。每个喇叭都有大约 90 厘米长，在一端有一个很厚的黑色喉舌，并且有一个像巨大扩音器或羊角的扩口共鸣箱。这个共鸣箱是由大花木荚苏木（yévaro，*Eperua grandiflora*，一种在沃佩斯河上常见的高大河边树木）宽阔的深棕色树皮条带制成的螺旋形线圈，并且用藤条和绳索固定在一起。它是一种丑陋的乐器，被赋予了险恶的魔力。①

每个马洛卡都有一个世袭酋长（*tuxaua*），他的家庭生活在这座矩形大房子远端的弧形拱点处。但华莱士了解到，这些酋长仅仅是拥有平等地位的人中的首领，他们对部落成员几乎没有统治力。②这里也有很多巫医，他们的治愈力量被人们高度看重，因为与其他一些亚马孙原住民一样，这里的人们也认为每个少年或年轻成年人的死都是由中毒或者敌人的邪恶巫术引起的。这两种想象中的死因都需要报仇，而这可能会导致一种复仇循环。

斯普鲁斯生动地描述了如何在宏伟的“秃鹫之巢”瀑布（伊帕诺雷）的房子中埋葬一名塔里亚纳女性。葬礼从她死后就立即开始，并且会不间断持续进行，人们会在马洛卡中挖掘她的坟墓，

① 在华莱士和斯普鲁斯出现在这里三十年后，意大利嘉布遣修会（Capuchin）试图改变讲图卡诺语者的信仰。一位粗俗的修士朱塞佩·科皮（Giuseppe Coppi）打算通过突然向男女会众展示一个博图托乐器来嘲弄部落信仰。那里是一片混乱：妇女们拼命地试图躲藏起来不去看，狂热的传教士们不得不四散逃命。

② 两个多世纪前，法国哲学家米歇尔·德·蒙田（Michel de Montaigne）在他的《论食人部落》（*Des cannibals*）中抓住了这一点，但华莱士不可能知道这一点。

并把她的尸体放到里面。“在日落时，所有人都会聚集到这个地点……围绕坟墓坐着……并且使劲将土拍打到尸体上［以防它被人用巫术搬走］……当夜幕降临时，会在坟墓上生一堆很大的篝火……属于死者的所有东西都会被扔进火中——她的吊床、及踝长裙（*saya*）、篮子、火种箱等。大火会一直燃烧，人们整夜都在它周围唱歌哭泣”。在这个去世女性的例子中，被怀疑导致她死亡的女巫医是伊帕诺雷酋长伯纳多（Bernardo）的姑妈，而这位酋长让她免于被复仇式地处决。在很久之前，一些房子里拥有超过 100 座坟墓，但当马洛卡里面满了的时候，土葬就在外面以墓地的形式继续进行。华莱士在塔里亚纳人和图卡诺人中间观察到，尸体会在一个月后被挖出来，并用一口巨锅来煮正在腐烂的尸体。当“所有容易挥发的部分都带着一股最可怕的气味飘走后”，剩余的“炭块”会被捣成粉末，然后与卡西里木薯酒混到一起，让集合到一起的人都喝下去。“他们认为这样死者的精神就能传递给饮用这种酒的人。”

华莱士碰到的最偏远的人要算是讲图卡诺语的库比欧人。他在第二次沿沃佩斯河向上游旅行时在一个名叫瓦鲁卡普雷（Uarucapurí）的小村庄中见到了这些人，当时他经过了十二天无数的急流后才到达位于“美洲豹瀑布”西北部的这个村落，随后到达穆库拉（Mucura），也是他行程的最西端。他在穆库拉度过了两周时间，希望能进行有收获的收集工作。印第安人“成群地来看‘布朗科’，并且疯抢了我的鱼钩和串珠，他们给我带来鱼、高杆艳苞姜（pacovas，*Renealmia exaltata*，一种药用植物）、木薯粉和木薯粉蛋糕，以及我想用这两样东西交换的任何物品”。库比欧人“非常英俊，所有人都身姿健美，身上画着好看的彩绘，并且戴着白色串珠做成的臂圈和手链”，但他们至少在两个方面不同于河流下游的部落。其中一个方面是他们戴着瓶塞大小的耳塞，并且包着一块白色瓷器。另一个不同点在于，他们是真正的食人族。他们会吃掉自己在战斗中杀死的敌人，甚至会为了拿人做食物而发动袭击，而且他们会熏制和储存多余的人肉供日后食用。此外他们还会吃掉浸入卡西里木薯酒中的死去亲人的象征性碎片，这类似于所有图卡诺人都会进行的葬礼仪式。这里不相信来世，再生成为一只动物看起来倒是有可能。因此，这些人会避免吃大型动物，如西貒、貘或者雄鹿。其中一个人对斯普鲁斯说："如果雄鹿是我们的祖父的话，我们怎么能杀掉它？"所以他们基本上只吃鱼肉。沃佩斯河上的印第安人拥有其他原住民都具备的捕鱼和狩猎技巧。华莱士介绍了他们与众不同的渔网、篮筐陷阱和精心制作的鱼梁。当鱼被鱼梁困住后，他们在抓电鳗和食人鲳时会格外小心。

华莱士注意到，女人在大部分工作日里所做的都是收割、加工和蒸煮食物。他们的主食是木薯，也就是亚马孙的超级农作物。它的块茎富含糖类和卡路里（但缺乏蛋白质），并且当烤熟后，它就成为探险者的绝佳食品——它容易携带，不受大部分霉菌的影响，并且非常持久。这种长得像桃金娘科植物的木薯灌木非常容易种植，而且每年可以收获三到四次。但女人们必须挖出它们的块茎，用巨篮（*aturd*）将它们捆起来运回自己的棚屋，擦出它们的白色果肉（或者在亚马孙其他地区，在一个空树干臼中将它们捣烂），用水将它们变成浆状物。木薯还是世界上唯一一种在能够食用之前需要去除一种致命毒物（氰化物或氢氰酸）的主要粮食作物。多个世纪之前，原住民做出一项发明，用于去除这种毒物。这个发明就是一种树皮筒（*tipiti*）长管，它是一种对角编织品。当充满木薯果肉时，这个管子会扩张。将管子垂直悬挂在空中，在底部挂上重物（石头、原木或人），有毒液体就会被从食物中挤出［图版 54］。不含氰化物的木薯随后在一个大圆锅上烘烤，从而制成美味的木薯粉颗粒。也可以将木薯粉做成薄饼（*beiju*）、木薯汤食用，或者是发酵成柔和的卡西里木薯酒。

在这个木薯加工过程中使用的三种炊具（巨篮、礤子和烤锅）都是沃佩斯河特有的，而且是能与其他部落进行交易的贵重商品。华莱士向胡克刚在邱园建立的博物馆发送了一个木薯礤子（现在位于经济植物藏品中）。这是一种美丽的制品，大小类似于欧洲的搓板，它稍微呈凹形，镶嵌着好几行呈对角的数百颗石英锯齿，并且用看起来像希腊语一样的几何图形进行装饰。圆形烤锅直径有1.2—1.8米，它上面有升高的轮圈，在烧制前，它由黏土混合利堪蔷薇木制成。另一种贵重的商品是一种用单块木头雕刻而成的矮凳，在雪橇一样的边上有四条腿，而凹陷的表面则装饰着几何形状的雕刻。

与那些岩刻一样，华莱士也给这些物品以及其他工艺品画了出色的示意图。他制作了一份在民族志上非常有价值的清单，上面列出了这些部落为了家用和打猎而制作的65种物品。他给出的信息要远多于这里总结的这些。由于他在沃佩斯河上只度过了短短的几个月时间，而且他的行程还有如此多其他重要事项（急流、生存和收集），所以他无法对这些人的社会和信仰进行深入的人类学研究。当华莱士离开英国时，人类学几乎还未作为一种学科而存在，所以他没有接受过培训，甚至没有可以学习的范例。但令人惊叹的是，他的确学到了这么多东西，而且出色地报告了这里的情况。他的人类学笔记在他出售博物标本的谋生手段中没给他带来任何东西。他做这些事只是为了满足他的求知欲，并且展示出他在碰到未受外界影响的印第安人时的喜悦。

华莱士还编制了沃佩斯河下游人们所用的词汇表。对于一个没经过语言培训并且只在部落村庄待了几周时间的人来说，他在这方面也取得了出色的成就。由于他是第一个这样做的人，所以并没有之前的研究能让他借鉴（纳特勒的论文已经丢失）。他制作了一份包含 11 种语言的图表，上面有 98 个身体部位、家庭成员、炊具、食物、颜色、一些动物、数字甚至一些俗语的对比文字。他对三个讲图卡诺语的民族［沃佩斯河上的图卡诺人和库比欧人，以及雅普拉河上的奎雷图人（Cueretu）］、六个讲阿拉瓦克语的民族［塔里亚纳人、巴雷人（Baré）、威南贝乌人（Wainambeu）以及来自沃佩斯河、伊萨纳河和内格罗河上游的三个巴尼瓦群落］以及索利默伊斯河上处于隔绝状态的朱里人（Juri）语言做了这方面的研究。他在旁边还包含了英语以及基于图皮语的拉杰尔混合语，后者是“一种简单悦耳的语言”，亚马孙干流上的所有普通人都讲这种语言，而且它是一些欧洲人首选的语言，也是上门推销商和印第安人之间的主要沟通方式。华莱士尽全力根据发音来拼写这些民族特有词语。因此，虽然人类学家们后来制作的词汇表要更加周密和准确，但这位年轻博物学家在这些读音方面所做的工作要好于伟大的巴伐利亚人卡尔·冯·马蒂乌斯在他 1863 年出版的 2 卷关于巴西印第安人民族学和语言的研究。

“美洲豹瀑布”的塔里亚纳人当时正开始感受到巴西社会造成的毁灭性影响。他们偏远的位置使他们免于遭受前几个世纪的残忍奴隶制压迫。但在 19 世纪 50 年代以及随后的几十年间，他们面临的威胁是来自肆无忌惮的上门推销商以及在这些遥远空旷的河流上代表政府的军队驻军。当时他们改变信仰基督教的时代还未来临——先是在 19 世纪 80 年代，由暴露博图托乐器的爱管闲事的意大利狂热分子来迫使印第安人改变信仰，随后在 20 世纪来这里的是高效但顽固的慈幼会传教士，也正是后者毁坏了宏伟的马洛卡。

华莱士的朋友利马现在显露出他丑陋的一面。他雇用了一个来自沃佩斯河下游的名叫伯纳多的印第安人，替他“采购”印第安男孩和女孩。“这个采购包括袭击另一个民族的马洛卡，并将所有未逃走和未被杀的人作为俘虏。”利马为这个奴隶贩子伯纳多的枪支提供火药和子弹，另外还有其他商品。利马要抓获印第安人，尤其是为马瑙斯的警察总长和其他人每人准备一个印第安女孩。这种奴役和人口贩卖当然是非法的。但华莱士发现，内格罗河上游稀少的权威部门会宽恕这种行为，或者他们自己也会参与其中。利马试图用华而不实的陈词滥调来向他的年轻同伴证明自己的做法是正当的，他说绑架是在保护受害者不在部落间打斗中被杀死。这一次，利马雇用的袭击者在几周之后两手空空地回来了：他说他试图利用一条迂回线路，但他想要抓的受害者知道了他将要靠近，都逃走了。他承诺下次一定会做得更好。

一直有冒险精神的华莱士对前往河流上游“朱鲁帕里大瀑布”（Jurupari Cataract）的想法感到兴奋。商人们以及知识渊博的印第安人告诉他，这些上游地区充满新的鸟类和兽类品种。“但最吸引我的是有消息说在那里发现了一种白色的著名的伞鸟。”他怀疑是否真的存在一种白色或白化的伞鸟。他已经在内格罗河下游收集到正常黑色版本的伞鸟。但是，对于像华莱士这样狂热的收集者来说，“不再尝试一次是不会满足的”。

但华莱士是一名职业收集者，他不得不将一年的收集品发回英国进行销售，他在沃佩斯河上以及住在“指引圣母”和马瑙斯时一直带着这些标本。如果在雨季期间将这些东西放在内格罗河上，它们可能会被湿气和昆虫破坏，并且只有他自己能正确给它们打包，并发回英国。所以没有其他选择，只能一路向下前往马瑙斯，然后再返回内格罗河，这是一段令人惊愕的近2500公里的行程，“这令人非常不爽”。他的计划是在1851年9月至11月的雨季期间完成到马瑙斯的往返行程，然后在次年开始时的干燥和适宜收集的月前往沃佩斯河上游，然后在1852年亲自带着“众多有价值的活体动物收集品”返回英国。终于能返回美丽的乡下、回归理性的交谈以及干净的食物，这让他极其想家。

当他在1851年7月底开始向沃佩斯河下游返回时，华莱士收集了一些昆虫，并且在圣热罗尼莫附近的一片空地上发现了大量兰花，这里“是一个完全天然的兰花房”。他不知道花的名字，其中很多可能是科学新发现的品种，但他很快就收集了超过30个品种。“一些很微小的植物甚至没有苔藓大，还有一种大型的半陆生品种，它们成簇生长，能有2.4—3米高……一天，我非常高兴地偶然碰到一种从树木腐烂树干中长出来的美丽花朵……它一束有五六朵花，直径有7厘米，它的形状接近于圆形，颜色从黯淡细微的淡黄色过渡到唇瓣底部浓烈的深黄色。在那种荒凉、多沙和贫瘠的地方，它看起来是如此精致美丽！”他在另一天收集了一种美丽的兰花，不过它只开了一天时间。华莱士将它们装在一个空木薯篮子里，并用好几层芭蕉叶遮挡阳光。他还收集了很多新的热带鱼品种。

收集者的道路从来不是平坦的：圣热罗尼莫饱受“无数”咬人的黑飞蝇折磨。在酷热中，华莱士已经很长时间不穿袜子，而袜子本来可以保护他的脚踝。所以，“我在给鸟剥皮或者画鱼的时候遭受的痛苦是不能想象的……我的脚上盖着厚厚一层黑飞蝇叮咬造成的小血点，它们会变成深紫红色，并且肿胀发炎”。而他能做的只是在工作的时候把脚和手用毯子包住。

回到“指引圣母”后，华莱士碰到了马诺埃尔·若阿金

（Manoel Joaquim），他是内格罗河上最坏的恶棍之一。这个曾经的士兵被放逐到这个偏远的河流上，因为他参与了暴动，并且被认为谋杀了自己的妻子。他因为用枪威胁印第安人并占有他们的妻女而变得声名狼藉。他还暴打自己的印第安女人，以至于她逃进了森林中。而“指引圣母”的人指控他谋杀了两名印第安女孩，并且还犯了其他严重的罪行，包括放火烧利马的房子以及射杀一名年老的穆拉托士兵。警察局长接受了利马先生和其他人对马诺埃尔的指控，并想逮捕他，把他武装押送到马瑙斯。但马拉比塔纳斯的指挥官菲利斯比托中尉拒绝为此提供士兵，因为若阿金是他的好友。因此，这个恶棍就乘自己的船到马瑙斯，说服那里的警察局局长（也就是想让利马为自己采购一个印第安女孩的那个人）让自己无须出庭答辩，然后他向河流上游“凯旋，并在他经过的每个村庄都射枪致敬，而且还燃放烟花……尝试惩罚这个人的努力就这样结束了，而如果他一半的罪行是真实的话，他就应该……被绞死或终身监禁”。华莱士评论道，在这个边境线上，有朋友或有钱的人是多么容易就能战胜正义。“指引圣母”的印第安人都对这个怪物的回归感到害怕，他们逃到自己的房子里或者森林深处。这导致华莱士无法为菲利斯比托中尉慷慨借给他的伊加拉特船找到船员。他和利马动身前往圣若阿金（São Joaquim），但同样没能成功。所以直到9月，华莱士才终于出发，并且只有两名印第安桨手。

沿着几乎空无一物的河流向下的行程展示了亚马孙旅行的宜人一面。在圣加布里埃尔的急流中，华莱士向一名经验丰富的领航员支付了一笔相当可观的钱。当时河流处于最满状态，他们仅用两小时就成功渡过。华莱士非常害怕，并且被“冲突的河水运动弄得手足无措。河里有旋转和沸腾的漩涡，它们会不时从河底突然爆发出来，就好像源自水下的爆炸。而且河水中还有短浪以及处于中间的平稳水流，这些几乎能让人头晕眼花”。一切都依赖于领航员的技巧，并且船员们都遵守他的每个命令。这段刺激经历过后，剩下的就是阳光和阴雨交替出现的愉快旅程。通常不可能找到一块能生火做饭的干燥陆地，所以华莱士不得不用冷木薯粉和水充饥。但他现在已经是一名经验丰富的探险家，所以他并不介意，而一年之前这还是一个巨大的困难。华莱士在覆盖原始森林的岸边种植园停下。这就是这条人口稀疏河流上的友情：在前一年，每个碰到这个英国年轻人的人都像朋友一样欢迎他。他们也行使了“朋友的特权”，让华莱士替他们在马瑙斯买东西。有一个人想要一坛乌龟蛋油，另一个人想要一大壶酒，一个警察局长想要几只猫，而他的书记员想要两把象牙梳子，另一个人想要手钻，还有人想要吉他。他们都没有为这些要购买的东西付钱，但是他们承诺在他返回时给华莱士同等价值的咖啡或烟草，或者其他本地商品。

对华莱士来说，这段航程是充满生机的，因为他的两只宠物鹦鹉一直给他带来欢乐。其中一只是美丽的鹰头鹦鹉（anacá，*Deroptyus accipitrinus*），它有绿色的翅膀和尾巴，并且在头上和胸前有漂亮的红色和蓝灰色羽毛。华莱士认为这种鸟拥有一种“相当严肃、孤僻和急躁的性情”，但它是华莱士的另一只黑头鹦鹉（macaí，*Pionites melanocephald*）的好朋友，华莱士将这只黑头鹦鹉称为玛丽安娜。这只美丽的鹦鹉拥有一个黑色的帽子，在脖子和大腿周围有明亮的橙黄色羽毛，胸部羽毛是白色，并且有绿色的翅膀。它是“一种可爱的小生命，像猴子一样有好奇心，像小猫一样喜欢玩”。这只鸟不停地在船里走来走去，到处上蹿下跳。它是一个杂食吃货，还喜欢品尝华莱士的咖啡。印第安船员通过模仿它清脆的哨声来逗乐，而它会做出回应，并且徒劳地寻找自己的同伴。

顺内格罗河前往下游的行程只花了两周时间。华莱士很高兴能在“内格罗河上森林掩盖的泥墙村庄中”度过好几个月时间后再次看到马瑙斯的白房子。但更让他高兴的是他发现理查德·斯普鲁斯也在这里。这两个人住在一间“为博物学家精心准备的”房子里，因为二十年前约翰·纳特勒也曾在这里住过。在这些日子里，华莱士非常忙碌，他忙着为自己的沃佩斯河行程购买商品，出售来自河流上游的农产品，并且安排和打包他珍贵的收集品。马瑙斯唯一的木匠已经离开成为一名河流商人，所以华莱士不得不自己制作昆虫盒和包装箱。但是在晚上，他和斯普鲁斯“会沉溺于理性对话的乐趣中，至少对我来说，这是这里最大也最稀缺的快乐”。他们花了一天一夜时间一起到内格罗河的远端进行收集。但是，对他们两个人来说，他们无法一起沿河流向上游旅行。华莱士的两个船员想返回他们在“指引圣母”附近的家，而他的朋友利马借给他的船太小，无法承载两个收集者和他们的行李。斯普鲁斯像往常一样，无助地等待桨手——他无法在马瑙斯用爱或者金钱获得任何桨手，甚至通过当局也无法找到桨手。所以华莱士在1851年9月底自己一个人起程了。而且正如我们已经看到的，斯普鲁斯在两周后乘坐自己购买的船也跟着前行，船员是安东尼基先生从圣加布里埃尔召集来的。

华莱士沿内格罗河向上游的第二次行程非常缓慢，因为河流水位正处于最高水平，并且他还经常停船去访问岸边的朋友。他顶着烈日在一处岸边种植园修理船只时，突然“头疼晕倒，背部和四肢出现疼痛，并且伴随着严重的发烧”。这是华莱士第一次遭遇疟疾，这种疾病在黑水河中是很罕见的：华莱士可能是因为在马瑙斯被蚊子叮咬而得了这种疾病，并且这种疾病通常要经过两周时间才发病。他给自己服用了疟疾缓释药奎宁以及其他两种奇怪的药方：来自非洲猴面包树的大量酒石水以及一些泻药。他是如此虚弱和无精打采，以至于他几乎没有力气去准备这些药。“在两天两夜的时间里，我几乎没有担心我们是否要听天由命。”奎宁随后让他退了烧。

在10月底，华莱士已经到达一个名叫若奥·科尔代鲁（João Cordeiro）的朋友的岸边种植园（他是一名穆拉托巴西人，曾在1850年与利马交易亚塔棕和洋菝葜）。这里位于乌鲁巴希河（Urubaxi）河口位置，在破败的圣伊莎贝尔村庄对面。华莱士在这里待了一周时间，这部分是因为附近的湖里充满亚马孙海牛（*Trkhechus inunguis*）。当他在索利默伊斯河上的马拉奎利时，他曾吃过这种水栖哺乳动物，并且发现它的肉非常好吃，“味道介于牛肉和猪肉之间……是我们鱼肉大餐的不错调剂品”。贝茨也吃过奶牛，并且觉得它的肉吃起来很像非常粗糙的猪肉，但是肥厚的绿色脂肪层则有一种“令人讨厌的鱼一样的味道”［图版70］。

华莱士见到的亚马孙海牛是一种大型的雌性动物，它有大约1.8米长，最宽处周长1.5米，而贝茨看到的海牛还更大。这种动物的头相当小，拥有像牛一样的大嘴和肥厚的嘴唇，因此本地人称它是“牛鱼”（peixe-boi）。在头后面是两个强有力的椭圆形鳍片，在这下面就是它的乳房，用力一按后，从里面会流出美丽的白色乳汁。虽然贝茨的帕塞人（Pasé）对这种动物非常熟悉，但他们还是困惑于“它用乳房哺育自己的幼崽，但却是一种像鱼一样的水生动物”。一种理论认为美人鱼的传说就是因为有人看到有鱼尾的海牛在给它们的幼崽哺乳时抱着这些幼崽。海牛只有前肢，但前肢的骨骼与人类胳膊的骨骼很像，甚至还有五个连在一起的手指。它的脂肪非常肥厚，并且一只海牛能产出20—110升油，能够用于做饭或点灯。一场不出所料的悲剧是，这种无害的动物由于有美味的肉以及大量有用的油而被猎杀到几乎灭绝。它现在属于濒危动物，并且大部分被圈养。

在内格罗河上，华莱士现在想收集一只海牛标本。印第安人抓住了一头 2 米长的雄性海牛——这不是一件轻松工作，因为这种动物拥有非常敏锐的视力和听力，而且能用尾巴和脚蹼快速游泳。猎人们要非常小心地靠近它们，并且要么用鱼叉叉海牛，要么在溪流中用一张结实的网抓住它们。保存猎物是一项可怕的任务，并且成为野外动物剥制术实验的实物教学。三个人给海牛剥皮，同时华莱士在像船桨一样的脚蹼和头部工作，这是一项精致的任务，因为他必须看着骨头没被带下来。他们随后刮去皮肤下面的脂肪层，接着是从肋骨、头部和脚蹼上刮去所有肉，只留下骨骼。随后，华莱士将骨骼一段段分开，将骨髓清理干净，并将它们放到一桶盐水中。但他们发现，吃木头的甲虫已经让他们的水桶变得千疮百孔，所以华莱士和他的人花了几小时将这些孔堵住。但它仍然漏水，并且在另一天要在桶箍下面堵住更多孔，这丧失了很多盐水。他们随后把桶晾干，并涂上沥青，随后盖上布，然后再涂上沥青。华莱士评论说，他在海牛身上度过了“最难受的两天”时间。他还给一只小乌龟剥皮，它是最奇怪的一种亚马孙爬行动物——须毛龟颈龟（matamata，*Chelus fimbriatus*）。这种有史前外表的生物拥有一个平坦的龟壳，华莱士认为它“有深深的龙骨和结节”，并且能从这个壳里伸出巨大的扁平脖子和头。小乌龟就在它头的上下方生长，它因此得到“胡须龟”的名字。而且它的鼻子呈管状，使它能在水下行走时也可以呼吸。

华莱士与往常一样十分敬畏他的印第安人船员。在沿着宽阔的内格罗河向上游航行时，他们通常能够扬帆。但这条河过去（现在仍然）以它突然而至的狂风著称。“其中很多狂风都完全是飓风，风会突然从各个方向转向。”其中一个暴风在晚上袭击了他们，当时还有巨浪和瓢泼大雨，温度也非常低。在这种猛烈的风中，他们很难升起帆。华莱士看着他的小船已经被淹没，并且正被进入船的水拖住、损坏。他命令他的人员放开船，然后弃船。但一个印第安人不同意这样做，他跳进湍急的水中，将船推向岸边，从而拯救了这条船。第二天早上，华莱士用每人一杯卡莎萨朗姆酒奖励这个印第安人和其他人。但随后事情就变糟了：两个人因为疟疾而倒下。华莱士又找了两个印第安人，并且提前付给他们钱，但他们逃走了。当他到达沃佩斯河下游的圣若阿金时，另外两个印第安人偷走了他用来保存鱼的卡莎萨朗姆酒——他们多半是觉得用来保存鱼是对好酒的浪费。

在1851年12月，华莱士自己患上了严重疟疾。与流淌“黑水”的内格罗河不同，源自安第斯山的沃佩斯河是一条“白河”，蚊子可以在里面繁殖，并且沃佩斯河沿线有足够的交通流量，携带疟疾的人们能通过蚊虫叮咬来传播疾病。华莱士唯一能做的就是描述他的症状。他当时完全被摧毁了。发烧情况随后减轻，但隔一天他又经历了严重的抑郁和嗜睡，并且随后的夜晚他总是会发烧，并且无法入睡。他可能会好转两天时间，但随后“虚弱和发烧又会加重，直到我再次只能躺在我的吊床上——无法吃任何东西，并且我是如此迟缓和无助，以至于来看我的利马先生并不认为我能活下去。我不能清楚地讲话，并且没有力气穿鞋子，甚至从吊床上翻下来都不可以”。他吃了很多奎宁，但十四天前“它才适合用于治疗，现在我只能忍受极度的消瘦和虚弱”。疾病持续有规律地每两个月复发一次，直到1852年2月。持续半天湿透衣服的出汗之后就是严重的发烧。当发烧似乎减轻时，华莱士可以痛快地吃饭了，但他只获得了如此少的力气，“以至于没有两根拐杖的帮助，我都很难站起来或者在房间里走动”。

我们现在知道，南美洲有四种疟疾，但最常见的来自恶性疟原虫和间日疟原虫。华莱士得的可能是其中最严重的一种疟疾，源自恶性疟原虫，其中寄生虫攻击每天都会复发，这不同于间日疟原虫，后者的间隔是两天。但华莱士精确地描述了两种疟疾的症状：寒冷颤抖的“冷干”阶段；体温飙升、头痛以及可能精神错乱的“热干”阶段；还有多汗昏睡的“热湿”阶段。这三个阶段对应的是：寄生虫从肝脏奋力挣脱出来，在蚊子叮咬感染后，它们已经在肝脏里静悄悄地大量繁殖；随后人体的白细胞做出反应，导致发热；然后，疟原虫继续成千上万地繁殖。疾病会让受害者严重贫血，这就解释了华莱士为什么极度虚弱。

在 12 月底，华莱士给斯普鲁斯写了一封信，某个人带着这封信沿内格罗河向下，希望能碰到正在沿河而上的另一个英国人。送信的人在斯普鲁斯停留在位于圣加布里埃尔急流下面的曼纽尔·哈辛托·德·索萨（Manuel Jacinto de Souza）的乌纳亚克（Uanauacá）农场时找到了他。（华莱士一个月前曾在这里停留，并且将它描述成迄今为止河流上最美丽和最高效的种植园。）12 月 28 日，斯普鲁斯从那里给位于邱园的约翰·史密斯写信，说他刚听说“我的朋友华莱士……因为恶性发热正处于接近死亡的边缘，这种病让他处于极度虚弱的状态，以至于他无法从吊床上坐起来，甚至无法自己吃饭”。在好几天的时间里，他除了橙汁和腰果汁，什么东西都没吃。斯普鲁斯一越过急流就急匆匆去看望位于圣若阿金的华莱士，而且很惊骇地看到华莱士是多么憔悴。当华莱士恢复一些后，他沿圣加布里埃尔河向下，与他的植物学家朋友共度了几天时间。

第八章

进入未知世界

理查德·斯普鲁斯在1851年11月至1852年1月沿内格罗河向上游前进的行程是一段令人愉悦的旅程。正如他给自己的朋友约翰·蒂斯代尔的信中写的那样，由于他拥有自己的船舶，所以他是“自己行动的主人，我可以在自己喜欢的时候停下来，也可以在喜欢的时候前行”。他让船的船篷足够长到容纳他的吊床；他还用厚厚的几层巴西坚果树树皮做成一个柔软的沙发床；他的箱子在旁边作为桌子和凳子；并且他把自己的枪和其他生活用品挂在船顶上。最重要的是，他拥有一个由六个印第安人（四个巴雷人、一个来自沃佩斯河上游的塔里亚纳人以及一个马瑙人）组成的出色船员团队。除了能平稳地操控船只外，他们还是出色的渔夫，所以“我们几乎每天都能吃到鲜鱼”。他们在独木舟上滑向鱼，并且能用弓箭准确地射中它。这种不可思议的技能只有见过后才能相信。弓箭手会静静地站在独木舟上，看到黑水表面下的鱼后立即估算折射角度和游动速度，并且用足以击中鱼的力量释放箭，然后系在绳子上的箭就随着在水中扑腾的猎物上下摆动［图版58］。一天早上，在半小时的时间里，斯普鲁斯的两个手下就用他们的箭在一条侧溪流中杀死了20条大鱼。那个马瑙人也是个目光锐利的猎手，他在黎明前带着斯普鲁斯的枪进入森林中，“突袭了树林中还在睡觉的鸟儿，而我在这个时候无法看出它们在哪里，就像无法看出水中的鱼一样”。这个人不断为这个团队供应最美味的猎鸟：凤冠雉、样子像松鸡的灰鹎（inambu，*Tinamus tao*）以及水禽。斯普鲁斯说服这个马瑙人在其他人都回家后留下来。在六个月的时间里，这个人一直为他的老板提供食物，因为在这个国度里，除了木薯粉，每个人都必须自己找食物。在斯普鲁斯为收集工作而发动的突袭中，这个马瑙人也非常重要：他能划独木舟、爬树和砍树，并且他还拥有丰富的森林知识。但不幸的是，他因为背伤而不得不离开——这是他之前被强征入伍并被带到贝伦从事装卸工强制劳动时受的伤。

几年后，华莱士编辑了斯普鲁斯的论文，并描述了他朋友在这次旅程中取得的收集成功：“他在每个河边都发现了开着花的植物……［这里有］千变万化的植被、各种树木以及灌木和棕榈，他用自己经验丰富的眼睛来探测那些新奇物种，并且他能够收集到的很多美丽花朵都不仅仅是新物种，而且在结构上也如此独特，以至于能组成新的属种……对如此充满热情的植物学家来说，所有这些都让旅程成为一次连续的智力享受。”斯普鲁斯在给邱园的约翰·史密斯的信中写道：他们经过内格罗河中部的巴塞卢斯之后，每样东西都是新的。在这样一个聚宝盆中，斯普鲁斯让自己聚焦于那些展现出最新奇结构的物种上。“以前我从未碰到这种情况”。例如，“我数了不少于14种开花的玉蕊属（*Lecythis*）植物，而对我来说只有一种是新发现的！……但内格罗河的荣耀是一种紫葳科树［很明显是一个未被描述过的属］，它拥有轮生叶子以及大量像毛地黄花朵一样大小的紫色花朵。这种树能长到27米高！”斯普鲁斯正是让本瑟姆将这个新属种以他在马瑙斯的意大利朋友名字命名为腺柄茜属（*Henriquezia*）。印第安人也像斯普鲁斯有一样的热情。他们会凝视着岸边的树木，用斯普鲁斯学会的拉杰尔混合语喊叫着“上帝啊！这里有一种很漂亮的花”，并且经常证明它就是一个新物种。他们通常是在晚上航行，所以他们偶尔能够在白天上岸。其他人可能会休息，但斯普鲁斯要工作——他在阳光下铺开他的纸，晾干植物，并在森林中探寻花朵。当发现某样东西时，他会让人爬到树上拿下来。

虽然植被非常茂盛，但正如华莱士在去年注意到以及很多巴西观察家提到的那样，这条河流上人烟稀少。斯普鲁斯在给朋友的信中写道：“内格罗河可以被称为死河，我从未见过一个这么荒凉的地方。在这里的圣伊莎贝尔和卡斯塔涅鲁（Castanheiro），我到达这里之前可能连个鬼都没有，并且我在最新地图上标注的三个小镇也都一起从地球表面消失了。”

斯普鲁斯在曼纽尔·哈辛托（Manuel Jacinto）优美的乌纳亚克农场中休息，华莱士就曾将这里称为内格罗河上最美丽的地方（这并不是说还有很多能与之相比的地方）。随后在1952年1月9日，他开始渡过大瀑布下面的急流。他草率地自己掌舵，同时一些人在岸上用绳子拉着，让船保持笔直，引航员和其他人则跳入水中，用他们的肩膀推船。但是船碰到了石头上，几乎就要倾覆，船开始旋转，将绳子猛地从岸上的人手中拽走。只有斯普鲁斯一个人在船上。船几乎要翻到另一边，并且再次旋转，随后就像一支箭一样射向下游。不过幸运的是，斯普鲁斯成功地让船驶向一个小水湾中。这一切很快就结束了，但斯普鲁斯发誓再也不会尝试当舵手。（本书作者曾两次在急流中航行，并且以令人恐惧的速度向河流下游冲去，直到我也是通过滑进更平稳的水流中而获救。）在另一个急流中，他们碰上了强劲的顺风，能帮助那些推着船的人，但即便如此，他们也只能迎着狂怒的水流缓慢前行。直到 1 月 13 他们才最终到达大瀑布。斯普鲁斯从附近的一个农场中招募了工人，所以他在大部分时候就拥有十一个手下。在他们前进时，印第安人要完成“一项非常辛苦和危险的任务”：他们拿着一根直径 15 厘米的粗绳索穿过湍急的河水，越过坚硬的岩石，将绳子系在上游突出的岩石上。这根绳索会系在船只的桅杆上，一些人举着绳子，同时将自己的腿撑在一个横梁上，其他人则从船首拉一根绳子，让船保持朝向陆地。其中一个重大危险就是如果船只碰到暗礁，那么这就会成为一个旋转中心点，让水流变得不可阻挡。拉着短绳的人们如果不松开绳子，那么就有可能被拖到下面，并“撞成碎片”。岸上的人跳入水中，防止船出现灾难性的倾覆。这种情况发生了很多次。这些表现英勇的人曾经拯救过一只倾斜到船外的威尔士制造的饭锅。还有一次这艘小船快速向下航行，滑到了一艘巴塔洛船下面，但上面的人都越过大船，从远端跳入水中，抓住倾覆的小船，跨坐在小船上，并将它驾驶到平静的水域。

随后一天他们翻越了更多急流，而且经常要不厌其烦地卸载货物，并通过陆地进行运送。随后在 1 月 15 日，他们碰到了更多急流，并且随后最困难的部分将是穿过圣加布里埃尔小镇所在的山下面。此时斯普鲁斯船上已经有十五个人在划桨，其他人则在烈日下帮斯普鲁斯沿着崎岖迂回的道路搬运货物。在这些辛苦的日子中，“我手下的乌普（Uaupé）印第安人总是会毫不犹豫地跳入最湍急的瀑布中，他们甚至看起来乐在其中”，他们用自己的腿游泳，并且将自己的胳膊伸在前面，用来避开暗礁。他在那天晚上用镜子和弯刀犒赏他们，并且给首领“一条艳丽的头巾”。“他们看起来都非常满意，并且高兴地继续前行。他们真的是一群不错的伙伴，他们始终非常幽默，而且几乎是争着做‘顾客’（斯普鲁斯要求的任何事情”。得益于他们的努力，斯普鲁斯没有损失掉他的船，或者是任何一件货物。

斯普鲁斯船员唯一的弱点就是酒精。当他们在马瑙斯短暂停留时，他们都因为卡莎萨朗姆酒而喝得酩酊大醉。其中最年长的一个船员卖掉了自己除裤子之外的所有财产——他的吊床、衬衫、刀子和火绒盒，并且他“醉得如此严重，以至于他在几天中一直处于彻底无力的状态”。但当清醒时，这个人就是这群令人敬佩船员中最好的一个。斯普鲁斯不得不通过偶尔给他们钱去“畅饮一次卡莎萨朗姆酒”来保持他们的忠诚度。酒精在另一个方面对这些不谨慎的印第安人来说也是一种威胁。船员短缺非常严重，因为对在亚马孙河上航行的所有船只来说，船员供给简直是杯水车薪。所以很多商人就会偷其他商人的印第安船员，他们会让印第安人“喝醉，然后让他们像原木一样摔倒进入船中，并且立即起航。当印第安人从醉梦中醒来时，他们会发现自己远离港口，并且开始了一段自己从未想过的航程”。对于官方事务来说，当局甚至不会麻烦到让桨手喝醉：他们只会派士兵用枪抓人。斯普鲁斯从乌纳亚克农场出发向上游航行时带着一个名叫伊格纳西奥（Ignacio）的沃佩斯河印第安人，而且这个人是一名出色的猎手和收集者。但一天，当斯普鲁斯的这个手下在一个朋友的农场帮女人们磨甘蔗的时候，他被强征入伍给驶往马瑙斯的邮政包裹船划桨。当“快递”船要出发时，“一群士兵在晚上就会被派到农场中，抓捕他们想要的任何数量的人，这些人会立即被关进监狱，并且在里面一直待到出发的日子，而他们如果做任何抵抗的话就会被戴上镣铐。这段航程平均要花五十天时间，并且这些可怜的人在这段时间中不会得到任何报酬甚至是食物”。船员们不得不从沿岸农场中的朋友那里乞讨食物。正如斯普鲁斯评论的，在一个奴役印第安人属于理论上违法行为的国家中，

“这种威胁对政府来说是一种耻辱”。

在跨过大瀑布后，斯普鲁斯立即到位于河流上游大约30公里的圣若阿金，去看望病入膏肓的华莱士。回到圣加布里埃尔后，斯普鲁斯决定留在这里，这可能是因为他想收集生长在急流中以及附近山中的植物。结果，从1852年1月至8月，他在这里待了七个月时间。这个村庄正好位于赤道上，它拥有一种奇怪的天气模式，在华莱士停留期间有很长时间都在下雨。[①] 作为在马瑙斯上方内格罗河上最大的一个城镇，这里实际上是一个非常凄凉的小地方。由于斯普鲁斯不断在瀑布上下进出，所以他选择住在瀑布下方的一个领航员的棚屋中。房屋的毛草顶上充满老鼠、蝎子和蟑螂，并且土质地面上到处都是切叶蚁挖的洞。斯普鲁斯与这些害虫进行了“可怕的比赛”。“一天晚上，它们搬走了够我一个月吃的木薯粉，它们随后找到了我晾干的植物，并开始将它们咬碎运走。我已经尝试过火烧、烟熏、水淹以及脚踩，总之，我用所有可能的方法进行报复。”他看起来像是暂时赢得了针对切叶蚁的战争。另一种祸患是白蚁，它们在这座棚屋的所有房梁上都挖了隧道。它们吃光了一条毛巾，并且钻进一个木箱子里。圣加布里埃尔还拥有大量吸血蝙蝠。它们在斯普鲁斯的房屋地面上留下了一大片血痕，但斯普鲁斯自己从中遭受的苦难要少于大部分人，因为他晚上在吊床中时会穿着袜子，并且会将自己包裹在毯子中。这些小蝙蝠会在黑暗中发动攻击，所以最好的防御方法就是让灯一直亮着，但是灯油非常稀缺和昂贵。另一个问题是黄蜂。在一次收集远行中，斯普鲁斯用他的弯刀猛击了一个低矮的树枝，“当时没注意到上面挂着一个黄蜂

① 从广义上讲，南半球的雨季是从11月到3月，赤道以北正好相反，但划分的界限是不规则的。

窝……一大群恶毒的昆虫蜂拥出来……拼尽全力攻击我”。他往回跑，甩掉了黄蜂，但有很多“跑进了我的头发里，并且我的头上和脖子上到处都被蜇伤”。当他终于摆脱它们时，他“感到头晕眼花失去知觉，而且似乎我的头就要爆炸一样，因为我觉得仅头上和脸上就有不少于 20 处蜇伤”。几年之后在思考这次凶猛的攻击时，斯普鲁斯写道：“我想自己已经被黄蜂蜇过数百次，但我始终都钦佩它们的美丽、灵巧以及英勇的凶猛。”能这样说的人就是真正的博物学家！

而比所有这些磨难更糟糕的是，“圣加布里埃尔最令人讨厌的地方就在于它的［非印第安］居民只有要塞的士兵，这十四个人都是罪犯，他们遭受的惩罚就是在这个凄凉的边塞服兵役。每个士兵都犯过严重的罪行，并且有一半是杀人犯”。他们曾两次到斯普鲁斯的棚屋偷窃，偷走了 4 升酒、一些糖蜜和醋以及其他东西。

在要塞旁边的村庄中，完全无法买到任何东西，“甚至一个鸡蛋或香蕉都没有”。当斯普鲁斯的专业猎手兼渔夫由于背部问题而不得不离开，并且另一个印第安人被强征去划邮政货船时，这位植物学家就没有东西吃了。他给本瑟姆写信说，情况在 7 月变得非常严重，当时所有印第安人都花一个月时间喝酒跳舞，所以就没有人去捕鱼或者打猎。“我从来没有如此接近于饿死。我不得不自己扛着枪，一大早到次生灌木中寻找鹦鹉和冠雉猎鸟。”如果雨下得不是很大，他通常能射中一些。但“我曾经有三天时间只靠水拌木薯粉活着……这造成了严重的肠胃气胀，而且无法减轻饥饿”。这些打猎远足花了很多早上时间，所以斯普鲁斯只能在下午进行短时间的收集工作。除了急流中的水生植物外，收集工作并不顺利，因为在这些下雨的月很少有树会开花。

斯普鲁斯曾尝试前往一个名叫伽马岭（Serra do Gama）的小山

远足，但这次努力很大程度上被猛烈的暴风雨冲散了，因为暴风雨非常寒冷，而且夹杂着倾盆大雨。他的手下为他们的吊床搭建了一个棕榈避难所，但斯普鲁斯仍然度过了一个苦不堪言的无眠之夜。“青蛙发出的凄惨叫声就是我们的小夜曲……雨滴则快速拍打树叶并且溅落到溪流中，形成了一种恰当的伴奏。”爬山非常困难，并且道路很湿滑。在山顶，云遮蔽了视野，而且这里也没有能让植物学家感兴趣的东西。

斯普鲁斯悲哀地给乔治·本瑟姆写道：他已经有大约一年时间没有收到来自英国的信件或者报纸。“我似乎已经彻底远离了文明……”即便如此，在1852年8月21日，他还是进一步深入荒野中，并最终离开圣加布里埃尔，乘船沿沃佩斯河向上游航行。

在1852年1月，患上疟疾的华莱士迎来了29岁的生日，但他可能病得太厉害而并未重视这件事。斯普鲁斯曾短暂看望他遭受病痛折磨的这位朋友。后来在2月初，当华莱士可以拄着拐杖走路时，他蹒跚着来到港口登陆处，乘船沿河流向下前往圣加布里埃尔。两个人都很高兴能与同样身为环境爱好者的同胞进行交谈，不过他们每个人都在如此长的时间里一直讲葡萄牙语，以至于他们发现很难记起英语。其中一个交谈话题就是进化。几年后，当达尔文发表了《物种起源》一书并且华莱士也写了一篇拥有相同开拓性想法的论文后，斯普鲁斯提醒他，他们已经在圣加布里埃尔讨论过这个问题。斯普鲁斯回忆说，他当时说道：“我从不相信有机生命群体中存在任何永恒极限，不管是一般的还是特殊的。”斯普鲁斯也觉得，正是在内格罗河上进行的这些旅程中，他得出了自然法则永恒不朽的结论，并且“有机形态的进化是持续的，从不间断”，所以生物变化就是一个永不停息的前进过程。

虚弱的华莱士从圣加布里埃尔司令官那里带来了一些饼干和酒，并且带回到圣若阿金。三周后，他的朋友若昂·安东尼奥·德·利马带着七个印第安人从沃佩斯河上赶来，带着他沿河流向上游航行。所以在2月16日，依靠超凡的决心，华莱士出发探寻白色伞鸟、锦龟以及在河流源头附近存在的其他稀有物种。“我当时仍十分虚弱，所以我很难上下船。”但他推断自己可能会像只能待在房子里的那三个月痛苦的日子一样只能躺在船上。他渴望回到英国，因此，他想完成这次航行，并且“带着一些活鸟和动物一起回去”。

六天后他到达正好位于“秃鹫之巢”瀑布下方的圣热罗尼莫（伊帕诺雷）。一位名叫阿戈什蒂纽（Agostinho）的和蔼商人热诚欢迎了这个英国人，给他的印第安人支付了工钱，安排将他的船抬起渡过急流，并且为下一阶段的航行招募了新的船员。在2月底，河水水位很低。在“秃鹫之巢”瀑布，河流向下跌入两条狭窄的水道，这里是如此危险，以至于“即使印第安人掉进里面也没法活命”。所以只能抬着船只和货物沿一条800米长的小道上下颠簸，穿过森林。

华莱士有两个“半开化的”印第安人，他们被称为头人（*guarda*）。他们替华莱士打猎、翻译讲图卡诺语的本地人所说的话、照看他的行李并且与他一起吃饭。他们过于重要，以至于不用像普通船员一样划桨。但当这两位酋长禁不住诱惑，偷喝他的卡莎萨朗姆酒（部分是由于他们想保存标本）并且喝醉时，华莱士感到很失望。但他假装没有注意到，因为他们已经提前获得付款，并且华莱士要依赖他们继续行程。华莱士的领航员伯纳多为他找了10个桨手，而华莱士则支付给他们斧头、镜子、刀子和串珠。

他们在2月底到达“美洲豹瀑布”。他们想翻越能够俯瞰村落壮观景色的瀑布，但结果证明这个过程非常艰难。其中包括在陆地上长途搬运货物，并且辛苦地搬着船翻越岩石。华莱士的疟疾病情仍然非常严重。而且也存在经常面临的船员短缺问题。首先是领航员伯纳多“很冷静地告知我”他要离开，然后他的兄弟也走了，紧跟着是另外两个印第安人，他们虽然提前得到了工钱，但他们还是跑了。在瀑布上方，河流水位很低，河道曲折，而且充满岩石和急流。超过90公里长的瀑布构成了国界，西北方是巴西，而东南方是哥伦比亚，但在19世纪50年代，这两个国家在这里的原始森林中都没有任何官方存在。

在内格罗河上以及沃佩斯河下游，华莱士已经习惯于一些大急流打断在平静河面航行的日子。这里的瀑布变得流量大而且湍急。他们曾在一天中不得不翻越10个瀑布，其中一半“情况极其糟糕”，他们只能经由“水流湍急的”河中心翻越它们。十几个印第安人站在齐胸深的河水中，迎着泛起泡沫的水流非常艰难地举起装满东西的船只。在其他急流中，岩石裸露在外面，他们花了接近一天时间才拉着空载时仍然很重的船只绕过障碍物边缘。在一个被称为卡鲁鲁（Caruru）的急流中，宽阔的河流在巨大的岩石间奔流而下，坠落4.6—6米。他们将船只上的东西卸下，砍了很多杆子和树枝来保护船底，并且到附近的印第安村落寻求帮助。但即使有25个人在水中推着船，或者用藤条拉着船，船也只能“一步步前进，并且过程非常艰难”。华莱士认定他的船太重，无法继续前进。所以他与一个讲图卡诺语的瓦那那人村落的酋长讨价还价，让他建造一艘大独木舟。而华莱士支付了一把斧子、一件汗衫和裤子、两把弯刀以及一些串珠。他们花了五天时间找到并伐倒一棵合适的树，并且将它塑形、挖空。他们随后继续前进，在整个3月都在努力应对可怕的瀑布，其中包括在穆库拉待了两周时间，这是一个库比欧人村落，库杜阿里河（Cuduiari）就在这里汇入沃佩斯河。

华莱士随后决定往回走，并且没有仅仅为了看看位于哥伦比亚深处的“恶魔大瀑布”再继续前进一周。这是一个明智的决定。他已经因为患疟疾而损失了三个月时间，他当时仍然因为患这个疾病而非常虚弱，并且当时的天气开始变得对他不利。但他能够无可非议地感到骄傲，因为他已经深入亚马孙森林中“任何欧洲旅行家之前都曾未到访过的”如此远的地方。他已经安然无恙地“沿一条河流向上游行进，而这条河流可能拥有其他河流无法超越的航行方面的困难和危险。我们应经过了大大小小 50 个瀑布，其中一些只是急流，而其他的则是奔腾的瀑布，并且一些几乎就是垂直瀑布”。华莱士逐一记录这些经过。在渡过其中的 20 条急流时，船只（以及后来的独木舟）是被用藤条拉过去的；其中 8 条急流“非常糟糕和危险”，使他们不得不卸载部分货物，并且由所有的印第安人举着渡过河流；但有 12 条急流的“水位是如此高并且如此湍急”，以至于必须将船上的货物完全卸下，并且拉着船翻越“干燥而且通常非常陡峭的岩石”。现在这里的情况也几乎没有改变。在这片只有很少飞机跑道的林地中，河流仍然是交通大动脉，并且急流依旧非常令人生畏和可怕。唯一的变化就是出现了舷外发动机以及更轻的金属船。但原住民到目前为止仍然是最善于在危险的岩石和急流间航行的人，而急流当然会随着每条河流的年度涨落而经常改变。

从收集的角度看，华莱士的勇敢旅行获得了中度回报。他未能找到他的白色伞鸟或者“锦龟”。但他的确获得了大量鸟类和昆虫，其中包括一只灌木伞鸟（一种稀有的伞鸟）、一只美丽的黄喉蜂鸟以及一种新的蛱蝶。他还开始聚集一个活体动物园，并且希望能带回英国。在沃佩斯河上，他抓住了四只猴子、十几只鹦鹉以及八到十只小鸟，并且他在沿内格罗河向下航行的过程中继续购买更多动物：他在一个农场买到了两只鹦鹉，并在另一个农场又买了五只，随后是“一只紫蓝金刚鹦鹉、一只猴子、一只巨嘴鸟以及一只鸽子”。

华莱士的归程在数次延期后终于开始了，其中一些延期是因为他碰到了一个恶毒的军队中尉，其他则是由于常见的印第安船员短缺的问题。他最终在 1852 年 4 月 23 日离开圣热罗尼莫，并在 27 日离开圣若阿金，在 29 号到达圣加布里埃尔。他去拜访了当地的指挥官，随后又与仍待在那里的“我的朋友斯普鲁斯先生进行了简短对话”。在向下航行至内格罗河中部和下游时，华莱士看望了沿岸的不同朋友，其中一些“在离别时非常动情地拥抱我，希望我一切顺利”。这次航行速度非常快，中间只被三次磨难打断：经常遭遇的疟疾袭击、连绵的阴雨以及关税。而且，“照看我为数众多的鸟类和动物是一件非常让人烦恼的事，因为船上非常拥挤，在下雨的时候无法对它们进行恰当的清理”。几乎每天都会有一些动物死去。随后在巴塞卢斯以及在马瑙斯，华莱士都不得不对他船上的货物报税，并且“对每件物品缴纳关税，甚至是我的鸟皮、昆虫、塞满东西的凯门鳄等”。这是因为新建立的亚马孙省正不顾一切地攫取它能够获得的所有收入。虽然有这些令人恼怒的事情，但华莱士还是在 5 月 17 日到达马瑙斯，并且获得了“我的朋友亨里克·安东尼基的亲切接待”。

华莱士在沃佩斯河上的两次行程（1851 年 6—8 月以及 1852 年 2—4 月）以及斯普鲁斯在这里度过的七个月时间（1852 年 8 月—1853 年 3 月）所产生的最重要遗产是他们对原住民的描述。这些报告绝不可能会来自在那里的少数巴西人。这些所谓的文明人通常只是些想交换原住民农产品的商人。他们对印第安人的风俗或信仰不感兴趣，他们最热衷的就是虐待印第安人。在这几十年中，官员或传教士进行过一两次评估，但这些只是为州政府准备的枯燥报告，并且政府的意图是想将原住民变为温顺的卡布克罗人。当时不存在巴西人写的日记或者游记。因此，这两个聪明的英国年轻人首次看到的东西就非常珍贵。

吸引利马和其他上门推销商来到沃佩斯河的主要贸易品是洋菝葜。他们想要这些洋菝葜的长根，但很难找到它们，并且需要费力往下挖（这样会杀死这种植物）。正如华莱士解释的，“这种植物通常不会在大河上发现，而是在内陆深处的小溪流岸边，以及在干燥的岩石地上。它们主要由印第安人进行挖掘，并且通常是由最不开化的部落，而且这也是与他们进行大量贸易的方式”。库比欧人非常善于收集洋菝葜，因此华莱士在他最往西的行程中在到访穆库拉时就碰到了两个年轻的巴西商人。

正如我们已经看到的，商人们并不只是对洋菝葜感兴趣，其中一些也进行人口贩卖。在 1851 年 6 月，华莱士看到他的朋友利马给一个印第安人配备武装，去抓捕印第安女性和儿童。九个月后，当他和穆库拉的库比欧人在一起时，他发现村子里没有男人。所有男人都已经被名叫杰苏诺（Jesuino）和查加斯（Chagas）的巴西人带到库杜阿里河上游，帮他们袭击卡拉帕纳部落（这是另一种讲卡普纳语的人，主要在哥伦比亚境内）。“他们希望能得到很多女人、孩子，作为礼物带到帕拉（马瑙斯）。”几天后，沿着沃佩斯河继续向下，在卡鲁鲁急流上，华莱士碰到了他们，“他们有一整支独木舟舰队以及超过 20 名囚犯，除了一个男人外其他都是女人和孩子。已经有七个男人和一个女人被杀，剩余的男人都逃走了。但发动袭击的一方只有一人被杀。被抓的男人一直被绑着，女人和孩子们则被严加看管，并且每个早晨和傍晚他们都会被带到河里洗澡”。这些俘虏会被带到马拉比塔纳斯和圣加布里埃尔的要塞，或者一路向下被带去马瑙斯。在这个省会城市，孩子们会被放在“孤儿院”中，这里再把他们分配给市民进行“教化教导，但实际上是从事没有报酬的家庭服务”。关于这些被绑架的儿童是孤儿的声明只是一种欺诈手段，用于绕过禁止让原住民做奴隶的禁令。

煽动库比欧人的奴隶贩子是杰苏诺·科代罗（Jesuino Cordeiro）中尉，华莱士将这个人描述成是“一个愚昧的混血儿”。他被位于马瑙斯的新州政府派去担任内格罗河上游的印第安人总管。[①] 新亚马孙省的首任主州长若昂·巴蒂斯塔·滕雷罗·阿拉尼亚（João Batista Tenreiro Aranha）在1851年宣布，他希望通过任命印第安人总管以及精力充沛的传教士来驯服他广阔省域内的一些原住民。被派到这地区的传教士是一名圣方济会修士，名叫格雷戈里奥·何塞·玛利亚·德·贝内（Gregorío José Maria de Bene）。在1853年，这名修士给这些河流上的数百人进行了洗礼，给50对夫妇主持了婚礼，并且在24个村落设置了教堂——他本来可以做更多，但伊萨纳河上的印第安人由于不得不“支付他们欠印第安人总管的债务”而逃走了。其间，修士和科代罗迫使多个部落聚集到新的定居点。但是这两个人随后发生了争吵。修士指控科代罗将自己的房子塞满印第安俘虏，并且通过贸易给自己谋利。科代罗总管随后由于尝试阻止很多商人进入“他的”印第安村落以及阻止他们向当局告发他的滥权行为而引起了这些商人的反抗。结果，这一对搭档的破坏行为很快就结束了。随后的州长阿尔布开克·拉塞尔达（Albuquerque Lacerda）报告说这个地区比之前更加荒凉：来到原住民村落的唯一访客就是那些上门推销商，他们“以商业为

---

① 在殖民地时期被憎恨的印第安人总管的职位，在1845年巴西关于土著政策的重要立法中得到恢复。这个头衔可能意味着拥护和保护原住民。但事实不是这样的。印第安人总管应该“教化”他的手下，把他们变成去部落化的温顺工人。

借口剥削印第安人，并让他们堕落和变得不光彩”。

杰苏诺·科代罗在随后一年回到库杜阿里河。他给州长的报告竟然全是虚假内容。他声称自己当时正“和平地”尝试为库比欧人找到一个定居点，一天早上一些卡拉帕纳人和其他部落的独木舟出现在他的帐篷前。他允许他们登陆，以为他们是来与他对话的。但与任何猎人一样，他们都配有弓箭、棍棒以及他们吹枪上的有毒飞镖，而且看起来“动机不纯”。所以“我命令手下一起射击，恐吓他们，但由于这次齐射，有两个可怜的人不幸受伤，并且他们一天后死了。我立即向圣加布里埃尔要塞的指挥官寻求帮助，给我派来 14 名士兵进行防御”。这些人（也就是被斯普鲁斯证明有罪的那些犯人）在两周后抵达，并且科代罗带他们沿河流向上游行进，进入森林中，寻找“邪恶的异教徒”。他们当然发现一切都非常安静。毫不意外的是，科代罗并未提及前一年他对卡拉帕纳人发动的袭击。

华莱士在 1852 年 4 月与杰苏诺·科代罗发生了一点小冲突。他当时在卡鲁鲁，即将沿大量急流向下往沃佩斯河下游前进。他拥有两条船：一条是利马租赁的，一条是他付钱建造的独木舟。他的印第安人船员非常开心，因为华莱士射中了一只正在游泳的鹿的头部，这能提供很多食物。一名库比欧人酋长的儿子正在指引他穿过可怕的急流，而他的报酬是刀子、串珠和镜子。华莱士自己仍然由于疟疾而过于虚弱，无法到森林中进行收集。商人查加斯随后出现，他带着杰苏诺中尉的一个要求，让华莱士将大独木舟卖给他：他声称他需要这艘船去运送来自沃佩斯河和伊萨纳河上的酋长们到马瑙斯，接受州长发放的证书和礼物。（这可能是真的，因为巴西的政策就是通过给酋长们证书和制服来争取他们。）华莱士拒绝卖掉自己的船。杰苏诺非常生气，命令印第安人在这个英国人沿河流向下的过程中抛弃他，结果是大部分人因为害怕印第安人总管而照做了。最终，华莱士一行的每条船上只剩了2个人，但需要6名或8名出色的桨手才能安全地渡过急流。但华莱士承担了这次风险，他“在杰苏诺先生后面顺着水流向下漂，而这位先生无疑对此非常高兴，他认为我如果没有丢掉性命的话，我也会在瀑布中损失掉我的独木舟”。华莱士成功地在一个村庄中重新招募了一些印第安人。但是歹毒的印第安人总管差一点儿就报复成功了。在“美洲豹瀑布”上方最后一个大急流上，华莱士的船正在用绳索往下放，并且只有他自己一个人在船上，但是船被推着面向瀑布，并且这样持续了相当长的时间，船倾向一侧，几乎要倾覆并且让华莱士淹死。不过华莱士最终脱困，而且他到达“美洲豹瀑布”时“让杰苏诺先生大吃一惊”。

当理查德·斯普鲁斯在华莱士之后差不多六个月到达圣热罗尼莫时，他发现这个村落“非常有生机”。商人查加斯（科代罗的共犯）和阿戈什蒂纽（也就是曾与华莱士一起住过的那个人）也在这里，他们正雇用几乎所有的塔里亚纳人去建造两艘大船。斯普鲁斯给华莱士写信说，他很喜欢与这些无赖以及另一个名叫阿曼索（Amansio）的巴西白人在一起。“我们通常都一起吃饭，并且非常愉快地度过夜晚，拿我们自己开玩笑和逗乐。”商人们会讲关于下流修道士和女孩的逸事，以及讲让自己变成江豚或者大蛇的故事。斯普鲁斯说查加斯是本地非常有名的一个“非常有用的人”，但他是一个恶棍，并且“拥有一张非常像苏里南负子蟾后背的脸。他在我的远足中提供了很多帮助”。查加斯仍然在尝试抓捕印第安孩子。斯普鲁斯曾把一支枪借给“秃鹫之巢”瀑布上方的塔里亚纳人酋长伯纳多，但他并不知道这个酋长和查加斯将要沿帕普里河（Papuri）向上游去发动袭击，抢夺男孩和女孩。斯普鲁斯在这种卑鄙的绑架行为中“无意间成为共犯”。在次年，他给华莱士写信说道：“我们的朋友查加斯现在为此以及因为他做的其他‘善事’而被关进了［马瑙斯的］监狱中。”当查加斯和杰苏诺·科代罗在1851年3月一起搜捕奴隶的时候，华莱士当然见过“这个人之前的恶行以及他是如何逃脱惩罚的”。但这两个英国人都禁不住喜欢这个友好的恶棍，并且他们都不知道查加斯是因为什么罪行而被定罪。

斯普鲁斯的大部分时间都用来在沃佩斯河下游的圣热罗尼莫（伊帕诺雷）附近进行收集工作。他是如此忙于研究植物，以至于他甚至停止写日记（在去“美洲豹瀑布”的一次远足过程中以及随后在帕普里河下游时除外，其中帕普里河在这个村庄从西南面汇入沃佩斯河）。他发现帕普里河上的景色“真的非常漂亮”，并且在河岸上偶尔能看到印第安人的土地。但“在帕普里河下游是连续的危险急流”，其中一个急流有三条狭窄的水道，并且有大约4.6米高的垂直瀑布。这些急流的花岗岩包含“我曾见过的最清楚和最好的图形记录”。他在“美洲豹瀑布”画了一些岩石，并让印第安人替他翻译。一些设计看起来是有板状根的树木，其他的“仅仅是想象的几何图案”。其中一个显示的是一条江豚，另一个则是一种貘蹄类动物的有三个脚趾的脚印，一些看起来描绘的是木薯粉烤炉之类的家用炊具。斯普鲁斯觉得这些画是用硬水晶的碎片刻成的，并且是由他碰到的这些人的祖先雕刻而成，而不是某种“使用金属的更高文明的人”。与华莱士一样，斯普鲁斯也是一名研究岩石艺术的先驱，但是很可惜他未能写关于这些神奇原住民的更多内容。也可能是因为他知道华莱士在几个月前已经研究过他们，而他却被自己周围的植物学奇迹吸引了。最终，他还是列出了印第安人在自己的花园中种植的9种果树和8种可食用的植物根系。

斯普鲁斯用铅笔给“美洲豹瀑布”的一些印第安人画了肖像。华莱士后来（相当不客气地）写道：“虽然我的朋友并不是一名艺术家，但他是一名非常勤勉和准确的制图员，所以这些素描‘非常准确可靠地描述了’那些非常帅气的人”。斯普鲁斯描绘了所有塔里亚纳人至高无上的酋长卡里斯多［图版 46］。他将卡里斯多描述成一个大约 60 岁的非常和蔼的老人，他有一个非常强大的头脑，“这不会输给欧洲人”。在他们几个世纪的人体彩绘艺术中，没有原住民曾尝试过人类肖像，访客们也没有做这种尝试。素描是如此让这些人高兴，以至于每个人都来看，随后他们想要更多肖像。所以斯普鲁斯给卡里斯多的儿子、儿媳以及年轻的孙女都画了画像。他后来也给“秃鹫之巢”瀑布上方的酋长（也就是曾向斯普鲁斯借枪的那个绑匪）伯纳多和他的女儿以及生活在帕普里河上的一个 40 岁的皮拉 - 塔普雅女人和一个年轻的卡拉帕纳人画过肖像。这些人的画像以及其他图纸现在都保存在伦敦的英国皇家学会中。

几个月后，当斯普鲁斯在内格罗河上的马拉比塔纳斯要塞时，他给两个大约 16 岁和 9 岁的漂亮马库（Maku）女孩画了像［图版 48］。这些孩子“是在伊萨纳河源头的一次劫掠远征中被抓获的，她们已经被马拉比塔纳斯的指挥官购买……正如我们想象中的俘虏一样，这些可怜的人非常消沉，他们不愿与周围的任何人交谈……”马库人是一个非凡的民族，他们作为世界上少数完全流动的森林民族之一幸存到今天。“马库”实际上是这些人的一个有贬义的阿拉瓦克语称谓：他们称自己为“胡帕达”（Hupda）。他们从来不建造棚屋或村落，而是一直在巴西和哥伦比亚这部分的森林深处的露营地间移动。虽然他们一直在游荡，但他们能享用非常健康的饮食，因为他们是出色的猎手和渔夫，并且他们会在自己的临时森林营地上种植他们喜欢的树木。斯普鲁斯画中的这些小女孩非常困惑，这是可理解的，因为她们被从自己的家中以及位于森林树冠舒适怀抱的流动世界中被掠走。她们发现自己身处穿着衣服的肮脏异类之中，这些异类讲着无法理解的语言。作为被奴役的俘虏，她们不知道等待自己的是什么命运。

斯普鲁斯在“美洲豹瀑布”只停留了两周时间，其间雨下得非常大。当他沿河流向下往回航行时，天气开始放晴，并且大量树木开始开花。受挫的植物学家给乔治·本瑟姆写信说道：“我回忆起河岸是如何被花朵覆盖，就像是某种突如其来的魔法一样，以及我在用渴望和失望的眼神扫过高大的树木时我是如何宽慰自己。”这里有一种新的香豆树属（*Dipteryx*）植物，那里有一种木豆蔻属（*Qualea*）植物，再远处则是“只有上帝才知道的东西”！“直到我无法再忍受这种景色，并用我的手盖住我的脸，我让自己接受一种悲伤的结果：我必须让所有这些好东西都‘在荒凉的空气中浪费它们的美好’。”不过一旦回到伊帕诺雷，斯普鲁斯就非常高兴能进行植物研究工作。他告诉本瑟姆：“我居住的地方从未有如此丰富的植物，而且根本不用抱怨没有吃的东西。”所以他将在沃佩斯河上的七个月时间大部分都花在这个位于河流下游上方中途的小村落。

让伊帕诺雷变得如此令人愉快的另一件东西是一种被驯服的灰翅喇叭鸟（agami，*Psophia crepitans*），它们“如此黏人，以至于会像狗一样跟着我”。这种高贵的鸟看起来稍微像珍珠鸡，它们尤其能让人免于被毒蛇咬伤，并且“它们总是能杀掉出现在我路上的任何蛇”。一次，当斯普鲁斯正在全神贯注收集小苔纲植物时，一只已经给他带来三四条蛇的喇叭鸟带来了另一条活蛇，并把猎物丢到了华莱士光着的脚上，这“很明显是为了吸引我的注意力……因为我并未像通常那样去赞美它的勇猛”。那条爬行动物立即顺着斯普鲁斯的腿向上爬，他不得不抓住它，并将其扔到灌木丛中。

斯普鲁斯写道："通过鱼钩、单簧口琴和串珠，我能够招募一群印第安小孩帮我搜寻植物，并且他们能给我提供很大帮助，尤其是当我跟他们一起进入森林中并且指明我想要的东西时。他们也是寻找真菌的专家……"他自己当然也每天进行收集。他给邱园的威廉·胡克先生写道：他"由于在全天最热的时候在室内外努力工作"而让自己得病了，以至于他感到头晕目眩（可能是中暑）。他评论说，在这里进行晾晒植物的机械劳动是如此繁重，以至于他几乎没有时间进行其他研究。但是，他总结了他从沃佩斯河上获得的收集品，发现里面包含"比之前任何一次都多的最高树木，其中有多种未曾被描述过的蜡烛树科和云实族植物"。［这些属种的第二种包括巴西苏木（brazilwood，*Caesalpinia echinata*），首先吸引欧洲人来巴西的就是这种树的紫色染料，并且巴西的名字就是源自这种树。］在他的日志中，斯普鲁斯提到了很多其他树，包括位于季节性洪水泛滥岛屿上的大量星果棕榈（jauari，*Astrocaryum jauart*），以及各种豆科植物成员，包括在沙滩上大量存在的卡姆苏木（*Campsiandra laurifolia*）。斯普鲁斯看到印第安船员用来自这种树的扁平大豆角"打水漂"。与往常一样，藤本植物装饰了河边缘的树木，尤其是从树顶上垂到水面上的大片成簇郎德木马钱（*Strychnos rondeletioides*），它们的"淡黄色小花……让整个周期性淹水森林……都充满美味的气味"。但斯普鲁斯的热情从少年时期开始就在那些小藓类和苔纲植物上面。他给胡克写信说道："在微小的开花植物部落中也存在很多新东西，如川薹草科（Podostemaceae）、霉草科（Triuridaceae）、水玉簪科（Burmanniaceae）植物以及没有叶子的龙胆科（Gcntianaccac）。"他评论到，从他在沃佩斯河上度过的七个月中，"我猜想，在总计大约500个物种的整个收集品中，大约五分之四是完全未被描述过的”。斯普鲁斯是第一个在这个地区进行收集工作的认真的植物学家，所以他就像是糖果店中随便挑选的孩子一样。即便如此，能够收集到大约 400 种对科学来说非常新奇的植物也是一种令人惊叹的成就。

斯普鲁斯可能想继续在沃佩斯河上工作，但他担心那些共同生活并且对私人财产不感兴趣的印第安人可能会在他外出到森林中工作时拿走他的物品。所以当另一个巴西人在 1853 年 3 月离开时（这个巴西人的妻子负责看管斯普鲁斯的财产），斯普鲁斯觉得自己也必须要离开了。

华莱士曾经热切地将内格罗河上游以及它与奥里诺科河的分水岭地区作为收集的绝佳地点。因此，斯普鲁斯急忙沿着沃佩斯河向下航行，然后再沿内格罗河向上游行进。斯普鲁斯花了九天时间到达马拉比塔纳斯，并在这里进行了一些收集工作，还给两个可怜的马库女孩俘虏画了肖像。随后他划船穿过巨大的露出花岗岩科奎地区最大的城镇——内格罗河畔圣卡洛斯。

抵达圣卡洛斯十周后，斯普鲁斯在这个通常相当平静的小地方遭遇了一个奇怪的插曲。这里大部分人口是巴雷人或巴尼瓦印第安人。这里有一些西班牙人出身的白人，他们怨恨在主导本地贸易的过程中比他们更加有进取心的其他外国人。令人担忧的是，这些讲西班牙语的委内瑞拉人已经在煽动印第安人，他们威胁这些印第安人去驱逐甚至屠杀讲葡萄牙语的人。6 月 24 日的圣胡安节传统上是解决宿怨的日子，所以镇上有传言说印第安人可能会起义反抗外国人和其他白人。这里的村长（也就是两年前曾友善对待华莱士的那个年长巴雷人）以及他的副手都离开了圣卡洛斯，他们可能是想在出现骚乱时不在现场。剩下的唯一外国人就是斯普鲁斯以及另外两个与家人一起在此定居的年轻葡萄牙人。其中一个葡萄牙人的女管家告诉他，她听说自己的印第安人亲戚正在策划一场针对外国人的屠杀，也就是针对这两个葡萄牙家庭以及斯普鲁斯，因为斯普鲁斯也是白人，并且他有少量商品能让他们抢掠。本地印第安人女性为她们的男人带了大量自己酿的卡莎萨朗姆酒，并且庆祝活动会以鸣放火枪以及吹竹喇叭开始。葡萄牙人对传言中的暴动感到害怕。因此，他们的家人和斯普鲁斯在一个房子中构筑工事，并且配备了一个小军火库：斯普鲁斯的三支枪、四支其他火器、两把剑、很多弯刀以及大量弹药。在第一天，只有一些喝醉的印第安人来讨要更多朗姆酒。当天晚上，外国人“在焦虑的状态中”等待着，并且他们的武器已经做好准备，喝醉的印第安人偶尔会靠近，他们喊叫着、敲鼓并且鸣放火枪，但“这一夜过去，白人并没有受到攻击”。在第二天傍晚，外面静得可怕，他们“都非常害怕，认为这种反常的寂静是袭击的前奏”。在第二天晚上，成队的印第安童子军在房子外面巡逻，但他们从未“鼓起勇气……攻击我们”。斯普鲁斯已经决定，如果 150 个原住民猛攻房子中的三个人的话，他不能让自己被活捉。但什么都没有发生。斯普鲁斯确信，这只是因为圣卡洛斯的印第安人估计他们可能会在猛攻中遭受过多伤亡。他和葡萄牙人无疑夸大了危险。但他们的恐惧是真实的。

斯普鲁斯在内格罗河畔圣卡洛斯待了七个月时间。他的主要远足是去攀登科奎花岗岩［图版 9］。斯普鲁斯只爬到这座圆锥形山的一半，但他对通往山顶的风景感到兴奋。他手下的印第安人爬得更高，并且带下来大量凤梨科植物和兰花。他很高兴地想到，亚历山大·洪堡曾经到过这里，纳特勒曾经攀爬过这座山，并且罗伯特·朔姆布尔克也曾经描述过它。

在圣卡洛斯生活的艰难在很大程度上减弱了斯普鲁斯关于身处“洪堡领地”的喜悦。其中一个主要问题是如何获取食物——“这件事的确占据了一个人几乎所有的时间，并且当我们能够每天吃一顿饭时我们就会觉得自己在圣卡洛斯过得很好”。“我可能很容易就被饿死，因为圣卡洛斯附近森林中的猎物几乎都被耗尽了。”斯普鲁斯能够活下来是因为他已经安排从奥里诺科河运一头腌制的牛，并且他仍然有一些从巴西带来的大米和木薯粉。斯普鲁斯听说，在殖民时代，所有这些河流上都有传教士，旅行者们可以向他们索取食物。但独立以后，官员和神职人员都被驱逐了或者已经离开。“一个没有神父、律师、医生、警察和士兵的国家，并不像卢梭想象的那样幸福。”

收集工作非常糟糕。当时正处雨季，几乎没有树开花。河岸上的植被非常类似于内格罗河上以及沃佩斯河上的植被，所以几乎没有什么新鲜东西。唯一的安慰是他收集到了一些新的藓类，以及很多新的苔类品种。正如他给胡克的信写得那样，“很多人都知道我藓类和苔类的偏好”。当时的湿度令人感到可怕：一张掉到地上的纸可能会变得太湿而无法在上面写字。已经晾干并且存放在盒子中的标本在一个月的时间里可能会盖上一层霉菌，但如果放在桌子上，标本一晚上就会发霉。所以斯普鲁斯给本瑟姆写信，说他经过数月的收集后，只能向河流下游发送一箱标本。

蚊子、黑飞蝇、白蛉以及马蝇这类的昆虫都是令人烦恼的东西。一天，斯普鲁斯正在圣卡洛斯附近的灌木丛（*rastrojo*，指森林被毁后的低矮树林）中研究植物。他从一个腐烂的树墩上割下一片藓类植物，转过身将它放到收集箱中，但他没有注意到“一连串愤怒的子弹蚁（*Paraponera clavata*）正从我刚才的切口中蜂拥出来”。他感到大腿上有一阵刺痛，以为是被蛇咬了，但他随后看到他的脚上和腿上都爬满了这种可怕的黑色大子弹蚁。他在盘根错节的林下植物间奔跑，“并且终于成功地打退了蚂蚁，但很快就觉得脚上极其疼痛”，因为他只穿着凉鞋，而且其中一只鞋“在逃命过程中”掉了。他急忙往回赶，他穿过一条滚烫的沙路，随后进入一个很浅的潟湖，但“这些都让疼痛增加”。到家后，他的印第安女厨师为他在每个脚踝上面都紧紧地绑上一个绷带，并且用氨水溶液（水中的氨）和油使劲擦洗；但这并未缓解疼痛。在三个小时的时间里，“我忍受了无法形容的痛苦——我只能将它比作是十万次荨麻蜇伤的疼痛。我的脚以及有时我的手会颤抖，就像我有中风一样，并且汗水曾在一段时间内让我的脸不再疼痛”。他忍住了“一股强烈的呕吐倾向”。一剂鸦片酒能帮助缓解疼痛，但它在当天晚上以及第二天一直都持续，尤其是当他用他被咬的脚走路时。斯普鲁斯后来回去找回他的收集箱，“这对我来说是一件无价的物品”，并且也要找回那只凉鞋。他找到了它们，并且小心地用一根棍子将它们弄到自己面前，而没有打扰一只蚂蚁。

毫不奇怪的是，斯普鲁斯想离开圣卡洛斯，继续他向北的行程。他为自己建造了一艘船，并且到7月底时，他认为船差不多就能完工，他就可以打包准备航行。但是出现了无止境的延误。由于村长已经离开了圣卡洛斯，他手下的印第安人就离开前往他们的木薯种植园，而且没有人组织他们劳动。虽然斯普鲁斯提出将通常的费用翻倍，但他无法让小镇上的五六个敛缝工人完成他的船。这艘船在六周的时间里就躺在“太阳下烘烤，结果所有缝合处都有了开口，并且一些木材也裂开了”。随后，白蚁攻击了一些被错误地用软木而不是用硬木制作的船体。斯普鲁斯在船下水后才发现这些，“并且我费了很大力气才用热水杀死它们，因为它们有成千上万只”。最后任命了一名新专员。他花了几周时间才让一些印第安人回来，并且每个人都带着大量用自己甘蔗地里的甘蔗酿造的卡莎萨朗姆酒。两个敛缝工人又多花了几周时间来制作斯普鲁斯的船。

他们总是喝醉，并且敛缝工作完成得如此糟糕，“以至于船只下水后的第二天晚上它就沉入水底”。为了让船下水已经花了斯普鲁斯16升的朗姆酒，而要让船再次浮起来的话，将会再耗费他2升的朗姆酒。

斯普鲁斯的船用一根树干做基础龙骨，侧板就加到这根龙骨上。这艘船刚超过9米长，最宽处有2.5米，深有大约76厘米。船舱几乎占了船一半的长度，它有一个宽阔的甲板和侧边，茅草做的屋顶足够高，能让斯普鲁斯在里面舒服地坐在一个矮凳子上，并且在侧面和船尾还有小窗户。在船的向前部分有为桨手准备的长凳，并且下面有储藏空间。船员包括7个人以及1个小男孩。所有人都为计划中的三个月行程获得了提前付款，因为印第安木匠都欠某个白人名义上的债务，任何人在雇用印第安人时必须首先支付他们的债务，随后“进一步提前支付商品”。人们对这些河流上的人的诚实评价很高，以至于离开马瑙斯两年后，斯普鲁斯仍然有很多贸易品来支付这些费用。他最终在1853年11月起航，这要比他最初计划的时间晚了四个月。

斯普鲁斯在他舒适的新船中进行的延误许久的旅程开始时却非常糟糕。从圣卡洛斯出发向北航行几小时，在卡西基亚雷水道（Casiquiare Canal）从东面汇入内格罗河－瓜伊纳河之前，存在一个急流。斯普鲁斯手下的人迎着水流奋力划行了几小时时间。但就在船处于瀑布中间位置时，一根绳索断了——虽然它是新的，直径有10厘米，并且是用亚塔棕纤维制成的。“这艘船旋转了三四圈，勉强没有碰到一个岩石突出点上被撞碎。”这让船在底下破了一个洞，通过这个洞他们能听见水发出嘶嘶声。所以他们在岸边停靠，并且他们整个晚上都在打包堆垛。斯普鲁斯“并没有冒险睡一会儿，他轮流将手下唤醒去做他们必要的任务”。他用很多卡莎萨朗姆酒鼓励他们——他的引航员卡洛斯“尤其渴望喝酒，并且获得了如此大的一部分，以至于他差不多酩酊大醉”。第二天早上，他们发现了那个洞，并且用泥把它堵住。但当斯普鲁斯检查他的亚塔棕绳索时，他发现它是被人用一把刀子从中间割断的。几周后，他手下的人告诉他，这次破坏行动是那个“渴望喝酒的”引航员干的，他是一个“醉醺醺、懒散的地痞”，他认为一次船舶失事“可能会让他免于遭受他已经获得报酬的航行的劳苦”。印第安船员认为进入急流中并没有什么，但斯普鲁斯的船可能会被撞碎，而他以及他的行李可能会被淹没。

这个植物学家有一些大玻璃瓶，以及一坛子酒劲很大的卡莎萨朗姆酒。他计划将酒用于保存标本，并且偶尔饮用。但船员们在遇险当晚喝了大量酒后，就经常请求喝更多。所以斯普鲁斯做出了一项大胆的举动。在离开圣卡洛斯后的第 14 天的半夜，像禁酒时代的联邦侦探一样，他偷偷地将所有酒都倒入了河中。他是在浪费一种非常贵重的商品和交易物品。他手下的印第安人都被吓呆了。但他正确地给出理由说，更重要的事情是让他手下的人清醒起来，并且停止他们对他的胡搅蛮缠。

卡西基亚雷水道实际上是一条河，是从奥里诺科河上分叉出来并且不再重新汇入干流的一条支流。它慢吞吞地向西南方向蜿蜒流动大约 320 公里，穿过平坦的森林，汇入内格罗河，并且向下流入亚马孙干流。它是世界上唯一一个位于两个广阔河流流域之间的河流连接。原住民知道这种连接已经有数千年时间。第一个描述它的欧洲人是一个西班牙耶稣会信徒——曼纽尔·罗芒（Manuel Roman）神父，时间是 1744 年。此后，卡西基亚雷水道就被传教士（大部分是圣方济各教会传教士）、商人以及可能被奴隶贩子们使用，直到殖民地时期结束。一艘船每年会两次带着工资、盐和其他生活用品穿过它，来到位于圣卡洛斯的西班牙小要塞。1800 年，洪堡和邦普朗（Bonpland）沿奥里诺科河和阿塔瓦波河向上，穿过陆上运输通道，来到华莱士用的瓜伊纳河，并且在他们被拒绝进入巴西后，向北穿过卡西基亚雷水道返回。确认这个连接是洪堡的主要目标之一，所以他拿着一个星座定位仪器来确定这个水道连接的维度，并且在他们沿水道连接向上游航行的过程中进行了非常准确的导线测量。曾在卡西基亚雷水道上航行的另一个非伊比利亚人是罗伯特·朔姆布尔克，时间是 1839 年。斯普鲁斯从英译本的洪堡著名书籍以及朔姆布尔克在《皇家地理学会杂志》上发表的报告中得知了这些之前的探险。他对能沿着他们的足迹前进感到很骄傲。不过，这是一次大胆的探险。

斯普鲁斯手下的人花了 24 天才划船并且沿着卡西基亚雷水道向上游航行，他们又花了两天时间沿奥里诺科河干流而上，到达一个名叫埃斯梅拉达（Esmeralda）的村庄。这是一条白水河，所以上面有令人讨厌的白蛉。斯普鲁斯日记中典型的写法就是这些小昆虫“今天非常可怕，尤其是当我们停下来做晚饭时……向后看我们的船舱，它就像是一个蜂窝一样”。而且还有很深沉的呼啸声，可能有 100 万只蝙蝠在傍晚飞翔抓昆虫。船员们有时不得不在河岸上拉船，从而迎着急流前进。一天，一个吊钩抓住了一个树枝，上面有一个很大的黄蜂窝。“数千只黄蜂倾泻而出，人们……都急忙跳进水里。”“当这些凶猛的小动物嗡嗡地飞进来并且大量爬到我身上时”，斯普鲁斯正在船舱里工作。他躺下一动不动，并没有受到伤害。但在一个不同的场合，当他正站在船篷上尝试从一棵树上收集花朵时，他钩到了另一个黄蜂窝。他把蜂窝踢进河里，继续收集，但“与黄蜂的战斗一直在持续，并且我被严重蜇伤”。这是因为他看到的是一种新树，一种被他命名为卡西基亚雷（*casiquiarensis*）

的猫须李属（*Hirtella*）植物，并且再多痛苦的蜇伤都不能阻止他收集这种植物。

作为一条白水河，卡西基亚雷水道拥有像大盖巨脂鲤（tambaqui）这样的出色鱼类，这种鱼并不在黑水中游动。从植物学方面看，这里几乎没有什么让人感兴趣的地方，只有很多行走棕榈、印加树的变种、伞树、铁木豆和亚塔棕。这就暗示了进入未知世界时收集者们面临的另一个问题：他们可能无法找到能够吸引欧洲收集者的新奇物种。但是，斯普鲁斯能够充分熟练地认出在其他方面类似的物种的新变种：四种“看起来是新物种”的肉豆蔻科植物，以及其他树木的不常见变种。他还注意到从内格罗河植被到奥里诺科河植被发生的微妙变化。

斯普鲁斯攀爬上一个陡峭的花岗岩露出岩石，他调查了这块非常平坦土地上的植被地毯，它们在各个方向上完整地向天边延伸。他“老练的眼睛”可以区分主要类型的森林或景观。这里有大量他所称的原始森林或大森林（葡萄牙语中是 *caaguaçu*、西班牙语中是 *monte alto*）。这类森林有“密集排列的高大树木长出的昏暗叶子，中间矗立着一些露头树……它们的高度甚至超过最高的棕榈……[所有这些]都与开着鲜艳花朵的低矮藤本植物交织在一起”。这就是现在所知的永久性陆地（*terra firme*，即高地）森林，它主宰着亚马孙大部分地区。这类“密集的森林能够形成最多的生物质，它有清楚的下层植被，并且会在环境条件达到最优而且不存在水分不足或过量的这类限制性因素的时候出现”。随后斯普鲁斯看到了一块块更低的“白色森林”：这就是多刺灌木丛（在西班牙语中是 *monte bajo*），这是“一种虽然很矮却非常有意思的植被……构成这种植被的植物包括整齐生长和稀疏分布的低矮树木和灌木”、大量蕨类植物以及少量的棕榈或爬行植物。斯普鲁斯可能不知道的是，多刺灌木丛是由营养缺乏的沙质土壤以及偶尔的洪水或严重的干旱产生的压力造成的。与河流接壤的泛洪低地就生长着季节性淹水森林（在巴西其他地区被称为 varzea，在西班牙语中是 *rebalsa*），其中灌木和小树“必须拥有奇怪的特性，要能够在长时间的完全被淹没状态中存活下来，这对它们来说就构成了一种休眠物种”。斯普鲁斯利用他在岩石上的有利位置，通过叶子各种不同的颜色来区分周期性淹水森林，很多“绿色的藤本植物遮盖了树木，并且通常会形成一种像窗帘一样的前脸”，这里还有大量棕榈，尤其是扇形的树木，“它们通常会沿着河岸边长长的林荫道延伸”。其他两类植被在卡西基亚雷水道露出的岩石上无法看到，它们分别是：卡西基亚雷次生林，里面长满野草和灌木，它们会在森林被人类砍伐的地方涌现；以及南美洲大草原，其中在再往东靠近罗赖马山（Mount Roraima）的地方有大片森林，并且上面有独特珍贵的植被——它们现在正变成濒危物种，因为这里是进行放牧或农耕的好地方。

斯普鲁斯在 1853 年圣诞节前夜到达埃斯梅拉达。这位旅行者给他的朋友约翰·蒂斯代尔写信说，这个小村庄“矗立在我在南美洲见过的最壮观的一个地方”。它周围环绕着广阔的长满草的草原，中间只镶嵌着一些布里奇棕。再远处耸立着“陡峭险峻的”杜达山（Cerro Duida），高近 2400 米。在村庄和河流之间有一道“花岗岩石块堆积而成的形状奇特的”山脊。在落日中，深深的沟壑将长满森林的山脉凿开，一块块的云母片岩像银一样闪着光，这是“一种无与伦比的美景”[图版 75]。这里之所以有这个有吸引力的名字，是因为早期的旅行者们认为他们在这里的石英岩中发现了绿宝石。

悲哀的是，这种美丽的第一瞥只是一种幻觉。从景观上看，埃斯梅拉达是一个天堂，但它实际上是一个地狱，这里几乎不适合人类居住。当斯普鲁斯进入村子里被六个破败不堪的棚屋环绕的小广场时，一阵暖风吹起一些尘土，但这里看不到任何活的生物——没有人、动物、鸟类甚至是蝴蝶。问题就在于像昆虫一样的白蛉。斯普鲁斯写道："如果我用手拂过我的脸，我就能把它弄下来，并且手上带着血以及吃饱的［白蛉］被压碎的尸体。"全天空气中都充满这种蠓。"我散步回来后经常是手上、脚上、脖子上和脸上都覆盖着血，而且我发现没有地方能逃脱这些害虫。"正是这种昆虫灾祸使埃斯梅拉达仅有的一些定居者在白天会尽全力将自己密封在自己的棚屋里。他们在里面打瞌睡，"像蝙蝠一样……并且只能在早晨灰暗和晚上的光线中去寻找可怜的食物"。这一切在这里都是家常便饭。在殖民时代，埃斯梅拉达对委内瑞拉的西班牙人来说就标志着已知世界的尽头，因为这里的天空因为充满昆虫而发黑，并且几乎没有东西能吃，甚至被要求来到这里的有奉献精神的传教士也对这里感到畏惧。当洪堡在1800年到达这里时，这里也有数量惊人的大群白蛉。村庄里为数不多的几个定居者当时由一个老官员进行管理，他会教几个孩子念他们的玫瑰经，并且会偶尔敲教堂的钟取乐。当朔姆布尔克在接近四十年后到达这里时，他发现埃斯梅拉达已经被遗弃，只有一个族长和他的后代组成的家庭还占据着三个棚屋。这个伟大的探险家遭受了"大量白蛉的攻击，结果造成了从黎明到傍晚的一种不间断的疼痛，［并且］超过了我在这方面见过的任何东西"。他无法理解为什么会有人选择生活在这个可怕的地方，因为本地人遭受"这些吸血鬼"的毒害像他一样多。

毫不奇怪的是，斯普鲁斯在白蛉为患的埃斯梅拉达只待了四天时间，但他仍勤奋地进行收集。奥里诺科河附近表面光滑的岩石斜坡产生了令人着迷的小植物，上面有一种发育不良的灌木多花香膏木（*Humirium floribundum*），通常很矮，在大石头下面是“我从未收集过的最精致的小蕨类植物”；一种长有窄叶和小白花的萝藦科植物；还有一种全新的灌木，它大约高 1.2 米，“有很长的羽状分叉，微小的硬叶末端有一根芒刺，而腋生的唯一果实在大小和颜色上都与山楂果差不多”。

当斯普鲁斯在埃斯梅拉达时，他遇到了一个马奎利塔里人（Maquiritare）群落的酋长雷蒙·图萨里（Ramon Tussari），他邀请斯普鲁斯到他位于附近河流上的村庄去访问。这条河就是库奴库奴马河（Cunucunuma），它在卡西基亚雷水道出口向下几公里的地方从北面流入奥里诺科河。斯普鲁斯像华莱士一样有冒险精神，所以他立即起程去迎接这个新挑战。库奴库奴马河发源于基尼瓜山（Quinigua）的后面，并且要高于杜达山，所以河里充满急流。斯普鲁斯的船在 1854 年 1 月 1 日进入这条支流，并且穿过了第一条急流。在随后一天，有七个马奎利塔里人被派来帮助他们穿越更多急流。这些人非常高大，有引人注目的白皮肤和长鼻子，但在斯普鲁斯看来，他们不像沃佩斯河上的图坎那人一样英俊。这些讲加勒比语的马奎利塔里人在巴西也被混淆称为麦翁瓮（Maiongong），在圭亚那则被称为叶库阿纳（Yekuana）。他们至今仍然是出色的旅行者和商人，是委内瑞拉南部充满急流的大河上的以及巴西罗赖马河上的高手。他们已经向朔姆布尔克展示过如何利用乌拉里奎拉河（Uraricoera），从巴西的内格罗河翻越一个分水岭，到达奥里诺科河上游。被派下来帮助斯普鲁斯的印第安人中有一个人在十五年前曾经担任过朔姆布尔克的向导。每个人都穿着一个挂在腰带上的矩形长围裙，在前面低到他们的膝盖以下，在后面则被推到肩膀上。朔姆布尔克写到，身着这样装束的“他们昂首阔步走起来就像世界是他们自己的一样”。与沃佩斯河上的人一样，他们崇拜凸出的小腿和上臂，所以他们在膝盖下面以及肩膀下面穿着很紧的（用他们自己的头发编织的）吊带袜。他们还有主要由蓝色串珠做成的很厚的项链，以及白色串珠做成的带子。

作为经验丰富的船员，这些马奎利塔里人很喧闹地对斯普鲁斯的船表达了好奇。但这艘船对那条河流来说太大了。当时正处于季尾声，河水水位每天都在下降。所有人花了几小时时间拖着船冲上第二个急流，但它经常搁浅，而且有倾覆的危险。所以“带着非常悲伤的心情，我命令他们返回到瀑布底下”。斯普鲁斯获得了一些商品作为礼物，并且乘坐他的小独木舟沿着库奴库奴马河向上游航行。一天后，他到达图萨里位于第三个瀑布脚下的村落。酋长自己有一个刷成白色的房子，但斯普鲁斯更感兴趣的是用布福棕做房顶的其他传统棚屋。它们看起来像是大圆顶一样的半球，但在顶部却逐渐变尖，甚至能让旅行者们想起土耳其头盔［图版 45］。

斯普鲁斯发现图萨里是一个非凡的人，而他的妻子甚至要更加令人印象深刻，因为她是如此善于交换他们的农产品。两个人都经常旅行。他们曾在巴西的布朗科河上游生活过多年，其间图萨里饲养了一些牛，并且与圭亚那的英国人进行交易。当马奎利塔里人至高无上的酋长去世时，图萨里被召唤回委内瑞拉，接任酋长职位。他以用一根很重的月桂树木材制作独木舟而闻名。但他妻子和女儿们要更加勤奋。斯普鲁斯对她们产品的数量和质量感到震惊：“有几篮子木薯、大量圆形浅篮子以及一种手提袋……用于携带火绒盒、烟草以及其他不可获取的物品”。另外还有吹管、葫芦、棍棒和陶器。斯普鲁斯给这名 50 岁的英俊酋长用铅笔画了一张肖像［图版 47］。

由于河水水位在快速降低，所以斯普鲁斯急匆匆沿河流向下往回赶，他找回自己的大船，但当尝试渡过最后一条急流时差点儿就失去它。它从第一个瀑布上跃下，但在第二个瀑布中碰到了石头上。这时船处于极度危险中，可能会倾覆，或者是再猛撞到岩石上。所有人都跳进湍急的河水中，用力推很重的船，但他们发现这是徒劳。所以他们用一艘小独木舟一点点地卸载船上的货物，并且经过两个小时的劳动后，大船得以恢复自由，并且令人惊奇的是它并没有损坏。对斯普鲁斯来说这肯定是一个令人恐惧的折磨。那艘船以及上面的货物是他的全部财产，并且他身处的是远离奥里诺科河上游的一条浑浊的河流，在数百公里的水路上没有人知道关于他行踪的任何线索。但是，那些受人尊敬和不知疲倦提供帮助的马奎利塔里人让他安然无恙。

在库奴库奴马河急流和低水位的阻碍下，斯普鲁斯立即开始沿卡西基亚雷水道向下返航。他当然也尽可能经常进行收集，其中包括沿一条名叫瓦萨瓦河［Vasiva，今称帕西瓦河（Paciba），而且仍然没有人］的未被探索和无人居住的东部小支流向上航行，进行了为期四天的远足。但雨季突然开始。“前三天三夜都下着非常大的雨，并且……我们的位置极其昏暗和偏僻。”在这片被淋湿的原始森林中，有一些非常好的收集品，但斯普鲁斯返回了卡西基亚雷水道，因为他有一个更加野心勃勃的计划。他想成为第一个探索一条被称为帕西莫尼（Pacimoni）或巴里亚河（Baria）的东部长支流的科学家。在这条支流从东南方向汇入卡西基亚雷水道的地方，水道向西流向内格罗河。洪堡和朔姆布尔克在沿着卡西基亚雷水道航行时都曾提到过这条支流，以及其他很多支流，但他们都没有说关于这条支流的值得注意的信息。斯普鲁斯可能是希望这条支流能够将他引向支流发源地所在的山脉，研究这个在植物学上未被探索的地方。

斯普鲁斯发现，帕西莫尼河“很宽、很黑、很平静，而且一路上都是如此”。森林中刚开始都是很矮的被季节性淹没的森林。有一天，洪水是如此糟糕，以至于他们虽然在黎明前顺利出发，但他们直到中午过后才找到一个干地方做早饭。五天后，他们到达被称为巴里亚的南部河源头的河口位置。[①] 斯普鲁斯选择继续沿被称为雅图阿河（Yatua）的另一条东部河源头继续向上游航行。随着陆地稍微升高，地面不再被淹没，并且有一些很高的森林，但低矮干燥的多刺灌木丛占主导位置。

令人奇怪的是，这些原本空旷的河流上游深处竟然有些小定居点。一个名叫库斯托迪奥（Custodio）的逃跑的巴西奴隶建造了它们。其中有一个定居点被以他的名字命名为圣库斯托迪奥，里面有大约 60 个人，另一个叫圣伊莎贝尔（Santa Isabel），到位于河流上游的这里有一天的航程，并且在 14 个棚屋中可能有 140 个定居者［图版 33］。库斯托迪奥将自己的村子里塞满讲阿拉瓦克语的曼达瓦卡人（Mandauaca）和库尼普萨拿人（Cunipusana），还有来自内格罗河中部支流马劳亚河（Marauiá）的雅巴哈拿人（Yabahana）妻子的家人。

斯普鲁斯喜欢和敬佩库斯托迪奥，这是一个大约 45 岁的高个子穆拉托人，他体型匀称，肤色几乎就是黑色。他的非凡故事能够让人们一瞥巴西亚马孙地区相对较少的奴隶的世界。库斯托迪奥出生在内格罗河中部的巴拉诺［Bararoa，现在叫托马尔（Tomar）］，他出生起就是一名奴隶。他没有子女的主人对他非常好，几乎就像自己的儿子一样，并且带着他沿沃佩斯河和其他河流向上游航行进

① 斯普鲁斯被正确地告知，从上巴里亚河有一条短途运输路线通往科阿布里河（Cauaburi），在圣加布里埃尔险滩之下进入内格罗河。正因为如此，现代巴西制图师将这些河流和内格罗河所包围的巨大平坦的森林地区称为“佩德罗二世岛”（Pedro Ⅱ Island）。

行贸易。但关于库斯托迪奥睡了一个母亲般的女管家的虚假传言让主人残暴地对待他的奴隶：他试图射死这个年轻人，但枪哑火了，库斯托迪奥就乘着一条独木舟逃跑了。在沿内格罗河向上游行进的半路上，一些印第安人试图抓住他去领取奖赏，但库斯托迪奥打出了一条路，并且再次继续逃亡。他逃到森林中时只带着一把刀子，他用刀子给自己做了一艘独木舟和船桨，并且靠野生无花果和水果以及他能抓住的任何猎物生存下来——他甚至会摩擦木棍来生火做饭。他到达位于马劳亚河上游深处的一个雅巴哈拿人村庄后获救了，他在这里居住了两年时间，并且结婚生了两个孩子。库斯托迪奥和他年轻的家人穿过砂岩山内布利纳山（Neblina，意为薄雾），沿着帕西莫尼河向下，到达委内瑞拉的圣卡洛斯，在这里，逃跑的巴西奴隶被认为是自由的。但在大约1838年，一名葡萄牙商人背叛了库斯托迪奥，并且抓住他，给他戴上镣铐，把他一路向下带往马瑙斯。库斯托迪奥与卡巴纳仁俘虏们一起被关到一个监狱船上。他们的狱卒允许他们到岸上庆祝圣诞节，并且在第三天，库斯托迪奥又逃脱了。他成功地从一个老妇人那里偷了一艘独木舟，并且夜以继日地沿内格罗河向上游划船，他避开所有人类，只在中午时隐藏在小溪中睡觉。五周后，在进食森林果实和“布里奇棕瘦小浆果”不足以维持生命的情况下，他成功到达他在马劳亚河上的原住民朋友那里。他再次沿帕西莫尼河向下，回到了他位于圣卡洛斯的家中，并在那里干了三年铁匠。他成为如此受人尊敬的镇民，以至于委内瑞拉当局派他去管理帕西莫尼河，因为他了解河上的印第安人。正如斯普鲁斯给胡克写的那样：“库斯托迪奥，他是穆拉托人，是奴隶，是俘虏，现在则成为帕西莫尼河的首长以及圣玛利亚和圣库斯托迪奥村落的创始人”，他还是圣伊莎贝尔村庄的复兴者。

在帕西莫尼河下游，植被几乎像卡西基亚雷水道其他支流的植被一样。一种名叫美洲球花豆（*Parkia americana*）的含羞草“在这里极其常见，始终能看到它们悬在水岸上，并且它们垂下的巨大深红色流苏极具装饰性”。但除了卡廷加群落外，由于这里有更好的土壤，所以植被也得到改善。森林非常高，并且这里在这条河流上首次出现了肉豆蔻植物。这里也有棕榈，有巴卡巴酒实棕、油棕、蔬食埃塔棕和布里奇棕等种类，它们是如此密集，以至于变窄的河流穿过它们时被分割成无数细流。斯普鲁斯不得不将他的大船放在一个村庄上，并且乘小独木舟继续前行。他并不知道的是，这里经常有强风，而且倒下的树木会阻塞狭窄的溪流，但他并未随身带着斧头。他们有时不得不拖着很重的船向上游前进，并且翻越由于太大和坚硬而无法用弯刀割断的原木。溪流变成一条水道，两侧有密集的灌木丛，阳光能透过高耸的树木和藤本植物照进来。（本书作者曾经到过帕西莫尼河，并且这条河流从斯普鲁斯那时起就完全没有变化。委内瑞拉在这个地区唯一的小定居点现在仍然是圣库斯托迪奥和圣伊莎贝尔。）

当探险从大船上转移到独木舟上时，斯普鲁斯带着他已经装满火药的枪，但忘了带他的子弹盒，而且他手下的印第安人也忘了带鱼线。在第一个晚上，他的猎手用这支枪捕获了两只冠雉，并且供他们吃了两顿。但自此之后，他们三天没有吃任何东西。斯普鲁斯在日记中写道：“我就要挨饿了……当我没有东西吃时，我发现根本不可能进行工作。”他独木舟上的空间仅能装下两捆干纸，这是他为了山中的小植物而保存的。所以他不得不放弃一些有意思的标本。这就是收集者自己在一个未被探索的国家中要承受的苦难。

斯普鲁斯最终成功地从圣伊莎贝尔的一个家禽主人那里购买了一些家禽，吃饱以后，他和一个年轻的向导以及他手下的两个印第安人出发前往山脉。帕西莫尼河的雅图阿和巴里亚河源头都在内布利纳山中，也就是圭亚那地盾最西南部的桌山（*tepui*）。这些砂岩山都是前寒武纪地层，也就是最古老的地质时代形成的地层，因此，它们出现的时代早于将南美洲从非洲分离开来的板块构造。作为一个分水岭，它们构成了巴西及其北部邻国的边界。位于这个大山丘西南端的内布利纳山近 3000 米高，理论上是巴西最高峰，比罗赖马山高 184 米。

斯普鲁斯在圣库斯托迪奥小村下面的一个矮山上能够清楚地看到这一系列的平顶山：阿拉卡穆尼山（Aracamuni）在东边，然后是顶部有一个圆锥形俄维斯巴山（Avispa）的迪比阿里（Tibiali）群山，南面是包含内布利纳山的伊梅里（Imeri）群山，它们都从森林平原上像一棵巨大的石南树一样挺立而起。在写给胡克的一封信中，斯普鲁斯仔细考虑了这些“壮丽的山脉，上面无人居住，并且几乎无法到达，地理学者们甚至连它们的名字都不知道”。

斯普鲁斯并没有打算爬上这些巨大陡峭的山脉，后来证明，它们比他想象的要远得多。在浓密的林下植物中，并没有道路。在第一个早晨，他们在被淹没的森林中“曾 43 次穿越溪流”以及巨大的水池。他们从较低的陡坡上起来，但高度不足以够到“好的植物”。当时天在下雨，斯普鲁斯担心会有雷暴。所以他很伤心地不得不往回走，“什么收获都没有，除了浑身被淋得湿漉漉”。他们没有晚餐，斯普鲁斯度过了一个悲惨的夜晚，他“躺在一个结构疏松的吊床上，被冻得瑟瑟发抖，而且还要忍受蚊子的折磨”。第二天，他非常痛苦地往回走，因为“我在前一天把我光着的脚磨破了，而且我踩在一个锋利的木桩上又让伤口加重，所以，流血的脚和空空的肚子让我觉得这是一次足够辛苦的行程。但这并不能阻止我收集……开花植物”。[1] 斯普鲁斯后来给胡克写道：在他的帕西莫尼收集品中有很多新奇物种，包括一种新的书带木属（*Clusia*）植物，它拥有白色的球果，浓密地分散在它们的深绿色叶子上。其中有 8 种兰花，包括 3 种标本，尤其是广布三尾兰（*Trisetella triglochin*），直到 20 世纪 60 年代人们才再次从那里找到它。

这位探险家首先是乘坐独木舟，随后是他的船沿雅图阿河和帕西莫尼河向下，返回卡西基亚雷水道，并在 1854 年 2 月 28 日到达圣卡洛斯。他已经离开这里有三个月时间。他希望自己能够收集其他学科的标本，而不仅仅是植物学，但他自己向胡克辩解说：“一个人无法做每件事，因为在这种气候中保存植物牵涉到很多体力劳动，并且每天还要担心航行出现意外事故，还有这里唯一的船员就是印第安人，每天的食物也必须要从河中和森林中自己寻找，这些让人几乎没有时间做其他事。”虽然有这些挑战，但斯普鲁斯还是取得了巨大成就。他探索并且绘制了库奴库奴马河和帕西莫尼河的第一张地图；他画了一些素描，包括很多图形文字雕刻；他汇编了“差不多完整的”6 种原住民语言的词汇表，包括亚诺玛米人（Yanomami，当时被称为 Guaharibo）的第一个词汇表；他还写了关于马奎利塔里人民族志的内容；当然也收集了大量植物。他十分谦虚地写道：有更多人力和财力资源的更健康和更强壮的人，“可能会做得更多”。

---

① 桌山事实上直到一个世纪后才被攀登，那是由美国领导的一次重大探险。作为委内瑞拉研究项目的一部分，这位作者被直升机带到了桌山，在山顶茂密的植被上发现了大量新的植物和昆虫物种。

第九章
灾　难

当充满探险精神的华莱士以及后来的斯普鲁斯在内格罗河上游深处以及它的偏远支流进行探索的时候，亨利·沃尔特·贝茨仍然安静地待在亚马孙干流上。我们已经见过他在埃加待了一年后是多么孤单和沮丧。

他估计，在亚马孙的一两个月中，他已经收集了7553件昆虫标本。他在这段时期的生活和旅行成本非常节俭，只有67英镑。在这种沮丧的状态中，他计算每个标本只能卖4便士，所以扣掉史蒂文斯20%的佣金以及其他费用后，他只赚了27英镑。但实际上，他的收入后来证明要好于这个。

贝茨在1852年3月21日离开位于索利默伊斯河上的那个偏远小镇。他乘坐一艘装满一坛坛乌龟蛋、巴西坚果和大量洋菝葜的纵帆船前往大约2300公里之外的贝伦。由于大部分都是顺风并且河水水位很高，所以这段向下的行程只花了四周时间。贝茨给自己带了一只夜猴（*Aotus trivirgatus*），在亚马孙河上游，这种猴子被称为艾阿（*ei-á*）。这种小生物的体长25厘米，并且有一条30厘米长的直尾巴。它的皮毛像兔子一样柔软和浓密，并且通体都是褐灰色，只在头顶上有三条颜色深一些的条纹。这些猴子在白天睡觉，通常是在空心树中。从旁边经过的人可能会“震惊地看到树干上的树洞中挤着一张张刚从睡梦中醒来的有双大眼睛的条纹小脸”。在白天，贝茨会把他的宠物放到一个旧箱子中，因为它不喜欢阳光，并且会藏在一个玻璃缸中。轻轻地靠近时可以抚摸它，但“当太过粗俗时，它就会发出警报，而且能把人严重咬伤，它用它的前爪踢打，并且发出像猫一样的嘶嘶声”。它喜欢吃木瓜和香蕉，但是也吃蜘蛛和蟑螂——这种猴子能彻底清除房屋中的这些害虫。贝伦的人们对这种奇怪的猴子感到好奇；贝茨是如此喜欢它，以至于他为《动物学家》杂志写了一篇关于它的文章。

抵达贝伦时，贝茨震惊地发现，“这个曾经热闹健康的”小镇已经被两场严重的流行病摧毁了。去年暴发了黄热病。四分之三的人得了这种严重的疾病，并且5%的人因此死亡。随后，天花紧跟着黄热病的脚步来到这个小镇。这种可怕的疾病摧毁了那些带有本土血统的人，因为他们缺少对这种疾病的遗传免疫力。在小镇大约15000人的印第安人口中，估计有800人死亡。

1851年5月中旬，也就是贝茨抵达几周后，华莱士22岁的弟弟赫伯特从马瑙斯来到这里，而他自阿尔弗雷德1850年8月出发前往内格罗河以后就一直待在马瑙斯。在热带地区待了接近两年之后，他处于“相当好的健康状态”。他给自己订了一张6月6日出发前往英国的船票。贝茨喜欢赫伯特·华莱士，赫伯特只比他年轻四岁，而且经常来看他。6月2日，两个人出去购物，然后和船运代理丹尼尔·米勒一起喝茶。但当天晚上，年轻的华莱士就被寒战、发烧和呕吐击倒了，这些都是可怕的黄热病症状。贝茨把他带到镇中心的一个房子里，一个名叫卡米洛（Camillo）的医生尽全力救治他。[①] 赫伯特曾一度看起来康复了。贝茨在旁边陪伴他度过了四个晚上。但随后，正如贝茨给这个年轻人的母亲玛丽·华莱士夫人写的那样，“发烧向内部打击他，并且出现了黑色呕吐物……直到他经历过可怕的苦难后去世”，日期是 1851 年 7 月 9 日。

贝茨本人也得了黄热病。照顾赫伯特·华莱士后不久，他自己“就一直颤抖和呕吐”，“大量出汗……而且感觉很虚弱，身体的每根骨头都很疼痛”。始终担心自己健康的贝茨采用了奇怪的治病方法：他用熬制的枯花汤药来让自己出汗，然后用小剂量的泻盐和“曼娜”（manna）作为一种泻药。一周后他康复了。他们的朋友和助手丹尼尔·米勒就没有这么幸运。这一年晚些时候，他去亚马孙河口附近去检查一艘英国船舶的残骸，患上了“严重的冷战”，并且死于“脑膜炎”。

虽然疾病造成了这么多悲剧，但贝茨的专业工作仍然很兴旺。当他抵达贝伦时，他发现了来自其代理人史蒂文斯的一封信，上面有一个“比以往任何时候都好的消息”。他已经发送的三批收集品（来自马瑙斯的一批、随后第一批埃加收集品以及在乔治·格伦号船上发送的另一批）都卖出了大大好于他预期的价格，而且新的一批埃加收集品也已经安全到达。史蒂文斯还传达了一个极好的消息：伟大的收集家以及蝴蝶方面的权威人士威廉·休伊森（William Hewitson）已经将一种新蝴蝶品种命名为贝茨蓝蛱蝶［（*Callithea batesii*，今称贝茨星蛱蝶（*Asterope batesii*）］。贝茨给史蒂文斯写信说：“我很荣幸能收到休伊森先生对我的称赞。”在同

① 当时没有人知道黄热病的传播，黄热病是一种蚊子传播的病毒。尽管现在有一种有效的疫苗来预防，但仍然没有治疗方法。

一封信中，贝茨还透露他在 1851 年 1 月 2 日已经从埃加发送了另一批货物，并且已经在 3 月从贝伦转运。可能随后要花几周或几个月时间才能到达伦敦，因为在当时巴西北部和英国之间只能依靠航海，并且彼此来往很少。但所有收集品都的确安全地到达史蒂文斯手里，而且都处于极好的状态，这真是一件非凡之事。以信用证以及随后的货币形式进行的付款也到了这个孤立的收集者手中。正如他的朋友爱德华·克劳德后来写的那样，贝茨因此振作起来，并且“很高兴地为了生物科学”决定不按照原计划返回英国，而是恢复在亚马孙河沿线的收集工作。

6 月，贝茨向史蒂文斯发送了一批出色的货物，这是他在埃加几个月工作的成果。其中当然有一些“新的和不错的”甲虫，因为贝茨一直对鞘翅目甲虫有很大的热情。但也一直存在问题。其中有一种新的戈尔古斯属甲虫身上覆盖着一个很短的丝质“堆叠物”，虽然尝试了很多次，贝茨还是无法将这个堆叠物保存在死的甲虫标本上。另一个问题是当靠近时，这些甲虫会“装死，并且跌落到地面上，而我们看到的一半标本就消失在落叶中”。这批货物里有多种新蝴蝶。在鸟类中，“似乎有些稀有的品种，如篮鹦鹉（Piosoca）、我以前未见过的一对阿卡拉巨嘴鸟（巨嘴鸟的近亲）、一只雄性 Ouramimeu 等”。在动物方面，发送的货物中包括一个凯门鳄头骨，但它已经不再完美，因为碰到了另一个未曾预见的风险：它的牙丢了，“我认为是被房子中的人偷去做护身符了”。在四个月后的 1852 年 10 月写信时，贝茨提到了另一个威胁。当“恶作剧号”（*Mischief*）小船沉没时，他丢失了一批货物（巧合的是，他和华莱士三年半之前正是搭乘这艘船来到巴西）。他无法回想起他的私人收藏丢失了哪些标本，所以他恳求史蒂文斯从他现在发送的每件东西中为他挑出一个好的标本加以收藏，然后出售其他标本。

史蒂文斯一直建议贝茨发送完美的材料。他也尝试这样做，“但获得好标本并不是一件容易的事”，他抓住的物种可能有缺陷，或者“即使在抓住时非常好，但它们会奋力挣扎……这就需要尽可能的小心和长时间的练习，从而能获得好标本”。而且，这里也存在蚂蚁、螨虫、白蚁和其他贪吃害虫带来的危险。贝茨因为黄热病以及两次发作的腹泻而耽误了六周时间。但当他在7月恢复时，在10周的时间里，“我将自己全身心投入收集工作中，并且从标本的多样性和质量来说，我认为我已经得到了大量非常出众的昆虫”。作为对这些收集品的回报，他让史蒂文斯给他发送一批参考书：自然博物馆的简单目录、几期《动物学家》杂志（尤其是包含他所写信件或者提到以他的名字命名的蝴蝶的那几期）、任何便宜的南美洲鸟类或动物手册（任何语言均可）以及2份最新的亚马孙地图。

当他沿着大河向下时，贝茨的船曾在圣塔伦停下。他想起来这是一个非常迷人的地方，所以他决定回到这里，并且也沿着塔帕若斯河向上游进行收集，这条河流在这座小镇汇入亚马孙河。他给史蒂文斯写信说，他确信华莱士正在内格罗河上干得不错，所以对他来说，南部塔帕若斯支流应当证明是一个多产的新狩猎地。但缺点是他听说这条水流清澈的河水已经遭受到恶性疟疾的严重打击（仅在一个定居点就有400人因此死亡），并且幸存者食物短缺，以至于政府已经向他们发送了紧急供给品，防止他们饿死。

贝茨在1851年11月底到达圣塔伦，并且他只花了一天时间就找到了一所房子和一个仆人。他对两者都很满意。这所房子非常坚固，它有三个房间和一个小阳台，能正好俯瞰一位邻居的“美丽花园，这是这个国家罕见的景观”。它位于小镇的边缘，并且“令人高兴地坐落于”沙滩附近。它的租金每年只有6英镑，不必支付其他税金。对于这仆人，“我非常幸运能碰到这个名叫何塞（José）

的自由穆拉托人，他是一个勤奋和值得信赖的年轻人……帮我进行收集工作，[并且]在我们随后进行的不同远足中提供了最好的服务”。何塞的家人为贝茨和他做饭，所以他们能抽身去收集标本。这个年轻的博物学家知道，他是多么幸运能碰到何塞，因为圣塔伦的自由人通常会过于骄傲而不愿成为仆人，并且“奴隶非常少和贵重，以至于他们的主人不会将他们借给其他人”。

在圣塔伦的第一个月，贝茨和何塞大部分时间都用于尝试收集美丽的沙菲蓝蛱蝶（*Asterope sapphira*），因为史蒂文斯专门提出要它。当他发送第一批货物时，贝茨解释说，他们“一周工作了六天……我们两个人都拿着近4米长的网杆”。雄性蝴蝶尤为难捉到，因为它们飞得很高，很难“在有阵雨的阴天里在森林中某些地方”看到它们，而且他网到的有四分之三都是不完美的标本。所以他告诉他的代理人，“不要觉得我现在发给你如此多的标本就认为它是一个数量丰富的物种”，而且要为好的标本卖个好价钱。这位收集者后来想，他可以自己繁育这些蝴蝶以及喙蚬蝶（Erycinidae）。“我偶然发现了一窝幼虫和蛹。”到5月，他写到他正在饲养很多鳞翅目蝴蝶，并且发现被称为鼠蛱蝶（Mysceliae）的蝴蝶实际上是黑蛱蝶（Epicalia）的雌性蝴蝶：为了证明这一点，他“用袋子装了一些正在交配的蝴蝶，这样就不会搞错了”。

贝茨在发送他的收集品时非常小心翼翼，就像他捕捉和处理它们时一样。1852年1月，他发出了一个箱子，里面有1095只昆虫和152个贝壳，他估计它们的价值是30英镑，并且他希望它们能搭乘在2月25日起航的“温莎号”（*Windsor*）。他对4月发送的下一批收集品感到抱歉，因为它们是“在雨季收集的成果，而且这里雨下得非常大”。5月初，他发送了另一批收集品，以及“很多信件和笔记”，其中包括在距离圣塔伦8公里的一处不错的森林中收集到的材料，这个森林中充满新鲜和稀有的东西。最后的一批货物在6月被托运出去。贝茨无可非议地自夸道：他现在发现，他可以根据自己的记忆，为他的参考书添加很多信息。而且作为一名收集者，“我现在已经用这双手收集了1000种蝴蝶！我现在拥有大约50件小爬行动物的标本、大约30件树木和药物的标本、50件贝壳标本等”，更不必说花朵、软体动物和其他异域植物的标本。圣塔伦附近可爱蝴蝶的数量让贝茨感到兴奋，并且他赞叹于“一种新的线灰蝶属（*Thecla*）蝴蝶，它柔滑的光泽要远超过我从帕拉［贝伦］发送的美丽蓝蝴蝶；在它的翅膀上有一个更加深蓝的条带，构成了一种让人吃惊和意外的线灰蝶美丽风格”。

贝茨计划离开亚马孙干流，到它南部的支流塔帕若斯河上进行收集。他给史蒂文斯写信说，这条“壮丽的河流从圣塔伦向南延伸，它高高的河岸、蓝色的山脉以及白色的沙滩似乎都在邀请人们去探索。从那里来的每个人都兴奋地谈论它的美景，以及新奇的鸟类和动物”。他以每个月将近2英镑的价格租赁了一艘载重6吨的双桅有篷船。这是用亚马孙热美樟建造的一艘很结实的船，这种木材比柚木还要坚硬，是造船的最佳材料。贝茨将正方形的船舱当作他睡觉和工作的房间，他的箱子就放在两边。里面“装满用来装标本的储物盒和托盘……它们上面是一些架子和夹子，用来放置我仅有的一些书籍、枪和猎物袋、用于给动物剥皮和进行保存的木板和材料、植物学杂志和报纸、昆虫和鸟类的干燥笼等东西”。他也想带着温度计、气压计、象限仪和其他测量仪器，但这些东西“都大大超出了像我这样穷困的人的能力”。在船首是一个供船员睡觉的固定遮盖物。上面放着贝茨的盐和生活用品存货，以及为内陆河岸边的卡布克罗人准备的交易品——卡莎萨朗姆酒、火药和枪弹、几块粗糙的格子花纹面印花布、鱼钩、斧头、弯刀、鱼叉、金属箭头、镜子、串珠和其他小装饰品。贝茨和何塞花了几天时间来整理这些物品，其中包括腌制肉类和为他们自己磨咖啡（这三个英国人都将咖啡视为他们少有的奢侈品之一）。他们把容易腐烂的物品放在防虫和防潮的锡盒中，亚马孙的探险家们现在仍这么做。

像往常一样，寻找船员是最大的问题。圣塔伦的桨手数量要少于亚马孙其他任何城镇，并且无法找到任何印第安人或穆拉托人，因为他们在理论上并不欠某个贸易商或酋长的债。所以在1852年6月8日，贝茨终于出发，但只有2名船员：何塞和一个自称了解这条河流的来自米纳斯吉拉斯的印第安人。这个人是“一个粗劣的标本……后来证明［他］是一个非常令人恼火的人……他对航行的了解还不如我；但他却非常张狂，总是有自己的主意”。贝茨一有机会就把他解雇了。

塔帕若斯河是一条非常美丽、非常宽阔（贝茨估计有12—16公里）的清水河，两岸是远处的低矮山脉。“有时岸边会有一条狭窄的冲击土地边缘，上面有白色的沙滩，形成了优美的水湾和港口。但很大部分都由多岩石的河岸和悬崖组成，在崖底隆起的岩石断裂，发出吓人的咆哮声。”沿这条河流向上游航行与沿着平静的亚马孙河干流或者内格罗河航行有很大的不同。“实际上，这次航行……结果变成一件危急的事情，里面充满危险和焦虑……暴风伴随着闪电每天都会出现；有时在下阵雨前，山上会突然吹来猛烈的狂风。”毫不意外的是，由于骨干船员能力不足，贝茨进行了航行冒险——他丢失了自己的独木舟小船，在尝试抢风航行拯救它时，绳索被拉断，使船帆被风吹成破布，导致船出现可怕的侧倾，然后抛锚在一个沙质河床上，让船舷一侧漂到一个岩滩上，并且渡过一个岩石点，其中“我们的艄三角帆侥幸贴着岩石渡过”。不过，在迷人但破旧的阿尔特杜尚（Alter do Chão，意为土地祭坛，位于一个矩形小山丘后面）村庄进行几天收集工作后，他们成功地沿河流向上游航行大约 177 公里，到达名叫阿威罗（Aveiro）的另一个村庄。

贝茨在阿威罗待了六周时间，并且完成了一些出色的收集。“我的时间用于安静而有规律地追求博物学：每天早上，我会在森林中长途漫步……在下午则是保存和研究收集到的物品。”他喜欢月夜“柔和的白光”。“在完成一天的工作之后，我会到下面水湾的河岸上，睡觉前在凉爽的沙滩上平躺两三个小时。”

阿威罗是一个让人困乏的小地方，但令人高兴的是这里没有黑飞蝇、马蝇和蚊子。不过这里有三个让人不舒服的地方。第一是亮红色的残暴火蚁（*Solenopsis saevissima*）。贝茨将这些蚂蚁称为塔帕若斯河的瘟疫，它们将阿威罗作为它们的总部，并且它们是一种比其他所有害虫加起来还严重的灾祸。整个村子的土地都被残暴火蚁破坏，地上都是通往它们通道的孔洞，房子也被它们淹没。“它们与居民争夺每块食物，并且为了淀粉会破坏衣物……它们绝对是出于恶意而攻击人类：如果我们在街上站一会儿……我们身上肯定会爬满火蚁，并且受到严重惩罚。当火蚁接触人肉体时，它们会用嘴固定住自己，在尾部会用两倍的力量，并且尽全力叮咬。”叮咬会造成剧痛和发炎。唯一值得安慰的地方是，在每个雨季结束时，雄性和雌性火蚁会成群飞离它们的巢穴。它们经常会被清扫进河里，并成群结队淹死。在沿塔帕若斯河向下航行时，贝茨就见过一排数以万计已死或半死的有翼蚂蚁，它们堆叠在一起，高度或厚度有几厘米，沿着河流边缘连续延伸几公里。

阿威罗的第二个问题是疟疾，但第三个温和一些的烦人之处则是村庄里那个活泼的老神父。他谈话的唯一话题就是顺势疗法。他曾经“患过狂躁症……［他有一本关于这种病的字典］和一个小皮箱，里面包含装有药丸的玻璃管，他在整个村子里做医生的时候就带着这个皮箱”。

在阿威罗最好的收集品就是昆虫。在村庄走了不到半小时，贝茨就“确定了整整300种蝴蝶……比整个欧洲发现的蝴蝶种类还要多”。其中很多种类是来自贝伦、托坎廷斯河或奥比杜斯的“老朋友”。有两种是在埃加见过的蝴蝶，包括以贝茨的名字命名的贝茨蓝蛱蝶。另外“新品种属于异脉粉蝶属（*Leptalis*）、袖蝶属（*Heliconia*）、袖蛱蝶属（*Eresia*）、*Heterochroa* 等，以及属于优蚬蝶属（*Eurygona*）、冥蚬蝶属（*Calospilus*）和蚬蝶科的其他属”。其他物种同样也非常具有多样性，如鞘翅目（甲虫）和膜翅目（蜜蜂、黄蜂和其他有四种透明翅膀的昆虫），这位昆虫学家在这里发现的昆虫种类甚至比蝴蝶新种类还要多。

贝茨抓到了另一只宠物。在塔帕若斯河上，一只美丽的小鹦鹉掉入河中，很明显是在与同类空中飞行时受到了惊吓。它浑身呈绿色，在翅膀底下有一块猩红色的羽毛：印第安人称它为马拉卡纳（maracana，他们也这样称呼另一种金刚鹦鹉），并且贝茨认为它是一只圭亚那长尾鹦鹉（*Conurus guianensis*）。它反感被关着，在一周的时间里“它拒绝进食，撕咬接近它的每个人，并且在尽全力逃跑时弄伤了它的翅膀”。所以贝茨把这只小鹦鹉安顿在一个印第安老妇人那里，她是一位著名的驯鸟师。两天后，她把它带回来，它变得“像我们鸟舍中常见的可爱鸟儿一样驯服”。它学说话学得很好，而且在两年的时间里一直是这个英国人的忠诚伙伴。贝茨估计，本地人对待鸟类的秘诀就是对它们始终都很温和，并且允许它们在棚屋中任何想去的地方漫步。他的鹦鹉会跟着出去进行收集漫游，经常坐在他的男孩助手的头上。

8月，贝茨决定沿库帕尼河（Cupari）向上游航行，这条河在位于阿威罗南面的上游大约12公里处从东侧汇入塔帕若斯河。库帕尼河“两侧被两堵森林墙包围着，它们的高度至少80米，并且树木的轮廓已经被多叶爬行植物形成的浓密帘幕全部掩盖。每走一步，对植物丰富性和势不可当繁茂程度的印象就增加一分”。在这条河上有四五个定居者。贝茨每个晚上都在不同的种植园中度过，而且都无一例外地受到了热情款待——这在整个亚马孙地区很正常。河上最后一个“文明定居者”是一个名叫若昂·阿拉库（João Aracú）的“非常瘦长结实很活跃的家伙，并且他还是一流的猎手”。贝茨和这个拓荒者一起待了三周时间。他和年轻的何塞穿梭在森林和溪流间，为他的收集品增添了20种新鱼类以及很多小爬行动物，同时“有很多最显而易见的昆虫……对我来说是很新鲜的，而且它们结果是亚马孙流域这片地区特有的物种”。干季当时正在接近高峰期。白天中午时就像火炉一样，贝茨只穿着一条宽松的薄棉质裤子和一顶很轻的草帽。但他每天的收集工作从来没有停止。

贝茨很高兴能捕到一只有白须的亚马孙蛛猴（*Ateles marginatus*）。这个变种在头顶有一块白斑。这些蛛猴很容易被驯化，成为快活有趣的宠物，但它们的不幸之处在于它们是广为人知的整个亚马孙地区最美味的猎物。贝茨吃过一些，并且认为这是他吃过的最好的肉——它们的肉很像牛肉，但味道更浓更甜。贝茨当时厌倦了吃鱼肉，所以他熏制了他的蛛猴肉，并且靠这些肉生活了两周时间。他的最后一块肉是一根带着握紧拳头的胳膊——只有当极度饥饿时才会推动他“像这样如此接近于同类相食的地步”。食物始终是一个问题，印第安人通常会出去打猎或捕鱼，并且带回一些不同寻常的猎物，如乌龟、食蚁兽或鬣蜥蜴蛋。

与此同时，他的两名印第安桨手花一周时间建造了一艘独木舟，用来替代丢失的那艘。阿拉库先生熟练地监督这个过程。他们首先找到一棵亚马孙热美樟，将它从树林中拖出来，用斧头和锛子将它挖空，然后放在慢火上让它扩展，并加上厚木板做的边，这样就做成了一艘不错的独木舟。船下水时大家都很高兴，在上面装饰了彩色布条作为旗子。

贝茨沿库帕尼河向上探险有三个特别目标。第一个是收集紫蓝金刚鹦鹉，第二个是观赏河流源头附近的一个瀑布，第三个是访问蒙杜鲁库人（Mundurucu）的一个村落。阿拉库同意伴随贝茨一起去，并且带着一个印第安人替他们打猎和捕鱼。他们只花了几天时间就到达了第一个蒙杜鲁库村落。贝茨了解到，这些原住民构成了巴西这个地区最大和最好战的部落。蒙杜鲁库人曾经是令葡萄牙定居者害怕的敌人，但在18世纪末，他们突然改变，并且从此成为“白人坚定的朋友”。他们热情欢迎任何白人访客，并且曾经大力帮助当局战胜卡巴纳仁叛军，尤其是对抗他们的传统敌人穆拉托人，也就是贝茨不喜欢那些衣着破旧像乞丐一样的人。库帕尼河上的蒙杜鲁库人的开化程度要远胜于沃佩斯河上的人，也就是华莱士当时碰到的以及斯普鲁斯在次年要去访问的人。蒙杜鲁库女性是裸体的，但当看到访客时她们会急匆匆穿上衬裙。部落的勇士们尝试去摧毁一个游牧部落，现在刚刚归来，都在自己的吊床上休息。部落酋长非常老练：这个世袭酋长是一个高个子宽肩膀的年轻人，他有“常见的英俊面容……以及相当幽默的表达”。他穿着一件汗衫和蓝格子花纹面布裤子，并且能够讲非常地道的葡萄牙语——这是他在从圣塔伦到贝伦访问时学会的。“在他的外貌和举止上看不到一丝野蛮的痕迹。”但是，蒙杜鲁库人的勇士们身上仍然刺着黑色几何图案的文身。

贝茨通过展示他的《骑士的动物界绘画博物馆》(*Knight's Pictorial Museum of Animated Nature*)一书来款待这群男人和女人。这些知道自己森林中每种生物的出色猎手当然对陌生动物的图片感到惊奇。作为回报,他们向贝茨展示了蒙杜鲁库人的人类学概况:他们是如何制作华丽的羽毛装饰品,包括用耀眼的蓝色和红色金刚鹦鹉羽毛织成的披风、覆盖有白色和黄色巨嘴鸟羽毛的“权杖”(贝茨买了其中的两个),当然还有华丽的头饰;他们是如何不再用木乃伊化的敌人头颅战利品来装饰他们的棚屋;以及每个群落是如何拥有一个巫师来治疗疾病以及预测攻击敌人的吉利时辰。贝茨和阿拉库让一名巫师救治一名生病的小孩,这名巫师在救治时使用咒语,并在患者身上吐烟,然后取出一只致命的“虫子”。他们随后哄骗他说这只虫子实际上是一段植物的气根。贝茨认为这个巫师是一个“江湖骗子”,他践行的是“一种肤浅的秘密”。但与贝茨自己从那些对热带疾病感到困惑的西方医生那里得到的一些药方相比,巫师的精神疗法并不是更糟糕的。

贝茨被这个蒙杜鲁库村落以及他在上游访问的另一个村落所打动。他羡慕他们“有规律的生活方式、农业习惯、对自己酋长的忠诚、对契约的遵从以及举止的温和”。但他注意到,像大部分原住民一样,他们“并未显示出”在城镇中或者附近定居的倾向,因此他们“看起来不可能在文化上有更多进步”。实际上,贝茨应当能够看到这些人受益于“不和文明定居点的低等白人和混血人有过于密切的接触而未被腐蚀……我禁不住将他们营养充足的身体状况以及表现出的有序勤奋的习惯与阿尔特杜尚(即他在圣塔伦附近访问的那个村子)的半文明人的贫穷和懒散作对比”。但与很多观察者一样,贝茨因为这些印第安人明显缺乏雄心、抽象思维、对自然现象成因的好奇心以及宗教信仰而感到沮丧。

蒙杜鲁库人有很大的木薯种植园，并且将大量的富余产品卖给商人。他们还收集大量洋菝葜、熏草豆和印第安橡胶。在 1852 年，橡胶贸易还处于初始阶段，但亚马孙的橡胶大繁荣即将出现。在几十年的时间里，蒙杜鲁库人将成为精力充沛和高效的采胶工，他们在这方面比其他任何原住民都要成功，并且他们到现在也仍在塔帕若斯河沿岸采集野生橡胶。①

除了到访真正的原住民村落，贝茨在这条河上还实现了他的其他目标。他乘坐他的有篷船前往距离塔帕若斯河大约 120 公里的库帕尼河上的第一个瀑布，这里也是他航行的极限。贝茨在黎明的薄雾中起程，“河两边是高大的森林墙，蔬食埃塔棕美丽的树冠从它们细长的拱形树干上超越这些森林墙，透过雾蒙蒙的帘幕看起来非常模糊和奇怪。日出后不久出现的突然变化拥有一种相当神奇的效果：薄雾像剧院大幕一样升起……并且在早晨明亮的光辉中展示壮观的植被，露滴则闪闪发光”。贝茨的船在“瀑布底部的一个小岩石避难所中”停留了几天时间。贝茨与船在一起，进行收集工作，同时另外两个人乘坐独木舟到瀑布上方去，并且每天傍晚返回，带着他们猎捕到的猎物。贝茨的收集品包括一只大个的黄臂吼猴（*Alouatta belzebul*）以及他的第三个目标：6 只广受欢迎的紫蓝金刚鹦鹉。这些鸟是以星果棕（*Astrocaryum vulgare*）坚硬的果实为食，所以贝茨发现它们的嘴里有这些果实降解成的酸臭糊状物。“给每只鸟剥皮都花了我三个小时时间，在半天辛苦的打猎之后，

① 1875 年，英国人亨利 · 威克姆（Henry Wickham）把橡胶种子从这里带走，最终种植到马来亚。在贝茨到此地的八十年后，美国汽车大亨亨利 · 福特在阿威罗开始种植橡胶树。他的雇员在库帕里河与塔帕若斯河汇合的地方，建了一个叫福德兰迪亚（Fordlandia）的小镇。但是福特的数百万橡胶树被叶枯病毁灭了，这个种植园计划是他职业生涯中最大的失败。

这些鸟以及我的其他标本让我忙到半夜。我借着一盏灯的光亮在船舱顶部工作。”

水池中的水是完全透明的，所以贝茨能够捕捉在水里游的鱼。这里有一群英俊的有黑色条纹的粗中丽鱼（*Mesonauta insignis*），“它们缓慢地滑行，形成一种非常美丽的景象；水里有针鱼属（*Hemaramphus*）鱼类，它们用细长的嘴驱散成群的小鱼苗；并且还有一种形状奇特的潜鱼属（*Carapus*）鱼类，“它们一条接一条缓慢移动”。水里有大量食人鲳。“当什么都不给它们时，只能看到分散在各处的少量鱼，它们的头都以一种期待的姿势朝向一个方向；但如果船上有任何垃圾掉入水中的话，水面的平静就会立即被冲向坠物的鱼群打破。”它们发怒时会从彼此身上拧下很多肉。但当出现更大的鱼时，食人鲳会发出警报，并且快速消失在视野中。贝茨给史蒂文斯写信说，他收集了很多小鱼，大部分“对我来说都非常稀奇和新鲜”。但他无法收集大一些的鱼，因为它们都进了饭锅：“抽出一条鱼放到我腌制标本的坛子里可能会让我承担饥饿的手下人进行暴动”的风险。

1852 年 9 月 21 日，在库帕尼河上度过七周时间后，贝茨的船回到塔帕若斯河的宽阔水域。尽管这条河非常美丽，但他很高兴能离开这条“狭窄和令人窒息的水沟……因为这里的炎热、蚊子、食物不足和劣质、辛苦工作以及焦虑已经让我处于非常差的健康状态”。但像华莱士和斯普鲁斯一样，贝茨现在能够声称他是第一个探索这条亚马孙河流的受过教育的外来者。

贝茨通常像其他人一样没有怨言，但他不得不告诉斯普鲁斯，沿塔帕若斯河向下的行程出奇得困难。当时正处在干季结束时节，所以河水水位要比 6 月时低将近 10 米。河岸和河床布满岩石点和浅滩。“当时没有水流……能够帮助我们沿河流向下，并且更加困难的是，猛烈的信风整个白天都从亚马孙河上向上吹，并且晚上也经常吹。最轻微的风都能阻挡通过划桨前进的全部距离，但这里通常是大风，而且有时会是定期吹来的飓风。我们有三次都接近翻船的边缘。”而贝茨“接近翻船”的说法只是对为了不让船撞上岩石而在疾风中奋战几小时的一种轻描淡写。他们常常在逆风温和一些的夜晚航行，并且通常在非常宽阔但很浅的河水中用杆撑船。

1852 年 10 月回到圣塔伦后，贝茨将他在塔帕若斯河获得的成果发给在伦敦的代理人。其中包括“3 箱昆虫、1 箱药用和经济植物、1 桶装在烈酒中的鱼和爬行动物、一些鸟、鸟蛋、鸟巢、贝壳、哺乳动物等”。他对用一艘载满货物的船将这些珍贵的标本发往河下游感到担心，但他不得不冒这个风险，因为下次机会要等到两个月之后。但是，他对两件事感到高兴。第一件是他自己的收集品正在快速增加，都完好地保存在唐尼的箱子里。其中已经包含 2200 件标本，“几乎都是鳞翅目和鞘翅目昆虫，当然也有很多新物种”。另一件是史蒂文斯告诉他，他关于大头（“Megacephali”）甲虫的论文已经获准发表在《昆虫学会学报》（*Transactions of the Entomological Society*）上。

贝茨对他将从最新一批货物中赚到多少钱只有一个大致概念，但他知道沿塔帕若斯河向上游进行的为期四个月的探险已经花费了 50 英镑。其中大部分钱用于租赁船只，外加花 6 英镑为他的印第安人买卡莎萨朗姆酒。他已经在尽可能节俭地生活和工作，禁止自己有任何奢侈的东西。但他悲哀地得出结论，他可能永远无法买得起自己的船只，并雇用“很多慵懒的本地人”。在未来，他不得不“借助于”其他人的船舶，并且只能待在较大的城镇中。他只能继续这样做。

沿内格罗河和沃佩斯河向上游航行一年八个月之后（不包括去年9月在马瑙斯待的两周时间），阿尔弗雷德·拉塞尔·华莱士在1852年5月中旬到达马瑙斯。他发现城镇中的空气质量正每况愈下，这很大程度上是因为这里已经成为新成立的亚马孙省的省会。这里住满省里的政客和官僚们。其中就包括一些几乎没受过教育但衣着华丽的年轻公务员，他们穿着擦得锃亮的皮鞋和戴着金表、金链子，却不知道如何履行他们的职能。住房价格也在上涨。即使在亨里克·安东尼基的帮助下，华莱士也很难找到租住的地方，不得不住在“一个房顶破漏的狭小泥土地面房子”中。当时距来自贝伦的船抵达这里已有五个月时间。由于河水水位非常高、水流力量很大而且是逆风，所以船舶不得不绕道向河流上游航行，并且可能要花两三个月时间。因此，马瑙斯没有木薯粉、面包、糖、饼干、酒或者奶酪，甚至卡莎萨朗姆酒也要定量供应。“每个人都只能吃木薯粉和鱼，牛肉每周供应两次，只能经常吃乌龟……另外这里的娱乐或社交活动也完全消失了。”这种穷困情况让华莱士在马瑙斯的日子变得非常不愉快。而让他变得更加悲惨的是，脚指甲下面的穿皮潜蚤（*Tunga penetrans*）的卵让他的脚趾发炎，导致他变成跛足。疟疾复发让他变得非常虚弱，根本没有任何力气。所以他很满足地待在自己的小房子里，照料自己动物园中剩下的动物和鸟类。其中包括20只鹦鹉，但里面最好的鹦鹉“总是想在大街上溜达”，并且最终走失了。

最后在6月10日，华莱士找到一艘能带着他和他大量的行李向下前往贝伦的船。他有很多箱子和盒子。他的数百只活体动物中有三分之二已经死亡或者逃走，但他仍然有5只猴子、2只金刚鹦鹉、20只鹦鹉和长尾鹦鹉、5只小一些的鸟、1只野鸡和1只巨嘴鸟。这艘船停在圣塔伦，华莱士就在这里发现了希斯洛普船长。但他运气不佳，“我最想见到的贝茨先生已经在 1 周前离开，沿塔帕若斯河向上游进行探险”。所以华莱士继续前往贝伦。与马瑙斯不同，与华莱士接近三年前在这里的时候相比，贝伦这座城镇已经有了很大改观。它有了新的大街和道路，其中有些路两边排列着扁桃树。而且城镇里也有了新的建筑。但在其他方面，这里仍像以前一样快乐和破旧。“肮脏、散乱的露天市场上，切好的牛肉放在手推车里，黑人搬运工喊着响亮的号子，带着快乐笑脸的印第安和黑人女孩在卖水果，并且一如既往地用糖果欢迎我。”但华莱士有一个非常悲伤的任务：他要去墓地，看望他在那里的亲爱的弟弟赫伯特。他的十字架就位于其他黄热病故去者的大量十字架中间。

华莱士只在贝伦待了十天时间，就乘坐 235 吨的“海伦号”（*Helen*）双桅帆船返回英国。除了这位博物学家和他的箱子之外，这艘船还带着 120 吨货物，包括橡胶、一些可可豆、红胭脂染料、亚塔棕纤维和芳香的香脂。

原本一次顺次的航行结果却变成了灾难。华莱士自己晕船，而且发热非常厉害，以至于他担心自己已经得了杀死他弟弟和很多其他人的黄热病。随后，在海上航行三周后，船主约翰·特纳（John Turner）船长找到华莱士，说“恐怕船着火了，请过来看看你认为是怎么回事”。他们看到船舱口冒出浓烟，他们打开船舱，人们开始把货物扔出去，随后往里灌海水。黄色的浓烟变得令人窒息，并且很快就蔓延到整个船只。所有想冲进去控制和扑灭大火的努力都是徒劳。香脂是起火原因。他们可以听到它像沸腾的大锅一样冒着气泡，知道它可能很快就着火。船长当然也犯了一个大错误，打开船舱口灌进海水：他因此“放进了大量空气，将发烟燃烧变成真正的大火”。

特纳船长命令船侧的大船和小舢板下水，船员们和乘客坐上去。在喧闹和混乱中，华莱士想起自己并没有理性思考。“我下到船舱中看看有什么值得拯救的东西，里面当时已经变得令人窒息得热，而且充满浓烟。”他抓起一个装着一些衬衫的小锡盒，并且正如他给朋友史蒂文斯写的那样，“我将幸运拿在手边的鱼类和棕榈的素描图放到盒子里，还有我的手表以及一个有很多口袋的手提袋”。他带着这些少量财物爬到甲板上，但是他不敢再下去抢救珍贵的杂志、大量素描图、数百件标本或者一些衣物。与此同时，船长将一些航海仪器放到那两艘船上，并且船员们在往上面装食物和水。

华莱士从燃烧的双桅帆船的船尾爬下来，并且在滑进于海浪中上下起伏的小舢板时将自己的手指擦伤了。两艘船漏水都非常厉害，人们不得不一直往外舀水。他们惊恐地看着“火焰蔓延到船绳和船帆上，让这场最壮观的大火达到顶峰，因为顶桅帆就在这时落下来”。两根桅杆一根接一根倒下落到船外。一个小时后，“甲板已经成为一片火海，船舷墙已经部分被烧毁”。华莱士看着他的猴子、鹦鹉和其他动物在燃烧，一些逃到船首斜桅上，但它们无法安全地跳到船里。所以只有一只掉进水里的鹦鹉获救。人们整夜都待在燃烧的船只周围，希望路过的船只能看到它的火光。他们不停地舀水，偶尔会打瞌睡，但燃烧的船只发出的耀眼红光却让他们醒来。“现在的景象非常壮观，因为甲板已经完全烧没了，而且船只在随着海浪起伏摇摆的过程中，它向我们展示了充满流动火焰的船舱内部——看起来就像是一个在海上不安地摇动的火炉。”

经过评估，他们估计距离最近的百慕大群岛超过 1000 公里。依靠船帆和微风，他们希望能在一周内到达那里。结果他们在海上航行了八天时间，经历了风暴、顺转风、风平浪静、日晒和口渴，随后他们竟然奇迹般地被一艘路过的船只发现和救起。他们距离百慕大群岛仍有320公里，并且他们的水和食物几乎已经耗尽。他们的救世主是从古巴驶向伦敦的“乔德森号”（*Jordeson*）货船。但他们的苦难还远未结束。几天后，他们遭到了暴风袭击。一些船帆被吹成碎片，船只剧烈摇晃，并且海水涌入船内，让船舱中的人都湿透了。“船只吱嘎作响，剧烈摇动，并且水如此疯狂地涌入，以至于我担心有些东西要倒塌了，我们最终可能会沉入水底。船整夜都在抽水，因为它漏水非常厉害……”他们后来又碰到了延误和风暴。即使在英吉利海峡也有一场暴风，它让好几艘很结实的船都沉没了。特纳船长觉得他们可能会淹死。不过在离开巴西八十天后，华莱士终于在1852年10月1日“很高兴地再次踏上英国的土地”。

从海难中幸存的华莱士可能考虑了自己的损失有多少。他唯一的收入来源就是出售标本，但发给史蒂文斯的最后一批货物已经在1851年9月离开马瑙斯。自此后收集到的每件标本以及他之前保存在亨里克先生那里的材料都跟他上了“海伦号”。除了活鸟和动物外，里面还包括10种不同的河龟、来自内格罗河的100种鱼、海牛的皮和骨骼（它们的保存已经产生了如此多的麻烦）以及塞满东西的猴子、一只食蚁兽以及其他哺乳动物。但华莱士更在意的是他损失的个人收集品以及与它们有关的回忆。“当我看着添加到我个人收集品中的稀有和奇怪的昆虫时，我曾是多么高兴！当几乎要被疟疾打垮时，我曾那么多次爬到森林中，收集到一些未知的美丽物种！我曾作为第一个欧洲人首次踏足那么多地方，它们通过为我的个人收集提供的稀有鸟类和昆虫让我记起那些回忆！我曾度过那么多疲倦的日子，支撑我的只有一种令人欣喜的希望，那就是从这些狂野的地方往英国带回一些新鲜和美丽的物种，而我喜欢每个物种唤起的回忆……但现在所有的东西都没了，我没有一件标本能展示我踏足的未知陆地，或者唤回我曾见过的荒野景色记忆！”虽然他之前曾发送重复的标本进行出售，但他损失了“从我离开帕拉开始［在三年时间里捕捉的］所有私人昆虫和鸟类收集品……那是数百件新奇美丽的标本，我原本非常热切地希望它们将会让我的展柜……成为欧洲最好的”美洲物种展柜。在摄影时代之前，旅行者的日记和素描是非常重要的，但华莱士当时这两样都没有。除了出售标本的收入损失外，华莱士在很大程度上将要依靠记忆来书写他的亚马孙旅行。但他意识到，他必须冷静和坚韧，尽可能不去想已经过去的事，要为现在和将来而活。

当贝茨听说海难时，他在给斯普鲁斯的信中写道：“我对华莱士先生的损失真的感到遗憾。如果这件事发生在我身上，我觉得我可能已经变得非常绝望，因为那些独一无二的标本、日记等这类损失是不能挽回的。”华莱士自己在给斯普鲁斯的一封信中描述了这场灾难，他希望远在内格罗河深处的他的植物学家朋友能够知道这件事。他让斯普鲁斯给“每个地方的每个人致以真诚的问候，尤其是给受人尊敬的若昂·德·利马先生”。斯普鲁斯的确将海难的事情告诉了利马，并且后来给华莱士发送了一封来自这个热心的（但不完全“受人尊敬的”）商人的回信。华莱士在他的自传中翻译了这封信：“我对发生在我们好朋友阿尔弗雷德身上的不幸感到非常悲伤！我亲爱的斯普鲁斯先生，他为人类付出了那么多辛劳，失去四年的所有工作成果对他肯定有很大的麻烦，不过他的性命得救了，这对一个人来说是最珍贵的！……当您写信给阿尔弗雷德先生时，请代我转达我内心最深处的真诚问候。”

我们可以从幸存的少量素描图和笔记中感受到华莱士的损失有多么大，这些东西要么是华莱士已经将它们与早前的信件一起发回了英国，要么是华莱士从充满烟的船舱中将它们抓出来。一些关于淡水鱼的图画现在位于伦敦林奈学会的档案馆中，并且它们在海难过后超过半个世纪时出版的华莱士自传《我的人生》(*My Life*)中重现。它们是非常美丽的图像，细致准确，并且是由一只非常可信的手绘制而成［图版 28—30］。这些素描图上的笔记以及关于棕榈和昆虫的笔记，书写都极其整洁。

华莱士在巴西的四年取得了什么成就呢？他走过很多地方，先是在贝伦周围的亚马孙河下游地区，随后沿亚马孙河、内格罗河向上游到达奥里诺科河流域。但他最骄傲的成就当然是让他手下的印第安人带着他沿库贝特河向上游到达更深远处，随后是去沃佩斯河——任何欧洲人（不包括那些毫无诚信的上门推销商）都不曾到过比这里还远的地方。华莱士在两条河流上进行了相当精确的横向测量，而皇家地理学会就据此绘制了一幅精细的地图。这些成就都是在面对可怕的不利因素的情况下取得的：孤独、疟疾的摧残、几乎没有测量仪器、对抗可怕的急流以及设法以收集标本为生。[①]

华莱士让人喜欢的特质是他的热情、好奇心、勇气和毅力，以及他的自负。他的热情让他沿托坎廷斯河向上游（和贝茨一起）去寻找紫蓝金刚鹦鹉，并且对图库鲁伊瀑布感到好奇；他到梅希亚纳岛上寻找凯门鳄；沿瓜马河向上游观赏它的河口涌潮；翻越蒙蒂阿莱格里去观看岩石艺术；到内格罗河下游寻找伞鸟；然后沿库贝特河向上游寻找动冠伞鸟，并且沿急流密布的沃佩斯河向上游到远处寻找白色伞鸟和有颜色的乌龟。他的平易近人以及对葡萄牙语和拉杰尔混合语的掌握为他在所到之处都赢得了朋友，其中包括种植园主、商人和印第安人。他是第一批对岩石艺术、未受外界影响的原住民以及他们的语言感到好奇的旅行者之一，并且感到好奇的当然

① 六十多年后，该协会的秘书写信给华莱士的儿子，说“你父亲的作品仍然很好”，这是唯一一张完好的沃佩斯河流域的地图。

还有亚马孙的地理、地质、动物（尤其是鱼类和鸟类）和植物。华莱士在他的所有行程中都展现了他的勇气，使他在经历过可怕的急流、差点儿遭遇海难、艰苦的探险、清苦的生活、害虫以及几乎致命的疟疾后能够幸存下来。他的自负体现在他立即就参与到所有这些话题中，并且书写关于这些话题的内容，即便他是在小学毕业后自学成才，并且没有接受过任何科学的正规训练。此外还有他的工作以及唯一的谋生手段——博物学收集。与贝茨和斯普鲁斯一样，华莱士每天都会花几小时进行收集、给标本包纸以及填充标本，随后再包装和发送数以千计的标本。他在工作的过程中学习，并且当他转移到东南亚特别是马来半岛时，他在亚马孙的经历被证明是至关重要的。

探索完帕西莫尼河之后，理查德·斯普鲁斯在 1854 年 2 月底回到内格罗河畔圣卡洛斯。虽然去年 6 月关于可能发生暴动的谣言以及这里印第安人的酗酒习惯让他感到恐慌，但斯普鲁斯还是喜欢委内瑞拉最南端的这个小镇。在三次访问中，斯普鲁斯总共在这里居住了一两个月的时间。他研究了这个地区以及这里的人们，而且也学习了西班牙语以及本地巴雷人版本的阿拉瓦克语，这项技能在后来救了他的命。斯普鲁斯将整个 3 月都用来分拣、固定、打包和发送他最新收集的物品。这批货物的一个特色产品就是来自棕榈的油。在给威廉·胡克爵士附上的一封信中，斯普鲁斯提供了关于这些油的很多信息。大部分油都产自美洲油棕（caiaué，*Elaeis oleifera*）。从产量上讲，处于第二位的棕榈是巴卡巴酒实棕，它的油是无色的，并且稍微有点甜，非常适合点灯和做饭。斯普鲁斯确认："我可以证明，在煎鱼时，巴卡巴酒实棕的油可以比得上橄榄油或黄油。"他还"非常喜欢"来自巴套阿酒实棕（*Oenocarpus pataua*）的油，它在内格罗河源头附近数量极其丰富。但在所有的植物油中，斯普鲁斯认为来自圭亚那苦油楝（*Carapa guianensis*）的树油是“最好的”。这种油有一个优势，那就是它非常苦，以至于蚂蚁和其他昆虫都不会碰它。而且这种油在油灯中能发出明亮的光。从殖民时代开始圭亚那苦油楝的树油就是亚马孙地区的出口品之一。这位专业植物学家还识别了两种新油：一种油来自库鲁里（cunuri），这是一种与橡胶树有关的大戟属（*Eurphorbia*）植物；另一种来自尤阿福（uaçu），这是一种豆科植物，它“拥有结构非常奇怪的漂亮粉色花”。

像往常一样，斯普鲁斯提醒他的导师胡克在这里收集时面临的困难。圣卡洛斯的人口非常稀少，而且“很难”让“无精打采、拥有懒惰习惯”的本地人去替他收集树油。他很抱歉只发送了很少量的油。另一个大问题是印第安人必须提前支付工资，而且当他们无法提供足够的农产品时经常会欠债。商人们不得不一直返回这里收债，但对斯普鲁斯这样的外国访客来说，这是不可能做到的。

又进行了八周的收集工作后，斯普鲁斯在1854年5月末离开圣卡洛斯。正是华莱士告诉他的这位朋友在内格罗河和奥里诺科河流域之间的分水岭附近有丰富的容易收集的物种。所以斯普鲁斯遵循华莱士的路径，乘坐他心爱的船，沿瓜伊纳河向上游航行了九天时间，前往小村托莫。他不得不停下自己的船，并且乘坐一艘更小的船继续前进，其间他有四天时间用来在下大雨时晾干和打包他收集的植物，并且除了两只巨嘴鸟外没有东西可吃。在一条小支流上航行两天后，在6月11日，斯普鲁斯到达皮米钦，并且穿过陆上运输通道，来到位于阿塔瓦波河源头的哈维塔。这是华莱士在三年前到达的最远地区，但斯普鲁斯继续向北前进，进入委内瑞拉。他发现，哈维塔以及下一个村落巴尔塔萨（Balthasar）是“整个地区最近的两个村落，而且它们的居民道德水平最高”，这要感谢一个名叫阿尔瑙德（Arnaoud）神父的黑人印第安人混血儿。这位神父通过他在唱弥撒曲和长篇祷告文方面的才能获得了巨大影响力，并且他在自己的半基督教礼拜中坚持严格的宗教仪式。[①]

从阿诺德神父的虔诚领地继续向北，情况令人担忧地出现恶化。一名商人借给斯普鲁斯一艘船，让他完成从阿塔瓦波河向下前往阿塔瓦波河畔圣费尔南多（San Fernando de Atabapo）的三天行程。这个曾经繁荣兴盛的方济各会传教团所在地曾在1800年招待过洪堡和邦普朗，但它现在已经成为一个破旧的大村落，这里的教堂和女修道院已经成为废墟。这里的居民大部分是混血儿，而且包括很多逃脱法律制裁的人，他们看起来像是“委内瑞拉的糟粕”。这个村子位于低矮的水淹森林中，而且在6—8月被认为是非常不卫生，而斯普鲁斯当时就在这个村子里。这位植物学家并没有逗留。他乘坐一个名叫劳里亚诺（Lauriano）的商人的船只沿奥里诺科河干流向下航行。这条大河几乎像内格罗河一样荒凉。他的目的地是位于迈普雷斯（Maipurés）的大急流，在前往那里的250公里的航程中只有两个很小的印第安人村落。一天晚上，他们住在一个拥有甘蔗种植园和酿酒厂的地方。废弃的甘蔗仓库吸引了数以百万

① 事实上，阿尔瑙德是一场救世主运动的创始人，在他的学生贝南西奥（Venancio）的领导下，这场运动在这十年剩下的时间里激励和支配了内格罗河上游地区的人民——这让宗教、民政和军事当局大为震惊，他们竭尽全力镇压了这一狂热。贝南西奥自称基督，说上帝已经告诉他如何减轻巴尼瓦人和塔里亚纳人的痛苦，给他们带来充足的食物，扭转白人对他们的征服。他的教会长老中有一位被称为父神，还有人被称为圣劳伦斯和圣玛丽。运动的部分成功之处在于对华莱士的宿敌杰苏诺·科代罗中尉的奴隶活动的反抗。在运动高潮时，数百名居住在伊萨纳河、谢河（Xié）、沃佩斯河和内格罗河的说阿拉瓦克语的人参与进来。它最终在19世纪50年代末被压制。有关阿尔瑙德和贝南西奥的更多信息，请参见约翰·海明的《亚马孙前沿》（*Amazon Frontier*，1995）。

的咬人火蚁，它们爬满每个地方，吃掉所有食物，并且让人“无法在不被爬满身体和被咬的情况下走到任何地方”（就是这种火蚁让贝茨无法忍受塔帕若斯河上的阿威罗）。

当斯普鲁斯到达迈普雷斯时，这里只有六户永久居民，他们都是混血儿，但是这里晚上有大群的蚊子。这里唯一吸引人的地方就是它靠近发出雷鸣般声响的急流，并且偶尔还有原住民到访：前往西边的来自哥伦比亚大草原的瓜希沃人（Guahibo），以及去往东边的来自委内瑞拉森林山脉的皮阿若人（Piaroa）。斯普鲁斯借住在一个名叫玛卡博（Macapo）的皮阿若人家中，他是能让船舶沿瀑布向下的主要领航员。这个英国人赞扬玛卡博的技能和敏捷，能如此频繁地穿越可怕的急流。但这个印第安人说，这要完全归功于他每次向下航行前都要对着圣约瑟的一张破烂画像进行祈祷。这张画像是斯普鲁斯能见到的将基督教带到这个地区的“忠诚传教士们”留下的唯一遗物，其他东西都在玻利瓦尔（Bolívar）的“革命灾难”期间被“反对宗教的偶像破坏者”彻底摧毁了。有意思的是，华莱士谴责基督教对那些失去部落特征的印第安人所产生的堕落影响，而更加保守的斯普鲁斯则对神父被驱逐感到遗憾。两位博物学家都对沃佩斯河上未受外界影响的人群感到着迷。

斯普鲁斯向下前往迈普雷斯的主要原因是去抓一头牛。因为庆祝圣胡安节而延误几天后，四名骑士出发去从哥伦比亚大草原上漫步的大牛群中抓牛。他们在当天晚上带着大约 100 头动物返回，而斯普鲁斯获准从中选择最好的一头进行宰杀。斯普鲁斯花了好几天时间来腌制他的牛肉，并且将它们晾成牛肉干。这都是由他自己完成的，因为印第安人不喜欢牛肉的味道。频繁的阵雨经常打断斯普鲁斯，随后就是“在挂着晾晒的牛肉中出生的数以千计的蛆虫，我需要一直保持警惕”，将它们挑出来。

斯普鲁斯攀登了城镇上方的一座超过300米高的山，从山上往各个方向都能看到壮观的景色：向西是直通天际的平坦平原；在东面是高大的、风景如画的锡帕波山（Sipapo）；在北面，奥里诺科河流向它另一条强有力的急流——阿杜尔险滩（Atures）。斯普鲁斯还曾爬上湿滑危险的一堆岩石，近距离观赏迈普雷斯瀑布，他的脸上有瀑布飞溅的水沫，耳朵里是瀑布的咆哮声。他获得的奖励就是能够在湿淋淋的岩石上以及岩石间倒下的树木上收集令人兴奋的兰花和苔藓。不过在这些河流上进行的收集工作有些令人失望，因为对他来说，阿塔瓦波河看起来就是帕西莫尼河（也就是他在当年早些时候探索过的卡西基亚雷水道的支流）的翻版，而且在源头上，植被与瓜伊纳河－内格罗河附近的是一样的，都有很多棕榈。奥里诺科河让斯普鲁斯想起马瑙斯上方的索利默伊斯河，不过这里没有杨柳树。但迈普雷斯有丰富的植物，这可能是因为它有瀑布，并且附近就是哥伦比亚大草原。斯普鲁斯在这里待了四天时间，收集了"一些开花或结果植物的标本"。当华莱士在斯普鲁斯去世后编辑他的论文时，他发现他的朋友在迈普雷斯收集的植物的名单，其中包含不少于102个物种，里面有很多都是在"瀑布的岩石上"收集的。

牛肉腌制和干燥完成后，斯普鲁斯就立即开始归程。当时处于雨季，所以沿奥里诺科河向上游的行程只能通过一艘能沿着河岸航行的小船来完成。斯普鲁斯的大量压制植物和他的干牛肉占据了船只的整个船篷，所以他自己只能"在船舱入口以一种非常不舒服的姿势半坐半躺着"。这次轮到斯普鲁斯遭受疟疾的折磨。这种疾病会花几周时间才显出症状，所以斯普鲁斯一定是在阿塔瓦波河畔圣费尔南多患上了这种病。他认为在阳光下暴晒加上大雨已经"在我身体里种下了发烧的种子"。在他从奥里诺科河向下返回圣费尔南多的四天航行过程中症状开始恶化。在最后两天，他“因为持续的发烧而接近无助，如果继续前进的话……我肯定会死亡”。他因此注定要在这个悲惨的村庄里度过 38 天可怕的时光。他手下的印第安人还跟他在一起，但他们都是“差劲的护士……所以我还不如是自己一个人”。他在晚上遭受了猛烈的感冒袭击，在白天中午能有短暂缓解。在第二天晚上，当他剧烈呕吐的时候，他让手下人帮他一把。但他们都“被朗姆酒灌得完全失去意识”，以至于没有人能够提供帮助——他们喝光了斯普鲁斯给他们的一瓶朗姆酒，随后又用他的牛肉干交换了更多酒。

斯普鲁斯患的疟疾很明显来自最厉害的恶性疟原虫。他遭受到的疾病袭击很快变成一种折磨人的节奏：36 小时的发烧紧跟着 12 小时的筋疲力尽。他四肢的冰凉状态很快变成发烧，并且持续了一天一夜。“然后发烧程度加重，脉搏如此快速以至于无法对它计数；我止不住地口渴；呼吸变得费力，并且胸部非常疲劳；嘴里一直满是黏稠的唾液；而且接近早晨时，袭击开始停止，而且我的力气已经完全耗尽。”

斯普鲁斯觉得他必须获得更好的帮助。所以他与一个朋友达成一笔交易：斯普鲁斯将自己的印第安人借给他当船员，作为回报，斯普鲁斯得到一个女性来照顾自己。他搬到了他的女护士的家里。“这个女人名叫卡门·雷亚（Carmen Reja），我不应该轻易将她忘记。”她是一个赞巴人（zamba），这是斯普鲁斯厌恶的桑博人的一个阶级，他曾经学会一个可笑的谣言，说委内瑞拉 90% 的滔天大罪都是赞巴人干的。有意思的是，斯普鲁斯对纯种黑人（通常是自由的奴隶）的喜爱要高于对亚马孙的其他任何种族的喜爱——他的同胞贝茨和华莱士也是如此。当时卡门·雷亚像往常一样正在闹情绪，“她满脸愁容，看着几乎要精神错乱”。如果斯普鲁斯需要从商店买东西，卡门就会派自己的小孙女带着斯普鲁斯写的纸条出去。但这个不识字的有狂想症的护士深信这些纸条都是针对她的指控。斯普鲁斯听到她对自己的女儿讲话时“始终是用一种很高的愤怒声调，而且会嘀咕一些针对外国人的咒骂”。她喜欢朗姆酒，所以斯普鲁斯一直给她提供充足的酒，但朗姆酒对她的抚慰作用只能持续很短时间。她自己身体状况出现惊人恶化。斯普鲁斯有一些奎宁，原住民很长时间就知道它们是一种疟疾缓释剂（这种“退热树皮”后来将在斯普鲁斯的生命中发挥重要作用）。但他也带着被称为“退热树根”的吐根树（*Carapichea ipecacuanha*）树根，这是一种催吐剂，这被认为是有助于缓解疟疾。雷亚护士也开具了一些本地药剂，其中有一种猛烈的泻药，她经常给斯普鲁斯吃。毫不意外的是，这并没有产生好的效果。相反，发烧在强度和持续时间方面都变得更加糟糕。白天接着黑夜，斯普鲁斯都无法入睡，催吐剂让他耗尽了精力，只能吃非常稀的淀粉植物蕉藕（*Maranta arundinaced*）熬成的粥。这些偏方和疟疾让斯普鲁斯变得极其虚弱，筋疲力尽。他口渴异常，呼吸困难，并且一阵阵猛烈出汗。

斯普鲁斯自己以及他周围的人“每夜而且几乎每小时都预计他会死……他在一种几乎完全漠不关心的状态中等待这一刻”。这个邪恶的护士经常会连续离开房子几小时，这很明显是期望她返回时斯普鲁斯就已经死掉了。在晚上，她给他点上灯，把水放在他的床边，然后让她的朋友来到房子里。斯普鲁斯可以听到她们如何用最生动的西班牙语骂人的词语来讨论和咒骂他。“她可能会大声说出：‘去死吧，你这条英国狗，那样我们就能拿着你的钱度过一个愉快的晚上！’”她们责骂他给她们带来了关于如何处置他财产的负担，计划如何分配这些财产，甚至考虑用毒药了结他。斯普鲁斯甚至自己与村长联系，尝试安排如果他死了如何处理他的财物。

最后，在发烧的第 18 个夜晚，斯普鲁斯意识到泻药比无用还要可怕。他决定停止服用泻药，而是服用他保存的更多珍贵的奎宁——他之前为什么不这样做，人们不得而知。他开始服用两三粒（130—195 毫克）。疟疾加重，所以他将剂量增加到每天 4 次，每次 6 粒（390 毫克）。奎宁产生了不可思议的效果：他能睡得更好，能吃一些东西，甚至能喝一些红酒。疟疾在 8 月 4 日发起了最后一次攻击。此后，在咖啡、奎宁、朗姆酒和貘肉（当地人认为它能治疗疟疾）的强化下，斯普鲁斯疟疾的最坏时期结束了。

8 月 13 日，斯普鲁斯听说葡萄牙商人安东尼奥·迪亚斯正返回内格罗河，所以他抓住这个机会从藏污纳垢的圣费尔南多以及卡门·雷亚的魔爪中逃离。这个迪亚斯就是华莱士两年前碰到的那个强壮的怪人，这位造船者和商人被人熟知的就是他有一群能自己制作精致吊床的“后宫佳丽”。但对这两个又高又孤单的英国博物学家来说，迪亚斯是一个非常慷慨的朋友。斯普鲁斯沿阿塔瓦波河向下前往哈维塔花了一周时间。斯普鲁斯是如此虚弱，以至于他不得不躺在一个吊床中被抬着穿过陆上运输通道，前往皮米钦。他在托莫找到了自己的船，并且他的印第安人带着他在 8 月底返回内格罗河畔圣卡洛斯。

斯普鲁斯尝试过迪亚斯的一个著名的吊床，上面装饰着鲜艳的鸟类羽毛。他接受了这件华丽的物品，并且将它发送给卡莱尔伯爵夫人，感谢她和伯爵在他离开英国前往巴西前给予他的帮助。他在一封附上的信中写道：“我希望它将值得在霍华德城堡博物馆占据一席之地，并且……依靠它织物的美丽，希望它能放在博物馆里最高贵的艺术品旁边。”他的愿望成真了。这个吊床现在仍在霍华德城堡长廊展出，这是位于约克郡的一座宅邸，斯普鲁斯在这里出生，也将在这里去世。这是一件华丽的物品，大约长 1.8 米，羽毛精巧地编织到植物图案中，看起来就像是绸缎做的刺绣，而且它们的颜色仍然像它们在亚马孙鸟儿身上时一样明亮［图版 74］。在这封信中，斯普鲁斯介绍了印第安女孩是如何为迪亚斯先生制作这个吊床，它花了一个女孩超过四个月时间才完成，并且那些羽毛大部分都是来自蜂鸟的小彩虹色羽毛，但也有来自巨嘴鸟和鹦鹉的羽毛，“尤其是美丽的［现在非常稀有的］动冠伞鸟”，它们都用圭亚那铁线子（“奶牛树”）的黏性树汁粘到多刺的星果棕纤维上。

斯普鲁斯在圣卡洛斯待了两个半月时间，进行收集工作，安排他的事务，并且在疟疾过后重新获得了一些体力。他在 1854 年 11 月 23 日永远地离开了这里。他离开时几乎没有遗憾，因为城镇里的印第安人被少量白人和混血儿欺凌，因此他们很粗暴和桀骜不驯，并且无助地沉迷于朗姆酒。

斯普鲁斯遭受的折磨并未结束。他的船由一个名叫佩德罗·德诺（Pedro Deno）的巴雷人引航员操控，另外还有他的两个儿子以及其他两个印第安人。他们的第一个夜晚是在引航员的河岸小农场度过的。船被拴在岸边，他们都爬到棚屋里，旁边是一个甘蔗蒸馏屋。斯普鲁斯买下并吃掉了一只凯门鳄一侧的前半部分，然后到挂在小屋中的他的吊床上休息。他可以听到印第安人因为朗姆酒喝醉后而变得吵闹，但他并没有在意，因为“没有什么能比这些人在喝醉时进行的对话更加无聊”。但他已经学过巴雷人的阿拉瓦克语方言，所以他注意到他们不断提到“*heinali*”（意思是这个人或他）。“我忍不住聚精会神地听他们说的内容，而且幸亏我这样做了。”引航员声名狼藉的女婿佩德罗·亚乐比（Pedro Yurebe）有一个主意，他想让斯普鲁斯招他做船员，并且提前支付给他前往马瑙斯的工资；但三四天后，当斯普鲁斯睡着时，他们就一起乘坐独木舟，沿一条支流向上游逃亡，返回圣卡洛斯，以此偿还他的债务，并且让他们逃脱他们已提前获得支付的航程。他们都同意这个计划。但引航员随后让这个计划升级。亚乐比问“这个人是否带着很多商品”。他们用阿拉瓦克语大声喊道：“他很富有！他什么都有！”他们并未意识到箱子里装满植物和干燥纸。亚乐比说：“那么我们一定不能在离开他时不带着他的尽可能多的商品，因此，我们需要杀死他。”这个提议也获得了批准，并且他们详细地讨论了产生的后果。他们醉醺醺的对话一直持续，直到亚乐比公开声称：“我们为什么不现在就杀了他？”斯普鲁斯是一个病人，在圣卡洛斯没有家人。所以没有人会对他的死以及他们按照习俗在几天后埋葬他的做法感到奇怪。他们将会留下他的一些物品，从而让事情看起来很平静，然后他们再大胆地返回圣卡洛斯报告这个英国人的离世。斯普鲁斯当然聚精会神地听到了所有内容，但他怀疑他们是否将真的要进行谋杀，直到他听到他们变得非常愤怒，要杀死所有白人，并且详述了他们受到的伤害——当然不是斯普鲁斯给他们的伤害。

斯普鲁斯腹泻，所以他晚上不得不离开自己的吊床两三次。半夜后，他听到他们同意亚乐比要在斯普鲁斯再次睡着时在他的吊床里将他勒死。火已经熄灭，并且小屋里只有黯淡的星光。斯普鲁斯保持清醒，他的脚仍在地上，所以如果受到袭击他能够快速站起来。他听到一个印第安人在低语说他已经睡着了，所以时机成熟了。“我站起来，从容地朝森林方向走去，好像我腹泻再次让我走向那里。但我……径直向下朝船走去，打开船舱的门，进入里面。”他将一捆干燥纸放到门口，拿出他装满火药的双管猎枪、一把弯刀和刀子，“等待着我仍然预计将发生的袭击”。他听到印第安人愤怒地想知道他为什么没有返回他的吊床。“可以想象我是在什么心理状态中度过了那天晚上的剩余时间，我从未让自己的眼睛和耳朵放松一丝一毫的警惕。”黎明终于来到，但危险并未结束。佩德罗·亚乐比如期要求加入船员中，但背后带着枪的斯普鲁斯拒绝了。

虽然这个麻烦制造者被留下了，但“我在剩余的行程中一直非常小心，这些印第安人不能在我赤手空拳的时候靠近我，并且我从来没有度过比这更阴暗的时刻”。六天后，他们到达沃佩斯河口，斯普鲁斯在这里碰到了他的两个商人老朋友，他们借给他四个人，让他继续完成前往河流下游马瑙斯的行程。斯普鲁斯立即解雇了巴雷人船员，他们留下了工资，并且回家。斯普鲁斯获救源于他的阿拉瓦克语知识以及他孤独的勇气。

第十章

亚马孙河上的贝茨

1852年10月，在沿塔帕若斯河向上游进行了为期四个月的探险后，亨利·沃尔特·贝茨确定自己无法再负担租赁船舶的昂贵费用。从此以后，他只能待在镇子里，在镇子周围的森林中工作，并且只能偶尔搭乘商船进行旅行。这是一个明智且务实的决定。亚马孙是世界上最丰富的生态系统，里面的昆虫丰富得令人难以置信，以至于首先是昆虫学家身份的贝茨必定将在他选择的基地周围找到数千个新物种。但这样他就几乎没有那些兴奋、探险以及访问原住民之事，当然也就不会患上几乎让他更有冒险精神的同伴华莱士和斯普鲁斯丧命的疟疾。所以贝茨又在圣塔伦待了两年半时间。除了两次简短的远足，贝茨在1853年和1854年全年都在这里，直到1855年6月。

贝茨在很多方面都喜欢圣塔伦。正如我们已经看到的，他对自己的房子、它的景观与外廊，以及他的收集助手何塞都非常满意，并且何塞的家人将两个人都照顾得非常好。这里没有亚马孙其他地区存在的害虫——没有黑飞蝇，没有白蛉，没有马蝇，并且在晚上没有蚊子。这里的天气也很好。在每年8月至次年2月的干季期间，天空万里无云，但清风让干热的天气有所缓解。即使雨季也可以忍受，因为在阵雨和偶尔的暴风雨期间会有阳光。街道始终保持清洁干燥，即使在雨季的高潮期也是如此。而且，与沿着亚马孙河向上游的其他所有城镇不同，圣塔伦的食物非常丰富，不过除了来自城镇周围草原牧场的牛肉外，其他食物都很昂贵。每天傍晚会有鲜鱼上岸，人们总是会急匆匆地从渔民那里买鱼。“每天早上城镇中会有沿街叫卖的优质面包，还有牛奶，以及各种不同的水果和蔬菜。”圣塔伦另一个吸引人的地方是贝茨房子下面的沙滩，他可以“在塔帕若斯河的干净河水中尽情沐浴”。

对贝茨来说，唯一的不足就是缺少社交生活。喋喋不休的希斯洛普船长曾在 1849 年热情招待过华莱士和斯普鲁斯，但在一次抢劫图谋中被刀刺伤后，他正变得日渐衰老。贝茨想念托坎廷斯河上卡梅塔这些镇子拥有的热闹愉快的氛围，在卡梅塔，生活朴素的马梅卢科人构成了大部分人口，并且他们与白人和印第安人和平地混居在一起。贝茨在卡梅塔与著名的政治家安吉洛·卡利亚（Angelo Correira）成为朋友，或者在马瑙斯，贝茨与好客的亨里克·安东尼基成为好友，甚至在索利默伊斯河上偏远的埃加也有一些如此友好的年长白人。相比之下，在圣塔伦，“我并未发现我在内陆的其他小城镇中遇到的……令人愉快、容易相处并且讲话直率的乡村人士”。白种巴西人和葡萄牙人都很浮夸并自命不凡。他们要么是商人和店主、种植园主，要么是政府和军队官员。他们的举止呆板而拘谨。这里没有亚马孙河沿线通常有的发自内心的好客。相反，这里有“很多关于重要人物彼此之间以及与陌生人的交往回忆”。这些知名人士会在正午彼此拜访，并且“不管当时圣塔伦街道上肆虐的高温有多么炎热”，访客都要穿着黑色礼服。所有的绅士以及大部分女士都戴着金表和金项链，并且会从金银鼻烟盒中拿出鼻烟。

每所房子的会客室中都有一个由藤条做底的沙发和椅子围成的正方形，上面都涂着漆并镀着金。主客之间会说些恭维的话，并且“在离开时，主人会在客人后面不断鞠躬，直到门前才结束”。贝茨当然没有这样的衣服或配饰，所以他几乎不参与这种社交礼节。舞会几乎没有，因为男人都忙于他们的生意，并且在台球厅和赌博室中度过他们的闲暇时光，他们的妻子和女儿则被关在家里。这个英国访客的确曾获邀参加一个舞会，但他失望地发现，男人们坐在房间的一端，女人们则坐在他们对面，而且舞伴都是由舞会主持人分发的编号卡片分配的。这个身无分文的年轻外国博物学家并不是什么值得追求的人，所以他并未吸引最有魅力的女士。他谴责这种“葡萄牙式的对待女性的古老、顽固的制度，它阻碍了社交活动，并且在巴西人的私生活中造成了无尽的罪恶”。

圣塔伦的宗教纪念日要比亚马孙其他城镇少很多，这在一定程度上是因为这里的神父缺乏宗教热情。因此，这里的人们更多时间是花在娱乐上，而不是“圣徒日的游行和虚礼上面”。年轻人非常喜欢音乐，他们演奏长笛、小提琴、吉他和较小的四弦中提琴。贝茨非常喜欢在干季凉爽且有月光的晚上，听这些音乐家弹奏法国和意大利的进行曲和舞曲，唱最新的歌曲。但是，虽然贝茨也处于二十多岁的年纪，但他似乎并未被包含在这些年轻的娱乐中。他并未参与到嘉年华、复活节和圣约翰日前夜的大游行中，也未受邀参加“白人以及与白人有关联的有色人种组织的更加精选的活动中”，在这些活动中，三四十个人会穿着“品位非常高的制服……打扮得像骑士和美女一样”，并且到更大的房子里享用一些舞会麦酒和糖果。在圣诞节，黑人会在街道上安装一个宏大的半戏剧展览。并且印第安人每年会有一次轮到他们。大约 100 名失去部落特征的蒙杜鲁库人会进行一场火把游行，表演打猎和神话舞蹈，其中男人们穿戴着华丽的羽毛头饰和束腰外衣，酋长拿着一根由黄色、红色和绿色鹦鹉羽毛制成的权杖，女人们腰部以上全部赤裸，儿童则是完全赤裸，但他们身上都装饰着红胭脂人体彩绘。男人们带着弓箭，女人们把婴儿放在篮子里，儿童带着他们的宠物猴。这种独创的游行是“一种出色的款待……印第安人自发组织的这种游行……只是供当地人消遣”。

贝茨对儿童教育很感兴趣。圣塔伦有一所国家出资的男子小学，还有一个女子小学，然后是一个有拉丁语和法语课程的中等学校。令人感到惊奇的是“这些有色人种和白人小孩能那么快和高质量地学习读、写和算术……他们的这种敏捷的理解力让来自北方的校长从内心里感到喜悦”。商人和种植园主希望他们的儿子能升学到贝伦的学院和主教神学院学习。贝茨有一年很荣幸能受邀成为这个入学考试的一名考试官——考试管理人员并不知道他在 13 岁就离开了学校，并且主要是自学成才。

在 19 世纪 50 年代，三件事改变了亚马孙少量定居者的生活。一件事是亚马孙省从帕拉省分离出来，但这对马瑙斯的影响要大过对仍处于帕拉省的圣塔伦的影响。第二件事是蒸汽航海时代的到来。身为实业家的毛瓦子爵（Viscount of Mauá）伊里内乌・德・苏萨（Irineu de Sousa）在 1852 年创办了亚马孙蒸汽航行公司。经过一个不稳定的开端之后，这项新服务终于意味着乘客和货物不再受制于季风、水流或者印第安桨手的缺乏。蒸汽机船能在几天的时间内完成过去需要几周或几个月才能完成的行程，并且男人和女人们都不再需要在旅行的时候把自己的吊床挂在充满鱼或森林产品的船篷上。贝茨注意到圣塔伦乏味的“习俗是如何在蒸汽机船于 1853 年开始在亚马孙河上运行后发生快速改变，它给这个国家带来了大量新理念和时尚”。这项服务业也彻底改变了贝茨自己的通信方式。在1853年3月，他给史蒂文斯写信说，蒸汽机已经进行了两次航行，但它们得到了政府的大量补贴，因为货运收入只能弥补每月成本的六分之一。贝茨用蒸汽机船向河流下游发送了大量收集品，并且通过这种船收到了信件、付款、杂志和参考书。贝茨还计划利用这种服务沿亚马孙河－索利默伊斯河向上游返回埃加，因为通过自己的船或者搭乘其他人的船到达那里“完全是不可能的”。

第三个变化是亚马孙橡胶热的兴起，并且它最终成为亚马孙橡胶大繁荣。华莱士和贝茨在1848年已经注意到在托坎廷斯河上割橡胶的社群，并且贝茨于1852年在塔帕若斯河上再次提及这件事。当斯普鲁斯在1851年开始沿内格罗河向上游航行时，他曾徒劳地尝试让本地居民提取橡胶，“但他们摇摇头，说这永远不会有结果”。来自遥远的苏格兰、英格兰和美国的发明改变了所有事。将来自三叶橡胶树的树液与石脑油混合，并且用“硫化作用”对其进行加热，那么黏性的乳胶就会变成坚硬、有弹性和多用途的产品，也就是我们现在所称的橡胶。因此，对橡胶的需求快速增长。当斯普鲁斯在1855年返回马瑙斯时，“沿内格罗河向下的一路上都可以看到烟正在从最近开发的橡胶园（*seringal*）中升起来……橡胶的超高价格终于在1853年让帕拉的人们从昏睡中醒来，并且当他们一旦行动起来后，这股脉搏就扩展到如此广阔的范围内，以至于在整个亚马孙河及其主要支流上，大量人口开始投身到寻找和制造橡胶的行列中。单在帕拉一个省……据计算就有25000人受雇于这个产业分支。机械师为此扔掉他们的工具，制糖者遗弃他们的作坊，印第安人放弃他们的狩猎……”统治阶级一开始对这种劳动力热潮感到担忧，因为这意味着糖、朗姆酒和木薯粉会出现供应不足，但当出口利润开始井喷后，官方的态度就出现了改变。

勤奋的植物学家斯普鲁斯在内格罗河上以及亚马孙河下游识别了 8 种橡胶树。在沃佩斯河上，他自己发现了一种他称之为黄花橡胶（*Siphonia lutea*）的长叶品种。他听说在马瑙斯之外的森林中有其他橡胶树品种，据说它们能产生更多胶乳：后来的确发现，最好的橡胶来自西南部遥远的亚马孙河上游的普鲁斯河（Purus）和茹鲁阿河（Jurua）支流上的巴西橡胶树（*Hevea brasiliensis*）。斯普鲁斯后来提到，最好是在干季（也就是树木不开花和不结果的时候）提取橡胶，他介绍了如何通过燃烧某些棕榈果，在辛辣的浓雾中将橡胶熏制到船桨上，从而让橡胶干燥。斯普鲁斯发回英国的一篇文章成为关于橡胶贸易的最早论文，也就是 1855 年发表在《胡克植物学杂志》（*Hooker's Journal of Botany*）上的《关于亚马孙地区印第安橡胶的说明》。

在圣塔伦，贝茨恢复了收集和准备标本的日常例行工作。几个月时间过去以后，他打算改变自己的收集地点。在圣塔伦西侧朝塔帕若斯河方向大约 8 公里处是一个叫马皮里（Mapiri）的小河湾。要到达这里，只需走过令人赏心悦目的沙滩（在 4—7 月间河流水位未上涨淹没沙滩时），并且经过一条偶尔点缀着棚屋的森林带。随后就会看到一些很浅的潟湖，上面覆盖着睡莲，周围环绕着浓密的灌木丛。大白鹭（*Casmerodius albus*）、绿鹭（*Butorides striatus*）和大量较小的鸟类会经常光顾这里。在这些鸟周围，胸部为玫瑰色的拟黄鹂属（*Icterus*）鸟类在捕食湿地中的昆虫幼虫，这种鸟让贝茨想起了英国椋鸟。贝茨经过一天的行走后看到了河流沿岸矗立的一个美丽的小树林：在 4 月，树木掩映在花朵中，并且它们的树干上盖着一层厚厚的树兰属（*Epidendrum*）兰花，这种兰花盛开着大量白色的大花朵。这个小地方是 4 种翠鸟和多种蜂鸟的家，“其中最明显的是一种大型的燕尾刀翅蜂鸟（*Eupetomena macroura*），它们有一身翠绿色和钢青色的漂亮外套”。从这个小树林向外延伸着另一片河滩，它有岩石地面和宽阔的森林带。最后，绕过一个突出的断崖，就来到了马皮里河湾。它的岸边长满树木，并且在远端有一排泥质峭壁。这是一个美丽的地方，总是能给收集者带来很多收获。这里的景色很漂亮：向南能看到覆盖着起伏森林带的群山，向西则看见宽阔的塔帕若斯河，它远处的河岸在地平线上看起来只是一条很细的灰线。

在1852—1853年的雨季，蝴蝶、飞蛾和其他膜翅目昆虫都很稀少，所以贝茨将注意力集中到小甲虫上——他很高兴史蒂文斯也写信建议他这样做。在1853年3月，贝茨告诉他的代理人，他当时发送的很多甲虫都是新品种，它们并未出现在他的两本参考书上，其中一本书来自法国鞘翅目昆虫学家让－查理·舍尼（Jean-Charles Chenu），另一个参考书是自然博物馆的目录。他评论道：为了收集这些甲虫，“需要非常近距离地进行搜寻，因为它们大部分都非常安静，会在沼泽中多刺棕榈的叶子下面进食”。贝茨列出了新的种和属，“它们连同其他东西，都是我在沼泽边上的树根上发现的。我有一个 *Metopias Gory* 的独一无二的标本，它有带刺的胸廓和鞘翅”。（贝茨为他的个人收藏品每个物种都保留了一个标本，所以“独一无二的标本”指的是他没有重复的标本能发回英国。）

到1853年8月，贝茨写道：他已经27次步行近10公里，越过“灼热的砾石荒漠”，到达另一个地点。他得到的奖励是“那个地方数量惊人的鞘翅目昆虫。它们都很小，但很可惜，有很多Longicornes、Clerii科的昆虫大部分都是独一无二的标本：单单Ibidion我现在就数出了18个品种，并且还有37个Clerii品种”。

在正午炎热的时候在树荫下休息时，贝茨曾通过观察一种工作中的淡绿色的纤毛沙蜂（*Microbembex ciliata*）来自娱自乐。雌沙蜂在挖通往岸边的小通道，抛出了很多沙子。“这些小矿工用它们的前爪挖掘……它们以极快的速度工作”，挖出了一连串的沙子。挖掘出一条5—7厘米的倾斜地道后，“繁忙的雌蜂飞走了，但它们返回时抓着一只苍蝇，并且把苍蝇放到它们的矿井中”。苍蝇已经被此雌沙蜂用刺麻醉。雌沙蜂随后在这个被害者上面产卵，并且小心地封闭入口。苍蝇当然“成为很快从卵中孵化的柔软无脚的幼虫的食物”。这些沙蜂为每个卵制作了一个单独的腔室。沿亚马孙河再往上，贝茨观察到一个更大的相关物种——大泥蜂（*Stictia signata*），它们能飞行很长的距离去捕捉嗜血的马蝇作为它们卵的食物，因此它们能帮人类很大的忙。为了抓住一只正要咬他的马蝇，贝茨曾经让这种大泥蜂径直飞到他的脸上。

贝茨最喜欢的另一个收集地点是一个名叫马谢卡（Mahica）的小水湾，它位于亚马孙干流上，圣塔伦以东近5公里处。这里是一片平坦的草原区域，周围是高大森林形成的一堵围墙。一些卡布克罗人在草场上牧牛。这些人“非常贫穷”，并且让贝茨震惊的是，他们并没有用围栏圈出一片区域作为菜园——但他的确承认，很难找到不被白蚁毁坏的围栏木材。这片草原周围的树林“里充满生机，这里有数量众多、品种丰富多样的各式稀有昆虫”。树木在一片坚硬的白黏土上朝向河流生长。本地人用这种白黏土制作各种粗糙的陶器和厨房用具，这是一种塔巴廷加泥灰，在整个亚马孙地区都能找到。贝茨对人与昆虫间的一种共生关系感到高兴：挖掘黏土后留下的浅坑对蜾蠃和泥蜂来说非常有吸引力。贝茨曾花“几小时观察它们的行动”。最明显的一个物种是一种大型的黄黑泥蜂（*Sceliphron fistularium*）[图版25]。这种泥蜂带着巨大的嗡嗡声来到黏土坑中，用两三分钟揉一个圆形泥丸，然后用嘴咬着这个泥丸飞走。它们是用这些泥丸建造一个口袋形状的蜂巢，蜂巢会挂在树枝上或者其他凸出物上。一只泥蜂是如此想在贝茨船上的一个箱子把手上建造一个蜂巢，以至于它并不介意贝茨用他的放大镜近距离观察它。“泥蜂唱着胜利的歌声把每个新鲜的泥丸带过来，但当它落下开始工作时，歌声就变成了忙碌的嗡嗡声。”泥蜂用嘴和下颌让它的小巢室边缘周围的黏土变光滑，然后用脚轻轻地拍打侧面。“这种灰色的小建筑工”花一周时间就能完工。每当贝茨打开其中一个泥蜂的蜂巢时，它就能发现里面储存着一些棘腹蛛属（*Gasteracantha*）的小蜘蛛，“这些蜘蛛通常处于半死的状态，雌蜂会把这些昆虫分解，作为它们后代的食物”。这里还有其他蜾蠃，如一种大型黑蜾蠃（*Trypoxylon albitarse*），它们“在建造巢室的时候非常忙乱”。如果两三只这种蜾蠃想在一所房子的裂缝里建造巢室，那么“它们巨大的嗡嗡声能让房子处于一种乱哄哄的状态”。还有一种小一些的蜾蠃（*Trypoxylon aurifons*），它们能制作形状像小玻璃瓶一样的蜂巢，其中蜂巢主体为圆形，开口会有凸缘。

对贝茨来说，数量最多和最有趣的黏土工匠要数束状麦蜂（*Melipona fasciculata*）中的工蜂。这些很小的无刺蜂生活在巨大的聚集地中。它们像其他蜜蜂一样收集花粉，但很多工蜂也为它们的蜂巢收集黏土。“它们在忙碌中能保持出色的运动速度和准确性。”它们首先会用嘴刮泥土，然后用前爪做成泥丸，用它们巨大的叶片状后肢胫部固定住泥丸，并且带着尽可能多的泥丸飞走。贝茨发现了这些工蜂是如何使用泥土：它们会用这些泥土把用来建造蜂巢的树上或河岸上的裂缝堵住。它们的液体蜂蜜非常芳香，但它们无法像其他蜜蜂一样被驯服。由于没有刺，所以当印第安人袭击它们的蜂巢时，它们唯一的防御手段就是数百只蜜蜂围住入侵者，尤其是在他们的头发里。贝茨评论说："这些小家伙仗着它们熟悉森林，经常在森林中制造麻烦，因为它们会落在人的脸上和手上并且……进入人的眼里和嘴里，或者往鼻孔里面钻。"贝茨并没有意识到它们想要的是人类唾液和泪腺中的盐分。这种蜜蜂因此现在也被称为"汗蜂"。它们现在仍然很常见，并且被它们叮咬后会产生一种无害的轻微刺激。

贝茨在圣塔伦附近的第三个收集点位于正南方，远离大河，并且朝向低矮的伊鲁拉（Irura）锥形山。在圣塔伦的这三年中，贝茨会每周一次或两次前往这个两岸有丰富植被的内陆溪流区。"这些林间溪流有清澈冰凉的溪水，它们穿越狂野的热带峡谷，在充满沙子或鹅卵石的河床上喧闹流淌，这一切对我来说始终都具有吸引力。"溪流旁边以及矮山两侧的高大森林中包含各种树木，其中最显著的是巨大的巴西果（Brazil-nut，*Bertholletia excelsa*）、巴西油桃木（piquia，*Caryocar villosum*），它们长出的一种果实深受当地人的喜欢，但贝茨认为它像未成熟的土豆一样。此外还有非常高大的香二翅豆（*Dipteryx odorata*），它的种子出口到欧洲，用于制作鼻烟。在开阔地区，空气非常透明，并且能看到广阔的景色，近处是塔帕若斯河波光粼粼的白色河岸，向内陆望去是被森林覆盖的山脉。

到伊鲁拉山的远行"始终有一种野餐的特征"。他们和两个男孩（分别是黑人和印第安人）在黎明时出发，带着一天的补给品，包括一些牛肉或炸鱼、木薯粉和香蕉，还有一个做饭的锅和盘子。忠诚的何塞带着两支枪、弹药和猎物袋，贝茨自己则带着收集昆虫的设备：一张网和"一个大皮袋，里面有很多隔间，用于装木塞盒子、小玻璃瓶、玻璃管等东西"。他们会在一个没有蚂蚁和靠近溪流的空地上停下来，上午忙着在不同的方向上穿过森林进行捕猎，用香蕉叶做桌布，在地上吃他们应得的餐食，并且在下午的酷热天气中休息几小时。男孩们会睡觉，但贝茨喜欢躺着观察鸟类——这里有成群的黑色有光泽的滑嘴犀鹃（*Crotophaga ani*），它们在从一棵树飞到另一棵树上时彼此打招呼，或者是观察在树枝的缝隙间偷窥的巨嘴鸟，又或者是观察金泰加蜥（*Tupinambis teguixin*），它们彼此追逐的时候“会在落叶上快速奔跑，发出很大的哗啦声”。在下午4点，正午的炎热开始消退，他们在进行更多收集后，随后就步行回家。由于如此接近赤道，所以太阳总是在下午6点落下，但这支小队伍在穿越南美洲草原的过程中有时就会赶路走到天黑，不过这在有月光的夜晚并不是一个问题。“太阳落下后，空气变得凉爽宜人，并且水果和鲜花的香味让空气变得芳香。夜行动物随后就开始出现。”

1853年8月底，贝茨乘坐一名商人的船只沿塔帕若斯河向上游行驶了20公里，回到阿尔特杜尚。这是一个“最穷困、破败的村落”，但它位于一个优美的天然位置上：这里有一个很深的河湾、一片雪白的沙滩、高耸的锥形山、长满树木的山脊，而对博物学家来说最重要的是周围环绕的延伸到人迹罕至内陆地区的原始森林。贝茨在阿尔特杜尚度过了三个月时间，并且在12月给史蒂文斯发送了很多收集品。在同时寄出的一封信中，贝茨显示了他是昆虫学各个方面的大师。在蝴蝶标本中，“你将看到去年收集的很多美丽的新品种，还有一些非常值得注意的新东西，一系列很棒的标本，我的确认为鳞翅目昆虫相当不错。我总共找到了大约35种新的昼行蝴蝶……”贝茨仔细地检查了他收集的222个品种，“解剖了大量标本，找到了它们脉序变异中的一些规律”；并且尽全力在林奈分类体系中对这些昆虫进行分类。几年之后，著名的昆虫学家威廉·迪斯肯特（William Distant）写道：他的朋友贝茨是这个学科独一无二的大师：他是一名出色的收集者和田野博物学家，“一个睿智的进化事实和争论观察者或记录者”，并且能够致力于进行系统性分类。人们几乎不知道任何一个昆虫学家能同时从事昆虫学的三个分支，因为它们的方法和兴趣点是如此不同，并且精通一个分支的人往往会蔑视其他分支。

当贝茨和他年轻的同伴步行前往伊鲁拉的时候，他们穿过了一片南美洲草原，“这里在各个方向上都被土丘和圆锥形山丘破坏了，这是多种不同白蚁的功劳。其中一些结构有 1.5 米高，并且形成了一些土颗粒，它们变成一种像石头一样坚硬的物质”。作为一名充满热情的昆虫学家，贝茨对这些令人吃惊的生物进行了开创性的研究。他是首批肯定白蚁在加速热带国家中死亡和腐烂树木分解进程中所发挥作用的人之一。白蚁是热带雨林的清洁工和回收工。贝茨研究了它们在地下纵横交错并且在所有枯木上蜿蜒的狭窄通道，并且他还窥探了数百个如岩石般坚硬的白蚁聚集地。他在每个地方都能看到“一群急匆匆忙碌的生物”，它们忙着运输枯木或者土粒进行建设活动。

相比之下，在蚂蚁中，工蚁是一个社群中数量最多的品种，它们的发育不如雌蚁，并且不同类别的功能“似乎并没有严格界定。但相反的情况出现在白蚁中间，这可能显示出它们社群的组织已经达到了一个更高的阶段，劳动分工更加完备。这些出色昆虫中的无性类别通常分成两个阶级：兵蚁和工蚁。这两种白蚁是瞎的，而且都坚守自己的工作：一种负责建设、铺设有覆盖物的道路、看护从朝上的卵中孵出的年轻幼蚁、照顾蚁王和蚁后……另一种则保护社群应对所有入侵者”。蚂蚁从幼虫发育成薄膜里的蛹，然后成年。另一方面，大部分白蚁是无性的，它们来自外形完全发育好的卵。

贝茨惊讶于“白蚁劳动分工的原则以及个体在特定职业的阶级区别，因为这些东西只出现在处于先进文明状态的人类社会中”。更高级的动物中并未发现有这种职能差异。“白蚁历史的精彩之处在于，它们不仅有严格的劳动分工，而且大自然已经给每个阶级一种身体结构，使它们适应它们要进行的那类劳动。”少量雄蚁和雌蚁发育出了眼睛和翅膀，所以它们可以飞走，开始建设新的聚集地。无性别的工蚁是光滑和浑圆的，它们的嘴已经适应了工作材料。兵蚁有很大的头部，能够提供特殊的攻击或防御器官——长角、三叉戟，或者不同形状的嘴，这些器官在不同物种之间会有所不同。

当白蚁土丘或通道被破坏时，首先看到的会是工蚁，但它们会很快消失在它们的通道迷宫中，随后就会有兵蚁出现。贝茨敬佩它们自杀式的勇敢。当出现孔洞时，洞口边缘会“充满兵蚁全副武装的头部，因为这些英勇的战士会紧凑地排成一行……它们会猛烈攻击任何入侵的物体，并且只要前面的行列被摧毁，其他兵蚁会立即填补它们的位置。当它们的嘴咬住入侵者的肉时，它们会让自己忍受被撕裂成碎片的痛苦，而不是松开它们的嘴”。虽然被咬过，但贝茨还是挖掘了数十个白蚁土丘。他从 8 个不同的品种中识别出兵蚁，并给它们画像。他还在土丘的中心地带找到了更大的单间，“皇室夫妇”就住在这里，一群工蚁卫队密切保卫着一只非常巨大的蚁王和一只永远妊娠的蚁后。蚁后产卵后，这些卵就立即被运到分散在聚集地各处的小隔间中。经过几个月的每日研究后，贝茨确定，长翅膀的雌蚁和雄蚁的数量是相同的，并且当它们飞走创建新聚集地时，其中一些的翅膀会脱落，它们成为蚁王和蚁后，并且兵蚁和工蚁是成年白蚁，而不是其他昆虫学家认为的幼虫。同时它们的不同工作和职能并不是因为有单独的食物或条件而发展起来的。

贝茨还记录了各种白蚁的不同建筑和建造方法。每种白蚁会使用不同的土粒，有自己的压实和黏结方法，并且有独一无二的土丘形状。但正如他在给史蒂文斯的信中写的那样：“大土丘始终是用不同材料建造的，这里是很多非常不同的白蚁种类的聚集地。”在树上栖息的白蚁中，“一些完全在地下活动，其他的则生活在树皮里，或者在树木内部；而后者就是进入房屋并且破坏家具、书籍和衣物的那类白蚁”。贝茨发现一些蚁穴并没有蚁王和蚁后，只有工蚁从存量过多的蚁穴中把卵搬过来，而在其他的蚁穴中，蚁王和蚁后只是刚开始繁殖或者建造一个土丘。他还观察到长翅膀的白蚁在飞到一个新地点时所做的精心准备：“工蚁出现在这场最重要的活动的背景中，仿佛它们知道它们物种的生存依赖于它们兄弟姐妹的成功飞走和结合。”白蚁的飞出会花几天时间。飞行的白蚁会“被房间中的灯光吸引，它们大量飞进屋里，让空气中充满很响亮的沙沙声，并且经常会落下如此多的白蚁，以至于它们会让灯具熄灭”。无数的天敌（蝙蝠、夜鹰、蜘蛛、蚂蚁和爬行动物）会在白蚁迁徙中吃掉大部分白蚁。“生命的浪费是惊人的。”

贝茨对白蚁的大量研究是单纯的科学研究，并没有给他赢得任何东西。他谦虚地写道：“截止到当时，在南美洲几乎没有关于白蚁社群构成和经济性的记录。”在 1854 年 4 月，贝茨向英国发回了四箱昆虫，其中就包括很多白蚁。在非常潮湿的雨季，贝茨很难保证白蚁不受潮，所以他把它们装在烈酒中。贝茨希望自然博物馆能够购买它们。贝茨让史蒂文斯找专业人士给他的白蚁物种画图像，然后再将他的笔记提交给《昆虫学会学报》发表，其中“这些笔记会构成一篇出色的论文，实际上我奉承自己说它们会吸引博物学家的广泛注意”。在 1854 年和 1855 年，贝茨还将他对白蚁的观察发送给牛津大学的韦斯特伍德（Westwood）教授，并且这些观察结果被哈根博士（Dr Hagen）在《林奈昆虫学》（*Linnaea*

Entomologica）杂志中用德语发表。贝茨后来在他的《亚马孙河上的博物学家》（*The Naturalist on the River Amazons*）一书中总结了这些发现，但在1864年的删节版中省去了这些内容。

1853年8月，贝茨向斯普鲁斯抱怨说，他已经很久没有收到任何“报纸、杂志、昆虫学笔记和书籍，我现在非常需要这些东西……没有这些东西我肯定无法在这些沙漠中生存”。不过到次年1月，贝茨就高兴地收到了史蒂文斯发来的两个包裹，这些东西被困在贝伦的海关里，而且他还获得了自然博物馆的5个目录。他给史蒂文斯写道：“我无法向你描述我收到如此多令人兴奋的、贵重的和有用的书籍和信件时是多么高兴。”在另一封信中，贝茨重复写到，这些东西“已经成为我的一种持续的智力盛宴，并且给我带来很多消遣”。他尤其高兴的是能收到《布封配套》（*Suites à Buffon*）的7卷，“尤其是里面的膜翅目部分，从今以后你肯定能在蜜蜂、蚂蚁等物种方面感受到这些书产生的效果……”[①]贝茨说史蒂文斯发送来自巴黎植物园的两卷目录是相当正确的。他还很高兴能收到《伦敦新闻画报》（*Illustrated London News*）的副本。贝茨还要求提供任何一流的专著，如拉科代尔（Lacordaire）的关于植食昆虫（Phytophages）和F. 史密斯（F. Smith）关于隐角蚁（Cryptocerus）的著作，以及来自自然博物馆（这次包括动物学）和其他主要博物馆的目录。

1854年9月，贝茨沿亚马孙干流向上游航行近300公里，前往位于图皮南巴拉纳岛东端的维拉诺瓦。他回忆说自己三年前在那里时曾发现了数量惊人的“新东西”。但他这次感到很失望。维拉

① 《布封配套》是18世纪伟大的博物学家布封伯爵（Comte de Buffon）乔治-路易·勒克莱尔（Georges-Louis Leclerc）为《自然史》做增订的一份杂志。

诺瓦是一个奇怪的地方，因为这个小镇子周围的很多土地会被季节性淹没。奇怪的是，虽然他向史蒂文斯承认说“总体而言我认为它是一个贫穷的地方”，但他仍然在这里度过了五个月时间。当然，他发送了他辛苦努力得来的一批收集品，其中很多是甲虫，但他希望能够收集到更多标本。他最终承认，“由于劣质的食物，我在维拉诺瓦时健康状况变得很糟”。所以他返回到有益于健康的圣塔伦，并在 1855 年 4 月写道：“自从我到这个国家开始，我从来没有比现在感觉更好，更容易工作，或者感到更快乐。”在两个月的时间里，他将注意力转向鸟类。他很惊奇能在那里看到如此多种类的鸟，尤其是蜂鸟，他射中或者观察到的就有 10 种不同的蜂鸟。他非常努力地固定鸟类，并且给史蒂文斯写到，本地人告诉他，“我把这些鸟处理得非常不错”。

贝茨现在决定返回位于亚马孙河－索利默伊斯河上游远处的埃加，并且从那里开始一直沿着河流上游进行收集。从马瑙斯到秘鲁驶向河流上游的蒸汽轮船服务每三个月有一次，贝茨决定搭乘 1855 年 6 月的轮船。他托人制作了很多固定昆虫的盒子，并且买了两支新枪——他很早之前就抛弃了他的吹枪，因为对一个非印第安人来说，这种枪很难使用。因此准备好之后，贝茨离开圣塔伦，在马瑙斯度过了一周时间，并且在 6 月 19 日到达埃加。他很感激巴西政府能够大手笔补贴这种亏损的船舶服务。他只花了 8 天就到达了埃加，但实际上航行了近 1500 公里，而在 1849—1850 年，他努力行进了 97 天才完成相同的行程。

在几个月的时间里，贝茨高兴地给史蒂文斯写到，他已经收集了 2600 个精选的昆虫，以及陆生贝类和其他奖品。他想起亚马孙河上游的昆虫群落与圣塔伦周围的昆虫群落有惊人的不同。“这里的森林由相当不同的一个阶级的树木组成……亚马孙河下游任何地方都无法与埃加相比，这里有生机勃勃的肥沃土地……物产丰富的水流，以及高耸的森林。”他立即就恢复了他安静的日常工作，除周日外，每天都：“早起，散步，［在一个湖里］沐浴，并且吃早饭；然后带着我的盒子外出到［河滩附近］，选择新物种，并且收集重复的标本，一直到上午9点半，此时太阳还不是很热，我在这时会离开前往森林中……”他将精力都集中在他最喜欢的物种，即甲虫和蝴蝶上。他此时已经如此熟练，以至于他能不断发现新品种，并且记录下与其他地方发现的甲虫之间细微差别。他给史蒂文斯写道：“我……每次返回时都能带着对我来说全新的物种。平均来说，每天能有四五个新品种。昨天我找到了2种新的鳃角类甲虫（Lamellicorn）……以及1种特别和巨大的细短翅天牛属（*Necydalis*），它是相当新奇的一个品种。今天我得到了另一种新天牛。几天前，我发现了非常棒的一种新的锯天牛科（Prionidae）物种，它的属名是*Sternacanthus*，在之前人们只知道该属的一个品种……埃加有极其丰富的大蕈甲科（Erotilidae）甲虫：在森林中，一阵大雨过后，就能看到很多这种昆虫，其中一些长近3厘米，它们呈现鲜艳的亮红色、黑色和黄色。”奇怪的是，贝茨很少能收集到这些甲虫的第二个标本：所以他的私人收藏里有丰富的“美丽而独一无二的新物种标本”。很快，单单天牛科甲虫他就收集了500个品种。鳞翅目昆虫非常丰富，而且当然也有更多标本可以出售给英国的收藏者。“从这些领域来讲，埃加是世界上最好的地区之一。”

贝茨喜欢在特费湖沿岸沙滩的一条小路上漫步。“上面的土地很高，并且覆盖着森林，而沙滩则是一片阿拉法树（Arafa，一种芳香水果）的小树林；宽阔湖面的清澈湖水轻柔地拍打着沙子，头顶的树上站满颜色艳丽的鸟儿。世界上最吵的鸟类角叫鸭（*Anhima cornuta*，这是一种大型黑鸟）在森林中嚎叫。孤单的燕子……正飞来飞去。而沿着沙滩能看到一连串世界上最美丽的蝴蝶。今天早晨，我看到品种比英格兰这个科属的全部品种还要多。”贝茨也收集微小的鳞翅目昆虫、小蝴蝶和飞蛾，大部分收集者会因为它们太小而忽略它们。他估计，仅仅谷蛾科（现在有几个科的吃叶子和吃水果的飞蛾）和卷蛾科就有数千个品种。贝茨在1856年7月发送的一批货物中就包含158件这些小蝴蝶的标本，“我在收集时并没有密切注意它们，其中也有我左肩背着双管猎枪猎捕鸟类时收集的此类标本”。一个熟悉的挫折发生在收藏者最想要的美丽的大闪蝶身上。贝茨在埃加附近记录了3种大闪蝶，每种都是不同颜色的雌性蝴蝶。但艳丽的蓝色大闪蝶在森林中很高的地方滑行，很少下降到6米以下，所以贝茨不可能用网子抓住它们。他并未忽略其他形式的昆虫。他发送了一种新形态的工蚁的标本，并且“我抓到了长翅膀的一个不同类型的蚂蚁，它们都极其稀有。雌蚁的脉序［神经系统］不同于我曾经见过的切叶蚁亚科（Myrmicidae）或土蜂科（Scoliidae）的脉序……我认为这是一个非常卓越的发现”。几年之后，在记述他在埃加的工作时，贝茨很自豪地提道：“我最喜欢的村落的名字已经在众多博物学家之间变得家喻户晓，不仅是在英国，而且在国外也是如此。这是由于发现了大量新物种（超过3000种），博物学家们在描述它们时要带上‘埃加’这个地名。”

值得重述一下贝茨对他如何捕捉一种稀有蝴蝶的描述，这只是为了说明贝茨在所有这些年的收集中每天的工作。1857年5月，贝茨从埃加给他的一个朋友写信，说他终于在他经常穿过的森林中捉到了一只美丽的泽尼亚蝶属［*Zeonia*，现在被划分为凤蚬蝶属（*Chorinea*）］蝴蝶。在度过一个月异常干燥的天气后，“沿着从一条潮湿的山谷中延伸出来的宽阔道路，在森林中爬上一个斜坡，这里长满了被巨大的海芋属植物和其他沼泽植物，其间我很高兴看到了我一直非常渴望得到的一个蝴蝶群，它在一系列的快速移动中穿过道路，并落到我近前的一片树叶上”。贝茨抓住了这只蝴蝶以及其他两种泽尼亚蝶属蝴蝶。但在其他地方从没发现过一只这种蝴蝶，“经常出现这种情况，也就是一个物种仅局限在广阔森林中几平方米的空间内，这对我们来讲，跟解释它们对四五百万公顷森林的偏好差别不大。我进入灌木丛中……发现有一小块有阳光的开阔地带，其中有很多泽尼亚蝶属蝴蝶在从一片树叶飞到另一片树叶，它们彼此会合、追逐、打闹，可以在它们短暂的飞行动作间隙看到它们的蓝色透明色、亮红色的斑点以及长长的尾巴”。在这片17—25平方米的灌木丛中，“在目之所及的地方，树叶上站满了这类蝴蝶”。贝茨快速地捕捉了大约150只稀有的昆虫，但大部分“都在网子的底部摔成了碎片，它们的质地是如此易碎”。他在随后几天返回。“在第二天，蝴蝶仍然［从它们的蛹中］出来；第三天，它们就少了很多，并且几乎都磨损了；而在第四天，我就看不到一个完美的标本，并且总共不到一打。”其中一个品种后来以他的名字命名为贝茨泽尼亚蝶（*Zeonia batesii*）［图版23］。

贝茨经常在自己职业上的快乐与自己个人生活的孤独之间难以抉择。他将自己的想法吐露给了他的代理人史蒂文斯，而后者很快就将这些内容都发表在《动物学家》上。“当你考虑这项工作中的巨大快乐时，并且同时考虑这种生活的自由和独立，包括可以容忍的较好的生活条件（乌龟、鲜鱼、猎物、家禽等）、气候的宜人时，你就能够容易理解我为什么不愿意回到英国商业生活的奴役中。”（贝茨回忆了他辛苦的针织学徒生涯以及在啤酒厂的工作）“但我强烈忍受和感受到的一个缺憾就是我想经常收到信件、书籍、报纸和杂志。”离他上次收到用英文写的任何东西已过去四个月时间。他甚至渴望得到关于克里米亚战争的“激动人心的消息”。

贝茨渴望继续沿索利默伊斯向上游进行收集，但像往常一样，说起来容易做起来难：一条蒸汽轮船已经太满而无法装下他和他的行李，而顺着森林小径搬运行李是根本不可能的事，即使只到下一个村庄。并且西风也不利于航行。所以直到1856年9月5日，贝茨才登上“我们整洁的亚马孙河上游蒸汽轮船”“塔巴廷加号”（*Tabatinga*）第一次前往埃加西面进行远足。他带上了为三个月的旅行准备的所有供给品，除了肉和鱼外，还有15个大包，里面有收集装备、吊床、饭锅等物品。虽然没有人将蚊子与疟疾联系在一起，但亚马孙河上游这艘轮船上的每名乘客都睡在一个蚊帐中，因为“如果没有蚊帐，人类几乎不可能生存”。蚊帐当时并未被发明出来——贝茨的蚊帐是用粗平布制成的，在每端有为吊床绳子留下的套袖。贝茨发现在蚊帐中时他可以在吊床上读写或者摇晃，他很高兴自己能够骗过船舱里成群的饥渴的吸血鬼。这艘载重170吨的铁蒸汽轮船夜以继日地快速航行，它有一名出色的领航员，并且还有负责监控浮木或沙洲的瞭望员。其他乘客“大部分是瘦弱、焦虑”、长得像美国人的秘鲁人，他们在亚马孙河下游交易数以百计的贵重巴拿马帽，并且带回陶器、镜子和其他沉重的商品。

贝茨在托南廷斯（Tonantins）上岸，这是位于托南廷斯河口的一个村庄，在索利默伊斯河的北岸，大致在埃加与位于塔巴廷加的秘鲁边境中间。贝茨在托南廷斯待了19天时间，这是一个由20个“茅舍”组成的泥泞村落，高大的昏暗森林是它的篱笆，周围遍布沼泽，上面覆盖着名副其实的黑飞蝇云雾，并且这里的空气“始终是亲密的、温暖的和臭烘烘的”。但这里有持续不断的昆虫和鸟儿发出的嗡嗡声和叽喳声。村子旁边长满杂草的地上充满珩科鸟、鹬科鸟、长条纹的苍鹭和尾巴呈剪刀形的鹟鸟。

贝茨在猴子、鸟类和昆虫方面的收集工作进行得不错。他很高兴地捕捉到了一种新蝴蝶，它后来被命名为花衬图蛱蝶（*Callicore excelsior*），“因为它在尺寸和美丽程度方面都超过了这个异常美丽的蝴蝶属中所有已知的种类。它翅膀的上表面是浓烈的蓝色……并且在每侧有宽阔的橙色弯曲斑纹”。与华莱士在其他地方注意到的内容一样，贝茨也观察到了相同的内容：很多物种都无法穿过宽阔的河流，因此在最近的地质年代，它们的进化稍微不同于河流远处的那些物种。这种变异在昆虫身上尤为如此，但它也发生在羞涩的白秃猴（*Cacajao calvus*）身上，这种猴子被发现于索利默伊斯河的托南廷斯和雅普拉河支流汇入处之间的北岸区域。这些小猴子是秃顶的，它们有鲜红色的脸和一种讨人喜欢的古怪表情。它们几乎没有尾巴的身体覆盖着长直的亮白色毛发，看起来像是安哥拉山羊的毛，并且它们喜欢一小群待在高大树木顶端。这种猴子在被抓住之后大部分很快就死了，所以它们在动物园中非常罕见。

11月底，贝茨乘坐一艘商用纵帆船离开托南廷斯，返回埃加。四天之后，他们到达南边的支流胡塔伊河（Jutaí），并且贝茨在这里待了一两天时间，与此同时船主进行咸鱼贸易，随后他们驶向一个被称为丰蒂博阿（Fonte Boa）的地方。贝茨在这个破旧不堪的村子里被困了几周时间，而这个村子因为是这个地区的“蚊子总部”而闻名。在晚上，贝茨可以在自己的棉布吊床蚊帐里寻求保护，但这些吸血鬼白天时在昏暗的小屋里也非常活跃，成群的蚊子“半打半打地叮在我的腿上”。这些施虐者对血永不满足的渴求以及它们让人发痒的叮咬破坏了所有舒适。对这位收集者来说不幸的是，森林中的麻烦要更大。当贝茨在森林中漫步时，一种更大的不同种类的蚊子会成群地跟在他后面。令人抓狂的是，“它们的嗡嗡声是如此大，以至于让人无法听见来自鸟儿的鸣叫”。

不过，虽然有湿气、烂泥和昆虫，贝茨健康状况仍非常不错，并且非常享受在丰蒂博阿的时光。穿过富饶森林的宽阔道路通向令人愉快的空旷地。“在每块空地后面都会有一条波光粼粼的小溪，里面的清澈的溪水四季长流。这些溪流的边缘是长满叶子的碧绿天堂。其中最显著的特征就是有各种蕨类植物，它们有巨大的叶子，一些植物在陆地上蔓延，其他的则爬到树上，并且至少有两种是树枝状的。”森林里的树木非常高大。“这片壮丽森林中的鸟儿和猴子非常丰富，其中像熊一样的多毛僧面猴（*Pithecia hirsuta*）是猴子中最引人注目的一种，而伞鹦鹉和卷冠巨嘴鸟则是其中最美丽的鸟”。

来自丰蒂博阿的印第安人和卡布克罗人在这些溪流边上耕种着一些小种植园。他们热情地欢迎贝茨，并且当贝茨提出加入他们一起吃饭时他们非常高兴。贝茨将自己供给品袋子中的一些东西添加到他们的晚餐中，然后像他们一样蹲坐在一个垫子上进食。

1857 年 1 月 25 日，蒸汽轮船向河流下游返航，并且速度飞快地贝茨只用 16 小时就返回了埃加。7 个月后，贝茨再次登上“塔巴廷加号”，这次他是要向河流上游航行 400 英里，前往圣保罗 - 迪奥利文萨（São Paulo de Olivença）。他们在 5 天后，也就是 9 月 10 日就到达了这里。这个村镇建造在一个塔巴廷加黏土的高大峭壁上，但这里却出奇的潮湿——贝茨很难保护他的收集品不发霉。这里曾经是一个繁荣的传教团所在地，现在却成了一个破败的村落。这里 500 名居民中大部分是马梅卢科人或者图库纳人和库勒纳人（Kulina）。贝茨对圣保罗 - 迪奥利文萨仅有的几个白人的道德水平感到震惊。他给史蒂文斯写道：这里的生活“几乎永远处于放荡狂欢中。我在旅程中从来没有见过这么令人作呕的事”。他将这种情况部分归罪于这里的神父，这个人“白天以及大部分夜晚都在赌博和喝朗姆酒，让年轻人堕落，并且给印第安人做了恶劣的榜样”。作为镇上的两名官员，热拉尔多（Geraldo）长官和担任印第安人主管的安东尼奥·里贝罗（Antonio Ribeiro）不喜欢这个严厉的访客，因为他不加入他们的酒席。这些酒席每三天就有一场。他们从早上开始，先喝卡莎萨朗姆酒和生姜的爆炸性混合物。这种饮品能让贝茨的邻居热拉尔多站在贝茨的房子外面，怒气冲冲地咒骂外国人，并且尤其指手画脚针对他。（在晚上，当醒酒后，热拉尔多通常会过来表示他最谦卑的歉意。）圣保罗杰出人士的夫人们也是“酒鬼，并且堕落到了极致”。这里打老婆现象非常猖獗。在晚上，贝茨发现最好将自己锁在房子里，“并且不理睬经常把小镇惊醒的重击声和尖叫声”。贝茨仅有的伙伴结果是两名自由黑人：“正直、直率和忠诚的”副警长何塞·帕特里西奥（José Patricio），以及“高大、单薄、严肃的”年轻裁缝马斯特·奇科（Master Chico，其中 Chico 是 Francisco 的简称）。巧合的是，贝茨在贝伦曾见过年轻裁缝奇科，他在那里跟一个名叫鲁菲娜（Rufina）的寡妇生活在一起。这位令人钦佩的女士出生时是一名奴隶，但被允许在市场上做生意。所以她能够赚得足够的钱，首先买下了自己的自由，然后买下奇科的自由，并且她是如此富有，以至于她买了一所很大的房子。这位女士曾在贝茨外出旅行时帮他看管财物，是一名完全值得信赖的、温和开朗的人，并且她在财务方面对贝茨这个英国人非常慷慨。奇科既不喝酒，也不抽烟或赌博，而且像贝茨一样对“这个不幸的小定居点中各个阶层的堕落程度”感到震惊。他会在贝茨的百叶窗上做出特殊的敲击声，用来表明他不是另一个吵闹的醉汉。这两个年轻人随后会在晚上一起度过很长时间，进行工作和谈话：

奇科总是非常有礼貌，并且说的话非常值得倾听。在巴西亚马孙地区的所有族群中，贝茨最钦佩和喜欢自由的黑人。

贝茨在圣保罗－迪奥利文萨待了五个月时间——但他写道：五年时间也不足以充分挖掘这里的动物学和植物学宝藏。虽然他到目前为止已经在巴西待了十年时间，但他仍像一个新来者一样对这里的美丽的森林感到兴奋。其中他最喜欢的一次漫步是穿过森林到“一个凉爽的沙质峡谷中，其中谷底流淌着冰冷的溪水。在正午，垂直的阳光会刺入这个浪漫之地幽暗的深处，点亮枝叶繁茂的溪流岸边……这里有众多猩红色、绿色和黑色的唐纳雀以及颜色鲜亮的蝴蝶在溪流中嬉戏”。其中一种鸟是“目前为止亚马孙森林中最卓越的歌唱家”。这就是歌鹪鹩（*Cyphorhinus arada*），它美妙的歌声在贝茨听起来就像是竖笛的音乐，对其他人来说像是小提琴——这就是曾让斯普鲁斯在亚马孙河下游附近如此着迷的那种鸣禽。这种鸟的音乐开始是一些温和的音调，不过随后突然停止，或者发出“一种像没风的手风琴一样的咔嚓声”。圣保罗－迪奥利文萨壮丽的森林中充满波光粼粼的小河以及叮咚的泉水。贝茨无法找到一个本地助手，但在他独自一人的散步中，他经常会在流速很快的溪流的凉爽溪水中沐浴，并且每次达一小时——“这些时光仍然是我最愉快的记忆”。

在热带森林中行走的这些年中，贝茨从来没有遇到过任何危险。与他的两个朋友，以及洪堡、沃特顿、朔姆布尔克和他们之前的其他人一样，贝茨强调的是森林的美、健康和相对安全。食人鲳、美洲虎、毒蛇、攻击人的西貒、巨大的黑凯门鳄以及发射毒箭的印第安人，这些“绿色地狱”的观念来自后来那些虚假“探险家”的过火想象。贝茨经常见到蛇，但他知道大部分蛇是无害的。抵达贝伦后不久，贝茨就被一条1.8米长的很细的绿瘦蛇

[dryophis，本地人称它为 cobra-cipo 或 liana snake，它可能是绿蔓蛇（*Oxybelis fulgidus*）] 缠住。在塔帕若斯河附近，他在一条巨大的蟒蛇滑行穿过森林时曾追捕它。亚马孙地区毒性最强的三种蛇是蝮蛇 [尤其是巨蝮蛇（*Lachesis muta*）和巴西具窍蝮蛇]、南美响尾蛇（*Crotalus durissus*）和泥彩珊瑚蛇（*Micrurus corallines*）。蝮蛇和响尾蛇是拥有长牙的大蛇，它们能将自己伪装，与落叶混合在一起（现在有血清能消解它们的致命毒液，但贝茨所在的时代没有）。相比之下，珊瑚蛇颜色非常鲜亮，身上有黑色、红色和黄色的条纹，看起来像是旧式学校领结（而且没有针对它们强烈毒液的解药）。但是，珊瑚蛇很少攻击人，并且它们的牙也很短。贝茨在贝伦附近曾踩到一条巴西具窍蝮蛇，但在它攻击贝茨前，一个印第安男孩用一把弯刀将它杀死了。在从埃加出发进行的一次远行中，贝茨碰到了另一条巴西具窍蝮蛇，它的"可怕、扁平的三角头"向后翘起，准备发动攻击；但另一个印第安人用一阵射击把这条蛇打碎了——这让贝茨很失望，因为他想要这个标本。一些本地人相信，这些毒蛇在发动突然袭击时会跳起来。但贝茨反驳了这种说法："我每天在森林中漫步时，曾碰到过很多巴西具窍蝮蛇，并且有一两次都差点儿踩到它们，但我从来没见过它们尝试跳起来。"

虽然贝茨承认印第安助手对定位和抓住鸟类来说是必不可少的，但他无法找到一名印第安助手，所以他将注意力集中到蝴蝶身上。他立即发现，这里大部分显而易见的昼行鳞翅目蝴蝶都完全不同于他在其他地方见过的任何蝴蝶。[①] 他给史蒂文斯发送了一份报告，内容关于他在圣保罗 - 迪奥利文萨度过的几个月时间。《动物

① "昼行鳞翅目"是指白天飞行的四个翅膀上覆盖着细小鳞片的昆虫，换句话说，就是蝴蝶。

学家》杂志将这份报告作为一份单独的论文进行发表，并且这份报告的大部分内容是由关于蝴蝶的详细描述组成的。在那个没有野外摄影或彩色摄影的年代，贝茨不得不用语言描述所有颜色和翅膀图案。贝茨记录说，他在这个地方收集到了 5000 份昆虫标本，“其中有 686 件对我来说属于全新的目，其中有 79 件全新的昼行鳞翅目品种”。

圣保罗 - 迪奥利文萨是图卡诺原住民的东部界线。图库纳人是一个独立的有凝聚力的民族，他们有一种复杂的语言以及一些与任何其他印第安人习俗无关的习俗。在殖民时代，他们从遥远的湖泊和河流地带移居到数百公里长的亚马孙河干流上。他们填补了发达的、讲图皮语的奥马瓜人（Omagua）离开后留下的真空，而奥马瓜人是因为疾病、奴役以及向河流上游讲西班牙语的秘鲁迁移而灭绝。图卡诺人现在是亚马孙地区最大的单一原住民族之一，人数有数万人，占据着巴西和秘鲁的大片森林和河流。

当无意中在森林里发现图库纳人的棚屋时，贝茨当然对他们的历史一无所知。而当这个独行的白人第一次出现在这里时，他们都逃走躲到了森林里，但在随后的访问中，他们就变得友好一些，并且贝茨发现，他们没有恶意，而且很温厚。他们的棚屋是巨大的椭圆形，但是有梁架、棕榈房顶以及树木支柱，所有这些都如此不协调，以至于每个部分看起来都像是由不同的建设者完成的。这里有每个家庭常见的一堆吊床和做饭用的篝火，并且在一端有一个凸起的夹层，用来劈开棕榈干。图卡诺人擅长制作陶器，尤其是巨大的宽口坛子，上面装饰有不同颜色的格子，这些坛子用来装杜古比酱汁（*tucupi*，辣椒和木薯粉）或者木薯酒。他们还能熟练地用凤梨科植物的纤维来编织篮子和袋子。图卡诺男人和女人都会在自己的脸颊上刺上一圈或几行短线。在他们的小屋里，他们不穿任何衣服，只戴着手镯、脚链以及用貘皮制成的环形袜带。

图库纳人喜欢举行节日庆典。他们的酒宴一些是为了抚慰邪恶的朱鲁帕里（恶魔），一些是为了庆祝婚礼、水果节、孩子的青春期，或者根据相当拘谨的贝茨的说法，纯粹是为了庆祝“一个仅仅因为喜欢浪费而制造出来的节日”。在青春期，女孩们要在棚屋的平台上隐居一个月时间，其间只能吃最低限度的食物。随后作为一种仪式，由年长的妇女将这些女孩头顶上的头发拔下一些来。[①] 在节日上，酋长和年长者会戴着华丽的头饰，这些头饰是将巨嘴鸟胸部的羽毛固定到由凤梨科植物绳子编织的网上，并且在后面立着一些引人注目的金刚鹦鹉尾羽。但图库纳人吸引人的装饰品是有面具的服饰。这些全尺寸衣服是由一些无花果科树木发白的厚内皮制成，这种内皮的纤维有规律地交织在一起，看起来就像是人工织物。这种管状长衣覆盖着人的头部，上面有眼洞，在两侧还通过将树皮布料放到原型芦苇上而制成了耳朵，并且还有人或动物的特征。这些奇怪的面具要么是用鲜艳的黄色、黑色和红色染料画在树皮布上，要么是用巴沙木制成的实物面具。它们描绘了猴子、鱼、鸟或其他动物，并且“最大和最丑的面具代表的就是朱鲁帕里”。贝茨的画就记述了这样的一个场景，里面有生机勃勃的戴着面具的司仪神父，并且这幅画可以在他的书中找到［图版 53］。留着连鬓胡子、穿着方格衬衫的贝茨站在一边，一名苗条的赤裸的少女正在给他倒木薯酒。与华莱士对沃佩斯河上的图库纳人的仪式的着迷程度相比，贝茨对这种仪式并不是那么着迷。他写到，图卡诺人“伴着歌声和敲鼓声，踩着单调的跷跷板式的跺脚舞步，并且这种运动

① 在 20 世纪，一家名为“绿色地狱之旅”的哥伦比亚旅游公司迫于压力，不得不停止在“拔处女的头发”仪式上带游客无礼地盯着看。

经常会持续三四天夜以继日不间断进行，他们会喝大量木薯酒、抽烟以及用鼻子吸帕里卡粉末”。

亨利·贝茨只见过两次由相对未受外界影响的印第安人组成的村落，也就是这些图卡诺人的村落以及在塔帕若斯河的库帕里支流上的蒙杜鲁库人村落，并且他们都是远离他们民族中心地带的小群体。但贝茨对印第安人进行了很多思考，即便他不是一名人类学家，并且对原住民灵魂感到困惑。贝茨清楚地意识到原住民之间的差别，但他是根据维多利亚时代英国的工作道德和价值观对他们进行判断。处于底层的是游牧民族，如在河边的“低等的”穆拉人，被贝茨视为在沙洲上搭建破旧小屋的懒惰、肮脏、不值得信赖的人。

同样处于贝茨思想中社会底层的是凯赞纳人（Kaixana或Kayushana），这是一个远离托纳廷斯河的内陆森林民族。在前一年9月贝茨在这条河流上进行一次收集漫步的过程中，他无意间在森林的幽暗中发现了一个有很矮门口的隐蔽的圆锥形棚屋。这就是一个胆小的凯赞纳家庭的房子。他们身上涂着泥和黑色格尼帕树的颜料，只穿着一种树皮布围裙，并且男人“脸上从额头垂到眼睛的头发让他看起来更加野蛮”。他们没有村落，只有分散的小棚屋，并且他们只用吹枪进行狩猎，甚至他们的节日也仅仅是饮酒而已。这些人会演奏箭草一样长的排箫，他们就是用它来消磨时光，“同时懒洋洋地躺在挂在自己有烟熏味的昏暗棚屋中的破烂树皮吊床上”。讲阿拉瓦克语的凯赞纳人是一个没有恶意的温和的民族，他们生活在雅普拉河和伊萨河（Içá）下游之间的森林中和湖泊旁。对贝茨来说，“他们的社会条件属于非常低的一种”，比森林动物好不到哪里，并且令人难过的是他们现在已经灭绝了。

有些超出贝茨预期的是马拉瓦人（Marawa），这是胡塔伊河

（Jutaí，索利默伊斯河在埃加上游的一条南部支流）附近的另一个讲阿拉瓦克语的民族。贝茨划着独木舟才到达他们的棚屋聚集地。他们一行人受到了直率、愉快的欢迎。其中有一个年轻的印第安人，“身材高大魁梧，高 1.8 米，他有一个巨大的鹰钩鼻”，这个人向贝茨展示了各种有趣的东西：如何在嘴唇和耳朵里插上东西来让自己看起来凶猛一些、一个蝴蝶蛹（这位鳞翅目昆虫学家对此非常了解）以及如何准备有轻微迷幻作用的伊帕杜粉（可可粉）。这些马拉瓦人现在也绝迹了。

在贝茨的社会等级中处于顶部附近的是讲图皮语的科卡马人，这是“一个机灵、勤劳的民族”，他们生活在巴西索利默伊斯河上游以及秘鲁境内的亚马孙省。这是唯一一个自愿想做船员工作的部落。贝茨 1850 年到达埃加时乘坐的船上配备的就是科卡马人，并且“很难在航行中能找到比这些贫穷的印第安人举止更好的一组人”。他们不知疲倦地划桨，拖着船向上游航行，而且始终有好的心情。科卡马人拥有对印第安人来说不同寻常的“节俭习惯”：他们每个人都想拥有一个带锁的木箱，他们会在里面存放自己的“衣服、斧头、刀子、鱼叉头、针线等物品”。

位于巴西这片区域的令贝茨感到敬佩的其他民族有，讲阿拉瓦克语的帕塞人以及属于图卡诺人的名为尤里的亚群。两者都是“和平、温和以及勤奋的民族，他们从事农业和渔业，并且对白人始终很友好”。帕塞人是“一个身体细长的优异的印第安种族”。当贝茨第一次来到埃加时，他曾沿着森林中的水道向上游划行了 32 公里，去访问一名帕塞酋长的房子。农场和设施的效率和清洁度以及年长的主人和他妻子的印第安式热情好客和高贵给贝茨留下了深刻印象。但所有这些人都死于流行性感冒和肺痨（肺结核）——后者是一种肺部疾病，这些人没有针对它的遗传免疫力。帕塞人没有表现出任何感情，他们深深地哀悼自己死去的亲属，并且对自己民族的灭绝感到遗憾。与定居者社会进行的通婚加速了他们作为一个有凝聚力民族的消亡。正如贝茨提到的，这些人被视为所有印第安民族中最先进的一个，并且他们“勤劳的习性、忠诚、性情的温和……顺从以及还可以加上他们的个人美貌（尤其是孩子和女人）”都使他们成为受人们追捧的妻妾或家庭仆人。在21世纪，科卡马人、帕塞人和尤里人这三个“先进的”民族实际上的确已经灭绝了。

贝茨对这些以及其他失去部落特征的原住民的评价是苛刻的。他觉得他们的优秀更多是由于“失去了坏品质，而不是由于拥有好品质”。他概括认为，所以印第安人都是迟钝和冷漠的，他们缺乏想象力或求知欲，而且从来不会“因为这些情绪而泛起波澜：喜欢、怜悯、钦佩、恐惧、惊愕、欢乐和热情……这使亚马孙印第安人在任何地方都是非常乏味的同伴”。贝茨曾经徒劳地尝试和他的原住民同伴谈论亚马孙河的地理、太阳和星星以及至高无上的上帝。他的结论是他们的迟钝是由于他们生活在荒野中，只关心每天的生活，而且他们缺乏书写的语言或者一个能将获得的知识传给下一代的有闲阶级。这种观察是不公平的，因为贝茨一直在羡慕印第安人关于自身环境的丰富知识以及他们定位鸟类或者在森林中穿行的能力——即便根据贝茨的理解，他们也并未做任何科学研究。贝茨也对原住民船员的技能感到惊奇，虽然他们从来不必像华莱士和斯普鲁斯那样在可怕的急流中航行。为了对贝茨来说公平起见，需要说明的是，人类学（关于人的研究）和民族志（人类社会）这两个学科在当时几乎不存在：普里查德（J. C. Prichard）对未来产生重大影响的《人的自然史》（*Natural History of Man*）在1843年才出版。而且贝茨的概括是基于他短暂的访问和接触，而且通常是与定居者边界附近的印第安人，而不是在他们的社会能够体现其所有荣耀的未被破坏的村落中。

1858 年 1 月，贝茨终于像华莱士 1851 年在沃佩斯河上以及三年后斯普鲁斯在奥里诺科河上一样患上了疟疾。贝茨的病很严重，“寒战”或者间歇性的发病使他“健康状况极度虚弱，并且热情也在衰减”。贝茨猜测他的疾病是几年逐渐恶化的健康状况达到了一个顶点。“我让自己过多地暴露在太阳底下，尽我的全力每周工作六天，此外，食物质量差以及数量不足也让我遭了很多罪。”贝茨很聪明地服用了奎宁，这些药来自他随身携带多年的一个小药瓶，而他之前没有吃过。但贝茨对药物有奇怪的理论。他担心如果“放任”他的疲劳感（这是每种形式的疟疾都有的症状），可能会造成“不可治愈的肝脏和脾脏疾病”。所以他努力让自己振奋起来。“每天早上，我会扛着我的枪或昆虫网，像往常一样在森林中漫步。寒战的痉挛经常会在我到家之前侵袭我，我随后会站着不动，并且挺过去。友好的‘塔巴廷加号’蒸汽船船长看到我如此疲劳时感到很震惊”，所以他说服贝茨跟他一起从圣保罗 - 迪奥利文萨返回埃加。贝茨在 1858 年 2 月这样做了。他曾希望在亚马孙河上游远处以及深入秘鲁去收集“未见过的珍宝”，但他不得不放弃这个计划。虽然疟疾的痉挛停止了，但他的整体健康状况仍然很弱。即便如此，在埃加度过的又一年中，他仍然在勤奋地进行收集。

在埃加度过的最后一年中，这位 33 岁的博物学家购买了一男一女两个印第安小孩。他从雅普拉河上的一个商人那里购买了他们，雅普拉河在埃加对面汇入索利默伊斯河，并且在上游的哥伦比亚被称为卡克塔河（Caquetá）。在雅普拉河上很明显有针对原住民儿童的非法人口贩卖问题，这与华莱士和斯普鲁斯在内格罗河上游的支流上见到的一样。[1]贝茨买的男孩有大约12岁，黑皮肤，并且讲一种埃加的印第安人都听不懂的语言：因此他可能是一个讲图卡诺语的库勒图人（Kueretú），或者是讲阿拉瓦克语的亚穆纳人。在度过几个月的沉默后，这个男孩开始学习讲葡萄牙语。贝茨将他的"小奴隶"称为塞巴斯蒂昂（Sebastião），并且发现他在森林中是无价的，他能找到掉进厚林下植物中的鸟类，或者爬到树上摘水果。贝茨用一种实事求是的方式写道："使用这些印第安孩子是为了让他们到河里把水罐装满、在森林中收集柴火、做饭、在远行时协助划独木舟等等。"贝茨对待自己的"小俘虏"非常好，最后把他带回了贝伦，让他在这里成了何塞的一名学徒（何塞1853—1855年在圣塔伦曾是贝茨的忠诚助手，此时是省会的一名金匠）。贝茨购买的另一个孩子是由一个老妇人在一个雨夜送到他的门前的。这是一个小女孩，"非常瘦弱和憔悴，她被淋湿了，并且因为发冷［疟疾］而颤抖"。她是一个米兰哈人，她的族人叫她奥丽亚（Oria）。贝茨和何塞"尽全力照顾我们的小病号"，给她吃奎宁和有营养的食物，并且雇用了一个米兰哈妇女照顾她。这个孩子让贝茨感到自己像父亲一样，她总是微笑着，并且有讲不完的话，她喜欢被带着到河里去沐浴，她会要水果吃，并且把房间里的物品当作玩具。但他们的照顾都是徒劳的，这个小女孩很快就去世了。在她生命的最后几周里，听到她重复着在自己村子里学会的歌谣时，"我有一种无法用语言表达的感动"。贝茨在奥丽亚去世前给她洗礼，并且坚持在她的墓碑前饰以天主教会的"小天使"，就像对待非原住民儿童一样。

---

① 大约四十年前，德国植物学家马蒂乌斯震惊地看到这种隐蔽的奴隶制在雅普拉河（Japurá）上肆虐——尽管他和贝茨一样，也获得了年轻的印第安俘虏以拯救其中的十名，因为他们患上了疟疾。

贝茨最终在1859年2月3日离开埃加，在前往英国途中，他乘坐蒸汽船在六周后到达贝伦。他发现贝伦在他上次离开这里之后的八年间有了很大改变，并且巴西和外国老朋友们的热情欢迎让他非常感动。贝茨的货运代理公司辛格尔赫斯特公司（R. Singlehurst & Co.）的乔治·布罗克赫斯特（George Brocklehurst）是外国商人的老前辈，他让贝茨留下，并且他最为好客。贝茨也很惊奇地发现自己已经成了名人，因为他已经多年致力于可怕的丛林荒野的科学研究。这个城镇已经从他和华莱士在1848年第一次见到的那个"杂草丛生、破败、像村庄一样的地方"实现了极大的提升。这里的人口增加到2万人，大部分是来自欧洲的移民。主要街道进行了铺设，并且两边有成排的树木；破旧的房屋也得到重新修缮，并且有引以为荣的高雅阳台。沼泽被排干，还创建了华丽的新马道。这个城镇现在有了由6匹马拉的马车公共交通、1个公共图书馆、1个印刷厂和4份日报。人们依旧喜欢快乐，但他们的聚会更加有欧洲气息，并且更少有宗教色彩。这里主要的缺点是生活成本大幅增加，并且缺少劳动力。但对博物学家亨利·贝茨来说，最糟糕的变化是移除了曾覆盖空地的"矮树、灌木和由爬行植物构成的覆盖物"，并且为了建造穿过"曾经干净清幽树林"的道路而砍伐森林。他的一些美丽的收集地点已经荡然无存。

1859年6月2日，贝茨永远地离开了巴西。他乘坐一艘途经美国的美国商船。他谨慎地将他的收集品分成三批，装到三艘不同的船舶上，这是为了避免出现降临到他朋友华莱士身上的那种灾难。在他沿帕拉河向下航行时，他"最后看了一眼我如此热爱并且倾注这么多年时间进行探索的壮丽森林……最难过的时刻"是他们进入大西洋时，他割断了"与这个有如此多愉快回忆的土地……以及与这个适合被称为博物学家乐园的地区……的最后联系"。

回到他热爱的英国的想法当然让他得到一些安慰。“能让情感、品位和智力找到充足养分的文明生活”并不能弥补英国的缺点（如灰色的黄昏、阴暗的空气、“工厂的烟囱和成群的满是污垢的操作工……以及联合济贫院、狭窄的房间、虚伪的关心和盲从的习俗”）。

37

37. 在亚马孙河上游水道的行进不时被一直存在的急流打断，现在仍然如是。华莱士和贝茨惊叹于印第安船员在超越这些困难时体现的技巧和勇气，而这些障碍全年会随着河水的涨落而变化

38

38. 一个典型的河边营地。一个欧洲科学家坐在他的吊床上，周围有很多箱子，旁边是他的船，上面有一个茅草船篷

39

39. 1853年以后，一个有政府补贴的轮船服务开始为精英人物改造亚马孙河干流上的出行和通信。一艘轮船会每月从贝伦行驶到马瑙斯，并且会每个季度从马瑙斯行驶到瑙塔。航程的一半时间都花在装载作为燃料的木头上，而木头占了甲板空间的一半

40

41

40. 一名图卡诺巫师在教授一个男孩关于强力迷幻剂攀缘植物卡披木的知识。斯普鲁斯非常聪明地确定这与其他原住民所称的雅格木、加大拿和死藤水是同一种迷幻剂。他给它起的植物学名称是卡披木属卡披木

41. 伟大的热带植物学家，哈佛大学的理查德·埃文斯·舒尔特斯教授重新建立了斯普鲁斯作为19世纪最重要植物学家的地位。这是他在通过一个Y形管吸入烟草鼻烟

43

42、43. 斯普鲁斯和华莱士都是研究原住民岩石艺术的先驱，他们曾在亚马孙河下游、内格罗河中游、卡西基亚雷（Casiquiare）水道上以及沃佩斯河上记录过这些岩画。这项研究现在已经成为亚马孙考古学的一个重要分支。这些图片是沃佩斯河上游支流上的岩石画

44

45

44. 沃佩斯河上原住民族的一个长方形棚屋。华莱士和斯普鲁斯都对这些巨大的公共房屋感到兴奋，他们的三角形外立面装饰着几何图案

45. 奥里诺科河上游的马奎利塔里人的一个圆形棚屋。斯普鲁斯在 1853—1854 年访问这些人时，对他们的效率留下了深刻印象

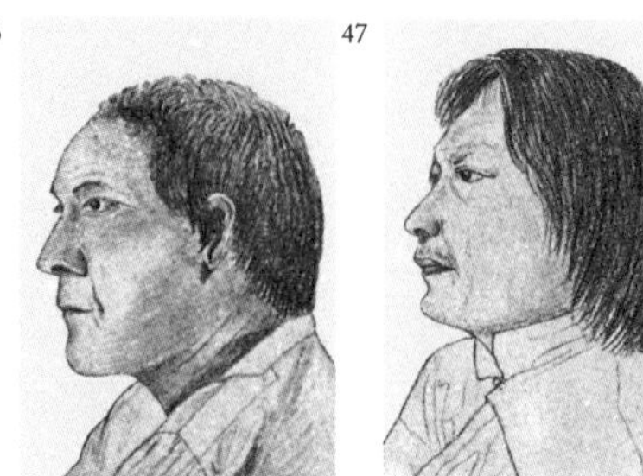

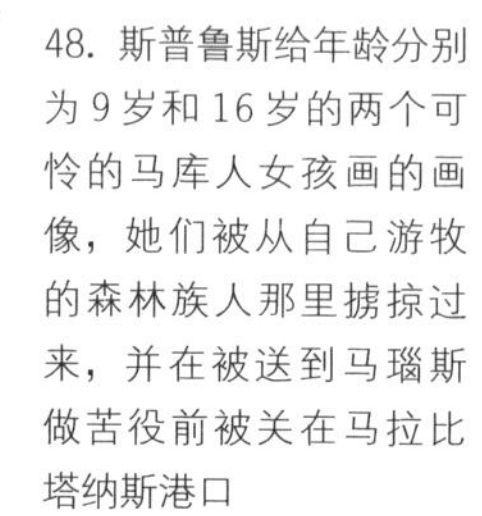

46. 1852年沃佩斯河上的“美洲豹瀑布”的塔里亚纳人酋长卡里斯多

47. 1854年库努库努马河的马奎利塔里人酋长雷蒙·图萨里

48. 斯普鲁斯给年龄分别为9岁和16岁的两个可怜的马库人女孩画的画像，她们被从自己游牧的森林族人那里掳掠过来，并在被送到马瑙斯做苦役前被关在马拉比塔纳斯港口

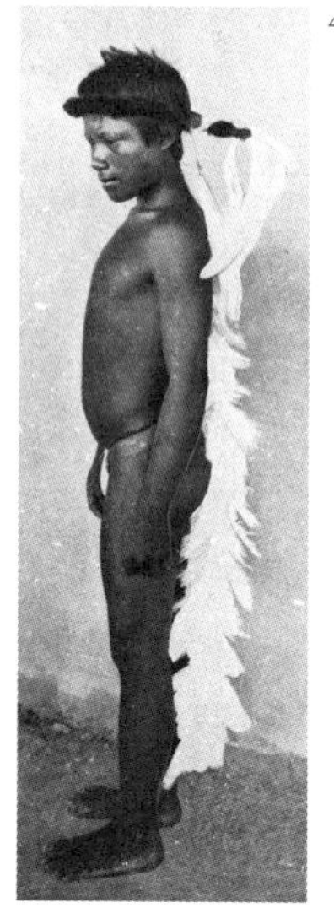

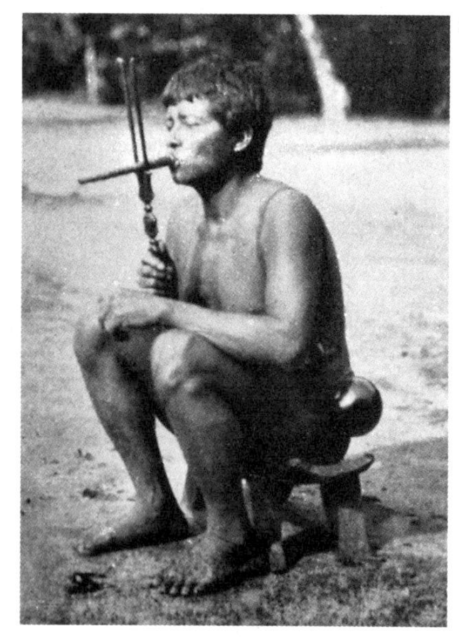

49. 沃佩斯河上的德萨纳男人有很长的头发挂在背后，他们会用猴子毛发扎起来，并且用白鹭或苍鹭羽毛制成的一个瀑布状的饰品来进行装饰

50. 这是一个全身穿着礼仪服装的图卡诺人，他有一个由巨嘴鸟和鹰的羽毛做成的小王冠，在脖子上有一个贵重的石英圆柱，他穿着长围裙，并且在膝盖下面是一个袜圈

51. 野生烟草做的雪茄太烫手，所以图卡诺人为它们制造了优雅的固定器。华莱士曾给这件工艺品画像，而斯普鲁斯将其中一个发给了邱园的博物馆

52

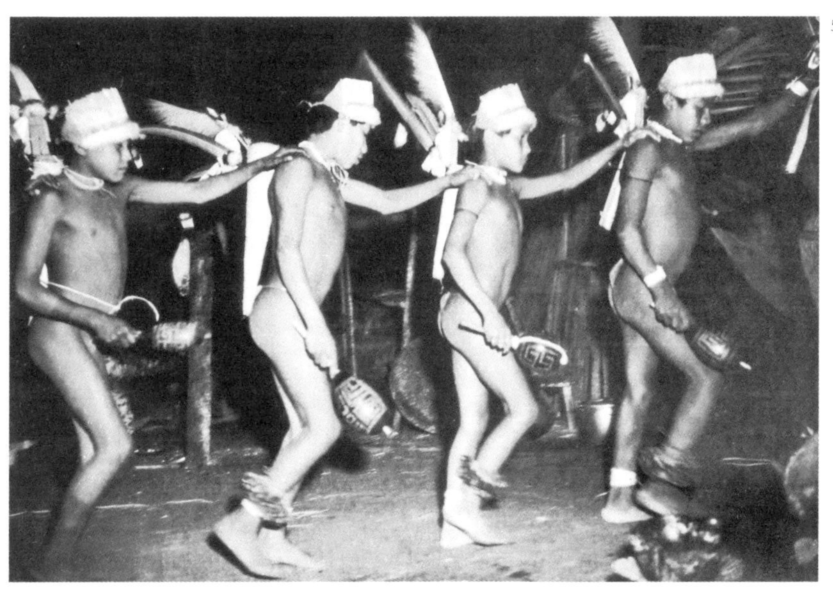

53

52. 一个沃佩斯河部落的男孩们在跳舞，他们每个人都拿着一个沙锤葫芦，并且在他们的脚腕上戴着一个坚果响器

53. 贝茨不请自来参加了索利默伊斯河上圣保罗－迪奥利文萨附近的一场图库纳人婚礼。一些年长者戴着古怪的树内皮面具、穿着长衣。一个女孩给贝茨提供了木薯酒：但这幅画让他看起来要比他食物缺乏造成的样子更胖一些

55

56

57

木薯粉是整个亚马孙地区所有原住民的主食

54. 在木薯可以食用前，必须将里面的致命氰化物滤除。这是在一个被称为树皮筒的编织的管子中实现的，它能在收缩过程中挤出有毒物质。这里是一个马奎利塔里人正在编织一个长树皮筒

55. 在滤取前，木薯根会被磨碎，并被磨成浆液。嵌有石英的摩擦器是很贵重的贸易品。这位母亲正在将石英齿固定到摩擦器上，同时也正在喂他的孩子

56. 木薯粉在一个大平底锅中被烤成薄饼或者木薯粉颗粒，这本身就是另一种贵重的贸易物品

57. 亚塔棕大量生长在内格罗河上游。它的纤维可以装到一个圆锥形包裹里，形成这个地区的一种主要出口商品。它们可用于制作绳子和扫帚须

58. 只有原住民男人才有射中游动中的鱼的技能，他们使用的箭具备可拆卸式的带刺箭头。旅行者要靠印第安人的捕鱼和狩猎来获取食物

59

60

59. 这是位于厄瓜多尔境内安第斯山区的金鸡纳树皮收集者的一个营地。他们在铲除树皮前非常浪费地将树砍倒。在斯普鲁斯寻找金鸡纳树皮的过程中，这些收集者帮了大忙

60. 斯普鲁斯的团队可能看起来像这群骑士，他们正走在里奥班巴附近以及白雪皑皑的钦博拉索山下面的高山稀疏草地上

61. 邱园的植物标本馆非常看重斯普鲁斯的数百件压制的植物。这个标本是不同民族的巫医使用的一种强力迷幻剂，它被称为卡披木、死藤水或雅格木。斯普鲁斯识别和研究了这种神奇植物，并且将它命名为卡披木属，现在则叫通灵藤属

62. 在厄瓜多尔使用的一艘木筏。斯普鲁斯在1860年租用了这样一艘船来将他珍贵的金鸡纳树种子和植株沿本塔纳斯河向下运到瓜亚基尔港

61

62

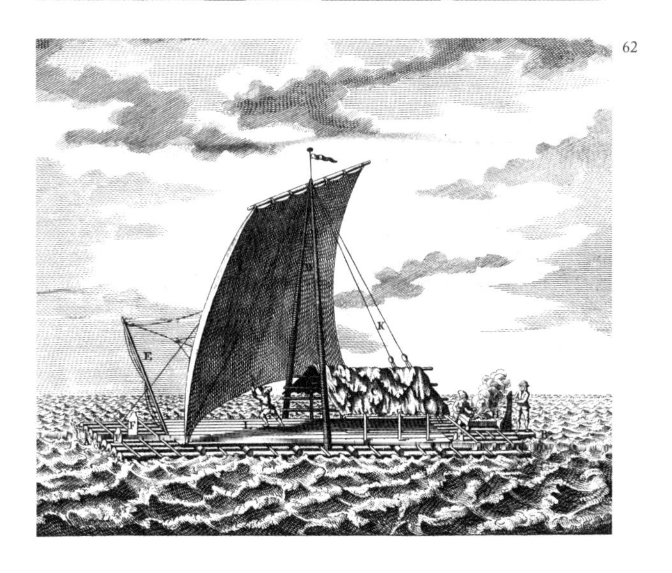

63

64

65

66

63. 1869年的华莱士，时年46岁

64. 当贝茨掌管皇家地理学会时，他被亲切地称为“亚马孙的贝茨”

65. 70多岁的斯普鲁斯，当时他已经跛脚，但仍然在忙于研究他的植物学收藏品

66. 斯普鲁斯生活过的小房子现在被称为斯普鲁斯小屋，位于约克郡霍华德城堡所属的康尼索普村

68

69

70

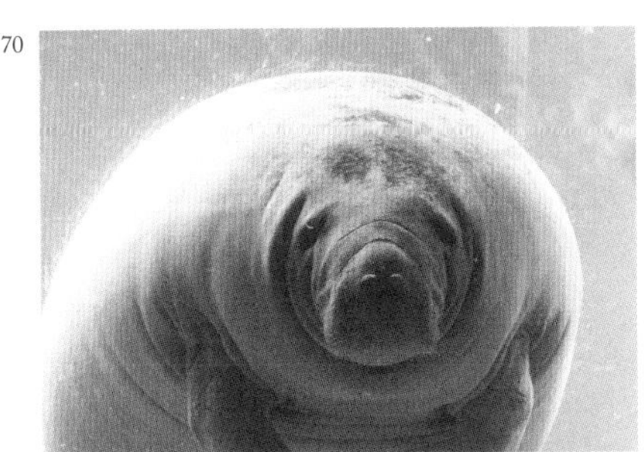

71

72

67. 这是华莱士和贝茨在托坎廷斯河上渴望找到的一只紫蓝金刚鹦鹉

68. 华莱士在沿内格罗河上游的库贝特河支流向上游进行一次费力探险后收集到的一只颜色艳丽的动冠伞鸟

69. 博物学家们收集了很多种类的巨嘴鸟，贝茨和华莱士还把它们当作宠物养

70. 亚马孙海牛是淡水哺乳动物，由于肉和脂肪很受欢迎而成为濒危物种，但很难抓到它们。贝茨和华莱士每人都研究和吃过这些迷人的动物

71. 伪装是整个亚马孙地区都常见的情况。这只螽斯科昆虫完美地模仿它最喜欢的植物的叶子和树枝

72. 刺豚鼠是一种很小、很害羞并且主要在夜间活动的啮齿类动物。贝茨曾进行一次夜间捕猎，目标是刺豚鼠和稍大一些的其他豚鼠

73

74

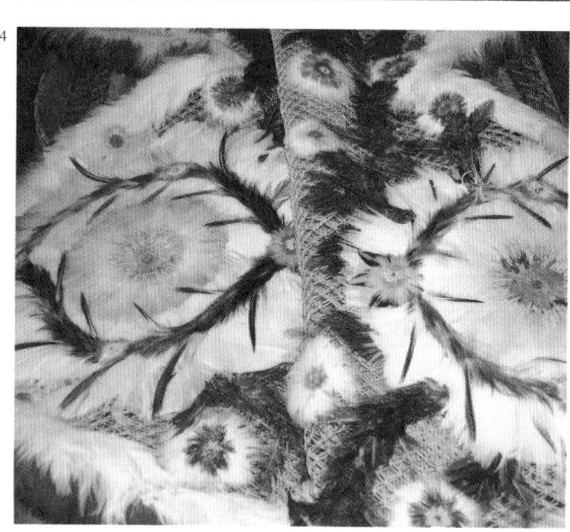

73. 旅行者们沿迅猛的内格罗河向上游航行965公里，随后在急流之畔圣加布里埃尔碰到它的第一处急流。华莱士和斯普鲁斯的原住民船夫花了好几天时间与这些可怕的瀑布做斗争，他们随后到达圣加布里埃尔的小要塞和村落。这张插图显示的是三类常见的船以及不同的划桨方法

74. 斯普鲁斯买了一个华丽的吊床穗，它是由蜂鸟、动冠伞鸟、巨嘴鸟和其他鸟的羽毛制成的。斯普鲁斯将它发给他的赞助人卡莱尔伯爵夫人，这件物品现在仍在这里展览。制作它需要一个托莫女孩花四个月时间

75. 当斯普鲁斯在 1853 年到达埃斯梅拉达时，他惊奇地发现这个地方是他在南美洲曾见过的最壮观的地方。它位于奥里诺科河旁边，从杜达山能俯瞰这里，有魄力的马奎利塔里人会访问这里。但白蛉成灾使这里几乎无法居住

76. 贝茨拟态指的是无害和可食用的昆虫通过模仿一种不可食用或有臭味的昆虫而生存下来。在贝茨 1862 年给林奈学会的一篇论文所配的这幅插图中，他展示了可食用的异脉粉蝶（现在的袖粉蝶属）具体如何模仿第二行和最下面一行的味道不佳的蜓斑蝶亚科蝴蝶，目的是希望鸟类不愿意吃它们

第十一章

斯普鲁斯登上安第斯山脉

在一个除了人们偶尔的口头相传之外彼此便再无沟通途径的世界里，这三位英国博物学家常常就恰好地擦肩而过。如我们所见，1849 年 10 月，华莱士起程前往蒙蒂阿莱格里（Monte Alegre）后的几天贝茨则停留在了圣塔伦；那年之后贝茨、华莱士和斯普鲁斯各自在奥比杜斯停留了几日；1852 年 6 月，贝茨航行至塔帕若斯河的仅一周后华莱士也在他的返程途中抵达了圣塔伦。现在 1855 年贝茨和斯普鲁斯又在马瑙斯错过了会面。这年的头三个月里斯普鲁斯就待在那个小镇上，规划整理这三年里在内格罗河收集到的华美标本。然后在 3 月开始了他这一季度的航行，乘船到了上游他的新目的地秘鲁。而不巧的是，贝茨在 1855 年 6 月选择了从马瑙斯返航回埃加。因此这两位孤独的科学家就此错失了他们彼此都强烈渴望的用英语知性对谈、讲述旅行传奇和年轻人之间闲聊的机会。

像贝茨一样，斯普鲁斯也喜欢乘着豪华汽船航行在索利默伊斯河上。四年前他用短短十小时抵达马拉奎利，以此开始了他那次为期七天的艰难行程。而后他用了不到两周时间抵达秘鲁边境的塔巴廷加。他向他的朋友约翰·蒂斯代尔描述那艘名为“莫纳尔卡号”（*Monarca*）的钢铁汽船。它的低压发动机仅有35马力（1马力为735瓦）却占地庞大，以至于几乎无处安置货物，大堆的发动机用木柴又占据了甲板的绝大空间，木柴中最常见的是一种叫作加索尔黄褐木（pau mulato）的美丽树木，而之所以叫这个名字是因为这种树定期褪皮，再长出从绿色变到青铜色再变到棕褐色的新树皮。这种树在季节性洪涝的洪泛森林十分富足，在沿河流的定期航行中就能成堆收集。这种木材甚至在绿色的时候就很容易燃烧，而且不论在白色或是黑色的河水中都很容易找到。然而满载的这种木材导致“莫纳尔卡号”延误了长达36小时。所以航程一半的时间都用在装载这种木材和“一船的不速之客——蚊子”上了。这种加索尔黄褐木从两个原因上对斯普鲁斯深具意义，一是他乘着一艘由他命名的植物做动力驱使的船上航行：“直到我从圣塔伦寄出植物标本它才被植物学家所知，本瑟姆先生称之为斯普鲁斯茜木（*Enkylista spruceana*）”，这种树木这里仍以我们的英雄所命名，但它的学名现在叫作云杉光皮树（*Calycophyllum spruceanum*）。另一原因是这种树木在物种上与金鸡纳树有联系，是一种属于可产生缓解疟疾的奎宁的“退热树皮（fever-bark）”种属。斯普鲁斯那时尚不知晓这些，但金鸡纳树后来在他的一生和身后的不朽贡献中都扮演了重要角色。

在航程中斯普鲁斯“从不厌倦地赞美这时刻变幻的森林景貌——广阔的河岸被高达6—9米的箭状芦苇浓密地覆盖，其后绵延着修长而优雅的洪堡柳（*Salix humboldtiana*），它们的黄绿色树叶间杂着号角树（*Cecropia peltata*，一种荨麻科树木）的绿白色阔叶，蔷薇之上拔地而起的是高大的原始森林”，其间有丰富的植物物种。然后是河流自身：宏伟，宽广，数不清的岛屿星罗棋布，有许多的鹤与鹭，无数的凯门鳄、淡水海豚腾跃嬉戏。

其中一站是在圣保罗－迪奥利文萨：斯普鲁斯认为这是一个虽贫苦但因其住民而出名的地方，因为此地的神父是一个沾染了亚马孙河流域所有恶习的赌徒。在两年后贝茨到达此地时也同样为这位神父感到惊讶。塔巴廷加的边塞塔楼同样破败。斯普鲁斯从当地的图库纳人手中买了一件纪念品：一件树皮与织物材质的袍子和怪异的面具，这件纪念品现在仍在邱园的经济植物学藏品之中。汽船航程的终点到达了位于秘鲁伊基托斯上游的瑙塔。

斯普鲁斯花了两周时间雇用了两艘船和印第安船员以继续接下来的沿亚马孙地区南部主要支流瓦亚加河（Huallaga）的旅行。再次赖于帆和桨，斯普鲁斯的此次航程时间超过了两个月。他中途在拉古纳斯（Lagunas）和尤里马瓜斯（Yurimaguas）这两个基督教村庄停留，并在神父的允许与陪同下参观了村庄。这段行程的主要事件是他们去抓一群正游过河流的西貒。斯普鲁斯和他的船员们用一把枪和几把弯刀经过了“相当的难度”杀死了其中的九头。西貒受到威胁会奋勇反击，一头受伤的西貒狂暴地试图爬上船去攻击它的敌人，幸好被及时杀死。这些动物的肉成了斯普鲁斯一行和当地村民几天的食物来源。

1855 年 6 月，斯普鲁斯抵达了他的终点塔拉波托（Tarapoto）。如贝茨一样，他认为从一个大本营出发进行不定期的短途旅行可能获得最好的搜集结果。他最终在塔拉波托度过了近两年非常快乐的时光。他以前曾与这个城镇的“主要定居者”通信，这是一个名叫唐·伊格纳西奥·莫雷（Don Ignacio Morey）的马略卡岛西班牙人，也正是在这位绅士的邀请下，斯普鲁斯才来到秘鲁这个偏远的地方。唐·伊格纳西奥派出了骡子把英国人从瓦亚加河上接来，把一张精致的桌子赠给了斯普鲁斯并为他安置了一处空闲的房子。这所房子正合他心意：位于小镇之外，也并不在街道上，充分带给他完美的安静。它被一片出产甘蔗、甜薯、棉花、甘薯、蚕豆和葫芦，并有丛生的甜椒和新种的亚瓜王棕（yagua royal palm）[图版 35] 的花园所环绕。这所房子位于一条湍急河流的断崖边，粼粼水流击打岩石，河流之上坐落着两种原住民族居住的村庄。在斯普鲁斯听来，河流的声音是“轻柔低语，又时常夹杂着对岸榨甘蔗汁的细微乐声；甘蔗榨汁机的吱吱声响；男人们驱赶可怜的牛或骡子们痛苦地一圈圈劳作的吆喝声；猪咀嚼榨完汁后被丢弃的甘蔗时的低沉咕噜声；而更多的是男孩女孩们在水流中嬉戏的笑声与尖叫声”。斯普鲁斯回望审视塔拉波托，这是一座先于秘鲁人到达七十年就已经建成并迅速发展至拥有 12000 名居民的城镇，其中包括说克丘亚语（Quechua）的拉马人（Lama），又因为他们剃发只在额头留刘海而被称为莫蒂隆人（Motilones，意为光头）。

斯普鲁斯现在位于海拔约 450 米的地方，所以他处于低地的雨林之上而更能领略广阔的安第斯山脉风景。这里的大部分树木低矮，散布着供来自欧洲的家畜放牧的牧场。在这些牧场旁边“或森林之中隐约露出村舍的稻草屋顶，村舍前常能见到大蕉园子和橘子及其他果树”。城镇里厚土坯墙和棕榈茅草屋顶建成的单层住房排列有序。它坐落在广阔的潘帕斯草原之上，一条宽阔的红土路通向这片草木繁茂的平原和起伏的群山，其他方向则是更多的陡峭山脊和低矮山脉。

总的来说，斯普鲁斯并不看好秘鲁安第斯山脉地区的西班牙人与印第安人的混血儿。他认为他们是“一个非常堕落的种族，除了白色的皮肤之外与欧洲人再无瓜葛；他们的思想、生活方式和语言完全是印第安式的”。但他写信告诉乔治·本瑟姆说那边仍有几个能够愉快交谈的人。而此时他先前从不乐观的健康状况也是比他在过去六年里南美洲漂泊中的任何一个时候都要好。

一次重要的旅行是去往西北方向位于莫约班巴（Moyobamba）附近的坎帕纳山（Campana）。令斯普鲁斯感到惊奇的是在秘鲁的这片土地上竟少有骡子出行：所有的东西都靠越来越少的印第安人背负。在这次长达月余的收集科考中，他雇用了六个印第安人来搬运他的食物（咸牛肉和鱼）和标本采压纸及返程时的植物标本。在没有道路的地方，他们一行不得不跋涉于冰冷的河水中。在古老的殖民村庄拉马斯（Lamas）停歇之后，他们攀过了“荒凉，遍布岩石和树木又崎岖起伏的峡谷，穿行其间的激流必须被反复蹚过”，因为两岸都是峭壁。斯普鲁斯的收获则是得以在从未有人攀登过的山顶上进行植物采集，覆盖着这些山的只有浓密的亚马孙森林和间或出现的自然空地。

作为一个勤奋又具有奉献精神的植物学家，斯普鲁斯搜集遍布了塔拉波托周围潘帕斯草原的每块土地。尽管大部分土地都被开垦过了，但仍有部分的原生及次生林——用他的专业眼光来看就是“不同的草原生长的植物也大有不同”。他进而深入更遥远的城区外围，常常是让人筋疲力尽的探险。有三次是去到城镇东部 20 公里的瓜伊拉普里纳山（Mount Guayrapurina，意为风口）。此山的名字恰如其分，风是如此强劲，以至于险些将他从陡峭的小径上吹落，大风在他接近山顶的睡觉之处呼啸了整整一夜。

在这座山陡峭的一侧，斯普鲁斯惊喜地发现了他最爱的植物。岩石上“密集地覆盖着苔纲植物（Hepaticae），尤其是鞭苔属（*Mastigobryum*）、叶苔属（*Lepidozia*）和羽苔属植物（*Plagiochila*），以及藓纲植物（Musci），而在一条清流旁有“我在这个世界上所见过的蕨类生长最密集的土壤”。在这片直径不足 80 公里的范围内，斯普鲁斯“发现了 250 种真蕨类和拟蕨类植物，而其中很多都是新物种，尤其是树蕨类中”。他发现了数以百计的在低地热带雨林中极为罕见的藓纲和苔纲物种。正如他的编辑华莱士提醒诸位读者那样，斯普鲁斯将他的收集范围缩小到他从未见过或“他认为并不为欧洲植物学家所知”的物种。在众多树种宝藏面前，“他不可能把看到的统统收集”，所以常常不得不放弃“很多其他新物种，只为保存那些他相信可能构成新种属的植物”。斯普鲁斯本人将之比作刺激的探险。“发现新物种，在自然的地图上标注新的岛屿，在某种程度上甚至是在看上去如荒漠般的大陆上繁衍人类，这一切对博物学家而言是莫大的快乐”。

斯普鲁斯从他还在英国约克郡的孩提时代就一直喜爱着苔类植物。他深深着迷于南美洲数以千计的苔类植物。“它们是如此种类丰富和美丽动人，以至于我相信没有一个植物学家可以抵制住诱惑不去收集它们。在靠近赤道的平原上，一个爬满了灌木和蕨类的鲜活树叶的布景，又用或亮青色或金色或红棕色的精致花纹妆点；另一个布景里，覆盖着你无法双手合抱的倒下的古老树干及藓类植物。我拥有的物种里有的茎就长达 90 厘米，而有的细小到六个一起都能在一枚卤蕨属（*Acrostichum*）植物的叶片上生根结果。”

他几乎惊喜于这些微小的苔类植物没有任何商业价值。“确实，这些苔类植物几乎不会产生使人类昏迷或呕吐的成分，但也不适于食用；但如果人类不绞尽脑汁去使用或滥用它们，它们被上帝创造出来就是极其有用的……它们至少很美丽，这也恰是每种生物所存在的最原始目的。”斯普鲁斯对植物的爱是纯粹而热烈的。他坦言“我喜欢将植物视作有生命的众生，它们存在并享受生命——生时美丽整个世界，死后妆点我的植物标本馆。当它们在药剂师的研钵里被研磨成浆或粉后，我对它们的兴趣就几乎尽失了。”

另一次远足是去往附近几条河流源头所在的峡谷；沿瓦亚加

河支流而下，去到他曾攀登过的以有陡峭砂岩山脊的佩拉多山（Cerro Pelado，意为秃头山）为主的群山北侧。他在拉马斯停留了一个月时间，探索坎帕纳山斜坡的路线。斯普鲁斯对这次行程的困难经历做了痛苦的描述，行程中要通过人烟未至的小路，时常穿过浓密的植物，或登上陡峭山脊或沿峭壁而下又或攀爬随时可能滚落的岩石。而地方当局对这些杳无人烟的道路毫无管理。

斯普鲁斯初次坎帕纳之行的一段时间里，他住在一个名叫顺比（Chumbi）的印第安人的与世隔绝的房子里。一天，他厌倦了自己每天风干牛肉和咸鱼的食物，便派顺比出门去猎一只美味的凤冠雉回来。就在顺比悄悄靠近火鸡的时候却被一条毒性致命的双线森蝮蛇（*Bothrops bilineata*）咬到了。他蹒跚着回到小屋，但三天时间里他都在极度的疼痛、浮肿和令人绝望的虚弱中徘徊在死神门口。斯普鲁斯为他采用了一系列异国的治疗方法，奇迹般地使印第安人活了下来。植物学家十分清楚如果顺比死去的话，他的家人必定会报复那位派他进森林的异乡人——当地的神父确认了这一点，他们极有可能毒死这个异乡人。而几个月之前，斯普鲁斯也险些遭遇蛇咬。当时在瓦亚加河上游，他正在为点营火收集树皮时听到了响动并“看到自己正掀出了一条巨大的响尾蛇，而它正在距离我不到 60 厘米处直起身子稳住脑袋准备扑向我的腿”。斯普鲁斯迅速跑开——这种南美响尾蛇的攻击是致命的。但是，像贝茨和华莱士一样，斯普鲁斯在亚马孙丛林的几年里几乎从未把蛇的威胁放在心上。

回到塔拉波托，斯普鲁斯在从一棵印加树上搜集标本时被一只毛虫（caterpillar）重重地刺伤了手腕。他先前曾“毫不在乎”这些在豆科树木上大量存在的巨大热带毛虫的叮刺。它们的毒液都在长长的簇生毛里，而叮刺的疼痛一般也会与荨麻植物（nettle）带来的疼痛差不多。可这一次却不同。疼痛和刺激不断加剧，于是斯普鲁斯“涂抹了很多氨溶液，而事后证明涂抹得过多以致出现脱皮”。第二天早上，尽管伤口仍在发炎疼通，斯普鲁斯包扎了伤口后还是一如既往地去了森林。他冒雨进行了12小时的科学考察。当晚，他的手和胳膊就严重浮肿。“那是我一生中最痛苦的一段时间的开始。经过三天的高烧和不眠不休，溃疡遍布我的手背和手腕——总共35处溃疡，而我也将带着这些溃疡的伤疤进入坟墓。整整五周里，我的绝大部分时间都只能吊着手臂放在背上趴在一张长靠背躺椅上，这是我能找到的最舒服姿势。”大米和亚麻籽（linseed）制成的敷剂并不见效而“溃疡继续发展。有次情况非常糟糕，坏疽似乎也要来了”。因此斯普鲁斯计划找他的乡下邻居“砍掉我的手，这是挽救我生命的唯一办法”。他责备自己当时没有耐心而是涂抹了过量的氨水还把手“暴露在潮气中受凉”。但他最终还是康复了。

斯普鲁斯写信告诉他的导师和代理人本瑟姆关于打包标本时遇到的一件意料之外却十分严重的问题：塔拉波托没有木板。当地人从置物架到床架的一切东西都使用劈开的银花巨苇（caña brava，*Gynerium saccharides*）。他们唯一用得到木板的地方就是做门，而这种情况下他们就会拆掉一条旧船。为了给他的植物标本做一个板条箱，这就是斯普鲁斯不得不做的事了。他在瓦亚加河下游码头买了两条旧船，然后再带一个木匠回去把它们锯成合适尺寸的木块，“这只好找印第安人背回塔拉波托，再费力地把它们劈成木板形状”。做这一切，包括花在找印第安搬运工和制作木箱上的功夫“让我在近一个月的时间里几乎毫无闲暇”。即使箱子做好了，别说从塔拉波托运到伦敦的航运让人心生胆怯，就是瓦亚加河的急流中的沉船也危机四伏。斯普鲁斯无比绝望地给本瑟姆写道：“把这些植物从当地运到亚马孙河口的难度、风险及花费都是巨大的，在我看来塔拉波托收集品的价值还抵不上收集它们所花费的费用。”

唐·伊格纳西奥·莫雷和另一位在塔拉波托有名的西班牙居民唐·维多利亚诺·玛丽埃塔（Don Victoriano Marrieta）计划前往厄瓜多尔，顺带把瓜亚基尔（Guayaquil）产的巴拿马草帽卖到那边。斯普鲁斯决定跟他们一起去，因为他听说（事实也是如此）地处厄瓜多尔的安第斯山脉林木茂盛的东坡有着十分丰富的生物多样性。从陆上走无人探索的道路穿过无人涉足的群山去厄瓜多尔是毫无可能的，但穿过安第斯山脉一路向下至秘鲁的太平洋海岸然后乘汽船去瓜亚基尔又因黄热病的流行而被认为不够明智。因此旅行者们决定走亚马孙河水路。种种问题延误了他们行程几个月之久。一件是秘鲁革命，一方是总统维万科将军（General Vivanco）的追随者，另一方是对手卡斯蒂利亚将军（General Castilla）。而在遥远的塔拉波托，这场政变也带来了一群四处抢掠的叛军。一方面斯普鲁斯挂起了英国国旗来保护他的家园，另一方面他也如三年前在内格罗河畔圣卡洛斯时一样拿起枪时刻准备抵挡抢掠。

最终，在 1857 年 3 月 23 日，唐·伊格纳西奥，唐·维多利亚诺和唐·里卡多（Don Ricardo，即斯普鲁斯）各自乘一艘由 7 个印第安人划桨的船沿瓦亚加河而下出发了。船是开放式的，这样在迎接湍流冲击的时候才更安全。第一个考验是一个可怕的狭窄水道［现以 16 世纪疯狂的叛国者之名命名为阿吉雷（Aguirre）］，斯普鲁斯的船险些被漩涡吞没。他有一只名叫苏丹（Sultan）的帅气的大护卫犬，那是他从小养大的，对它十分喜爱。“在马纳斯省独一无二。”但是“在漩涡中，可怕的水声咆哮着没过我们的声音，大浪劈头盖脸打着我们，竟把狗吓疯了”。一连六天斯普鲁斯都在尽力抢救苏丹，但它不吃不喝，并在沿岸村庄里攻击那些受到惊吓的狗、猪、牛和人。“最后它开始抓咬船上的人，并且已经饿得瘦骨嶙峋。我……不得不开枪射杀了它。”

这次远行的每天都“受到暴涨的河流与雨水浸泡的阻碍”。在沿瓦亚加河而下的两周时间是“令人心烦”与单调的，树木低矮的河岸边几乎杳无人烟，白天的黑苍蝇和夜晚的蚊子带来的瘟疫威胁时刻都在。[作者沿瓦亚加河而下的时间比斯普鲁斯晚了一个世纪，但情形毫无变化。但是后来到了20世纪，政府武装和“光明之路”（Sendero Luminoso）恐怖分子为可卡因引发战争，这里因而变得危险。]

旅行者们停靠在了瓦亚加河口处的拉古纳斯（现在这里是一个整洁的耶稣会村），以便在船上安装船篷、雇用新的印第安船员并补给食物。然后他们便进入了马拉尼翁河（Marañón）/亚马孙河腹地，沿河而上向西行驶五天，进入北部的支流帕斯塔萨河。这里的每个人都很畏惧好战的汉比扎人（Huambiza），他们是可怕的澳加族（Auca）[当时称为黑瓦洛人（Jívaro）]的四个分支之一。这里曾有过几次向黑瓦洛人短期的均以失败告终的传教尝试。他们好战，尤其喜欢部落内的争斗，但也会合力抵御外敌入侵。他们把敌人的脑袋削去头盖骨，缝起嘴唇，用可以收缩人皮肤的药草烹煮人的皮肤和毛发，以使敌人的脑袋缩小到成为臭名昭著的缩头术战利品。斯普鲁斯和朋友们或路过或进入这些鬼村。这些村庄在匆忙之中被废弃，甚至于食物都留在桌上任蚂蚁迅速吞噬。他们的船员害怕至极，尽量不去登陆，而是坚持将船拴在河心小岛上并轮流守夜才可入睡。

沿帕斯塔萨河而上用了“两周让人疲惫又厌倦的时间，雨差不多一直在下，几乎没有可供睡觉的干燥土地，没见到一个村庄甚至任何形式的居住地”。他们不得不在一个悲苦的小村庄安多阿斯（Andoas）更换桨手，这里居住了大约120个热爱和平的说札帕罗语（Zaparoa）的安多阿人（Andoa）和一个孤独又不快乐的秘鲁主管。5 月 5 日他们起程时，船里满载了两头貘的像牛一样肥的肉、一些犰狳、18 簇大蕉，以及木薯、甘薯、菠萝和几罐能让安多阿印第安船员提起兴趣的酿造丝兰酒（yucca）。他们现在严格意义上是在厄瓜多尔，正沿着曲折而干涸的帕斯塔萨源头的博沃纳萨河（Bobonaza）向西北方向溯流而上。

又用了十六天，他们才抵达了这个叫帕卡亚古（Pucayacu）的村庄。在与这个小地方的管理者会面后，他们爬下来睡在船上或睡在岸边。斯普鲁斯此次经历了亚马孙河之行除湍流之外最大的危险——洪水暴发。他们愚蠢地忽视了远处的雷声——而这是洪水将向他们汹涌而来的唯一警告。“紧接着暴风雨扑向我们；河流也几乎同时开始暴涨；河岸迅速被淹没，印第安人都跳上划艇；水位继续快速上涨，漩涡里的大浪从船底呼啸着不时打向我们，溅起猛烈的浪花。”系船的连理藤属（*Bignonia*）藤条最终也断了。但斯普鲁斯船上的印第安船员一整个暴风雨夜里都勇敢地紧握着藤条，“用尽他们的力气以避免划艇互相撞击或避开像疯牛群一样向我们猛冲而来的浮木。四周如此黑暗，我们什么也看不见；瓢泼的大雨、呼啸的洪水、断裂的树干翻滚而过或互相撞击的声音，让我们什么也听不到；但每道闪电都能告诉我们自己的处境有多恐怖”。有一次上涨的河水推着斯普鲁斯的船冲向了多刺的竹子，如果不是成功砍掉了纠缠的植物他们的船就险些陷入泥潭了。“这样度过的每小时都像一个世纪一样漫长，而白天的到来也并没有改善我们的处境……我十分确信自己并没有多少信心坚持到明天，我应该永远感激那些印第安人……他们在那个恐怖的风暴之夜里一直坚守，尽他们全力一刻不休地来拯救我们的船。”狂暴的河流直到第二天中午才变得平息。到那时候，“我们都要累死了，而我也发起了高烧”。两个西班牙人和他们的印第安船员同样被暴发的洪水吓呆了。他们迷失在了漆黑的夜里，拼命摸索着推开狂暴的河水。“天亮的时候他们发现自己浑身冰冷，被竹刺和棕榈划得衣衫褴褛，遍体鳞伤，就只剩下半条命了。”后来他们把船上的东西卸下来。但当他们卸货的时候，他们原来停泊的长着几棵大树的那块河岸松动了，被直冲入河中，这是旅行家们的再一次死里逃生。

两位塔拉波托的绅士商人继续沿陆路向安第斯山脉进发，去寻找作为巴拿马草帽的回程货物和其他瓜亚基尔本地商品。但斯普鲁斯在帕卡亚古又住了三周。直到6月10日他精减了自己的行李带上七个不情愿（但付了高薪）的印第安搬运工出发了，而每个搬运工都带了一个小孩或一个年轻女人为他们带着食物。他们花了三周时间越过了村落卡内洛斯（Canelos），抵达了安第斯高原上的小镇巴尼奥斯（Baños）。这是一段糟糕的跋涉，雨水几乎不停且十分寒冷，夜晚缩在滴着水的棕榈屋顶下面，山径泥泞而陡峭，还要反复地蹚过大小河流。斯普鲁斯在不断的行程拖延和不适中获得的唯一安慰是“发现自己身处我曾见过的有最多苔类的地方。甚至就连最高处的树枝和树叶上都蓬松地盖满了苔藓，主要由 Bryopterides 和亮叶排线草（*Phyllogium fulgens*）构成的茂林里伸出长达几米的树干悬于河面之上并结满漂亮的果实”。每当遇到困难似乎无法克服的时刻，斯普鲁斯都会感激上帝还能让他得以看到一片再普通不过的苔藓。

几年之后，他的朋友阿尔弗雷德·华莱士引用斯普鲁斯的笔记、他的《苔藓学评论》（*Revue bryologique*）上的文章和他后来的著作《亚马孙河流域及安第斯山区的苔纲植物》（*Hepaticae Amazonicae et Andinae*）来描绘他曾穿越过的卡内洛斯村的雾林景象。他确信这里可以“被誉为全球隐花植物（cryptogam）种类最丰富的地方。甚至这里的树都似乎只是为了让蕨类、苔藓和地衣附着而存在的。这些最为繁茂的附生蕨类植物主要是膜蕨科（Hymenophylleae）和多足蕨属（*Polypodium*）……蕨类植物周围的土地上间杂生长着一些长势高大的植物：它们属于合囊蕨属（*Marattia*）、姬蕨属（*Hypolepis*）和肋格蕨属（Litobrochia）等”。在描述完更多的蕨类植物后，斯普鲁斯就没太多时间来慢慢地仔细研究那些他喜爱的微小苔类植物了。尽管如此，他还是发现了一些新奇东西，其中包括一种属于世人未知属的植物——露珠多果苔（Myriocolea irrorata），华莱士将之视作他所见过的最有趣的植物。[①]

当斯普鲁斯和搬运工们抵达汹涌的帕斯塔萨河上游支流托波河（Topo）时，河流正因大雨而暴涨。他们艰难地工作了四天，尝试在湍流里的岩石间搭桥过去。他们全身湿透，夜里受冻，食物耗尽；意志消沉的搬运工们似乎要弃斯普鲁斯而去。最终，这位博物学家不得不把所有行李放在一些皮箱里，用树叶掩盖好留在原地。男人们一个接一个地爬过细长潮湿的竹子，竹子在湍急的河水上方危险地弯曲着，他们知道一次滑倒足以致命。“中间的其中一段桥非常长（至少12米），三根细长的竹子在承担全无负重的人时都差点儿崩断，所以……想要带我的箱子过去是不可能的。”就在最后一个人刚刚通过托波河后，继续上涨的河水就将他们临时搭建的竹桥一下子冲走了。“尽管我不得不放弃了那么多于我而言比金钱更宝贵的东西，但有过曾差点儿被饿死或淹死经历的人，会理解当我们平安渡过托波河后我的心里有多么如释重负。”

---

① 斯普鲁斯在他后来的里程碑式著作《亚马孙河流域及安第斯山区的苔纲植物》（1885）中用一个图版描绘了这个新属。该种/属直到2002年才被重新发现，只有两个地方知道它——托波河（斯普鲁斯的发现地），以及帕斯塔萨河的另一条支流。因此，它被认为是极度濒危物种。

还有很多诸如跋涉 1.6 公里“穿过长满高达 6 米的马尾草的恶臭泥沼”的艰难经历。然后有一个令人眩晕的滑降，可以到达帕斯塔萨河的另一个源头，这个“梯子”仅仅是一个缺口杆，从一块悬垂在河上 46 米的岩石上下来。“每个滑降的人……都拼命地抓住竹竿”。经过了八处爬上爬下的山脊行进，之后是“长泥潭路”，仅有的一条窄长小路被淹没在水中，因此斯普鲁斯不得不走在齐腰深的洪水中。1857 年 7 月 1 日，他们终于抵达了相对舒适的巴尼奥斯，这距离他从塔拉波托出发时经过了 103 个艰难的日子。斯普鲁斯“瘦了很多，消瘦的脸几乎被三个月没修剪的络腮胡蒙住了”。大雨不见减弱，天气寒冷，斯普鲁斯因而感染了黏膜炎，并开始咯血。

他首先牵挂的是要尽力把他留在托波河边的行李找回来。他雇用了搬运工，但搬运工又不得不再等了十一天，以待河水消退，而这期间斯普鲁斯要供给他们食物。当他们最终到达箱子的所在地时，外表的皮革都已经腐烂并爬满蛆虫，但幸运的是箱子里诸如他宝贵书籍在内的很多东西完好无损。他尽情享用了几周的牛羊肉、面包、豆类和水果，终于在 1857 年 9 月 10 日，也就是他 40 岁生日前恢复如初了。

在斯普鲁斯住在帕斯塔萨的三周里他发现了当地安多阿人有使用致幻植物的情况。这种有魔力的东西深深吸引了他。1851 年在圣加布里埃尔 - 达卡舒埃拉的巴雷人那里，1852 年在沃佩斯河的讲图卡诺语的人那里，1853 年在内格罗河上游的巴尼瓦人那里，1853—1854 年在奥里诺科河上游库努库努马的马奎利塔里人那里，1854 年在奥里诺科河中游马普雷斯的瓜希沃人那里，他都曾见过使用致幻药的情况。基于这些经验，理查德 · 斯普鲁斯成为了第一个认真研究并发表一篇关于麻醉剂和兴奋剂详细论述的植物学家。他了解到16世纪以前，有旅行家和史学家记录提及过萨满在施咒时使用强效药的情况。这些药被以浓烟或鼻烟形式吸入或水服喝下，能产生中毒或短暂的精神错乱。但没有一个人适当地研究过这些植物本身。因此斯普鲁斯“幸运地得以看到这两种最有名的常用致幻剂，并取到了产生这种致幻效力的植物的标本”，并决定成为第一个“现场观察并记录它们”的人。

亚马孙河流域最有名也最强力的致幻植物是一种藤本植物，它被内格罗河上游和奥里诺科河的居民称为卡披木（caapi），被位于厄瓜多尔和秘鲁的安第斯东部山麓的居民称为死藤水（ayahuasca），被沃佩斯流域讲图卡诺语的居民称为加大拿（*cadana*）。斯普鲁斯十分敏锐地判定它们属于同一种植物，但他不知道在哥伦比亚的亚马孙地区，它也被称为雅格木（*yagé*）。抛开它的致幻效果，卡披木只是一种有着拇指粗细的茎干、椭圆形叶子和美丽小黄花的不起眼的藤本植物。印第安人在河边开垦出来的空地上种植这种植物。斯普鲁斯回忆说曾在内格罗河边的空地上见过“大约十几株长势很好的植物……缠绕着爬在树顶”。“可喜的是它们长着花和稚嫩的果实；我不无惊喜地发现它们属于金虎尾科（Malpighiaceae）”，这是一个在整个亚马孙河流域都十分常见的漂亮小树的所在科。他准确地判断出这是唯一未被世人描述过的具有麻醉效果的金虎尾科植物。所以他将它的植物学学名定为卡披木属卡披木（*Banisteria caapi*）[最近它的名字被更改为通灵藤属卡披木（*Banisteriopsis caapi*），因为人们发现它更近似于金虎尾科的该属植物]。而它们到了萨满（shaman，19世纪的英格兰对“巫医”的称呼，图皮语中称为*pajé*）手中，茎干的下段被捣烂成泥，再加入很多植物和一些根以增强效力，然后筛掉杂质并混合冲调。“经过如此处理，它的颜色变成褐绿色，味道发苦，让人很难接受。”在他现存于邱园档案馆中的现场笔记里，他猜测道：“我感到疑惑，会不会这并非卡披木带来的特殊效果而是喇叭藤属（*Haemadictyon*）植物的根（尽管只加了很小的量）带来的效果呢？”这真是一次有代表性的精彩猜测，既是因为每个原住民部落都会在卡披木汁中添加其他有麻醉效果的植物，也因为绿九节（*Psychotria viridis*）的根正是其中的一种添加剂。

1852 年 11 月在沃佩斯河时，斯普鲁斯被邀请参加一个达布库里节，节日活动上人们礼节性地互赠礼物。他曾见过这个图卡诺部落的年轻男人在跳舞时从马洛卡里跑出用瓢给别人敬上卡披木水。短短几分钟这种致幻剂就起效了。“这个印第安人全身变得死一般苍白，四肢抽搐，形貌恐怖。然后忽然又出现截然相反的症状：他突然满身大汗，像着了魔一样不顾一切地狂暴，抓起手边的任何武器……然后冲向门口一直喊叫着猛拍地面或门框，‘我就是要这样对待我的敌人某某（这里点出敌人的名字）！’大约十分钟后兴奋消退，这个印第安人变得平静下来，但看上去筋疲力尽。”斯普鲁斯做好了充足准备打算亲自试一下这种药。他端起一杯这种“令人作呕的饮料”。但邀请他的主人就热情过头了：一个妇女立即端了一大瓢卡西里木薯酒过来。“我得大喘一口气才能喝得下，我带着别人察觉不到的嫌恶大口喝下（我以前见过他们在酒里添加唾液以加速发酵）。”一根点燃的像他小臂一样粗长的大雪茄刚放到他手里，他就立刻吸了起来。“礼节要求我应该吸几口——尽管我这辈子从没抽过雪茄或烟斗。”然后又是一大杯刺棒棕酒。不出所料，斯普鲁斯很想呕吐，但他躺在吊床上喝了杯咖啡，止住了呕吐的感觉。巴西商人告诉这个英国人说，他们曾试过卡披木水，“让他们感到自己在冷与热、恐惧与无畏之间徘徊。视力变得模糊，眼前的一切飞速掠过，身边的所闻所见变得华丽又宏伟，不过一会儿场面又变得粗陋而骇人”。一个朋友告诉斯普鲁斯说喝掉足量的卡披木水之后他的眼前飞速掠过了他在《天方夜谭》中曾读到过的所有奇观，“但最后的所感所见都是十分可怕的，每次都是如此”。

图卡诺部落往西南近1000公里的地方，帕斯塔萨河的安多阿人称这种药为死藤水——这个克丘亚词语的意思是“死人的藤”（dead man's vine），这源自当地萨满使用这种药的迷幻作用来与死人交谈。斯普鲁斯了解到当萨满需要裁定纠纷或回复使者、探明敌人计划、查明某人的妻子是否忠诚，抑或要找出是什么在蛊惑病人时，他们便会喝这种药水。所有喝过这个的人“一开始会感到眩晕，然后就像升入空中飘浮。印第安人说他们看到了美丽的湖泊、结满果实的树林、羽毛华美的鸟儿等。不一会儿场景变了，他们看到野蛮的野兽在追捕他们，他们无法再在空中坚持而跌向大地”。当服用的人从恍惚中回过神来，人们必须把他按在吊床里，否则他就会跳起来去拿他的武器攻击他所见到的第一个人。然后他便变得昏昏欲睡并最终睡去。“在沃佩斯河，男孩在青春期之前被绝对禁止尝试死藤水，女性则在任何年纪都不允许。”

关于死藤水/卡披木，斯普鲁斯做出了三个重要的观察结果。一是有的部落广泛使用而有的则不。例如，这在沃佩斯河地区所有部族的宗教仪式上是必不可少的，然而附近内格罗河上游的巴雷人和巴尼瓦人则完全不碰这种东西，但他们南边奥里诺科河和哥伦比亚热带大草原的原住民却又使用这种东西。另一个发现是不同部落的萨满使用这种致幻剂的用途有所不同。第三则是当地原住民不像欧洲和亚洲人那样将这种植物作为治病的草药。“尽管巫医自己会服用这种强效的麻醉剂（来准备和开展他的仪式），却从不用于治疗病人。”斯普鲁斯见过人们将这种植物研磨成汁用于消肿或涂在伤口上，但从不口服。仅有的一个例外是，某些树皮磨成粉可以用作减轻疟疾热的退烧药——这点在斯普鲁斯后来的生涯中扮演了重要角色。

斯普鲁斯时代之后，从科学家到嬉皮士的无数外来者都尝试过这种植物麻醉剂——而且尝试这个也是到亚马孙地区旅游的一个附加项目。20 世纪杰出的植物学家、哈佛大学教授理查德·埃文斯·舒尔特斯和他的优秀学生提摩西·普洛曼（Timothy Plowman）及韦德·戴维斯（Wade Davis）都研究过这种令人着迷的植物。他们都记录下了服药后出现的极端反应和看到的幻觉。舒尔特斯确认萨满使用死藤水 / 卡披木“用于预言和占卜，在其他所有奇怪的效果中，产生令人恐惧的现实主义般色彩丰富的视幻觉和极端而不顾一切的勇气是这种麻醉剂的标志特性”。他高度赞扬了斯普鲁斯，因为他第一个“早在 1852 年就准确定位了这种药的植物学本源，描述了物种的活体标本并用他一贯的严谨进行了记录”。斯普鲁斯同样也是第一个确定它的种属并为之命名的人。舒尔特斯在后来的 20 世纪时宣布：“在现代植物化学中，斯普鲁斯关于南美洲金虎尾科麻醉剂的先驱性研究须被重视是毋庸置疑的。我们认为出于化学研究的目的对斯普鲁斯严谨的现场考察进行再研究和评估，也是很有必要的。”

斯普鲁斯另一个关于致幻剂的研究是对一种在巴西叫帕里卡，而在委内瑞拉叫尼波（*niopo*）或优波（yopo）的鼻烟。斯普鲁斯 1854 年在奥里诺科河中游的迈普雷斯初次见到一个瓜希沃人老者使用它。瓜希沃人烤熟尼波的种子，然后用一根弓木材质的小杵在带手柄的椭圆形木盘上把它们磨成粉。（斯普鲁斯从印第安人手中买下了这套器材并将它寄到了邱园，现在被收录为经济植物学藏品。）鼻烟通过用鹭或其他水鸟的腿骨制成的 Y 形管吸入。Y 形的主干插入鼻烟壶中，而另外两个臂插入两个鼻孔。鼻烟被使劲吸入，而吸入一定量就会使吸入者“完全被麻醉”，“但这种感觉只会持续几分钟，紧接着令人心神宽慰的效果则会更加持久”。老人在吸尼波时还会嚼一片卡披木麻醉剂。他高兴地用蹩脚西班牙语告诉这位英国人：“嚼一口卡披木再吸一口尼波的感觉是多么舒服！不饿——不渴——也不累了！”

半个世纪前，洪堡曾提到过瓜希沃人和相关的委内瑞拉 / 哥伦比亚热带大草原的奥托马克人（*Otomac*）使用尼波鼻烟，而且还有大量其他印第安种人，如蒙杜鲁库人吸帕里卡（巴西名）的发现。从洪堡、林奈和其他资料那里，斯普鲁斯判定这些种子的来源是一种生长在干燥林中他称为大果落腺檀［*Piptadenia peregrina*，现在叫大果柯拉豆（Anadenanthera peregrina）］的外形像金合欢树的树木。他曾在亚马孙河下游及后来在马瑙斯附近的内格罗河支流雅努阿里亚河（Januaria）经常见到并采集过这种植物。斯普鲁斯意识到这种鼻烟的一个问题。它虽然看上去令人吃惊地类似于亚诺玛米人和其他种族吸食的粉末，但他们鼻烟的取料来源并非种子，而是一种肉豆蔻属维罗蔻木的树皮。①

在斯普鲁斯之后一个世纪，他的伟大的崇拜者理查德·舒尔特斯解开了这个秘密。他曾见过哥伦比亚南部的印第安人和沃佩斯河上游的人，使用这种提取自各种维罗蔻木树皮的被他们称为雅基（*ya-kee*）的致幻鼻烟。后来亚诺玛米人也被发现使用被他们称为

---

① 亚诺玛米人是现存最大的土著民族，传统上生活在雨林中。其中大约 35000 人目前仍然住在亚诺棚屋里，这些棚屋散布在巴西和委内瑞拉之间的森林覆盖的山丘上。斯普鲁斯在卡西基亚尔遇到了一个被俘的亚诺玛米人，他称之为瓜哈里博（Guaharibo）。当他探索帕西莫尼河时，他走近了他们的领地；其他的旅行者如朔姆布尔克对此也有短暂一瞥，但亚诺玛米人直到 20 世纪中叶才被世人广泛接触。

艾颇纳（*epena*）的同种鼻烟。韦德·戴维斯解释说当舒尔特斯对这些致幻鼻烟进行化学分析后，他发现："令人惊讶的是 11% 的成分由一系列强效色胺构成，其中包括可能是目前自然界已知的最强大的致幻剂。比鼻烟的效力更让人感到好奇的是，它的化学成分无论在类型还是比重上都几乎与优波中发现的相同。它们的来源之树（维罗蔻木和大果柯拉豆）在植物学上却并无关联。一种药来源于种子，而另一种取自树皮。但印第安人还是不知怎么地就认识了这两种植物并发现了利用它们伟大的化学特性的方法。"邱园植物学家威廉·米利肯（William Milliken）和法国人类学家布鲁斯·艾伯特（Bruce Albert）对这种亚诺玛米植物的使用做了详尽的研究。他们发现这里的人完全了解由斯普鲁斯发现并由舒尔特斯解释的这种相似性。亚诺玛米人不惜工本地去换得大果柯拉豆的种子，因为他们认为这种鼻烟要比他们从维罗蔻木树皮中取到的效力更加强劲。

致幻剂可以被粗略地分为两种类型：诱使人产生光怪陆离幻觉的，以及令使用者感觉自己思路更加清晰的。鼻烟具备的当然是第二种功效。斯普鲁斯在报告中说印第安人在出发去打猎前会吸尼波或帕里卡鼻烟以"让视野更清晰，让自己更警觉"。作者可以证实这一点。一个亚诺玛米萨满在我的鼻子上吹装满艾颇纳的烟管，效果立竿见影：木桩和印第安人从昏暗的亚诺棚屋里浮现出来变得轮廓清晰，而我也觉得我有能力解决任何问题。

理查德·斯普鲁斯半年的时间都住在了巴尼奥斯及其周边，这是一个"大约有一千个灵魂居住的贫苦小地方"，那里海拔约 1800 米，地处宜人的安第斯山脉乡野。之后他又进行了连续两年的探索，其间他将大本营主要安扎在附近一个规模更大的叫安巴托（Ambato）的城镇。当华莱士出版斯普鲁斯的文章时，他列举出那几年里进行了不少于60次的植物考察。一些探险是从里奥班巴（Riobamba）出发，一些是在基多（Quito）或安巴托附近，而终点都会回到巴尼奥斯。除了攀登火山和返回雾林，斯普鲁斯其他行程都是在马背上。华莱士写道："他的探索范围涵盖了附近很大一部分的山脉和森林，有时他的一次出行就会离开安巴托几周甚至几月之久。"

这些年的伟大成就让他成为世界上最优秀最有经验的植物学家之一。除了广博的知识和不知疲倦的搜集工作之外，斯普鲁斯还因整洁有序和彻底的精神而著名。即使在最原始的环境里，他也尽可能地使自己的搜集材料、书籍、显微镜、干燥植物标本和衣食储备保持整洁有序。继承父亲威廉（William）爵士成为邱园主管的约瑟夫·胡克（Joseph Hooker）爵士回忆了当收到斯普鲁斯寄来的东西时的兴奋之情，"惊讶于标本特别良好的保存状况，标签上的描述十分完整，信息丰富又极具价值"。同时代另一位伟大的植物学家丹尼尔·奥利弗（Daniel Oliver）对这一点应声附和，他写道："斯普鲁斯先生的标本是最用心搜集、晒干和包装的，考虑到他不得不克服的种种困难，能做到这些显得更加非凡。"精美清晰的标签记载着所在地、生长环境和其他相关信息。斯普鲁斯的导师和代理人乔治·本瑟姆不仅为他多达7000件的标本量而赞扬，也大力赞扬了"他的大量新种属的发现丰富了科学认知；他对植物经济价值的研究；对一些关于起源的疑难问题的探索；一些种属和物种因他的发现得以理清；他保存的标本和现场考察的次数之多与科学价值之大"。

斯普鲁斯的生活在1859年中期发生了重大转折。他写道："我被女王陛下的印度事务大臣委任去寻找红皮树（red bark tree）的种子和植株，于是我继续为研究它的特性而做必要准备”。

斯普鲁斯被要求去搜集的“红皮树”指的是多种可缓解疟疾的奎宁（quinine）含量最高的金鸡纳树品种。在厄瓜多尔东南部这个斯普鲁斯正活动的地方的当地原住民一直以来便知道这种树的树皮是神奇的退烧药。把它研成粉末并用水服下后，虽然不能完全治愈疟疾却可以极大降低病人的发烧程度。17 世纪早期这些印第安人用这种他们叫作奎宁树（quinquina）的树皮来治疗他们身患疟疾的西班牙人地方长官（*corregidor*）。几年之后的 1638 年，秘鲁总督的夫人钦琼伯爵夫人（Condesa de Chinchon）感染了疟疾，耶稣会会士将一些这种树皮紧急送到利马市治好了她的高烧。尽管有人对这些浪漫故事抱有怀疑，但这却在后来启发了分类学之父林奈将这种树命名为金鸡纳树（Cinchona），不过他粗心大意地忽略掉了总督夫人名字中的第一个“h”。耶稣会会士们都是精明的商人，他们借此开发了一种很赚钱的买卖，买卖中药物名字叫作“伯爵夫人粉末”（Countess's powder）或“耶稣会士树皮”（Jesuits'bark）。

那个世纪后半叶疟疾席卷欧洲。这种情况在意大利庞廷沼地（Pontine Marshes）和英格兰埃塞克斯郡（Essex）的沼泽地区尤为严重。没有人想到疾病和沼泽地区滋生的蚊子有关，但人们都知道奎宁可以减轻疟疾热。奥利弗·克伦威尔（Oliver Cromwell）在 1658 年感染了疟疾，但他完全拒绝使用这种因来自耶稣会而被他认为属于“恶魔的力量”的药；因此这位护国公很有可能是死于疟疾。十年之后，国王查理二世（Charles Ⅱ）也感染了疟疾，但他不去理会这种药物的天主教名字而是坚持服用，最终解除了发热症状。几年后约翰·伊夫林（John Evelyn）爵士在他的日记中记载，他曾参观位于伦敦切尔西药用植物园的世界上第一个温室并在许多珍稀的一年生植物中见到了可产生治疗三日热（指病症每三天反复一次）奇效成分的长有“耶稣会士树皮”之树。这种树如何被种植到伦敦是个谜，因为通过海运将活的植物或种子从新大陆运回来非常困难，并且耶稣会传教士也严格把控着对这种奎宁的垄断。而且，西班牙当局也对南美洲殖民地的外来闯入者执行严格的驱离。

两个世纪之后，垄断和出口禁令仍在实行。因此，尽管奎宁在整个 18 世纪里被用于缓解疟疾热，但它的价格仍十分昂贵。疟疾，或称为“沼地热”，在美国独立战争中严重打击了乔治·华盛顿（George Washington）的军队并在美国内战中让联邦军队损失惨重。到 19 世纪中期，疟疾在非洲和亚洲殖民地的赤道地区成为一种瘟疫。提取自南美洲金鸡纳树皮的奎宁是唯一真正有效的草药——其他的诸如洋菝葜或香脂（1852 年引燃华莱士船只的可燃性油脂）则毫无药效。因此，人们为了将金鸡纳树移植到原产地安第斯山脉之外的植物园里做了各种努力。但由于种种原因，所有的努力都失败了。

鼓动大臣给理查德·斯普鲁斯写这封信的是另一个约克郡人克莱门茨·马卡姆（Clements Markham）。马卡姆比斯普鲁斯小 12 岁，但他的身份却更为尊贵——他的祖父是约克大主教（Archbishop of York），父亲是温莎城堡的圣乔治教堂的司铎（Canon）。马卡姆初次到秘鲁时是一名海军准尉，他对这个国家和它的印加遗产感到十分兴奋。后来当他们的军舰在北极航行被困在冰里时，他读到了威廉·普雷斯科特（William Prescott）新近发表的《秘鲁征服史》，这点燃了他对这个国家一生的迷恋。因此马卡姆离开了皇家海军去了波士顿拜访普雷斯科特，然后在 1853 年用了十个月时间深入秘鲁。其间他深入秘鲁亚马孙雨林，在一个叫卡利萨亚（Calisaya）的地方一位传教士向他介绍了另一种可以治疗疟疾热的黄皮金鸡纳树。回到英国，马卡姆写了两本书：一本是他的游记，另一本是关于秘鲁和印加历史。他在行政机构获得了一份工作，后来又调到了负责处理来自印度和其他英殖民地急件的部门。这些报告让他对印度和热带非洲遭受的严重疟疾以及购买奎宁的高昂花费与难度留下了深刻印象。

包括英国邱园威廉·胡克爵士在内的当局各方都认为将金鸡纳树从原产地安第斯山区移植出来种到印度植物园的任务迫在眉睫。印度办公室的一位官员建议由二十几岁的马卡姆亲率一支探险队从秘鲁搜集活的植物样本。他用他一如既往的冲劲儿接下了这个任务，并用他对秘鲁和当地西班牙语与克丘亚语的熟悉程度说服当局忽略他植物学技能的欠缺。他迅速恶补了对金鸡纳树的知识。他搜集了科考人员对此的历史记录——包括法国人查尔斯-玛丽·德拉·孔达米纳（Charles-Marie de La Condamine）、西班牙人伊波利托·鲁伊斯（Hipólito Ruiz）和约瑟·帕冯（José Pavón），以及荷兰人于斯特斯·哈斯卡尔（Justus Hasskarl）。皇家地理学会现在还存有他这段期间的私人笔记，其中记录了这个属的每种树、鉴别它们特征的素描图、它们喜好的气候和土壤的详细说明、退烧效果，以及它们的植物学学名及方言名称。他把他此次任务视作让奎宁能够便宜到既可以用于士兵和探险家，又可以用于印度每个平民，这样便可以“把无数民众从死亡和折磨中拯救出来”。1859年4月，他的努力得以实现，他被印度事务大臣委任组织探险队去获取这种珍贵的植物。

马卡姆建议应该组织三支探险队：马卡姆本人去秘鲁南部和玻利维亚寻找“黄树皮”的黄金鸡纳树（*Cinchona calisaya*）；著名植物学家普里切特（G. J. Pritchett）在秘鲁中北部寻找“灰树皮”——细齿金鸡纳树（*C. nitida*）、小花金鸡纳树（*C. micrantha*）和秘鲁金鸡纳树（*C. peruviana*）；第三支队伍去厄瓜多尔寻找

“红树皮”——红金鸡纳树［*C. succirubra*，现称毛金鸡纳树（*C. pubescens*）］和孔达米纳金鸡纳树［*C. condaminea*，现称正金鸡纳树（*C. officinalis*）］。胡克和本瑟姆曾热烈地赞扬理查德·斯普鲁斯是活跃在南美洲的最优秀的英国植物学家，而且幸运的是他当时也正位于厄瓜多尔的安第斯山区。因此印度事务大臣委任斯普鲁斯带领第三支队伍。

1859—1860 年，马卡姆几乎就成功地完成了探险任务。一次非常艰难的探险中他一路披荆斩棘沿着位于秘鲁东南部雨林中的坦博帕塔河（Tambopata）而下，此行他收集到了数百种黄金鸡纳树幼苗，并不顾当地政府对他们抢掠其国家宝藏设置的层层障碍而将幼苗带到了海岸，然后又遇到了海关人员严禁这种特殊货物出口的重重阻挠。他在轮船上装载了其中的 450 种幼苗并种植在四周玻璃制成的沃德箱中，船越过巴拿马地峡抵达英国。当船抵达南安普顿（Southampton）时大约 270 种还存活着。但是马卡姆并没有将它们培植到邱园而是立即出发将它们带往了印度。行程中的一系列失误和坏运气让很多树苗死掉了，尽管仍有一些被种到了印度南部尼尔吉里（Nilgiri）丘陵的政府植物园里，可还是无一幸存。这时，秘鲁人也发现了普利切特在秘鲁中部的行动计划而驱逐了他。如此一来，偷运金鸡纳树的任务就完全落在了理查德·斯普鲁斯身上。

马卡姆从未见过斯普鲁斯，而后者已在南美洲待了十年之久。当他的船停靠在瓜亚基尔港时，他和当地英国领事在印第安办公室的纸上留下了这封邀请信。领事将信转给了身处锯齿山脊中的植物学家，斯普鲁斯便接受了邀请。后来 1859 年 11 月来自印第安办公室的另一封信中阐明了合同内容：周薪 30 英镑，外加可从英国领事处取得至多 500 英镑开支。但他却十分节俭，“带着对经济形势应有的关注去努力服务”。

斯普鲁斯带着他典型的彻底精神开始了工作。他已经在安第斯山脉的厄瓜多尔待了两年之久，因此他很清楚周边的路并且认识了几个有影响力的朋友。如华莱士所述，他“又高又黑，有一些南部人的细微特征，举止谦恭而庄重，又有丰富的安静的幽默感，这些让他成为一个最让人喜欢的伙伴……他所说所做都是一个真正的绅士”。他与厄瓜多尔各阶层的大多数人都相处得很好。

尽管他一直在进行着大量的搜集探险行动，他的大本营还是固定在安巴托，这是一个位于从基多可向南直通瓜亚基尔的山内大路上的宜人小镇。在安巴托，他房子的主人是曼努埃尔·桑坦德（Manuel Santander），而他也得到了桑坦德整个家庭的喜爱。在斯普鲁斯回到英国后的十年里，桑坦德写信给他“永不忘记的朋友”叙说植物学问题，并且附带写上了他一个女儿是多么地尊敬他，称他为“最挚爱的朋友……拥抱向他致敬”，而另一个女儿给自己的儿子以他的名字取名“里卡多”。在当地人中的好印象对他寻找金鸡纳树的行动非常有利。

斯普鲁斯向他的朋友约翰·蒂斯代尔解释到，他想“让自己与各种各样的树皮相识，并弄清现有的哪种设备可以取到它们的种子，等等，或者更准确地说是需要克服怎样的困难，当然我相信这一定不是些小困难”。这段时期的一个危险是对秘鲁的一场极可能爆发的战争；后来又在来自厄瓜多尔高地的人和来自瓜亚基尔海岸的人之间爆发了一场内战。冲突地区的军队将一切可用的人强征入伍，霸占骡马，一旦某方取得胜利就对攻占下来的城镇洗劫一空。作为一个英国人，斯普鲁斯理论上是安全的，但他也不得不时刻关注着自己的随身物品，物资也变得稀缺而昂贵。

斯普鲁斯原计划到雄伟的积雪覆盖的钦博拉索山（Chimborazo）东麓寻找“红树皮”。但他后来又决定不这样做了，因为在1859

年 8 月一般会不间断地下大雪并且猛烈的大风能够连人带马吹落悬崖。因此他取而代之骑行两周先向南沿通往里奥班巴和阿劳西（Alausi）的大路行进，然后向西沿湿滑山路而下继而登上阿苏爱山（Mount Asuay）的侧面。他带了五匹骡马，他和仆人各骑一匹，其余的“驮着我的行李，包括干燥的纸张、衣服和寝具，还有大量的茶、咖啡和糖——这些东西在没有旅馆的乡下是很难见到的”，那些地方的农夫只喝甘蔗白兰地（*aguardiente* 和发酵的玉米酒（*chicha*）。这次行程和以往两年里的所有行程一样，斯普鲁斯不停地研究着植物。他向他的导师本瑟姆和胡克详细描述着植物区系。一次他在爬特奥卡加斯（Teocajas）的高山稀疏草地（*paramo*）时说，“我从未见过比这个荒野更荒凉的地方。这是一个充满流沙的大沙漠，仅有一块块像补丁似的仙人掌、耳草和多肉菊，将这种荒凉衬得更加明显。……可以想象在这片荒漠上缓慢骑行近 33 公里是多么让人忧郁，头顶铅灰色的天空将这场景渲染得更加阴沉，刺耳的风又裹着薄雾和细沙吹来”。

快接近目的地时，斯普鲁斯对于为骡马找苜蓿或干草及为自己找食物和住处的困难感到“几乎绝望”。但他还是有些好运气。当他下到一片糖料种植园的时候，种植园园主约瑟·利昂先生（José Leon）立即邀请他住到自己舒服的大庄园里。然后斯普鲁斯被告知去寻找一个叫贝尔梅奥（Bermeo）的经验丰富的金鸡纳树皮采摘人。“我立即接受了他的帮助，他是一个诚实又有活力的伙伴，我在这个地区后来所有的考察中都带着他一起”，整个 1859 年 8 月都是如此。他们又进行了一次艰难的旅行，其间沿着长草太高无法骑行的路向前推进，在一条叫普马科查（Pumacocha）的溪流上搭建临时桥梁，遇到过一处需要骡马游过河的地方，还用棕榈叶搭了个住所。

这种搜寻在一开始是非常令人失望的，因为恣意的奎宁搜集者已经杀死了这片区域的全部金鸡纳树。低矮树干的树皮被认为是最有价值的，因此他们把它们都剥走了。斯普鲁斯立即深入森林，“每隔几分钟就能见到倒下的金鸡纳树的裸露树干，无一幸存”。贝尔梅奥爬到树冠里也没有见到一片活的金鸡纳树的红色大树叶。正当他们既疲惫又对还能见到活的红树皮丧失信心的时候，他们无意中发现了“一棵倒下的树的树根处有一株大约 6 米高的纤弱幼苗正在生长。完全可以想象我是有多满意……”他了解到红金鸡纳树最适宜在海拔 900—1500 米的富含腐殖质的多石山坡，以及像夏天的伦敦一样温暖但又在每年 1—5 月几乎有连续五个月降雨的环境中生长。贝尔梅奥还告诉他另一片森林里有更多的金鸡纳树——但他们的食物储备不够支撑他们去到那里。在接下来的几周里，贝尔梅奥竭尽全力去搜集种子和植株，但他又害怕被士兵绑走强征入伍。斯普鲁斯研究并记录所有这些在安第斯山脉靠近太平洋的地区的植被，搜集优质标本来丰富科学认知；但他发现这片区域比东部亚马孙河流域的山麓地区的生物多样性要少得多。

斯普鲁斯的行程因另一支军队的通过而受阻几周。然后他去了海拔更高的森林去寻找塞拉那（serrana）地区的金鸡纳树变种，其间他不得不住在一个阴暗呛人又矮到无法直立（斯普鲁斯比大多数厄瓜多尔人高一大截）的临时小屋里，猛烈的风会从小屋的墙壁和屋顶的裂缝里钻进来。在这里他研究了金鸡纳树皮的其他变种：一种叫 *cuchicara*（猪皮），因为它类似猪肉脆皮；另一种叫 *aspata de gallinazo*（美洲鹫脚）。实际上金鸡纳树这种常绿植物有 40 个物种。它们是庞大的茜草科（Rubiaceae）植物的一部分，该科植物遍布全世界，有 630 个属约 10000 个物种。金鸡纳树在树枝末端长有成簇的黄色、白色或粉色的芳香小花。它们的果实是包裹着许多带小翅膀的种子的椭圆形小荚。至关重要的当然是其树皮，其中含有包括奎宁在内的四种生物碱。但是奎宁能够达到有商业价值的浓度的仅限于四种金鸡纳树中。

1859 年 10 月，斯普鲁斯回到北方的里奥班巴，而大本营仍在安巴托。那年余下的时间里他们忙于考察更多的植物，但又被内战中高地军队失败后，胜利方低地掠夺者的到来而阻断。他计划把 1860 年一整年都用来完成“交付他的寻找“红树皮”的种子和植株的任务”。头几个月他致力于进一步深入研究金鸡纳树。他知道该属植物有很多变种，而且采树皮的人也告诉他红树皮的树（这因为它无色汁液一旦暴露就迅速变红）有六种之多，但是“我们所说的真正的‘红树皮’现在只以红苦香树（*Cascarilla roja*）的名字存在于厄瓜多尔”。

在钦博拉索山西面的高山稀疏草地与密集森林带之下和瓜亚基尔平原林地之上，这种树生长繁茂。这片区域很大一部分属于厄瓜多尔一位前总统弗洛里斯将军（General Flores，他卷入了内战）；但他把金鸡纳树长势最好的三块庄园租给了安巴托的科多韦斯（Cordovez）先生。另外两块属于瓜兰达（Guaranda，安巴托西南方 56 公里处的一个城镇）教堂的好地也租给了弗朗西斯科·内腊（Francisco Neyra）博士。斯普鲁斯想搜寻他所需要的种子和植株就不得不向这两位先生征求许可。“一开始他们无论如何都不愿意答应我。”但是斯普鲁斯既有名又受爱戴，涉及植物学时又是热情、耐心而执着的。因此，“经过多次谈判，我终于成功与他们签订协议，通过支付 400 元当地货币的报酬，我被准许只要不触及树皮就可以想要多少种子和植株就拿走多少。”

科多韦斯和内腊还在一开始帮助斯普鲁斯雇用工人并寻找驮畜。尤其是内腊为斯普鲁斯的工作提供了一切他可能提供的帮助。

他告诉他所有的采集者，当他们为他搜寻树皮的时候也要为英国搜集者搜寻种子和植株。内腊建议说一个叫利蒙（Limón）的地方会是搜集工作的最佳作业中心。这里一度是“人们见过的”生长红皮金鸡纳树的最优质土地。那里的树几年前都被伐倒了，但很多树根都长出了新芽，到现在都已经是开花结果的粗矮小树了。尽管他们还不知道它们能用于提取降低疟疾热的奎宁，但一些当地人已经因为这些树皮有价值而认识到要节约使用这些树木了。除了他与科多韦斯和内腊的协议之外，斯普鲁斯还写信给胡克说他“也与洛哈（Loja）附近出产孔达米纳金鸡纳树的森林的主人达成了协议”。洛哈位于南方，离此需十五天行程，那里有两种金鸡纳树同时开花；因此斯普鲁斯必须要安排其他人去南方的森林里进行采集。

斯普鲁斯集合了一支树皮采集队，准备好驮畜和补给，并找到了一位非常能干的里奥班巴当地朋友詹姆斯·泰勒（James Taylor）跟他一起出发了。[①] 斯普鲁斯描述泰勒是一位受过良好教育的人（懂得很多希腊语），而且“他是一个好心肠又值得尊敬的人，这些品质在我遇到的很多南美洲的英国人身上并不多见”。1860 年 5 月斯普鲁斯收到克莱门茨·马卡姆的一封信，信中说一位名叫罗伯特·克罗斯（Robert Cross）的很有能力的邱园园艺家正赶往去协助他。这是马卡姆做的一个非常有意义的安排，因为尽管斯普鲁斯是一位优秀的植物学家，可他在园艺方面却毫无经验。马卡姆也有长远眼光，给斯普鲁斯运到瓜亚基尔一些沃德箱（可供植物在运输过程中生长）。泰勒赶着马到低地去迎接克罗斯并导引他去找斯普鲁斯，但是这位园艺家先是生病，后来因为内战的阻碍和拖

① 来自英格兰北部的泰勒，像斯普鲁斯一样，在厄瓜多尔待了三十年，首先是基多大学的解剖学讲师，然后是弗洛里斯总统的医疗随从。他先在昆卡（Cuenca）定居，然后在里奥班巴定居，最近与西蒙·玻利瓦尔的一位将军的遗孀结婚。

延，直到七月底才与斯普鲁斯会合。

内战是一个持续的威胁和阻碍。有一次四个新兵拿着长矛胁迫斯普鲁斯。他曾想拔出手枪，但最后觉得一瓶甘蔗白兰地可能更加有用——事实也正是如此。这些行军的部队过度使用他们的驮畜，以致很多驮畜被丢弃。数以百计可怜的骡马死于鞍伤感染，它们尸体发出的恶臭让人难以忍受。更恶劣的是对印第安人的虐待。斯普鲁斯有次发现他的工人被捆绑好正准备被带走当作农夫最宝贵的财富骡子一样被迫做搬运工。幸运的是，英国人曾帮助过这位船长，因此得以说服他释放这些人和骡子。另一次是泰勒救了斯普鲁斯的工人和牲畜免于被强征。斯普鲁斯对这些被夺走了生计、财产和自由的印第安人所遭受的虐待感到愤怒。尽管他与所有阶层都相处融洽，他还是尤其同情底层的人，并且“不必对我在心里诅咒一切政变的事情感到惊奇”。

理查德·斯普鲁斯的健康状况总是不稳定。当他还年轻时在约克郡就曾感染过严重的咳嗽和风寒，还有“颅内淤血”和痛苦的胆结石。在南美洲他经常提到他脆弱的健康状况，而且如我们所见，1854 年在奥里诺科河上游他险些死于疟疾。然而，在疾病的间隙里他仍坚持不停地收集和投入艰苦的自然考察中。他简单的饮食、简朴的生活方式和定期的锻炼让他保持了适度的健康。但 1858 年 3 月在他刚爬进安第斯山脉不久之后，他“因发烧和从头到脚的风湿疼痛而卧床不起四天”，后来 6 月整整半个月时间里他都因发烧而在安巴托卧床不起。两年后状况更加糟糕。在 1860 年 4 月初一次从里奥班巴出发的考察探险中，斯普鲁斯“左耳突然失聪”。他去往安第斯山脉丘陵地区的巴尼奥斯“泡进温泉治疗我失聪的耳朵”。但 4 月 29 日他遭遇了“彻底故障。清晨醒来我的背部和双腿瘫痪了。从那天起我再无法坐直，再无法没有痛感与不适地散步，而且很短时间就会感到致命的疲惫”。他整个5月都在安巴托接受药物治疗，但健康状况并无好转。在官方汇报中，斯普鲁斯说他因严重的风湿而残疾了，他后来描述说这次“风湿和焦虑几乎导致成瘫痪”。对这个改变了斯普鲁斯一生的突然打击无法进行解释。它不可能是昆虫传播的热带疾病，因为他住在高处健康的安第斯山谷地区。它有可能是极为罕见的格林－巴利综合征（Guillain-Barre syndrome），这是一种常通过肠道感染引起上行性麻痹进而影响神经系统的疾病。在绝望中斯普鲁斯打算将收集金鸡纳树种子的任务交给泰勒完成；但医生寄希望于他的朋友能在低处更温暖的森林环境中恢复四肢健康。因此他们最终还是在6月12日开始了在坎博拉索山森林中的考察。让斯普鲁斯痛苦的是，他发现“雾气和潮湿”让森林没有温暖可言。但他坚持着做，决心“为我从事的任务尽我所能，尽管我太过频繁地陷入虚脱状态并感到安静地躺下死去是一种解脱”。

金鸡纳树考察队在1860年6月18日抵达了利蒙并迅速开展工作。三个月里斯普鲁斯都监督着“搜集红金鸡纳树的植株和种子的工作。种子都是我亲眼看着收集然后亲手晒干、分类和打包的。它们一部分驮在马背上一部分由我拄着长木棒拖着腿蹒跚着穿越附近地区……”后来他们又到了附近的拉斯塔布拉斯（Las Tablas）山谷进行了为期十六天的搜集工作。

在搜集这些宝贵的种子和幼苗的时候他们遇到了很多问题。最严重的是近些年来商人来到了利蒙以一元一棵的价格买下了所有的红皮树，将树皮剥下，剥了皮的树留下当木柴——这正是当地人所需要的。“附近很大范围内的所有山脊和山谷都被商人搜寻过了，他们对金鸡纳树皮的破坏十分严重”。因此，尽管斯普鲁斯在两个山谷中发现了大约200棵红皮树，仅仅有两三棵是没被破坏过的小树。其余所有的都是从1.2—1.5米粗的老树桩上长出的幼苗。这样的破坏让斯普鲁斯十分痛苦，因为“红金鸡纳树是一种十分美丽的树，在整片森林中我都难以见到在美丽程度上可与它媲美的树”。仅有的一棵长成树的幼苗有15米高。它的树枝在它高度三分之一处分叉，树冠是一簇长满浓密叶子的匀称抛物面。它宽大的椭圆形树叶浓绿得发亮，又间杂着腐败的血红色树叶。斯普鲁斯的另一个问题是那里有很多高大的大叶金鸡纳树（*Cinchona magnifolia*），但这种树因为不含奎宁而对他毫无用处。第三个问题是在当地人听说他们要买种子后，他们就迅速地把所有的种子从还没成熟的花穗里剥出来了。他赶紧跑去告诉所有人他只会为他或泰勒收集的种子付钱。

英国园艺家罗伯特·克罗斯终于在7月底到了，尽管他因为生病而面色苍白消瘦，但他却很希望开始工作。他把去年12月马卡姆留在瓜亚基尔的15个沃德箱带来了。克罗斯和斯普鲁斯决定尝试通过插枝来培植他们自己的红金鸡纳树。他们围起了一片土地，翻土施肥，几天时间里克罗斯就种植了超过一千枝插枝。“他后来又栽培了更多，对它们分类进行了不同的护理方式；并且他还去老树桩处搜寻然后尽可能多地把上面的幼苗取回栽培。”斯普鲁斯评论说：“只有那些想在森林里做出点什么成绩的人”才能想象到这有多困难。他们缺少玻璃来制作更多的沃德箱，他们也没有帆布或其他材料，大量的昆虫是他们的持续威胁，正在进行的内战和崎岖的道路让他们无法从瓜亚基尔取回他们所需的东西，而且每当日晒强烈的时候这些幼苗就必须被大量地浇水，“所有人手”提着很沉的水桶冲下山谷又爬上陡坡来提水。几周后这些插枝开始生根，但“它们又遭到毛毛虫的攻击，这也是我们必须要打败的敌人”。斯普鲁斯特别给予园艺家克罗斯高度评价，赞扬他用“不懈的警惕”战胜了这些困难和其他障碍。

同时，到1860年8月中旬的时候，斯普鲁斯注意到一些金鸡纳树树苗的荚似乎已经成熟了。“一个印第安人爬到树上，轻轻地打下所有的荚，让荚落到铺在地上的被单上”，因此所有的种子得以被采集起来。然后再把荚放置晾晒约十天以干透，在9月初的时候所有的种子就被收集起来并且干燥好了。克罗斯种下了其中8颗种子，然后这几位英国人就欣喜地看到它们开始发芽，长出幼根和子叶。其中一棵死了，但他们还有“七棵健康的小植物”可供他们切割根部来繁殖，他们证实了经过合适方法干燥的种子并不会因为“过度娇嫩”而丧失生命力。到9月下旬的时候斯普鲁斯就很骄傲地说：“我到现在已经收集了2500枚发育饱满的种荚了……即从利蒙的10棵树上收集了2000枚，从圣安东尼奥（San Antonio）的5棵树上收集了500枚。好的种荚里能包含40颗种子……据此我推断我有……至少10万颗成熟且干燥良好的种子。”内战中弗洛里斯将军打了胜仗控制了瓜亚基尔。因此斯普鲁斯得以将他干燥好的种子带到港口，并在10月14日将它们打包送上开往巴拿马的轮船，船途经牙买加最后抵达英国邱园。

寄送活的幼苗仍是个问题。他讨价还价租下了一艘木筏和几名船员，沿河流和山径而上回到了港口。所有这些一共花费了90元。木筏由12根轻木圆木用紫葳藤捆绑在一起，超过18米长、3.5米宽，木筏上有一个围起来的3米长、11米宽的竹制露天平台，上面有一个茅草屋顶［图版62］。这正是他们的沃德箱所需要的，而且还有可以睡觉和做饭的地方。斯普鲁斯监督着他们把箱子准备妥当。园艺家克罗斯因为难以找到牛和骡子而耽误了一点时间后带着他稚嫩的植物来了，他为植物们制作了圆柱形的篮子，每棵植物都埋在湿苔中再装到篮子里——“这样精细的工作克罗斯先生只相信自己的双手能做到”。然后他们安排了两个人去收集泥土、沙子和树叶堆肥，将这些混合物装在沃德箱中，再把637株幼苗种了进去。

持续几天的大雨过后，他们终于起程了，三个撑筏工划桨撑着他们笨重的木筏沿着奔腾的本塔纳斯河（Ventanas）而下。他们在一个急转弯处出了状况：“木筏穿过了大量的伸在河中间的树枝和藤蔓直撞上去。后果是极其严重的：大箱子弹起来撞在一起，船舱屋顶也撞扁了，而且我们的老领航员有那么一段时间完全被断枝和屋顶的残骸惊呆了，以至于我完全叫不动他。他一直处于惊呆的状态，最后又开始变得气喘吁吁，汗流不止。一根细枝剧烈地抽打向我们，导致我们无一幸免地受伤了。”他们还有撞向灌木茂密的河岸的“很多次的危险经历”。他们用了一个月光皎洁的晚上整理混乱的“被粗暴虐待的珍贵树叶”。克罗斯常常用自己健壮的双臂帮助控制住尾桨，而正是由于他的悉心呵护，这些植物才得以在12月27日抵达瓜亚基尔时保存完好。他们找了个木匠来给箱子安装玻璃并打钉紧固以备海运。轮船航运过程中还有很多问题，但斯普鲁斯最终看到他为期十八个月的工作成果在“船尾楼甲板上妥善安置”及克罗斯无微不至的照料下起程了。那是一个令人自豪的时刻。在他的官方报告中，斯普鲁斯回忆到在这样一个没有道路、和平和物资的土地上进行的金鸡纳树行动中，“所有参与者都在频繁地用生命冒险，但对我而言，更让我忧虑的是无数意外事件……他们随时可以让我们的工作成果化为乌有”。

斯普鲁斯很可能是唯一一个在这次收集寄送红金鸡纳树种子与植株的艰巨任务中获得成功的植物学家。他宣称：“我最热切希望的是英国王室在印度建设金鸡纳树种植园的试验能够成功。”他的愿望实现了。所署日期为1862年1月29日的印度办公室来信向他表示了祝贺："印度事务大臣查尔斯·克罗斯（Charles Cross）爵士为您做出的重大而意义深远的贡献向您表示敬意，向您在如此庞大的科研信息搜集行动中表现出的热情与能力表示敬意，而这些也将是在印度得以培育这种植物的最为重要的贡献，也是在其他任何地方都不可能获得的贡献。"他的朋友华莱士后来确认说，斯普鲁斯的"长期不断的工作与竭尽全力的保护让他得以成功并获得荣誉。幼小的植株抵达印度时仍状态良好，种子也生根发芽，成为这种植物得以大规模种植的源泉"。这些金鸡纳树被种在了北方喀拉拉邦（Kerala）的尼尔吉里丘陵、北方临近锡金（Sikkim）的大吉岭（Darjeeling），还有锡兰（Ceylon，今斯里兰卡）的中部。这些选址都有合适的海拔高度，却无一具有厄瓜多尔那样有规律的全年降雨或凉雾气候。尽管如此，印度种植园里还是产出了足以供成千的疟疾患者减轻高烧的奎宁，患者们也因此得救。

如此辉煌地成功完成了向英格兰和印度移植金鸡纳树的任务，斯普鲁斯原本可以无可非议地就此结束他在南美洲长达十一年的工作，但他却没有。1861年上半年，他整个雨季都在瓜亚基尔北部一个叫多勒（Daule）的小村里，在停雨的间隔里出门搜集一点植物。尽管"很遗憾几乎没有做任何工作的动力"，而且还因为一只脚严重烫伤而在吊床上躺了十八天，他还是写出了金鸡纳树报告并继续进行着对当地植物群系的热情研究。然后在1861年8月，因为"病情非常严重"，他沿多勒河而上在乔纳纳（Chonana）度过了七个月时间，由那里农场上的一位伊林沃思将军（General Illingworth）的女婿做他的医生。无疑，没有人能确诊斯普鲁斯所患的无比严重而又神秘的疾病，更不用说去治愈他了。

1861年10月11日，斯普鲁斯遭遇了另一场灾难。在瓜亚基尔信誉良好的商行古铁雷斯公司（Gutierrez & Co.）经营失败宣告破产，斯普鲁斯因而损失了寄存在那里的近1000英镑。“意外来得如此突然，以致我根本没时间取回我的财产……甚至连古铁雷斯本人都不明白这一切是怎么发生的……我的存款被留下来与公司的其他债务共命运了，而假如我最终收回了那笔钱的话我就会觉得自己足够好了。”据透露，破产是由于有人盗用了约36万英镑的资金以及从公司仓库里盗窃了大量的可可及其他产品。这是由公司的厄瓜多尔出纳和英格兰首席会计互相勾结，利用伪造账目、虚开发票和虚假发货合伙犯下的罪行。英格兰会计托马斯·克拉克（Thomas Clarke）试图乘船逃跑：古铁雷斯登上了船，虽然多少还是追回了一点被偷走的现金，但他却无法让这个窃贼被绳之以法。出纳伊卡萨（Icaza）出生于当地一个声名显赫的家庭，他深知古铁雷斯会起诉他，而他自己也面临在某个夜晚被人在黑暗街道上刺杀的风险，但他“还像以往一样在瓜亚基尔高昂着头踱来踱去”。1862年最后的三个月里，斯普鲁斯一直在瓜亚基尔“尽力挽回一些自己失去的财产”，但一切都是徒劳的。他失去了在十二年来积攒下的绝大部分财富，这些年来他一直在进行伟大却折磨人的植物学收集工作，其中包括世界上最伟大的药用植物。

有人建议斯普鲁斯说，干热的气候可能会改善他严重的“风湿病”。因此他1862年里有七个月待在了干旱的海岸。厄瓜多尔大多数的太平洋沿岸都被低地热带雨林所覆盖。但只在瓜亚基尔南部有鲜明的生物地理学边界，那里有沿整个秘鲁和智利北部海岸线延伸向南的干燥沙漠。我们现在知道那是由于寒冷的洪堡洋流（Humboldt Current）把南极的水带到秘鲁太平洋沿岸造成的。这片寒冷的海洋意味着来自亚马孙地区穿过安第斯山脉的一切雨云都将被卷向大海。但是又会有不定期的暖流来到太平洋冲击厄瓜多尔的海岸线，并向南流动覆盖过寒冷的洪堡洋流。由于这种现象一般发生在圣诞节期间，因此秘鲁北部的渔民称之为“厄尔尼诺”（El Nino，意为圣婴）。它的影响是毁灭性的，不仅对于捕鱼业（鱼群突然跌入冰冷的水中），大雨还会摧毁常年干燥的沿海沙漠上的脆弱建筑。很不幸的是斯普鲁斯搬到干旱沿海的时候正是厄尔尼诺年，因此那里十七年来第一次出人意料地下了大雨。然而，尽管健康状况在恶化，但是“我承受着巨大痛苦去收集和保存一切的标本”，包括生长在沙漠上和新产生的季节性湖泊上的一切植被。大自然的宏伟场景之一就是当大雨之后，一片寸草不生的沙漠瞬间变得“覆盖着一层美丽的绿草地毯，其中有各种各样的生物，草地之上散布着许许多多开着艳丽花朵的植物”。

1862 年底，斯普鲁斯绝望地写道“失去健康之后又失去财产”，尽管他的所需和所愿是如此的适度。他让一个朋友来考虑：“我现在是多么彻底地无能：我坐在桌子前能做的事情很少，只是在吊床上写东西、吃饭等等；我只能走很短的一段距离，更不用说骑在马背上而不必担忧胳膊或腿突然变僵硬而摔下来。我从未想到过会失去四肢能力……”

挽回财富或健康的尝试均失败后，斯普鲁斯决定必须搬到一个纯粹的沙漠环境中来躲开那些他认为在折磨他的雨水和蒸汽。因此 1863 年初，斯普鲁斯乘汽船行驶 354 公里到达了派塔港（Paita）和邻近的小镇皮乌拉（Piura），这里位于秘鲁北部极其干热的塞丘拉（Sechura）沙漠边缘。他在皮乌拉和附近地区及北边低矮的阿莫塔佩山（Amotape）住了十六个月。在研究长角豆树、野生木薯、烛台仙人掌、柳树和这种独特干旱森林环境中的特有植被方面，他是第一位重要的植物学家，而这些特有植被有的今天还被保护在阿莫塔佩山国家公园中。斯普鲁斯针对这个人迹罕至的皮乌拉和奇拉山谷（Chira）的人口、植被及地理环境写了一篇80页的报告，英国外交部将它以小册子的形式出版了。

理查德·斯普鲁斯最终决定返回英格兰。1864年5月1日他从派塔港登上了太平洋邮轮，五天后到达了巴拿马，然后穿过地峡，在月底的时候抵达了南安普顿。在起航回家之前，他写到，尽管他的疼痛有轻微的减轻，但过去的几年里生命成了“难以忍受的一个负担……因此我很清楚地认识到，我将永远不可寄希望于恢复以往的活力，甚至于不能够再从事任何职业”。他在外度过了十五年，从31岁到47岁，而那正是他成年时代的全盛时期。

第十二章

后来的日子：亚马孙带来的遗产

阿尔弗雷德·拉塞尔·华莱士遭遇沉船并在一艘露天小船上度过几周之后，于1852年10月抵达伦敦时，身上的衣服仅剩“一件十分单薄的棉布西装”。但是，迎接他的却是他的朋友兼代理商、令人敬慕的塞缪尔·史蒂文斯。史蒂文斯带来好消息，即他早有先见之明，为华莱士的收集品上了保险。就这样，史蒂文斯带着他去买了一套暖和的现成西装，并量了身体的尺寸，以便在史蒂文斯自己常做衣服的裁缝店里定做其他衣服，并到一家服饰用品店购买了其他生活必需品。(保险公司所支付的200英镑赔付金很快到来，因为此次沉船事件众所周知。)华莱士在伦敦南部史蒂文斯的母亲处住了一周，享受着她所做的美味佳肴，恢复了“往常的健康与体力”。然后，他在摄政公园里距离伦敦动物园很近、距离大英博物馆(那里当时收藏着现在的自然博物馆馆藏)也不远的地方租了一座房子。他让母亲、妹妹范妮(Fanny)及其摄影师丈夫托马斯·西姆斯(Thomas Sims)搬进来一起住。到圣诞节时，一家人全都舒舒服服地安顿下来。

华莱士把1853年上半年用来写作，并开始了解伦敦的科学界。

他的头两本书《亚马孙河流域的棕榈及其用途》(*Palm Trees of the Amazon and Their Uses*)和《亚马孙河及内格罗河流域旅行记》(*A Narrative of Travels on the Amazon and Río Negro*)都是匆忙写就的，当年就出版了。这两本书都没有取得很大成功。《棕榈》是由约翰·范伍尔斯特(John Van Voorst)在伦敦出版的，印刷数量只有250本。华莱士自己不得不支付绝大部分费用。他支付的最大一笔钱是给邱园的著名植物学艺术家沃尔特·菲奇(Walter Fitch)，以便后者用华莱士从燃烧着的轮船船舱里抢救出的锡盒里的树木铅笔素描制作平版印刷品。(华莱士对于一幅展示图卡诺人马洛卡图解感到不满，他说："我很抱歉地说，[这些人物]就像伦敦贫民窟里的住户一样，完全不像原住民。")这本书寥寥无几的销售额仅够满足出版费用。邱园园长威廉·胡克爵士为这本书写了持有批评意见的书评。他认为，这本小书"与其说适合于收入一位植物学家的藏书中，不如说更适合于放在客厅的桌子上"。他特别指出，华莱士用很大篇幅谈论利用棕榈粗纤维制作笤帚和刷子，却未能在其生活在盛产棕榈地区的两年期间采集到这种树的任何果实或者花朵。华莱士曾经把这本书送给了当时正在内格罗河上游的朋友理查德·斯普鲁斯。胡克征求斯普鲁斯的意见，而当斯普鲁斯发表意见时，胡克却十分不公平地将其刊登出来，就好像这是一篇正式的书评。斯普鲁斯在信中称赞这本书的插图"很漂亮"，其中一些从植物学观点来看也是成功的。他喜欢书中对棕榈经济用途的描述。但是，该书的另外一些方面却使这位一丝不苟的专家感到震惊，尤其是艺术家对棕榈的渲染。"有关较大物种的几乎所有图像的最惊人的缺陷就是，棕榈树干与树叶的长度相比太粗了，树叶的复叶羽片只有应有数量的一半。这些描述要比什么都没有更为糟糕，在许多情况下连植物学家最希望了解的一种情况都没有提及。"

华莱士的《旅行记》的出版同样有限。他找到了称为里夫公司（Reeve and Co.）的一家小出版社，除了被承诺支付未来任何利润的一半之外，没有获得任何付款。而这本书根本没有未来利润。该书只印刷了750本，当华莱士十年后从亚洲返回时，仅仅售出500本。

除了印数，这本524页的书本身没有任何不足之处。其全名为“亚马孙河及内格罗河流域旅行记，以及有关原住民部落的叙述和有关亚马孙河流域气候、地质与博物学的观察”。书中有贝伦的纳扎雷小教堂的浅色正面图、南美洲北部的一幅地图、有关各种词汇（英语和十一种其他语言）的一幅折页图表，并由于华莱士有关旅途中发现的一些石刻、印第安塔里亚纳人艺术品、花岗岩岩层等物理特征的素描，这些都使书增色不少。

达尔文等人认为，这本书包含的科学数据太少。这是不公平的，因为该书显然是写给普通读者的。对于这些读者中的大多数人而言，这是有关亚马孙河流域奇特世界的首次介绍。该书的正文是有关华莱士惊人冒险的令人愉快的描述，充满了有关民族、习俗和城镇的丰富多彩的信息，以及趣闻逸事和对植物、昆虫、兽类和鱼类的描写。该书的高潮是对“海伦号”轮船着火和下沉的扣人心弦的描述。此后就是大胆描写地理与地质、气候、植被（尤其是棕榈和包括橡胶在内的其他具有商业价值的植物）以及动物学（包括有关猴子、蝙蝠、美洲豹、宽吻鳄和乌龟等）的章节。对于一个毫无这些学科当中任何背景知识的人来说，所有这一切都是令人印象深刻的。该书可贵的是最后一章“论亚马孙河流域的原住民”。这是对沃佩斯河流域各民族的第一次人类学方面的描述，包括有关他们所制造的65种物品的列表，随后是有关词汇的附录。

当然，这本书中有种种错误，部分的是由于有关亚马孙河流域地区的许多情况在19世纪中叶还不为人知，或者被错误地解释。但是，《旅行记》是一本有关旅行的生动著作，读起来赏心悦目，对于一个以很高的速度写作并且已经丢失了大多数笔记、日记和收集品的年轻人来说，是一项不俗的成就。该书完全真实，毫无夸张之处，有时很幽默，基本上没有人们对于当时的一位年轻英国人会预料到的那种偏见。该书本应比实际上的销量好得多。

在其有关地理的一章中，华莱士正确地指出了亚马孙河的四个惊人之处：这条河的流域面积超过了世界上任何其他河流；它拥有世界上最丰沛的降雨量，因而“完全为茂密的原始森林所覆盖”；其“植被产量之丰富……举世无双”；其淡水总量远远超过其他任何河流。（按照现代知识和术语来说，亚马孙河及附近地区拥有世界上大约60%的热带雨林；这里有最繁茂的和最具多样性的生态系统；其水量占河流流入海洋的全部水量的20%。）华莱士了解并且尊重德国杰出科学家曾经就亚马孙河所写的著作——1800年到过那里的洪堡和1820年到过那里的施皮克斯和马蒂乌斯。但是，他大胆地采用了自己的评论，要么是为了证实，要么是为了对此前著作有关黑水白水河流的成因、亚马孙河的流速、海拔高度和河流的年度涨落等情况的猜测发表不同意见。

所有这些观察者以及另外一些人到20世纪中叶为止所犯的最大错误就是把丰富的热带植被与富饶的土壤混为一谈。华莱士写道：“植被产量之丰富和土壤的普遍肥沃……举世无双……使得亚马孙河流域地区能够养活更多的人口，为其更为全面地提供生活必需品和奢侈品。”所有来访者都想象，勤劳的欧洲人或者北美洲人能够把居住地区改变成富饶的农田，而在这里，无能的葡萄牙人和毫无雄心的印第安人却失败了。华莱士确信：“一个人间乐园可能会创造出来。……我敢断言，在这里，‘原始’森林可以改造成富饶的牧场和草地、耕地、菜园和果园。……”他甚至考虑离开自己热爱的英格兰去“内格罗河地区过一种安逸与富足的生活”。施皮克斯和马蒂乌斯对于把亚马孙河流域变成拥有一座座大城市的富庶土地并使其河流上千帆竞发、百舸争流则更加抱有激情。美国政府1853年派遣进入该地区的两位观察者威廉·刘易斯·赫恩登（William Lewis Herndon）和拉德纳·吉本（Lardner Gibbon）报告说：“活跃而勤劳的一国人民”能够使这条河的沿岸地区“生产地球为养活要比现在更多的人口所提供的一切。”（有趣的是，赫恩登在1850年短暂的聚会期间在巴西马瑙斯的恩里克·安东尼家中结识了华莱士和贝茨，但他忘记了他们的名字。）贝茨在写给史蒂文斯的信中以及他晚些时候的书中，对于亚马孙河流域地区的潜能问题常常犯同样的错误。斯普鲁斯甚至写了传单，鼓励欧洲人到厄瓜多尔东部的卡内洛斯森林中定居。异乎寻常的是，如此多聪明的观察者重复了相同的妄想，因为他们一再地目睹了无数的昆虫和植物的枯萎病摧毁农场，甚至他们自己所采集的标本的情景。为了使“勤劳的”外来者进入亚马孙河流域而进行的各种实验，都以惨败告终。直到华莱士生活时期以后一个世纪，科学家们才开始认识到，雨林下面的土壤远非“普遍肥沃”，而是贫瘠和酸性的——因为不断生长的茂密植被重新夺取了每一点养分，这里也没有腐殖质可以累积的冬季。

繁忙的1853年，除了撰写这两本书，华莱士还在各种学会讲学。在皇家地理学会，他讲了内格罗河。关于这条河的黑色河水与其他河流的白色河水之间的对比，他的解释相当到位。他正确地估算，前者是由于腐烂的植被所致，而后者的颜色则是由于它们“汇集了来自安第斯山脉的很多浅色沉积物”。当时没有任何人认识到，是腐烂植被中的丹宁类物质造成了黑色，而华莱士则错误地猜测，花岗岩河床是一个因素。

华莱士最大的地理学成就就是绘制了内格罗河的一幅十分精确的地图，尤其是绘制了沃佩斯河流域的一幅较大比例尺的地图。两幅地图都在皇家地理学会的学报上刊登。勘探是华莱士唯一的职业，源自多年来他与哥哥威廉合作的经验。但是，在“我所拥有的工具只有一只测量用的棱镜罗盘、一支袖珍六分仪和一块手表”的情况下，他在沃佩斯河流域出色地完成了旅行。“利用前者，在航行中我测定了可以望见的每个角度和每个岛屿的方位，画了素描图。……”他用六分仪进行了几次纬度测定，测算了船只和独木舟的速度，并在温度计损坏之后不得不通过计算水达到沸点所用的时间来推测海拔高度——事实上，这片辽阔的平坦森林地带的海拔高度只有 1000 米左右。所有这些工作都是在他患疟疾和痢疾以及忍饥挨饿，没有任何助手，拼命地搜集可以出售的标本，并不断地与可怕的急流与瀑布做斗争的时候完成的。

华莱士是抱着其特有的狂妄野心投入地质勘探的，并取得了一定的成功。他就内格罗河上游的科奎山等袒露地表上的花岗岩发表了有趣的见解，并表示怀疑，自己为什么一直没有见到一块化石。他指出，内格罗河下游沿岸往往是砂岩地质——但他无法了解到，圭亚那地盾（他是在远处望见的，但并没有到达那里）上的桌山也基本上属于前寒武纪砂岩地质。[①]

华莱士写到，他旅行期间所发生的最引人注目的事件就是见到

---

① 加拿大的查尔斯·哈特（Charles Hartt）在 1870 年发表了第一份关于巴西地质的严肃研究报告，但直到华莱士去世一个多世纪后，才对板块构造、安第斯山脉的隆起和该大陆的地质构造有了更多的了解。在华莱士时代，没有人知道古老的前寒武纪地盾位于巴西中部和北部的圭亚那之下。

了沃佩斯河流域的未受外界影响的原住民。见到塔里亚纳人、图卡诺人、瓦那那人和库比欧人，他感到十分兴奋。看到他们原生态的美，“就好像我即刻被输送到一个遥远的未知国度”。他是最先指出这一点的观察家之一，即他们“被文明的偏见所浸染”，并接受了基督教的“形式和礼仪”，造成了使之日益落魄的效应。正如我们已经看到的，他有关这些民族的评论是开创性的和宝贵的民族学研究成果。一件有益的事情就是获得了他和斯普鲁斯有关印第安人在其边远的河流岸边所遭受的压迫的简介——这种虐待如果没有他们的介绍，本来会得不到记录。他和斯普鲁斯也在最先对原住民的岩石艺术感兴趣的人们之列。

使这些次要成就相形见绌的则是此次巴西之行的主要目标：搜集与观察动植物群落。亨利·贝茨写到，他们曾在 1848 年去过那里，“以探索［亚马孙河］沿岸的自然史……并进行实地考察”。正如华莱士先生在他的一封信中所表示的那样：“为了解决物种起源问题”，我们曾就这一议题进行了许多交谈和书信往来。他们并没有解决进化的机制问题——正如我们将会看到的，华莱士在 1858 年完成了这项工作——但他们的确注意到物种的地理分布的一些有趣的方面。

华莱士的一个观察结果是，一些鸟类和昆虫成群地越过宽阔无比的亚马孙河及其主要支流，而在其他人看来，这些是难以逾越的障碍。灵长类动物的情况尤为如此。“逆内格罗河而上，河两岸之间的差异十分引人注目。在河的下游，你会发现北岸有双色普通狨（*Jacchus bicolor*）和短尾猴（*Brachyurus couxiu*），南岸则有长红胡子的僧面猴属（*Pithecia*）猴子。向上游行进，你会发现北岸有红脸蛛猴（*Ateles paniscus*），南岸有新的黑色的普通狨属（Jacchus）

猴子和洪堡绒毛猴（*Lagothrix humboldtii*）。”[①] 他对了不起的施皮克斯提出了大胆的挑战。后者在其有关巴西猴类的著作中没有意识到这一现象，尽管“事实是原住民所众所周知的”。华莱士观察到，沿着河的支流逆流而上到达其比较狭窄的源头，“这些支流就不再是一条分界线，大多数物种都可以在两岸找到”。他指出，地理分布的许多方面仍然有待于进一步的研究。为什么猴子的同种群体被大片的森林所分割？什么样的实际地貌决定了栖息地的边界——是温度，就像等温线所决定的那样吗？为什么一些河流和山脉构成生物学上的界限，而另外一些却没有？他经常观察到鸟类和昆虫当中类似的分布问题。为什么一些蝴蝶品种具有十分有限的活动范围——这可能与它们新近到达一个地方相关吗？华莱士设想，亚马孙河下游是新近形成的（这种设想也许是准确的：没有人确切知道），他根据这一点推测出进化论的一个例子：亚马孙河下游所特有的蝴蝶属于“最年轻的物种，是动物生命形式所经历的一系列漫长蜕变当中最新的一次”。

到达贝伦后不久，华莱士就对一种不同的现象感到担忧。当时公认的看法是，鸟类的喙和觅食方法是为了适应其栖息地和喜欢的食物而演变的。恰恰相反，他发现，四个具有鲜明特征的科——夜鹰、燕子、霸鹟和中南美鴷——在飞翔时全都觅食相同的昆虫，却采用完全不同的方法。同样地，朱鹭、苍鹭和黑面琵鹭的喙则截然不同，“形状独特。……却可以见到它们并排地从岸边的浅水中寻

① 华莱士的普通狨、短尾猴和僧面猴都是小萨基猴（little saki monkey）的物种，现在属于长尾猴属（*Callithrix*，包括 *C. jacchus* 在内的 17 种）、柽柳猴属（*Saguinus*，包括 *S. bicolor*、*S. mystax* 和 *S. imperator* 在内的八种，最后一种因其侧须类似于奥地利皇帝 Franz Josef 的胡须而得名）、僧面猴属（Pithecia，包括 *P. Pithecia* 在内的四种），或丛尾猴属（*Chiropotes*，包括 *C. satanas*）。

觅相同的食物”。为了证实这一点，他汲取了自己筹备鸟类标本的经验，因为“一旦打开它们的胃，我们发现其中全都有相同的小甲壳类和贝类”。同样，可以见到鸽子、鹦鹉、巨嘴鸟和鹟莺——“可能的最截然不同和分布最为分散的科”——都同时觅食同一种树的果实。这位未受过训练的观察者曾经成功地驳斥了有关鸟类的喙和觅食技巧的公认看法。

华莱士在巴西亚马孙河流域度过的时光留下的最大财富就是这些收集品本身，更多的则是其收集过程。当1848年华莱士远航南美洲时，他在收集标本、剥皮、保存和将其安放方面的经验仅仅是初步的。他四年后回国时在所有这些程序方面则堪称专家。他的学习过程通过了观察和询问原住民巴西助手和亲自试错——数月的艰苦条件下的实践和一次次错误与不幸的事故。在那些年里，他和贝茨送回了惊人的14712个物种的标本，其中有一半以上从未在欧洲见到过。（当然，标本的数量要大得多，因为他们采集了同一物种的许多样本。）虽然贝茨十分乐于充当昆虫学家，斯普鲁斯很喜欢做植物学家，但华莱士则兴趣盎然地研究了自然界的每个分支。

他们很能干的代理商塞缪尔·史蒂文斯因出售而广泛传播了华莱士早年寄给他的很多标本。可悲的是，这位博物学家珍贵的私人收藏、他所收集的活禽及活兽，以及他在收集工作的最后几年中采集的果实都在沉船中丢失了。然而，他在早期亚马孙河流域采集工作中留下的样本，尤其是保存在自然博物馆和邱园中的那些得到了专业的存放，并贴上了整齐的标签。华莱士的野外工作经历的四年对于他后来在东南亚的采集工作来说十分重要。

除了华莱士为皇家地理学会所做的工作，1853年上半年，他还在其他一些聚会上发表演讲，所谈论的话题各种各样，如伞鸟、亚马孙河流域的猴子、与所谓“电鳗”相关的鱼类、原住民所吃的昆虫、弄蝶科蝴蝶的习性等。这些演讲每次都涉及地理分布。由于这些演讲以及后来的一系列著作，华莱士受到赞誉，被视为生物地理学这一学科的创始人。

所有这一切都使华莱士在伦敦的科学界很有名望。塞缪尔·史蒂文斯把他介绍到昆虫学会，史蒂文斯当时是该学会理事会成员。大家都已经听说，华莱士的收集品和笔记损失在“海伦号”轮船火灾中，以及按照史蒂文斯的生动描述，华莱士如何“在一艘毫无遮拦的舢板上九死一生，他在上面经过长期的困苦和焦虑，在大西洋的汪洋大海上（获救）”。该学会会长爱德华·纽曼（Edward Newman）提醒其专家成员，他们的一切都归功于在野外进行实地采集的工作者，因为他们“不分昼夜、季节、气候在国内外把自己的时间贡献给积极捕捉和保存样本的工作”。他尤其称赞华莱士和贝茨（后者当时仍在亚马孙河流域）。因此，正如华莱士的传记作者迈克尔·舍默（Michael Shermer）所说：“在待在国内的十八个月里，华莱士成为知识界的局内人　　科学俱乐部的一员。”

由于华莱士有不知疲倦的精力和对各种知识兼收并蓄的惊人好奇心，所以他希望重返野外。各种因素引导他来到东南亚地区。他聆听有关马来半岛的生态讲座，阅读古德里奇（Goodrich）的新作《普遍历史》（*Universal History*）。该书说，这一地区是尚未发现的动植物群落的一个“新世界”。华莱士还听说，荷兰人在西里伯斯（Celebes，今印尼苏拉威西）和摩鹿加群岛（Moluccas，今印尼马鲁古群岛）建立了高效率的殖民地。重要的是，他有机会与詹姆斯·布鲁克（James Brooke）爵士见面。后者刚刚成为婆罗洲（加里曼丹岛）西北部的沙捞越的酋长，他热情邀请华莱士做客。就这样，华莱士在自然博物馆度过了尽可能长的时间，“考察收藏品，做笔记，为马来诸岛的鸟类、蝴蝶和甲虫的比较罕见和珍贵的品种画了素描图”。他购买了夏尔－吕西安·波拿巴（Charles-Lucien Bonaparte）亲王的百科全书式的、洋洋800页的《鸟类概论》（*Conspectus Generum Avium*，1850），然后查阅了书中所引用的有关马来亚鸟类的所有书籍。他用一贯的高效率“以缩写形式抄录了我认为会使我能够确定每种鸟类的特征”。没有他在亚马孙河流域的多年经验，他本来无法做到这一点。在他在这些新的森林和岛屿上识别鸟类时，这种野外工作经验被证明具有惊人的益处。

下一步就是前往马来群岛的旅途。华莱士在皇家地理学会讲学时结识了其会长、杰出的地质学家罗德里克·默奇森（Roderick Murchison）爵士，发现他是“最平易近人、和蔼可亲的科学家之一”。1853年6月，华莱士提出了一个令人印象深刻的建议：要把新加坡当作他的总部，然后分别在六个群岛当中的每个待一年时间。该学会说，“他的主要目的是考察”这些岛屿的“博物学”，考察得要比以往任何时候都更为彻底。此外，为了取悦于该学会，他建议注重该地区的地理状况，进行多次测量和解读工作。他聪明地没有要求获得现金赠款，而是仅仅要求学会施加影响力，让他畅通无阻地抵达该群岛。就这样，他应邀出席了皇家地理学会探险委员会会议，给人留下了良好的印象。会议做出决议，即默奇森应该要求政府动用其轮船把华莱士载到新加坡，并要求政府提供写给荷兰人和西班牙人的介绍信，以便他能够进入其在东印度和菲律宾的殖民地。

提出申请后，阿尔弗雷德·华莱士出发到瑞士度假，同行的是他儿时的好友乔治·西尔克（George Silk），他当时是伦敦教区的财务官员。但当自由通行证官员过来找华莱士时，他正好不在——他当时仍在阿尔卑斯山漫步。回到伦敦后，有各种海军船只要来接华莱士，但出现了变更和延误，这让华莱士想起了在亚马孙地区时等待船只的漫长时间。他最终在1854年3月出发，乘坐铁行P&O邮轮公司的头等舱前往埃及，然后换乘其他船只前往新加坡（因为当时还没有苏伊士运河），所有这些都是默奇森为他提供的。

这本书所述的是关于华莱士、贝茨和斯普鲁斯在南美洲的日子。对于阿尔弗雷德·拉塞尔·华莱士来说，他在亚马孙度过的四年时间只是一种出奇充实的生活的前奏和准备。但在热带雨林的这些日子教会了他收集技巧和程序，并且对华莱士最著名的两个发现——自然选择进化论以及生物地理学中的“华莱士线”——产生了直接影响。

抵达东方后不久，华莱士居住在沙捞越的布鲁克酋长的一所房子中，他此时在考虑动植物的地理分布对物种起源的影响程度。华莱士、贝茨以及很多其他人都认为物种是一直在变化的，有些非常缓慢，其他的则快一些。“在时间和空间方面，每个物种的存在都与之前存在的有密切关联的物种保持一致。”这种逐渐的改变也受到其他因素的影响，如地理分布、地质情况（即大陆板块在海洋中的起伏）以及结构上的器官。华莱士用自己的鸟类和昆虫收集品来演示这个理论的地理学方面的内容。

华莱士将他名为《论影响新物种产生的规律》的论文发送给史蒂文斯，后者将其发表在1855年的《博物学年鉴和杂志》上。这篇论文现在通常被称为“沙捞越论文”。史蒂文斯将论文转给当时身处亚马孙河上游深处埃加（特费）的贝茨。令人惊奇的是，贝茨能够向他的朋友发送一封关于这篇论文的信，尽管华莱士当时也在地球另一端一个同样模糊的地点。贝茨对这篇论文感到高兴，并且完全同意论文的观点。“论文观点本身就像是事实一样，它是如此简单和明显，以至于阅读和理解这篇论文的人都被它的朴素所打动。而且它完全是原创的。”但贝茨也添加了一个温和的不同意见：“我完全同意这个理论，并且你知道，我也构思过这个理论，但我不可能如此强有力和完整地提出这个理论。”达尔文起初并未理会这篇论文，因为它并未包含任何新东西。但他的朋友，如地质学家查尔斯·赖尔（Charles Lyell）使他意识到这篇论文的重要性，另外还有来自华莱士本人的一封信。达尔文在回信时说道：“我可以清楚地看到，我们的想法非常相近，而且在一定程度上得出了相似的结论……我同意你论文中几乎每个字……”随后达尔文发布了一份被描述为雅致的“禁止擅闯”（no-trespassing）通知：“今年夏天将是我首次开始探究物种和变种之间彼此区别问题二十周年（！），我现在准备将我的作品出版，但我发现这个主题是如此巨大，以至于虽然我已经写了很多章节，但我猜想我不会在两年的时间内出版。”

达尔文担心的事情出现在1858年1月。华莱士当时位于小岛特尔纳特（Ternate）上的主定居点，随后来到附近较大的济罗罗岛（Gilolo）上一个名为多丁加（Dodinga）的村落。[①] 他当时正从急性疟疾的发烧和寒战中恢复过来，他可能是在当地染病，也可能是六年前在沃佩斯河上差点儿让他死掉的疟疾的复发。正如他在随后的自传中描述的那样，他当时在思考他年轻时读过的马尔萨斯（Malthus）的《人口论》。马尔萨斯写道：人类人口受到疾病、战争、饥荒和其他灾害的限制。所以，繁殖速度通常快于人类的动物就必须用更大和经常性的毁灭来进行控制。“这让我想问一个问

① 特尔纳特位于印度尼西亚北部，在苏拉威西和巴布亚新几内亚之间的摩鹿加群岛的哈马黑拉岛（Halmahera，当时称为济罗罗岛）附近。当新几内亚的西半部被（不光彩地）给予印度尼西亚时，他们最初称之为伊里安查亚（Irian Jaya），但现在改为巴布亚。

题：为什么有些个体死去而有些个体活下来？很明显，答案就是从总体上看，适者生存。从疾病角度看，最健康的个体能逃离病魔；从天敌角度看，最强壮、最敏捷或者最狡猾的个体能逃脱捕猎；而从饥荒角度看，最好的捕猎者或消化能力最好的个体能够生存。后来我突然想到，这种自动过程必定会改进物种，因为在每代中，次等的会不可避免地被杀掉，而优秀的会保留下来，换句话说就是：适者生存。”环境（陆地和海洋、气候）、食物供应或天敌的变化当然是逐渐进行的，这给动物充足时间来适应环境或者被彼此隔开。“我越仔细考虑，我就越相信我终于找到了长期以来苦苦追寻的、能够解决物种起源问题的自然法则。”在后来的另一个版本中，他写道：“我脑海中突然闪现‘适者生存’这个想法，也就是那些被这种筛选过程淘汰的个体从总体上看必然不如那些幸存下来的个体。随后……关于具体修正的整个方法对我来说就变得非常清晰，并且在我［疟疾］发作的两小时中，我就想出了这个理论的要点。”

华莱士知道荷兰人的邮政船将在1858年3月9日停靠特尔纳特，所以他没有时间可以浪费。他连续三天晚上快速地写下论文《论变种无限地偏离原始类型的倾向》，并且他制作了一个用于寄送的修订本。他还急匆匆写下了给贝茨（信中他并未提及这个新理论）、给贝茨弟弟弗雷德里克，以及给达尔文的信。在给达尔文的信中，“我说到，我希望这个想法对他来说能像对我一样是一个全新的想法，并且希望它会提供解释物种起源所缺失的因素。我问他是否认为这个想法足够重要到可以展示给查尔斯·赖尔爵士”。几十年后，华莱士对他灵感的闪现有稍微不同的记录。他这次并未在他的日记或他稍后的《马来群岛》（*The Malay Archipelago*，1869）一书中提及它。但他发送给达尔文的论文所体现的才华却毋庸置疑。

当查尔斯·达尔文收到“特尔纳特论文”时，他变得心烦意乱。赖尔已经警告他要加快速度，完成他的伟大著作，但他并未这样做。他现在认为，这个年轻的科学家已经抢了他的风头。他给赖尔写信说道：“我从未见过比这更令人震惊的巧合。即使华莱士阅读了我写于1842年的手稿，也给不出比这更加精当的概括。甚至他的术语现在都成了我书籍章节的标题”。正如迈克尔·舍默（Michael Shermer）提到的那样，华莱士的论文实际上并不像达尔文认为的那样完全相同。但达尔文当时处于极度失望的状态，他并不想对华莱士展现出“不好的情绪”，但他对于自己失去在自然选择进化论这个伟大理念中的首要地位感到失望。

作为达尔文的两个最亲近的朋友，赖尔和约瑟夫·胡克提出了一个值得尊敬的折中解决方案：达尔文必须将华莱士的论文发给林奈学会让其宣读，但林奈学会也要宣读一份草稿，上面列出了达尔文早在1844年就写出的这些想法，另外还有1857年9月的一封信，上面添加了物种分化这个重要原则。[①] 这次联合宣读在1858年7月1日进行。会议标题是：“论物种形成品种的趋势；以及论通过自然选择方式获得品种和变种的不朽性”。两位作者都没有出席：达尔文当时处于极度悲伤中，因为他年幼的儿子查尔斯刚刚死于猩红热；而华莱士当时处于世界的另一端，并不存在阴谋要欺骗华莱士。会上宣读了来自赖尔和胡克的一封信，其中强调“两位不知疲倦的博物学家——查尔斯·达尔文先生和阿尔弗雷德·华莱士先生……在独立且相互不知情的情况下构想了同一种非常有创造性的理论，用来解释我们这个星球上变种的现象和无限持续……作为

① 查尔斯·赖尔爵士（1797—1875）是里程碑式著作《地质学原理》的作者；约瑟夫·胡克（比华莱士大六岁，与斯普鲁斯同龄）是一位杰出的植物学家。1865年，当他的父亲威廉爵士去世时，约瑟夫接替他担任邱园园长，他令人钦佩地经营了二十年。

这个研究的重要思路的原创思考者，他们都可以公平地要求获得这个功绩”。学会的副秘书长随后宣读了这三份文件。

林奈学会举行的这次会议只有30名成员参加，并且会议纪要非常简短。只有少数人领会到会议上提出的是多么重要的一个想法。胡克后来写到，对“旧学派”来说，这个主题太新颖了而使他们难以理解；但赖尔和胡克的认可“让学会的研究员感到相当敬畏，否则他们会站出来反对这个学说”。昆虫学家阿尔弗雷德·牛顿（Alfred Newton）是少数几个在读到论文时感到折服的人之一。他自己从来没有考虑过这个观点，他不知道自己对此是该感到高兴还是失落。“这里面包含一个非常简单的解决方案，它能解决在过去几个月中困扰我的所有难题……就像来自一种更高力量的直接启示……［它］用‘自然选择’这个简单的措辞就终结了所有秘密。”

当时并没有时间就这次宣读向华莱士进行咨询，也未让他修正将要发表的论文。但华莱士的第一反应是感到很高兴，因为像赖尔和胡克这样的杰出科学人士对他的论文有如此高的评价，以至于读出并发表了这篇论文。史蒂文斯和达尔文都给他寄送了印刷后的论文副本。在一封信中，华莱士非常感谢胡克组织了对两篇论文的宣读：“如果达尔文先生的慷慨大方使他只更早地公开我的论文而不伴有他自己的论文，那么这会让我非常痛苦和惋惜。而且我并不怀疑我们对于同一个主题有更加完整的观点。”他觉得联合宣读“虽然对双方都完全是公正的，但它对我是如此有利”。几十年后，华莱士说，达尔文和胡克都“用一种最友善和谦恭的方式”给他写信，并且给他的“荣誉和赞誉要多于我应得的程度，他们把我匆忙写就和直接发出的突然直觉……放在与达尔文的长期辛劳一样的高度”。他叮嘱他的好友乔治·西尔克阅读《林奈学报》上他的论文，并且“上面有查尔斯·赖尔爵士和胡克博士写的一些称赞的话（我不认识两位），所以我感到很自豪”。

达尔文受到鞭策完成了他的著作，并且由约翰·默里出版社在1859年11月出版了《论自然选择的物种起源》（*On the Origin of Species by Means of Natural Selection*）。他给华莱士寄送了一本，并附有一封信，上面写道：“如果没有您、胡克和其他一些人的话，我的著作将只会是昙花一现。”这次轮到华莱士对这本书充满赞誉。他给乔治·西尔克写信，反复催促他阅读达尔文的《物种起源》。“我已经通读了五六遍，每读一遍就愈加钦佩他。这本书将会与牛顿的《数学原理》一样永存。它显示出自然是……一种研究，它在宏伟和广阔方面不亚于其他任何研究。达尔文先生为世界提供了一种新科学，我认为他的名字应当超出古代和现代的任何哲学家。我的赞美之情已经无法言表！！！”在给当时已经回到英国的他的朋友亨利·贝茨的信中，华莱士写道：“我不知道如何表达我对达尔文著作的赞美。[我自己可能]无法理解这本书的完整性、它累积的海量证据、它令人无法抗拒的论点以及它令人钦佩的语气和精神。我真的感觉应该感谢没有让我向世界提出这个理论。达尔文先生创造了一种新科学和一种新哲学。”华莱士认为没有任何人曾如此彻底地推出一个全新知识分支，并且在一个系统中引入如此多事实。

当时身处摩鹿加群岛（Moluccas）的这位相对不知名的收集者会对达尔文感到敬畏，这一点毫不奇怪。但一些现代评论家发现，华莱士在后来的生命中也继续保持谦恭。华莱士也提醒人们，他自己的发现完全是独立的，但正如一名传记作家马丁·费奇曼（Martin Fichman）写的那样：“主要是通过华莱士自己的努力，人们才通常把自然选择的进化论称为‘达尔文主义’……”当华莱士在1889年出版解释这个理论的大师级教科书时，尽管他的著作对达尔文的原始概念进行了大幅改进，但他只将书命名为《达尔文主义》（*Darwinism*）。其他现代作家曾经试图证明达尔文可能剽窃了这个充满灵感的想法，但这种阴谋论已经被拆穿。所以留给我们的就是这样一种吸引人的观念：两名作者表现得都像维多利亚时代的完美绅士一样。达尔文转发了华莱士的论文，即便他还未自己发表这个理论，而华莱士从未声称自己有优先权。

在《林奈学报》发表他们的论文后不久，查尔斯·达尔文在给贝茨的一封信中表达了他的感激之情："你的朋友华莱士先生是拥有多么冷静的心灵，他对待我就像是一个拥有贵族精神的大丈夫。"贝茨随后将华莱士关于《物种起源》一书的褒奖信转给他的新朋友达尔文。在回信中，达尔文再次赞扬华莱士谦逊和令人钦佩的举止："他对我的评价太高了，对他自己评价太低了……但华莱士先生让我印象最深刻的是他对我没有嫉妒；他必定拥有一个真正诚实和高尚的性情，这是比才智高很多的一个优点。"达尔文经常表达他对华莱士的感谢。当年轻一些的思想家华莱士在1870年出版《对自然选择理论的贡献》（*Contributions to the Theory of Natural Selection*）一书时，达尔文写道："我亲爱的华莱士，从来没有人对我，事实上对任何人的赞扬，能超过你的赞扬。我希望我能完全配得上这些赞誉。你的谦虚和正直对我来说可不是新鲜事。"令人高度满意的是，"我们之间从来没有感觉到对彼此有任何嫉妒，虽然我们在某种意义上是竞争对手。我相信我可以自己真实地讲出这些话，并且我绝对确信你也是如此"。

令人难以置信的是，华莱士和贝茨在1855—1859年还可以彼此通信，因为他们当时身处地球的两端，并且每个人都在极其遥远的热带雨林中。贝茨写的信必须搭乘一艘从埃加向下驶往马瑙斯的季度汽船，然后转移到另一艘向亚马孙河流下游前往贝伦的汽船，随后被放到一艘不常见的跨大西洋航行的船上，在橡胶热之前这可能是一艘帆船；在伦敦，信件被送到塞缪尔·史蒂文斯那里，他随后将信转给身处东南亚的华莱士。当时还没有苏伊士运河，所以信会被送到亚历山大港（较重的包裹会经海路从南安普顿出发，但信件会通过火车到达马赛然后再走海路）；随后从陆上到达红海，由其他船只运往印度或新加坡；然后前往荷属东印度群岛中爪哇岛上的巴达维亚（现在的雅加达）；荷兰人有一艘邮政船，它会花五周时间绕他们的岛屿一圈，并且这必须在华莱士碰巧在的地方找到他。华莱士的回信要经过方向相反的复杂路径。现在不清楚这两位博物学家是如何为他们的信件付款。英国在1840年创造了邮费章，并且巴西在1843年成为第二个这样做的国家；但它们只用于国内邮寄——管理国际邮寄业务的万国邮政联盟直到1874年才建立。

华莱士的另一个重大发现是婆罗洲的动物完全不同于西里伯斯岛（苏拉威西岛）上的动物，毕竟从婆罗洲只需向东穿过望加锡海峡113公里就能到达西里伯斯岛。再往南，当华莱士在靠近东部的巴厘岛和龙目岛进行收集时，也发现了相同的现象。“因此我能够确定东方和澳大利亚这两个主要动物学区域之间的具体边界。”这条非凡的生物地理学分界线后来被称为华莱士线。在1857年的一封信中，华莱士提到，巴厘岛和龙目岛的“大小虽然几乎相同，有相同的土壤、地势、海拔和气候，并且能够看到彼此，但它们属于完全不同的生物学地区，它们构成了最大极限”。他随后在1858年1月给贝茨写道：“在这个群岛中，存在有严格界线的两种不同动物群落，它们的差异类似非洲和南美洲的动物群落差异，并且要比欧洲和北美洲的动物群落差异大得多。但在地图上或者从这些岛屿的外观上没有东西能标记它们的范围。界线从彼此更近的岛屿之间穿过，而不是同一群岛相对较远的群岛间。在哺乳类和鸟类中，这种区别表现在局限在一个地区的属、科甚至目；在昆虫中表现为属、特殊物种的小群体，以及通常拥有广泛或普遍分布的昆虫科的数量”。随后，依靠令人吃惊的预见能力，华莱士向他之前的同事猜测，一侧是“亚洲大陆的一个分开的部分，东面则是之前西太平洋大陆的一个零碎的延伸部分”。华莱士 1859 年在杂志《鹮》(*Ibis*)上以及 1860 年在《林奈学报》上更加全面地解释了这条线。他正确地推断，动物群在不同的大陆块上有不同的进化。所以他提前一个世纪预见到了板块构造或大陆漂移理论。我们现在知道，在远古地质时代，澳大利亚从南方陆块冈瓦纳大陆漂移过来，马来群岛则是从亚洲或盘古大陆分离出来的。虽然这是在地球的另一端做出的发现，但华莱士之前已经注意到亚马孙河流将物种分离开来，这无疑有助于他进行这种引人注目的新观察。

华莱士在 1862 年 4 月返回伦敦。在东南亚的八年间，他“在马来群岛内旅行了 22530 公里，并且进行了六七十次单独的旅行”，其间他收集了令人惊奇的 125600 件标本，其中有很多是非常不错的珍品。他将这称为他生命中“主要和起决定作用的事件”，并且这大大超过了他在亚马孙四年时间的收获。华莱士对他的东方探险进行了精彩记述，他在 1869 年出版的《马来群岛：猩猩和天堂鸟之国。人与自然研究行记》(*The Malay Archipelago: The Land of the Orang-utan; and the Bird of Paradise. A Narrative of Travel with Studies of Man and Nature*)理所当然地获得了巨大成功。这两次伟大的行程奠定了他作为当时最重要的田野博物学家的地位。

回到英国，华莱士仍然受到复发的疟疾的困扰，但十二年的热带收集工作让他变得纤瘦和健康。他的小胡子和连鬓胡子最终延长为胡须，他在随后的时间中一直留着胡须。(到 1869 年，胡须已经长得很满，开始变成灰色。胡须后来变得更大，并且变得像他满头的头发一样白。所以在晚年时期，华莱士慈祥睿智的面容从他的小圆眼镜中显露出来，使他看起来像是一位宗教先知。）

当时已经39岁的华莱士想安顿下来。他发现很难找到妻子。他追求的第一位女士——也就是他一位棋友的女儿——曾屡次拒绝他；但是在1866年，华莱士娶了安妮·米滕（Annie Mitten），也就是药剂师兼苔藓植物学家威廉·米滕（William Mitten）20岁的女儿。他们在威尔士北部度过了蜜月，并且在斯诺登山（Snowdon）周围攀登。虽然当时在度蜜月，但华莱士并未将全部注意力都放在新娘安妮身上。他注意到那里弯曲的山谷，并且在1867年1月《科学季刊》的一篇名为《威尔士北部的冰雪标记》的论文中认为，这些平滑的盆地是由冰川压力形成的，而不是源自水力侵蚀。华莱士的理论仍然未获得普遍接受。虽然华莱士在蜜月时分了心，并且他们有较大的年龄差，但这是一段幸福的婚姻，一直持续到华莱士在半个世纪后去世。他们为两个儿子和一个女儿感到骄傲。

作为稳定生活的另一个要素，如何找到一份正式工作难倒了华莱士。他发出的各种工作申请都不成功。他从东南亚的收集品中赚了很多钱，尤其是华丽的天堂鸟；但这些钱已经被花掉了。所以钱始终是一个问题。他在威尔士板岩采石场的投资损失了大约1000英镑，随后又在铅矿上损失了另一笔钱。唯一的好消息出现在1881年，他获得了每年200英镑的津贴，这是达尔文亲自写信给时任英国首相格莱斯顿（Gladstone）为华莱士争取的。华莱士并没有因为缺钱而气馁，他每年都出书、写论文、做演讲、提出新想法，直到自己漫长的生命结束。

华莱士不知疲倦和喜欢探索的精神使他涉猎无尽的学习和社会科学分支，有一些还是非正统的学科。他是一名坚定的进化论者，但这并未妨碍华莱士对《物种起源》这本伟大著作提出质疑。他批评达尔文将人们选择性饲养的家畜与那些经历适者生存的野生动物混在一起。更富有争议的是，华莱士认为进化论并不适用于人类。人类有增大的大脑，远好于类人猿的大脑。对于“过原始生活的”原住民和成熟的文明社会的成员，两者的大脑是完全相同的。所以他主张，对于人类，“有一个占统治地位的智能在监视［自然选择的］这些规律的行动，从而……［使］我们的精神和道德本性产生无限进步”。华莱士还变得对招魂术充满热情，他让自己相信神秘的敲击声和桌子移动并不是错觉。他在欧洲和美国写关于招魂术的文章，做相关方面的演讲，并且还徒劳地试图让他的科学同仁相信这种显灵现象。他卷入了一场针对一名狂热的地球扁平论者的漫长而昂贵的法律诉讼中。在长达十年的时间里，他狂热地反对接种疫苗，即便他并没有任何医学资质。在整个一生中，华莱士都主张土地国有化，他认为这是一种彻底的社会改革，能让社会进步。他写道：有人生来就是百万富翁，而有人则生来是乞丐，这是一种反人类的罪行。到美国访问时，这里的地质、博物学和充满活力的社会给他留下了深刻印象。他对天文学以及人类在宇宙中的位置感到着迷。华莱士还曾涉足于改革英国国教会（虽然他是一名无神论者）、帝国主义、模范农场和现代博物馆。

除了我们认为是钻牛角尖的一些观点外，华莱士带来了无数科学和社会学上的研究和思想。迈克尔·舍默汇编了一份华莱士出版的所有作品的清单：其中包括 22 本书，从 1853 年撰写的《亚马孙棕榈》到 1913 年的《民主的反抗》（*The Revolt of Democracy*），并且还有令人震惊的 747 篇文章，包括科研论文、回顾和评论。进化论生物学家史蒂芬·杰伊·古尔德（Stephen Jay Gould）认为，华莱士的杰作是那本“不朽的《动物的地理分布》（*Geographical*

Distribution of Animals，1876），它本质上建立了动物地理学这门科学，并且让进化因素完全进入动物的地理分布中”。所有曾接触过阿尔弗雷德·拉塞尔·华莱士及其著作的人都会臣服于他的精力、多产和热情，他的好奇心、诚实和开阔心胸，他才智的光辉，他作品（以及我们听说的他的讲课）的优雅和清晰，以及他的和蔼可亲体现出来的魅力。

华莱士也是一名能力出众的艺术家，而且要好于他的朋友贝茨或斯普鲁斯。当双桅帆船“海伦号”在1852年着火时，华莱士冲进充满烟的船舱中抢出了一个锡盒，这也是他从海难中救出的唯一东西。盒子里有50张素描图，大部分是鱼类的图像，这是前一年他在内格罗河上游绘制的。在1904年，华莱士将这些图捐赠给自然博物馆，并且他谦虚地说动物学部门的人可能会对它们感兴趣。这些图是极其准确的图像，比例非常精确。但它们也是艺术品，是博物馆档案馆的珍藏品。

1905年，时年82岁的华莱士出版了一本分为两卷的自传《我的一生：事件和观点的记录（*My Life: A Record of Events and Opinions*）》。古怪的华莱士对收到的一条赞扬评论感到高兴，这条评论称赞了他的成就，但随后说道：“在很多学科中，华莱士先生是一个抗体（antibody）。他反对疫苗接种，反对国家对教育的捐助，反对土地法等等。作为补偿，他支持招魂术，支持颅相学，所以像装货一样，只要能浮起来，他就携带尽可能多的幻想和谬论。”华莱士喜欢别人称他是“抗体”。对于这位杰出、有魅力但常常很古怪和有争议的科学家，有很多关于他的书，尤其是彼得·雷比（Peter Raby）写得不错的传记（2001），以及迈克尔·舍默在2002年、罗斯·施劳顿（Ross Slotten）在2004年、马丁·费奇曼在2004年做的令人印象深刻的研究，还有查尔斯·史密斯和乔治·贝卡罗尼（George Beccaloni）在2008年编辑的一系列论文，以及安德鲁·贝瑞（Andrew Berry）在2002年和桑德拉·科纳普（Sandra Knapp）在1999年出版的华莱士作品选集。

在他的一生中，华莱士因为出色的科学工作而获得赞誉。他当选为英国皇家学会的一员，并且在1868年，这个最重要的科学机构授予他皇家奖章，还在二十二年后授予他达尔文奖章，随后在1908年授予他久负盛名的科普利奖章（Copley Medal）。牛津大学授予他一个（罕有的）荣誉博士学位。在1892年，皇家地理学会和林奈学会都为他颁发了金质奖章。“这不是太可怕了吗？”他向他的女儿维奥莱特（Violet）抱怨说，“收到两个奖章，要做两次演讲，要整洁地回谢，并且礼貌地告诉他们我很感谢，但实际上相当厌烦！”在1908年，在达尔文－华莱士联合宣读五十周年之际，林奈学会举办了一场周年庆祝活动。华莱士觉得他必须参加，即便他惧怕奉承，并且认为将他放在与“伟大的天才”达尔文一样的高度是“很离谱的”。他为一枚新的达尔文－华莱士奖章发表了一场充满魅力并且像往常一样谦虚的获奖演说。林奈学会的主席说，绝不会存在比这两位伟大的博物学家“更美好的谦虚榜样，他们无私地赞美对方的著作，并且衷心地认为对方应当获得其独立劳作和思想的全部功劳”。

在同一年（1908），华莱士获得了最高荣誉。英王爱德华七世将他包含在获得新创建的功绩勋章（Order of Merit）的20名艺术、科学和学术领域的最杰出人士中。华莱士找借口没有参加在白金汉宫举行的授奖仪式。他向一位朋友写信说道，把功绩勋章授予像他这样热烈的激进分子、土地国有化支持者、社会主义者、反军国主义者，“太令人感到惊讶和难以理解”。但他很自豪地戴上勋章，并且将勋章包含在他最后一本书扉页中他的名字后面。他在90岁

（1913）时仍伏案工作，他在当年昏倒，并且不久之后就离世了。一些朋友建议华莱士应当埋在威斯敏斯特教堂里达尔文的旁边，但他已经告诉妻子安妮，他想在多塞特郡布莱德斯通他们的房子附近有一个朴素的坟墓。

在1859年6月离开巴西前，34岁的亨利·沃尔特·贝茨给他的家人写信说，他们很快将看到一个“略显老态的黄脸大胡子（我现在留胡子了……）出现在莱斯特的国王大街上”。（他在余生里一直保留着他宽阔的小胡子、浓密的连鬓胡须以及高额头上的满头毛发。它们最初是棕色的，但在晚年当然变成了白色。）作为一个孝子，贝茨重新开始了在家族针织厂的工作。他可能希望这会让他的母亲萨拉高兴，但现实并非如此，因为在1860年1月，也就是贝茨返回后几个月，他的母亲就死于肝病，享年仅57岁。母亲的妹妹搬到家里来照顾贝茨家的人：已经66岁的鳏夫亨利（对他来说，针织业务最为重要），以及他的儿子亨利、弗雷德里克（当时也已成为一名热情的业余昆虫学者）和塞缪尔。

大约在这个时候，贝茨遇到了19岁的萨拉·安·梅森（Sarah Ann Mason），她是一名在当地市场上有一个成功摊位的屠夫的女儿。在亚马孙度过十一年的独身生活后，这位博物学家明显很高兴能有一名比自己年轻15岁的美丽女孩陪伴，即便她来自一个更低的社会阶层，并且与他的智力兴趣没有丝毫共同点。她在1861年夏天怀孕，并在1862年2月2日诞下他们的女儿爱丽丝。萨拉·安用一个“×”在出生证明上签字，这可能是因为她不识字。她与贝茨于十一个月后，即1863年1月15日在伦敦圣潘克拉斯（St Pancras）的婚姻登记处结婚。按照当时的说法，贝茨做了一件很体面的事情，并且让她成为一名正直的女性。这后来证明是一次成功的结合。亨利·沃尔特和萨拉·安在余生中过着幸福的婚姻生活，他们有了另一个女儿以及三个儿子。但这个婚姻并没有增强这位科学家在社会中的地位。正如贝茨给他的朋友达尔文所写的那样："贝茨夫人是一个朴素的家庭妇女，仅此而已"。

回到英国后，贝茨首先担心的是他的个人收藏品。塞缪尔·史蒂文斯在他位于考文特花园的房子中保存了一段时间这些收藏品，并曾在标本拆包时雇用临时人员来对标本进行分类和编制目录。贝茨在亚马孙时曾写到，他已经收集了14000种昆虫、360种鸟类、140种爬行动物、120种鱼类、52种哺乳动物、35种软体动物以及少量植虫类动物（zoophyte，长得像植物的动物），总计有14712个物种。他谦虚地说，因为他通常是在未被其他博物学家探索的地方进行收集，所以"这里枚举出的物种中至少有8000种是科学上新发现的物种，并且现在欧洲不同地区的很多学者都在用他们忙碌的笔来描述这些物种"。随着时间推移，贝茨承认，他自己太穷，无法将他的个人收集品仅仅保存用于科学研究，这非常可惜，因为这些收集品"本来可以充分地体现一个地区的动物群落，而在我们这个时代，不可能为了相同的目的而再对这个地区进行探索"。为了支持他日益扩大的家庭，贝茨将他的私人蝴蝶材料卖给了分类学家弗雷德里克·戈德曼（Frederick Godman）和奥斯伯特·沙尔文（Osbert Salvin），"在他们无与伦比的收集品中，这些材料构成了一个重要部分"。从此以后，贝茨研究他的甲虫，但在1891年，他将天牛科卖给了法国雷恩的雷内·奥贝蒂尔（Rene Oberthur），并且只保留了步甲科（Carabidae）甲虫。

多年以来，自然博物馆一直优先挑选贝茨寄回的材料，所以这个国家级博物馆就有了仅次于贝茨自己收藏品的最大一套收藏品。一位著名的鳞翅目昆虫学家威廉·休伊森（William Hewitson）曾对贝茨抱怨说："我没看到过任何你精选的东西，它们都被博物馆的人挑走了。"博物馆还为贝茨提供了从莱斯特往来伦敦的有利条件，使他能监督他材料的"详细排列"。作为一名完美主义者，贝茨坚持从事这项无偿工作，因为当二十年前他和华莱士访问国家博物馆的收藏区时，贝茨很震惊地发现它"处于极度混乱的状态；几乎没有一个属是处于正确的顺序或者获得适当的命名"，所以这个地方对那些试图识别自己所捕捉蝴蝶种类的蝴蝶收藏者来说是无用的。

博物馆登记处的一些条目记录了博物馆向这位亚马孙收集者支付了多少钱。在贝茨早前托运的一批货物中（1851），博物馆以每只 3 先令（在现代货币中是 15 便士，在价值上是 100 倍）的价格购买了最漂亮的蝴蝶中的 55 只，以每只 2.5 先令（现代货币 12.5 便士）的价格购买 70 只，以 1.5 先令（现代货币 7.5 便士）的价格购买 31 只小一些的蝴蝶。自然博物馆购买了不到一半的贝茨发回的收集品：剩余部分被卖到了英国和欧洲其他地区的私人手里，如卖给了奥地利的收集者鲁道夫和凯特金・费尔德（Catejan Felder）。

贝茨发送的大部分材料都被混入了博物馆的主要系列中，但有几板贝茨固定好的标本幸免于此。如果蝴蝶的胸腔并未因为刺穿和再次刺穿（被其他收集者）而损坏，那么就可能是由于贝茨在运输时采用的是一个三角形的纸信封，或者是用当时常见的"英国马鞍类的托板风格进行低位"固定。博物馆的很多标本仍然有贝茨书写整洁的标签，上面给出了每种昆虫捕获的时间和地点。同样令人兴奋的一个珍品是贝茨的两个笔记本，它们现在位于昆虫学档案馆中。其中一个笔记本来自 1853 年，在很硬的大理石封皮中包含有大约 100 页简单的内容，它的记录只是关于蝴蝶和飞蛾。另一个笔记本来自 1856 年或之后，它的篇幅是前一本的两倍，并且也包含甲虫、蚂蚁、白蚁、蜻蜓和其他昆虫。这个笔记本拥有这位专家撰写的关于900多件标本的标有数字的条目，并且极其详细，他可能是观察了解剖学特性以及与其他昆虫的对比。贝茨用棕色墨水写的笔迹每行都很整齐很直，并且总是非常小、非常整洁和易读。其中一个典型的条目是关于安蚬蝶属（*Anteros*，蚬蝶科的一个属）："这些非常美丽的小蝴蝶……的特征是它们翅膀下面具有的金色和银色的闪亮外观，并且它们的身体和肢体上通常覆盖着很厚的鳞屑和软毛，主要可以在最干燥和最炎热的天气中发现这些蝴蝶"，随后是介绍它们的偏爱的栖息地、快速的飞行、身体和行为特点。对近期的一名传记作家来说，"这些内容让这种美丽的蝴蝶变得活灵活现，并且让它变得能被人理解，否则它可能会隐没在形式化描述的词句中"。这些笔记让读者回到这位孤单的收集者度过的时光，他拿着网和插针包，在广袤的亚马孙森林中的巨大树木间跑动。在这些整洁的手写条目中有关于蝴蝶、甲虫和其他物种的珍贵水彩画，这些像原物一样大小的画非常精致，在颜色和细节方面出奇的准确，并且就像刚画出来一样新鲜。看着这些出色的笔记本，很难想象贝茨工作的原始条件，那里经常是潮湿或湿润的、狭窄的，灯光昏暗，笔墨贫乏，并且饱受白蚁和其他贪吃害虫的困扰。

除了壮观的收藏品，贝茨在这艰辛的十一年中取得了什么成就？他从一个23岁的新手成长为一名34岁的拥有无与伦比的实地经验的资深人士。这位自学成才的针织品学徒现在是一位知名科学家，但因为他没有接受过正式培训或高等教育，因此无法完全进入科学精英圈子。他在亚马孙的这些年成就了一本畅销书、一个重要的科学论文集、一个以他的名字命名的理论以及一份在英国地理界核心的工作。

正如我们已经看到的那样，查尔斯·达尔文在贝茨返回英国几个月后的 1859 年 11 月出版了《物种起源》这本书。贝茨立即支持这个重要的理论。而且正如我们知道的那样，华莱士和贝茨最初去亚马孙就是为了探索关于物种起源的更多信息。华莱士后来无意间想到了控制物种改变的适者生存的理念，然而贝茨在亚马孙的这些年中更加关注的则是导致变种和物种之间差别的地理分布。在他 1855 年的笔记本中，贝茨记录了一种文雅的小昆虫，它是两种甲虫之间“渐变的亲缘关系的一个连接”（即进化）。我们已经看到，当华莱士将他关于新物种产生规律的开拓性论文（即 1854 年的“沙捞越论文”）发给贝茨时，贝茨回复说他完全同意其中的观点，但他补充说：“这个理论……正如你知道的那样，也是由我构思的。”华莱士回复说，他自己以及贝茨的大量收集品能够“提供最有价值的材料，演示和证明这个假说的普遍适用性”。但他提及一个物种接一个物种的地理分布，认为“我们对它的展示还未达到我们应当能够展示的程度”。

贝茨在 1860 年将他关于自然选择的进化观点发给达尔文，一起发送的还有他写的关于进化中昆虫的中间变种的一篇论文。他的信已经丢失了，但他一定为达尔文令人愉悦的回信感到激动：“我熟悉你的名字已经很长时间了，并且我已经听说了你在博物学事业中做出的热情努力。但我却不知道你已经在头脑中思考高度哲学性的问题。我一直认为，一个好的观察者实际上是一名好的理论家……我很高兴能听到你依靠自己丰富的博物学实践知识，在很多方面都先我一步，并且和我有相同的看法……我通过你的信能看出来，你已经在努力研究博物学中多个在我看来也是最困难的问题，例如不同变种之间的区别、代表性物种等。”（当然，达尔文很高兴刚从十一年的亚马孙收集工作中回来的贝茨能肯定他仍然富有争议的新理论。）

为了支撑他作为一名科学家以及一名博物学收集者的信誉，贝茨开始着手准备为期六年的一系列讲座，并以“关于亚马孙河河谷昆虫群落的投稿”为总标题发表论文。第一篇论文写的是一种常见的凤蝶属蝴蝶，贝茨在1860年3月5日和11月24日分两部分将论文发给伦敦昆虫学会，后者将论文发表在其学报上。在当时，一篇关于分类学说明的作品冒险解释其成因是很不寻常的。但贝茨不这样认为，他觉得他十一年一丝不苟的实地工作使他有资格讨论更广泛的问题。两位同时代的昆虫学家——威廉·迪斯肯特（William Distant）和爱德华·克洛德——称赞贝茨做出的这个突破。迪斯肯特认为存在三类昆虫学家：实地收集者、提出新理论的哲学观察者，以及从事物种和属的系统分类的分类学者。“贝茨几乎唯一地证明自己是每个领域中的大师，并且除了他的旅行老伙伴华莱士之外，在那方面的成就几乎没有其他现有的昆虫学家能比拟”。达尔文称赞贝茨没有成为“缺乏灵魂的博物学乌合之众”中的一员。

在1861年3月，贝茨骄傲地将他的凤蝶属论文发给达尔文。在附上的一封信中，他说他过去未预料到他得出的这个结论：即亚马孙的很多昆虫来自“圭亚那地区，这个地区一定是经过漫长时间传播的一个古老和奇特动物群落的所在地”。这是一个令人惊讶的预见。贝茨和达尔文都不知道南美洲的圭亚那地盾实际上是西非前寒武纪地质构造的一种延续。它已经通过板块构造而分离了数百万年的时间，而板块构造理论直到一个世纪后才建立。1983年，在对巴西和委内瑞拉之间的桌山进行的一次探险考察中确认了圭亚那地区的古老昆虫。探险队的科学家发现，这个山丘上的一些昆虫的近亲仍然能在西非找到。（本书作者参加了这次探险。内布利纳山就是斯普鲁斯在1854年探索的巴里亚－帕西莫尼河的源头。）贝茨还主张，冰河时代并未对亚马孙地区产生重大影响。在这一方面，他与达尔文的观点不同，后者认为向北的冰川作用可能已经导致较冷的动物群落入侵到热带，甚至可能导致一些热带物种灭绝。贝茨写到，他的凤蝶属蝴蝶清楚地显示，始终存在“一个拥有丰富特有物种的赤道动物群落，并且在像冰河时期这样相对现代的地质时期中，不可能曾经盛行任何程度的动物灭绝”。

达尔文立即回信说，他已经以极大的兴趣阅读了贝茨论文的每个字。“对我来说，在关于变异的事实方面，尤其是关于变种和亚种的区别方面，这篇论文看起来比我曾经读过的任何东西都要丰富……我希望我未来的工作能从中受益……”达尔文承认，他曾经对冰河时代影响南美洲这个观点很动心，但贝茨根据自己在这些森林中的多年经验提供的证据让达尔文相信相反的观点：“我对这个打击感到很吃惊，不知道该想什么。”在给约瑟夫·胡克的一封信中，达尔文写道：“[贝茨的]论证是如此出色，并且用一种毁灭性的力量反对冰河学说。我无法摆脱这种感觉，我感到瞠目结舌。”贝茨对来自这位伟大科学家的热情回应和赞扬感到激动。他立即回信表达他是多么高兴能“发现我的论文可能对您有所帮助”。他劝达尔文用昆虫来说明“困扰您的问题”，因为它们很小，能清楚标记并且容易收集。

虽然英国自然博物馆拥有贝茨收集品中的精华，但心胸狭隘的馆长宣布他们对贝茨早前的论文没有印象。贝茨对此感到沮丧。他给胡克写信说：“我从回来后几乎没有得到科学界人士的支持，因为他们根本不想发表我的论文。”达尔文安慰他说：“我可以理解你在B博物馆受到的待遇会让你感到沮丧；他们是一些好人，但不是会欣赏你作品的人。”达尔文觉得“过多的”分类工作让博物馆专家组成的工作人员团队变得迟钝。他邀请贝茨前往伦敦东南部的唐屋（Down House）和他住在一起。约瑟夫·胡克当时也在那里，胡克后来写道："我们在那里一起度过了好几天时间，而且这是我记忆中最令人愉悦的时光。他（指贝茨）的举止和性格是有如此的魅力，并且他是如此像孩子一样真心享受他回到祖国的生活……达尔文对贝茨的欣赏是全心全意和全方位的。"值得注意的是，亨利·贝茨，作为一个来自偏远乡村的针织店厂学徒，一个在14岁就离开学校并且完全自学成才的人，一个刚刚度过完全没有智力对话甚至没法讲很多英语的十一年成年时光的人，他不仅泰然自若地与两位年龄都比他大和社会地位都比他高的、当时最出色的科学家在一起，而且实际上还给他们留下了深刻印象，并建立了真挚友谊。与达尔文的这种感情在他的余生中一直延续，并且贝茨会定期与这两个人进行通信。

1861年3月，贝茨写信给达尔文说，昆虫学可以帮助阐明自然选择的一个方面，"也就是关于拟态的类比……其中的一些相似之处是令人相当震惊的——对我来说，它们是不断的惊奇和兴奋的源泉。在我看来，我似乎瞥见了一种弥漫于自然界的智慧动机，以及规范万物的强大的永不停息的奇迹法则"。拟态将成为贝茨下一篇论文的激动人心的主题，他在1861年11月21日向伦敦林奈学会宣读了这篇论文（发表在学会次年的学报上）。这是他"关于亚马孙河河谷昆虫群落的投稿"的另一篇，并且这一次是关于釉蛱蝶亚科蝴蝶，但在贝茨所在的时代，这是两种现代蛱蝶亚科的混合：釉蛱蝶亚科（Heliconiinae）和蜓斑蝶亚科（Ithomiinae）。由于他谈论的是拟态，这可能是他写过的最重要的一篇论文。他非常准确地讨论了蝴蝶和飞蛾之间的拟态，然后就是邪恶的"布谷鸟式"的蜜蜂和苍蝇的拟态，它们在外观上模仿筑巢的蜜蜂，目的就是进入蜂巢中成为寄生虫。贝茨随后介绍了模仿其他完全不同属动物的那些物种，它们的方法是在颜色和标记方面变得完全相同。可以让人理解的是，这些物种曾让包括贝茨在内的很多鳞翅目昆虫学家感到困惑：“虽然我很多年以来每天都在进行昆虫收集，并且始终非常警惕，但我在森林中时却经常被它们欺骗……这些拟态的相像情形可以举出数百个例子，它们非常有趣，并且我们越靠近研究它们，它们就能为我们提供越多惊喜；其中一些物种能展现出一种细微的、可察觉的、有意的相似性，这令人感到十分惊奇。”

拟态不能与保护伪装混淆，后者在整个自然界都会出现。贝茨给出了伪装的例子。“很多飞蛾的毛毛虫……有一种最具迷惑性的相像能力，它们与干树枝和其他物体很像。飞蛾自身经常看起来像被发现时所在的树干，或者它们翅膀的颜色和纹理像是它们静卧的落叶……或者是很有迷惑性地像是树叶上的鸟类粪便。”在甲虫中，有的物种看起来像是毛虫的粪便，有的像是叶尖上闪闪发光的露滴，还有的物种拥有与它们最喜欢的树木的树皮一样的颜色和形状。南美洲有一种螽斯科（Tettigoniidae）的黑树螽（*Scaphura nigra*），它能令人惊叹地模仿它的主要天敌：为了喂养自己的卵而一直捕猎蟋蟀的大沙蜂。另一种“漂亮的蟋蟀”看起来像是虎甲虫，并且生活在这些虎甲虫经常光顾的树上。捕食者也可能会使用这类花招。比如，为了欺骗它们的猎物，猎蛛可能会看起来像是昆虫或者静止物体。

拟态就是一种无防御能力的昆虫模仿一种危险或不可食用的昆虫的形状和外貌。贝茨着迷于这个发现。一种经常在白天光顾花朵的飞蛾“身上的外表就像是”一只黄蜂，这显然是用来欺骗“那些捕食飞蛾但避开黄蜂的食虫动物”。另一种非凡的保护模仿来自一种非常大的毛虫，它为了看起来像一只毒蛇而将自己从树叶上伸展下来，用这种方法曾欺骗过贝茨。它让自己头后方的三节身体膨胀，用两边瞳孔一样的大斑点来模仿爬行动物的眼睛；当它让自己向后仰时，它横卧的脚就用来模仿蛇头上的龙骨状鳞片。

所有物种都必定有某种方式“使自己在生存斗争中立于不败之地”。贝茨沉思釉蛱蝶亚科的蝴蝶为什么会如此繁盛，他的结论认为这一定是因为它们肛门附近的腺体分泌的难闻气味使它们变得很难吃。[1] 产生这种强力气味的汁液能让收集者的手变黄，并且要反复冲洗才能去掉这种味道。爱德华·克洛德将它们称为“昆虫界的臭鼬”。这些蝴蝶（以及其他昆虫）的显眼的图案和颜色是警告捕食者这一定是个猎物。如果一只鸟吃了一只这种蝴蝶，并且领教了它令人作呕的味道，那么这只鸟就肯定会“一朝被蛇咬，十年怕井绳”。“我从来没见过在深林中缓慢飞行的成群釉蛱蝶被鸟类或蜻蜓捕食，而釉蛱蝶对这些捕食者来说本来应该是容易得到的猎物。”当它们在树叶上落下时，蜥蜴或经常偷袭其他科蝴蝶的食肉蝇也不会来骚扰釉蛱蝶。但更吸引人的是数量少一些的异脉粉蝶科［Leptalidac，现在归类为粉蝶科（Pieridae）的袖粉蝶亚科（Dismorphiinae）］。它们不产生难闻的分泌物，所以它们成为诱人的被捕食者。它们的方法是模仿釉蛱蝶亚科的“外观，因此也分享了这个亚科的豁免权”。贝茨灵机一动意识到，对于一些无害的物种来说，拟态“很显然是它们避免被食虫动物消灭的唯一方法”。

---

① 著名昆虫学家威廉·奥弗拉（William Overal）解释说，贝茨研究了一组色彩鲜艳的亚马孙河蝴蝶，并将其拼写为 Heliconidae。他把这些蝴蝶分成两组。其中一种是 Danaoid Heliconidae，现在被认为是蜓斑蝶亚科（透翅蝶），与斑蝶亚科（Danainae）关系密切。对于贝茨来说，另一组是 Acraeoid Heliconidae，现在被认为是釉蛱蝶亚科（长翅或邮差蝶）。这两个群体都属于蛱蝶科，都食用植物毒素，以保护自己免受捕食者的侵害。蜓斑蝶亚科蝴蝶从成年时摄入的花蜜中获得类碱毒药，而釉蛱蝶亚科则以有毒的西番莲藤（西番莲属）为食。在整个亚马孙地区，蜓斑蝶亚科蝴蝶和形似者釉蛱蝶亚科蝴蝶都表现出共同进化的拟态复合体。贝茨并不是最后一个在野外受骗的蝴蝶收集者。

这种不可靠的生存策略被称为贝氏拟态（Batesian Mimicry）。它是这位年轻的昆虫学家最经久不衰的遗产。

贝茨承认，生物模仿其他生物的过程是一个秘密。但这样做的原因是“相当清楚的，因为我们有了达尔文先生最近在《物种起源》一书中阐释的自然选择理论”。例如，可食用的异脉粉蝶（即现在的袖粉蝶）逐渐学会模仿令人生厌的蜓斑蝶亚科蝴蝶［图版76］。“原理只能是自然选择，并且负责选择的媒介是食虫动物，它们逐渐消灭那些……不足以像蜓斑蝶亚科蝴蝶一样能欺骗它们的变种。”[①] 当然，这个话题非常复杂，存在多种不同类型的拟态，其中一些是都不能食用的不同物种之间的拟态。[②] 在其他时候，拟态并不是非常可靠。但那些“搜寻模仿者并避开被模仿者”的昆虫天敌会“一代接一代地”消灭那些模仿能力不佳的物种，从而“只有其他物种［才会被］留下来繁殖它们的品种”。这就是适者生存。

林奈学会的官员对贝茨关于拟态的论文非常冷淡，但来自达尔文的过度赞扬补偿了这一点。他写道：“我认为，这是我一生中读过的最卓越和最令人钦佩的论文之一。拟态情况真的是不可思议，并且你出色地联系到很多拟态事实。”达尔文谦虚地说，他很高兴曾在《物种起源》一书中写过一点关于拟态的内容，因为“你已经最清晰地阐明和解决了一个绝妙的问题。对大多数人来说，这无疑是这篇论文的精华所在……我诚挚地祝贺你这第一篇伟大作品。”

---

① 威廉·奥弗拉评论说：“关键在于，袖粉蝶亚科是六足蝴蝶，而蜓斑蝶亚科是四足蝴蝶。”

② 一位当代巴西鳞翅目学家、德国人弗里茨·米勒（Fritz Müller）解释了两种不能食用的物种互相拟态的问题。他认为每一种新鸟类都必须通过尝试吃掉一只蝴蝶来了解哪一只蝴蝶不好吃。因此，如果一些令人讨厌的蝴蝶或其他昆虫看起来很像，那就意味着作为捕食者学习过程的一部分，被捕杀的数量会减少。这种互相补助的概念被称为米勒拟态。

在一份学术杂志中对这篇论文进行评议时，达尔文写道：贝茨非常清楚地描述了各个不同品种的蝴蝶的标记和拟态。但他随后“给这些［自适应相似性］的事实提供了必不可少的天才触角，并且突发奇想地找到了所有这些拟态的终极原因”。贝茨的发现帮助达尔文将他在《物种起源》中提出的一个假说在随后两本书中详细阐述为一个理论，这两本书便是《驯化的动物和植物的变异》（*The Variation in Animals and Plants under Domestication*，1868）和《人类起源和性选择》（*The Descent of Man*，*and Selection in Relation to Sex*，1871）。

在靠近赤道的偏远森林中进行十一年的收集工作后，当贝茨返回英国时，他的“健康和精神状态都很低迷”。达尔文写信说，他很抱歉听说“你的健康状况不佳……我在这一点上和你感同身受，因为我身体不好已有很多年时间，并且担心我会永远是一个慢性病人”。由于贝茨的疾病、他在莱塞特针织厂的工作、他的婚姻，以及他的演讲和学术论文，他几乎没有打算要写一本关于他非凡旅行的书。两年后，他几乎已经“放弃了这样做。在那时，我开始认识达尔文先生，他认为我有能力完成这项任务，并且力劝我写一本书”。达尔文不断鼓励贝茨，并且提供了关于删除每个不必要文字的详细建议，让他的“风格相当清晰，并且丢掉修辞”，而且写了很多关于蚂蚁的内容——因为“《物种起源》比其他任何文章都更加关注蓄奴蚁”。当然，达尔文的支持并不完全是公正无私的：他需要他能够号召的所有盟友，巩固自然选择的进化论，而没有人能比得上贝茨多年的实地工作。达尔文劝这个年轻一些的博物学家使用他出书的约翰·默里公司；并且他提出写文章赞扬贝茨的信具有的“智慧和知识力量以及风格”。贝茨非常感激地接受了这个好意。

在1862年2月，贝茨将前五章内容发给默里，后者对它们印象深刻。达尔文在听说财务安排时感到吃惊："我从来没有听说过第一本书就能提供这样的条款。你可以相信，他对你的书评价很高。"但作者坦承说他发现写作是非常乏味的工作。达尔文回信说："你的书进展如何？打起精神来。写一本书并不是一件轻松的事情。"最终贝茨宣告："在这种鼓励下，这项艰巨的任务终于完成了。"

贝茨的《亚马孙河上的博物学家》一书在1863年1月分两卷出版。它"立即就跃升至旅行和原创观察类书籍的前列"。查尔斯·达尔文在《博物学评论》上为这本书写了一份六页的"鉴赏"，并且他立即给贝茨写了一份推荐语："你写了一本真正令人钦佩的著作，里面有重要的原创评论、一流的描述，并且整体风格已经没法再好了……对我来说，借着你的书每天傍晚在宏伟的亚马孙森林中徜徉半小时，并且根据你的生动描述自己想象场景，这对我来说真的是一种享受。"另一份颂扬来自从来没去过南美洲的著名鸟类美术家约翰·古尔德（John Gould）。当古尔德见到贝茨时，他惊呼道："贝茨，我读过你的书，我见过亚马孙！"昆虫学家戴维·夏普（David Sharp）也称赞这本杰作："它的主旨是对自然的一种深情和厚爱，它的表达方式简单而真诚；这本书应当永远受到欢迎，这对我们的国家来说是一种荣耀。"另一位科学家威廉·迪斯肯特后来写道：这本书"到处有人在读，每位博物学家的藏书里都有它，并且它将与达尔文的《博物学家行记》和华莱士的《马来群岛》一起被载入史册"。

这本书是如此成功，以至于第一版印制的1250本书在几个月的时间里就销售一空。约翰·默里赶紧在次年出版了第二版，但（让达尔文感到惊讶的是）他让极不情愿的贝茨进行大量删节。因此，最初774页的两卷书到第二版就被缩减为466页的一卷，其中省略了很多科学内容——我们现在称这个过程叫通俗化。重要的章节被删节，其中包括：原住民在没有驯养动物时会受到什么影响；沙蜂这样的昆虫是如何有精确的位置感；“袖蝶属的某些蝴蝶演示说明的物种起源”；对白蚁及其聚集地的完整调查；同样非常有趣的关于 38 种猴子的观察；以及对拟态的分散提及——这产生了贝茨最著名的理论。这本书完整的第一版后来曾重新出版，但只是在作者刚去世后的 1892 年。

除了赞美外，一些充满嫉妒的竞争者质疑贝茨发现的新物种的量级。贝茨给胡克写信说：“在周一早上，我在大英（自然）博物馆碰到了一群反对者，他们是一小群主要的馆长（以约翰·格雷博士为首），他们激烈地批评我［在书的序言中］关于在 14700 个物种中有 8000 个新发现物种的说法。”贝茨为胡克提供了一份详细的分类信息，用来支持他的观点。对此，这位杰出的植物学家回复说，他从来没有怀疑过这些新物种的数量。

胡克写道：格雷因为辱骂每个人而声名狼藉。贝茨应当视而不见，不理睬来自这些心胸狭隘者的批评，让他们做这些无意义的琐事吧，而他就用自己的书籍打造出一座高峰。“请记住，昆虫学家是一群卑鄙的人，你在与他们打交道时应当记住这一点。这是他们的不幸，不是他们的错。”但他警告贝茨，这些博物馆的专业人士会本能地将他视为一个闯入者。“在伦敦的科学界立足是极其困难的……对这个事实视而不见也于事无补。为了确立你的地位，你需要很多年出色、勤劳、无利可图的科学工作。”胡克的警告很不幸是正确的。1862 年，自然博物馆出现了一个动物区馆长昆虫学助理的职位空缺。贝茨急切地提出了申请，并且他得到昆虫学会的支持。但他被拒绝了，原因在于他的 37 岁的年龄这个技术问题，还有缺乏正式教育——可能还因为他被视为是过于信奉达尔文主义。

这份工作反而提供给博物馆员工中的一员，也就是一个没有做过任何科学研究的、名叫亚瑟·奥肖内西（Arthur O'Shaughnessy）的晦涩诗人。[①] 一年后，贝茨希望博物馆能花钱请他为博物馆的蝴蝶制作一份新目录，但他再次被拒绝，原因在于学术和社会地位上的势利，并且还有对他无与伦比的实地工作的嫉妒。

1863年，贝茨娶了萨拉·安，并且将他的新家庭搬到伦敦的哈弗斯托克希尔（Haverstock Hill）。他的年收入只有123英镑，其中100英镑来自他的两个哥哥，作为对他离开他们莱斯特针织厂的一种补偿或奖励；剩余的钱来自他用在十一年的收集工作中存下的800英镑购买的一些股票的股息。

1864年初，皇家地理学会需要任命一名领薪水的行政长官，头衔是助理秘书。创建于1830年的这个学会在三十年的时间里主要是由不领薪水的荣誉官员在运行，这导致它的管理和财务一团糟。作为学会理事会的一名杰出成员，弗朗西斯·高尔顿（Francis Galton）回忆说，他们当时极度渴望找到一名高效的管理者。约翰·默里强烈推荐贝茨。皇家地理学会只知道贝茨是“一名充满进取心的旅行者、一名贡献突出的博物学家，以及一名有魅力的作家”。但当默里向他们保证他有“系统和有条理的方式以及他商业化的习惯”时，他们就急切地为他提供了这份工作。（出版商称一位作家很“商业化”，这种情况很少见——贝茨一定是非常熟练地对他的书籍合同进行了谈判。）查尔斯·达尔文也支持贝茨作为理想候选人。虽然贝茨自己更喜欢动物学或昆虫学方面的工作，但“［自然］博物馆的官员或者规则已经拒绝了他的工作”。贝茨有一

---

① 据说奥肖内西是大英博物馆某董事的一位情妇的侄子，他分不清飞蛾和蝴蝶，他有严重的近视眼，无法清楚地分辨昆虫，笨拙得无法精细地处理昆虫，他懂的更多是词源学，而非昆虫学。

个新家庭要供养，并且需要收入，所以他接受了这份工作。喜欢这个职位的还有另一个人，那就是 1862 年从东南亚返回的阿尔弗雷德·拉塞尔·华莱士。但当他听说选中贝茨时，他非常善良地承认说他的朋友“更加有资格”。

运营皇家地理学会并不是一份闲职。大部分主席任职时间都很短，所以助理秘书就成为学会永久的“指挥员……负责管理与世界各地的旅行者和地理学家进行的海量通信；安排夜晚会议；经常要修改以及有时重新改写要宣读的论文；编辑论文集；并且还有旅行者的出发和返回附带的大量工作，他们会……直接来找贝茨寻求建议和帮助，而且他们从来不会空手而归”。结果，贝茨运营皇家地理学会长达二十八年的时间。这几十年正是英国海外探索和地理发现的黄金时代，并且也是皇家地理学会的黄金时代，这个学会从 1864 年的一个业余社团成长为世界首屈一指的地理学会。

贝茨任命充满活力的克莱门茨·马卡姆（Clements Markham）担任学会的荣誉秘书二十五年的时间，贝茨从中获得了相当大的帮助。比贝茨小 5 岁的马卡姆当时在为印度办事处工作。他是一位著名的旅行者和作家，并且正如我们已经看到的那样，他还是让斯普鲁斯从厄瓜多尔移栽金鸡纳树的鼓动者。① 在回顾贝茨为皇家地理学会取得的成就时，马卡姆回忆了他是如何重新组织学会的办公室、图书馆和地图室；如何改进会计方法、如何让作者们更容易地展示他们的论文；以及在 1870 年搬迁到位于萨维尔街 1 号更大

① 马卡姆后来与胡克一起策划将巴西橡胶树从亚马孙河流域移植到马来亚。这最终导致了东南亚橡胶种植园的繁盛和亚马孙橡胶热的崩溃，因为亚马孙橡胶热的基础是采伐野生树木。贝茨于 1892 年去世后，马卡姆作为该协会最杰出的主席之一服务了十三年。

场所时如何监督这项“困难而艰巨的工作”。[1]1873 年，贝茨在学会的新场所组织了伟大探险家戴维·利文斯通（David Livingstone）的遗体告别活动，数千名仰慕者列队缓缓走过他的遗体，随后这位探险家被安葬在威斯敏斯特教堂。

像所有贝茨的讣告作者一样，马卡姆强调了贝茨长久不变的礼貌、魅力和机智，并且他提到贝茨为来自世界各地的旅行者、探险家和地理学家持续提供信息和建议。这位助理秘书工作极其努力，这不仅表现在巧妙地为杂志和论文集编辑（有时是重写）论文。他与弗朗西斯·高尔顿一起编写了学会著名的《旅行者提示手册》中的很多内容；并且他撰写、修改文章，或者为很多其他书籍供稿。贝茨十一年的亚马孙实地工作使他成为所有这些方面无懈可击的权威。正如马卡姆所写的那样：“他自己拥有的丰富信息对在自己的工作中需要帮助的所有人来说都是无价的。并且这些信息一次又一次让贝茨能在一些困难的查询中提供缺失的线索，或者是阐明和拼凑孤立的事实……同事、……地理学家和旅行者总是能被……他的能力和知识……他判断的可靠性［以及］他在给出意见或建议时采用的有同理心和善良的方式所打动。”高尔顿也这么认为。对他来说，贝茨“始终是一名直率和有帮助的顾问，他总是善良地用最好的观点看事物，并且相当正直和值得信赖。学会中［他的同事］总是无限钦佩、喜爱和尊敬地看待他”。

在贝茨任职期间，皇家地理学会组织或大力支持了 18 次探险。它们始于戴维·利文斯通的刚果探险以及在 1871 年碰到亨利·斯坦利（Henry Stanley，他的探险不是皇家地理学会安排的）

[1] 四十一年后的 1911 年，萨维尔街上的这座建筑成为 Gieves & Hawkes 裁缝店，当时该协会搬到了它现在的住所，肯辛顿花园对面的 Lowther Lodge。裁缝店和协会目前仍在这两处位置。

之前的各种利文斯通救援探险；1887—1888 年斯坦利损失惨重的艾敏・帕夏（Emin Pasha）救援探险；中亚和东亚有很多探险，其中包括由乔治・海沃德（George Hayward）、内伊・埃利亚斯（Ney Elias）、亨利・特罗特（Henry Trotter）、道格拉斯・弗雷什菲尔德（Douglas Freshfield）和马丁・康威（Martin Conway）领导的探险；以及由 1876 年乔治・内尔斯（George Nares）的"极北"探险开启的极地探险的魅力。其中的每次探险都包含助理秘书大量辛苦但非常有收获的工作。（本书作者了解大型研究项目的组织工作，并且在担任学会的第四执行官的二十一年间曾领导或帮助推出 11 次探险。在那段时间，我桌子上的贝茨肖像给了我很大鼓舞。）贝茨任职的几十年正处大英帝国的巅峰，并且皇家地理学会被视为是外交和殖民办公室的一种非官方延伸。贝茨鼓励探险家们报告他们所访问地点的自然资源和潜力，这可能是进行殖民的前奏。但他也强调科学发现，并且这始终是学会主要关心的地方。贝茨也热衷于让地理成为一门被认可的学术科目。皇家地理学会在学校中设立了地理奖，由贝茨担任考官，并且在 1877—1879 年组织了一系列关于海洋自然地理、大陆块和植物分布的讲座。当时有一项提高地理教育的运动，贝茨"像往常一样在经过长时间的深思熟虑后，得出了一个肯定结论，并且用他典型的精力来处理这件事"。所以学会推动说服了牛津和剑桥大学准备地理方面的读物。

为皇家地理学会做的所有这些工作都需要贝茨的时间和精力。华莱士很遗憾地说他朋友的职责阻碍了他在博物学方面的工作。情况的确是这样。但运营学会这么长时间并且将其打造成世界一流的机构也是一项巨大成就。这位亚马孙昆虫学家肯定非常享受遇见如此多世界级的探险家：从理查德・伯顿（Richard Burton）和亨利・斯坦利到杰出的俄国无政府主义者彼得・克鲁泡特金（Peter

Kropotkin)。并且在亚马孙度过十一年之后，贝茨几乎没有期望再进行一次伟大的研究探险。

贝茨继续发表关于蝴蝶和甲虫的论文。但他不再思考进化和物种分布，也不再建立自然方面的理论。他的工作放在分类学上面，也就是“进行命名、排号、贴标签等工作”，他过去曾因为这些而蔑视自然博物馆的馆长。他曾在担任昆虫学会主席时发表的一篇演讲中对此进行辩护：他现在认为昆虫数量是如此巨大，以至于分类是优先工作。该学会主席的继任者戴维·夏普对此表示同意：“一些人表达了遗憾，从他关于拟态的论文后，他就没有再为我们提供进一步的广泛归纳或有独创性的建议。他这样做的原因在于……描述性的昆虫学家……知道要完成的工作量有多大……”即便在系统学中，贝茨也是有创新精神的：他对各种蝴蝶科进行了重新分类，并且鳞翅目昆虫学家都遵循他这种“划时代的”改变。另一位重要昆虫学家弗雷德里克·戈德曼（Frederick Godman）回忆贝茨是如何用他一贯的精力，为中美洲的一次甲虫调查而研究大量寄回的甲虫。他在1879—1886年研究了天牛（属于天牛科）、在1881—1884年研究了鞘翅目肉食亚目陆栖类（Geodephaga）昆虫，在1886—1891年研究腮角类甲虫（属于金龟子科和亲缘科）——当然这些都是在他皇家地理学会工作之外的空余时间完成的。

正如我们在他的亚马孙旅行中看到的，贝茨是一个天性谨慎、保守和务实的人。他逐渐出售他的个人收藏品，用来支付他的两所房子（一个在伦敦、一个在福克斯顿）和他的家庭的开销。他加以教育并且随后让两个儿子成为新西兰的牧羊农民，让另一个儿子成为电气工程师，他还将自己的女儿们嫁了出去。最后，他只留下了他的步甲科甲虫收藏品，并且他成为这方面的世界级权威。

贝茨获得了一些赞誉：他是动物学会、昆虫学会（他曾两次担任该学会的主席）、更有声望的林奈学会（1871）以及最著名的皇家学会（1881，得益于达尔文的有力游说）的会员。1872年，巴西皇帝佩德罗二世在对英国进行国事访问时，授予贝茨（以及克莱门茨·马卡姆）玫瑰骑士团骑士的称号。但在1892年曾授予华莱士一枚金质奖章的皇家地理学会却未能给它忠实的仆人和超常的探险家颁发任何奖励。贝茨喜欢会见各种科学家，以及皇家地理学会中他必须接见的所有人，并且他还是科斯莫斯晚餐俱乐部的热情成员。贝茨在1892年2月死于流行性感冒和支气管炎，时年67岁，并且他当时仍在积极运营皇家地理学会。

巴西人对贝茨在他们森林中十一年的工作感到高兴——虽然贝茨与现代科学家一样，并未在他们的国家留下任何收集品。他的书于1876年用葡萄牙语出版，并且从此以后仍然在巴西印制，并且经常被现代巴西作家引用。虽然贝茨批评一些巴西人以及他们的道德问题，但他表现出了他对这个国家及其自然的热爱。亚马孙省的省长在1892年写到，贝茨是第一个预测到这个地区有辉煌未来的人，并且“描述了它令人眼花缭乱的光彩壮丽……我们地区的很多居民仍然能生动地回忆起这位英国博物学家……以及他在我们森林中进行的大胆和危险的远足”。

对贝茨的终极评价当数作家格兰特·艾伦（Grant Allen）：“在我浅薄的判断中，亨利·沃尔特·贝茨是我知道的造诣最深的科学智者之一。”艾伦认为，华莱士和贝茨都是“达尔文之前的达尔文主义者……并且几乎没有人能比‘亚马孙的贝茨’更加博学，没有人比他更加谦让、更加谦虚和更加不出风头”。艾伦（有些夸张地）回忆了一天傍晚在贝茨伦敦北部的邻居爱德华·克洛德客厅的情景。当时有大约十位客人，都是杰出的探险家或作家。“贝茨打破了他很少进行交流的惯常做法，向这些富有同情心的一小部分同伴倾诉自己的整个困苦生活……他带着令人惊讶的感伤和孩子般的朴素，用他纯正而细腻的英语向我们讲述了一个诚心奉献和在异国劳作的故事……他拥有我曾在人类脸上观察到的最好的前额，并且在他讲的时候……我们都目瞪口呆地听着……贝茨用平静的呼吸告诉我们他在这次探险中有时是如何接近于死亡；为了获得粗糙的每日口粮，他是如何像奴隶一样与奴隶一起工作；他是如何面对比死亡更可怕的危险；以及他是如何在一片他热爱的土地上冒着风险并且有时损失掉他拥有的所有东西，这让听他讲话的每个成年人都眼含热泪。”

理查德·斯普鲁斯是三位博物学家中最后从南美洲返回的人，他于 1864 年 5 月 28 日在南安普顿登陆。他离开的时间最长，有十四年时间，并且时年 47 岁的他比其他两个人年龄要大一些。他回来是因为他的健康受到损伤，并且瓜亚基尔那家声誉颇高的贸易公司的破产使他损失了为数不多储蓄中的大部分钱。当时没有人去欢迎他：他的父亲已经在 1851 年去世，他穷困潦倒的母亲玛丽在他返回的前一年也去世了。

但斯普鲁斯很高兴能活着回来。他在伦敦待了一段时间，访问他的朋友：阿尔弗雷德·华莱士、在赫斯特皮尔波因特（Hurstpierpoint）的乔治·本瑟姆，以及威廉·胡克爵士和邱园的其他植物学家。他遇到了寻找金鸡纳树活动的组织者克莱门茨·马卡姆，他“很高兴在伦敦的房子中招待斯普鲁斯”。他还见到了另一位通信者——丹尼尔·汉伯里（Daniel Hanbury）。汉伯里的家族在伦敦拥有非常兴盛的制药业务，年轻的丹尼尔叮嘱乔治·本瑟姆为他们的奎宁寻找金鸡纳树。本瑟姆让他与斯普鲁斯联系，所以他们进行了几年的通信。汉伯里和斯普鲁斯“立即就建立了一种亲密关系，并且很快就成长为一种亲密友谊”。为了能安静地研究他的植物收集品，羞怯的斯普鲁斯在邱园住下来。他向汉伯里解释说，他更喜欢这种隐士般的存在。人们曾怂恿他参加学术界的会议，并且“简言之就是用任何可能的方式让自己走红……但你知道，我的性格里没有能让我走红的东西”。他并不介意探险过程中的危险，但“要站在一群人面前，并且向他们谈论我自己以及我做的事，这需要很大勇气，而我并没有这种勇气”。

1865 年，斯普鲁斯的一位赞助人卡莱尔伯爵（Earl of Carlisle）安排他回到他在约克郡的老家。斯普鲁斯免费住在小村威尔本，这里是属于伯爵的霍华德城堡庄园，位于约克市东北方向约 20 公里。他在威尔本居住了 11 年时间，他的父亲就是在这里教育他，并且他自己也是在这里上学。随后他在小村康尼索普（Coneysthorpe）居住了 17 年，这里也是庄园的村子，并且就在庄园有围墙的公园外面。华莱士将斯普鲁斯在后一个村子里的石头房子描述成“一个简陋的住所”。它曾是（并且现在仍是）一座半独立式的两层小屋，带有一个很小的花园，通向村子宽阔的草绿色主路。这里现在被称为“斯普鲁斯小屋”，并挂着一块关于他的牌匾［图版 66］。

当斯普鲁斯返回约克郡时，他的朋友丹尼尔·汉伯里就成为他在伦敦的信息媒介，并且发送他想在首都买的任何药品、书籍或“特色佳肴”。作为回报，斯普鲁斯为汉伯里提供了大量植物学信息，用于他的制药研究。在随后的 11 年时间里，这两位好友几乎天天给对方写信，直到汉伯里在 1875 年去世。

斯普鲁斯的健康状况继续令人感到害怕。他几乎无法移动。伦敦里面和附近的消化医生都对此感到困惑。他们徒劳地寻找消化问题的原因，但“发现更容易的做法是用忧郁症这个幌子来掩盖他们的无知，并且开出每三小时喝白兰地和水的处方”。约克郡的一名医生认为疼痛原因在于“直肠狭窄”：他简单的“灌肠治疗和温和的鸦片剂”改善了斯普鲁斯的健康状况，以至于他能短暂地在他的显微镜上进行工作，甚至是简短地走一段路。但到1867年，斯普鲁斯只能斜倚在他的安乐椅中写东西，并且在膝盖上拿一本书当桌子。尝试站起来和在他的显微镜上工作“会导致他的肠道出血”。他的朋友华莱士写到，从1873年往后的他生命的最后二十年中，“他很少走出他的小屋，只是从椅子换到沙发上，他偶尔会在他的小屋外面走动，或者是在非常小的花园土地上。他当时尤其尝试做的事情在于，在总共几个月甚至几年的时间里，他无法坐在桌子旁写东西或者用显微镜，并且这样做的时间一次从来不能超过几分钟时间，他隔一段时间就要在沙发上休息一下”。

理查德·斯普鲁斯从来没结过婚。但他是如此友善，以至于他始终有忠诚的照护者。在他生命的最后二十年中，“他得到了一位善良的家庭主妇和一个年轻的女护理者的精心照看和护理，她们也是他的朋友和伙伴”。

丹尼尔·汉伯里死后，斯普鲁斯找到另一名苔藓植物学家（知名的苔类植物专家）作为他的专业助手、杂工和密友。这个人就是马修·斯莱特（Matthew Slater），他生活在马尔顿，是距离康尼索普最近的小镇。斯莱特将这个病人描述成一位“谦恭、举止高贵的人，但他有丰富的安静幽默，这使他成为最令人愉悦的伙伴。他有一种显而易见的条理能力，这可以从他始终整洁的着装、漂亮整洁的字迹以及他周围物品整齐的摆放中看出来”。在亚马孙和安第斯山的遥远地区，以及在“他位于约克郡的小屋子里，斯普鲁斯写的材料、他的书籍、他的显微镜、他的干燥植物、他存储的食物和衣服都在它们的恰当位置，并且他的手能够很快够到它们”。斯普鲁斯给斯莱特写信说：“如果没有你的帮助，我不知道自己应该干什么”，并且他让斯莱特成为他唯一的植物学遗嘱执行人。斯普鲁斯的另一个终生好友是乔治·斯特布勒（George Stabler），“他作为校长、病人和植物学家，都对斯普鲁斯表示赞同”。斯普鲁斯的朋友提到，他始终非常幽默，并且可以算是一个音乐家（他拉小提琴，并且为他本地的教堂谱写了一首圣歌），还是一位聪明的棋手。与华莱士和贝茨一样，斯普鲁斯写了数量惊人的信，用来回复英国和其他国家的植物学家的问题；并且包括阿盖尔公爵（Duke of Argyll）在内的一些爱好者曾亲自来这个简陋的小屋与这位收集者见面。

理查德·斯普鲁斯不知道的是，他的好友——尤其是卡莱尔伯爵和他的妹妹——“在为他争取微薄的津贴时碰到了最大的困难，首先是在 1865 年来自帕默斯顿勋爵（Lord Palmerston）政府的每年 50 英镑津贴，以及在 1877 年，经过克莱门茨·马卡姆长期不懈和认真的陈述，又获得来自印度政府的 50 英镑的津贴”。当然，这些不情愿的津贴是为对斯普鲁斯努力让红金鸡纳树来到印度的一种认可，这种植物让印度的数千人免于疟疾痛苦，而且还为这个国家赚取了相当多的收入。

斯普鲁斯通常是趴在他的椅子里，或者痛苦地支撑在桌子上，他将他所有的时间都用于写关于他宏伟收集品的报告以及对它们进行分类。他已经从南美洲发回了超过 7000 种不同的开花植物。很多都转交给乔治·本瑟姆和其他重要植物学家进行进一步研究和分类。苔藓发给了一个名叫威廉·米滕的人：斯普鲁斯对这位专家忽略他收集品的方式感到愤怒，这个人“自己留下了所有好的标本”，篡改斯普鲁斯的观点，然后剽窃斯普鲁斯对它们的分类，并用在林奈学会 1869 年出版的他的《南美洲藓纲植物》（*Musci Austro-americani*）一书中。（米滕后来成为阿尔弗雷德·华莱士的岳父，因为米滕的女儿安妮在1866年嫁给了斯普鲁斯的这位朋友。）

棕榈的情况要更好一些。伟大的巴伐利亚植物学家马蒂乌斯曾在1818—1820年前往巴西和亚马孙，他在出色的三卷本著作《棕榈的自然史》（*Historia naturalis palmarum*，1823）中出版了关于亚马孙棕榈的一卷内容。斯普鲁斯始终想收集马蒂乌斯未记录的一些新棕榈种。这个德国人听说过斯普鲁斯，并且写了一系列信，请求斯普鲁斯为他拟出版的《巴西植物群落》（*Flora of Brazil*）一书撰写一些关于植物自然秩序的内容。他的信开头是“我尊敬的斯普鲁斯”，结尾是“对你充满感情和敬仰的朋友”。斯普鲁斯不得不难过地拒绝他，因为他的健康状况以及其他应承令他难以答应。当阿尔弗雷德·华莱士从亚马孙地区返回时，他在1853年出版了关于亚马孙棕榈及其用途的一本小册子。但正如我们已经看到的那样，虽然斯普鲁斯很喜欢作为朋友的华莱士，但他对这本书里业余的植物学描述和图示提出了严厉批评。1865年，邱园的约瑟夫·胡克给斯普鲁斯发送了他的亚马孙棕榈收集品，让他在小屋里进行研究。这项工作的结果就是118页的论文《亚马孙棕榈》（*Palmae Amazonicae*），它在1869年作为林奈学会杂志（《植物学》）的特刊发表。纽约植物园的安德鲁·亨德森（Andrew Henderson）仍然认为这篇论文是“关于新热带区棕榈分类学的最重要的论文之一”。从亚马孙地区5个聚居区，斯普鲁斯“根据至少62件收集品描述了47个新品种。其中有10种目前被接受为特殊等级或变种等级”。比他尝试找到棕榈新物种更重要的是，他对单个物种的花朵、果实和纤维的敏锐观察，他关于棕榈在南美洲不同部分的分布而揭示背后地质情况的精彩论文，以及这位出色植物学家做出的很多其他洞见和猜想。

正如我们已经看到的那样，斯普鲁斯最喜欢的植物种类是苔类。回到约克郡后，他最大的享受就来自于在他的显微镜下对微小的苔纲植物进行的几小时的研究。令人感到奇怪的是，直到1876年他才发表关于这个主题的第一份出版物：一篇关于一种新属 Anomoclada（属于大萼苔科）的论文。在他回到英国的这十二年间，他写了很多关于各种不同主题的文章，如生长在秘鲁北部的棉花、麻醉剂、毒蛇和昆虫、火山凝灰岩、草地施肥以及关于棕榈的伟大作品。但是，虽然他写了这些其他方面的论文，他大部分时间都花在苔纲植物上面，华莱士将这称为“他刚成年时的乐趣，是他晚年的慰藉”。在19世纪，有很多植物学家写了关于美洲苔纲植物的内容，但他们的研究都是基于植物标本材料，而不是多年的实地观察。所以斯普鲁斯最伟大的作品《亚马孙以及秘鲁和厄瓜多尔安第斯山的苔纲植物（The Hepaticae of the Amazon and the Andes of Peru and Ecuador）》就在1885年以书的形式出版（但它仅仅是作为《爱丁堡植物学会学报》（*Transactions and Proceedings of the Botanical Society of Edinburgh*）的一个单独卷以拉丁文发表）。正如苔纲植物方面的荷兰专家罗布·格兰德斯丁（Rob Gradstein）最近写的那样，“斯普鲁斯知道实地的所有品种，再加上他出色的分类学技巧、他对细节的注意以及他对苔纲植物的热情，这些必定是他的书如此出色的原因”。另一位现代植物学家雷蒙德·斯多勒（Raymond Stotler）说，斯普鲁斯的旅行“在苔藓植物学方面的影响是无与伦比的。他不仅在他发表的作品中为未来世代的植物学家提供了关于这些植物的丰富信息，而且也在他对标本副本的分配中留下了一笔遗产……访问这些收集品能使人们在探索了解每种植物的时候，至少在一定程度上能分享斯普鲁斯保留的那些植物的信息”。在分类学方面，“斯普鲁斯依靠当时相当有限的设施，能够进行敏锐观察和解读，并将看似不相关的类群排列入自然分组中，或者相反，对单个属中的一个大物种群组进行分解，并且将类群隔开进入切实可行的群组（亚属）中”。

在这本600页的书中，斯普鲁斯记录了560种苔纲植物，其中有接近400种是全新物种。这些新奇植物包括3个属、39个亚属、374个种和132个变种。（斯普鲁斯在声称一个属是新属时非常谨慎：后来他的大部分亚属都被升级为属。）大部分植物出现在安第斯山区，有38%出现在亚马孙河下游地区，并且有一些品种是两种环境都常见的植物。作为一种永恒的致敬，两个苔纲植物的属已经以它们的发现者斯普鲁斯的名字命名：Sprucella（由斯特凡妮在1886年命名）和Spruceanthus（由凡登在1934年命名）。另一个伟大的致敬是在这本书第一次出现大约一个世纪后，纽约植物园重新印刷了这本书，因为“它仍然是南美洲这些植物的标准参考”。

在进行研究和写作的这些年中，斯普鲁斯收集和繁育的金鸡纳树正在印度旺盛生长。正如我们已经看到的那样，邱园的园艺家罗伯特·克罗斯成功地将它们带回英国，然后将它们带到印度。他在1861年冷一些的3月天横穿地中海和红海之间的沙漠——这不同于马卡姆，后者在前一年盛夏时将来自秘鲁金鸡纳树的“黄皮树”货物带出秘鲁，所以很多植物死于炎热。斯普鲁斯的红皮树令人不可思议地在印度南部尼尔吉里丘陵上长得生机勃勃，因为本地园艺师根据斯普鲁斯的建议，将它们种在拥有丰富阳光和降水的向阳山坡上。仅在几年之后，马卡姆就兴奋地向贝茨报告说：“古老丛林已经消失，并且在这个地方有一排排长着优雅美丽树叶的金鸡纳树。”到1866年，栽种了24.4万棵金鸡纳树；十二年之后，有50万棵。最终印度到处都是金鸡纳树种植园，并且在锡兰（斯里兰卡）有超过100万棵树。克莱门茨·马卡姆曾设想奎宁可以缓解遍布这个次大陆集市上的疟疾；但他博爱的想法遭到挫败，因为大部分树皮都被送回英国制成奎宁。马卡姆很生气大量印度人被剥夺了这种退热药，从而政府能“进行一种投机，政府毫无疑问会得到不错的回报，但对它的功效却一无所知”。但现实也的确如此。抗疟疾的奎宁只提供给英国精英，尤其是军队。外派人员和士兵不喜欢生物碱的苦味，所以他们将他们的“印度奎宁水”与杜松子酒混合。因此，理查德·斯普鲁斯无心地帮助发明了一种鸡尾酒——奎宁杜松子酒。①

不同于那两位年轻一些的博物学家，斯普鲁斯在一生中很少收到重大荣誉。回英国后不久，马卡姆让皇家地理学会将斯普鲁斯当一名荣誉会员，表彰他关于内格罗河上游的地图以及探索，当然，还有他对金鸡纳树的成功搜寻。德雷斯顿大学因为他的植物学成就而授予他荣誉博士学位。在生命的晚期，他成为林奈学会的一名成员，并且是约克郡博物学家联盟的荣誉终身会员。更持久的称赞则是以他的名字命名的众多植物。

斯普鲁斯于1893年底在小村康尼索普死于流行性感冒，享年76岁，对一个忍受了十五年艰苦探险和三十年慢性残疾的人来说，这算是高寿。所有学术杂志都发表了意味深长的讣告，强调他是一个多么友善和令人愉悦的人，并强调他植物学成就的量级。他的好友兼仰慕者阿尔弗雷德·华莱士为他提供了一部宏伟的逝世后著作。他不辞辛苦地集合了成千上万的信件、论文、杂志、手稿和出版物，并将它们编入《亚马孙河和安第斯山上一名植物学家的笔

---

① 后来，爪哇岛山丘上的荷兰人赢得了生产奎宁的比赛。这源于好运和良好的管理。幸运的是从英国羊驼经销商查尔斯·莱杰（Charles Ledger）和他聪明勇敢的玻利维亚艾马拉人（Aymara）助手曼努埃尔·马马尼（Manuel Mamani）那里买了一些黄金鸡纳树种子。到1874年，这几颗种子已长成12000棵树。荷兰管理者随后开发出一种金鸡纳杂交品种，其奎宁产量是英国种植树木的两倍，并开发出新的种植方法。到20世纪初，荷兰实际上已经垄断了全球97%的奎宁。

记》（*Notes of a Botanist on the Amazon and Andes*），这是一本分为两卷的有 1055 页的著作，外加华莱士所写的 32 页传记介绍，由麦克米伦公司在 1908 年出版。但此后斯普鲁斯的名望就黯淡了。

让人们再次意识到斯普鲁斯伟大之处的是哈佛大学的理查德·埃文斯·舒尔特斯。舒尔特斯自己是人类植物学（即研究原住民对植物的使用）这门学科的创立者，是迷幻植物科学研究的先驱，是“迷幻蘑菇”配奥特掌（peyote，属于仙人掌科）的发现者，是一名非凡的亚马孙森林探险家，曾在“二战”期间寻找能抗枯萎病的橡胶树，他被称赞为 20 世纪杰出的南美洲热带植物学家。他对理查德·斯普鲁斯有无限崇拜。这位哈佛教授的学生兼传记作家韦德·戴维斯（Wade Davis）写道：“舒尔特斯对斯普鲁斯的热爱是一种原始的隔代遗传连接，有时会成为一种迷恋，这种热爱成为他的力量，使他能忍受一切，鼓励他［在自己令人惊讶的探险中］始终实现更多成就，并且为他提供了最接近的精神确定性的体验。当被问到……他是否可能在下意识或无意识地以斯普鲁斯的生活和事业作为自己的榜样时，舒尔特斯回答说：‘都不是，这是有意的。’”这位教授将“斯普鲁斯在亚马孙流域和安第斯山区北部进行的划时代的植物地理学研究和收集工作”称为“最非凡的植物学探险事业”。他认为有如此少的人听说过斯普鲁斯，简直太不可思议，并且“斯普鲁斯无疑是人类历史上最伟大的探险家之一”。

从 20 世纪 50 年代起，舒尔特斯出版了一系列论文和书籍，其中经常赞扬斯普鲁斯和他的收集品。1970 年，舒尔特斯和其他人开始呼吁在位于康尼索普的斯普鲁斯小屋上挂一块牌匾。这很快就得到捐赠，并且在 1971 年 9 月，由霍华德城堡的乔治·霍华德主持进行了一场揭牌仪式。1993 年，在斯普鲁斯去世一百周年之际，林奈学会在约克郡举行了一场年度区域会议，纪念这个地区最杰出的子弟之一。马克·西沃德（Mark Seaward）和西尔维娅·菲茨·杰拉德（Silvia Fitz Gerald）编辑了这次会议的27篇论文，并作为《理查德·斯普鲁斯1817—1893：植物学家和探险家》一书由邱园出版。邱园的主管基林·普兰斯（Ghillean Prance）爵士写道：这次会议是一次非凡的经历。“所展示论文的多样性以及持续的研究，不仅反映了理查德·斯普鲁斯这位充满勇气的亚马孙探险家，以及一丝不苟的植物和人类观察家的精神和天赋，而且也反映了亚马孙自身的丰富多样性。”

对斯普鲁斯的很多称赞都引用了他给丹尼尔·汉伯里的一封信中的同一个动人的段落：“我看待植物就像是芸芸众生一样，它们生活和享受自己的生命——它们在活着时让地球变得美丽，死后可能会装饰我的植物标本馆……［即便它们没有对人类药用或商业价值，］它们在上帝安放它们的地方也是无限有用的……它们至少对自己是有用的和美丽的——这无疑也是每个个体存在的首要动机。”

这三位博物学家的生命都因为他们在南美洲的时光而发生转变。他们从这些通常艰难的实地工作岁月中收获颇多。但他们给东道国回馈了什么？他们与他们碰到的几乎每个人都相处得不错，将外面世界的知识带给通常见不到异域风情的人们，并且建立了一些亲密的友谊，尤其是贝茨与埃加的安东尼奥·卡多佐、华莱士与内格罗河上的安东尼奥·利马，以及斯普鲁斯与安巴托的桑坦德家族。贝茨的《亚马孙河上的博物学家》用英语对巴西这个地区进行了第一次全面和系统化的介绍。这本书卖得不错，并且有很强的影响力，这也是巴西皇帝授予该书作者骑士称号的原因。华莱士的书也非常好，但销量是最少的；斯普鲁斯的《植物学家笔记》并未编写完成，直到他去世后才由好友华莱士完成。

博物学家们给东道国的主要礼物是关于这些国家的科学知识。华莱士以及程度稍差一些的斯普鲁斯和贝茨都对原住居民进行了开拓性的人类学研究，其中包括他们的岩石艺术以及对迷幻剂的使用。这是公正无私的研究，它们对收集者微薄的收入没有产生任何作用。更重要的是他们在博物学中取得的巨大发现，尤其是贝茨的8000个新科学物种，以及斯普鲁斯识别的所有植物。与现代科学家一样，他们带走了所有这些材料，并且在巴西或安第斯山区的机构中没有留下任何东西：但他们不能留下，因为当时这里并不存在这样的博物馆和研究机构。他们对人们更深入了解亚马孙地区和安第斯山区环境所做的贡献是一种永恒成就，他们可以对此感到自豪。

参考文献

Adalbert, Prince of Prussia. 1847. *Aus meinem Reisetagebuch 1842–43*. Berlin; trans. Sir Robert Schomburgk & John Edward Taylor, *Travels of His Royal Highness Prince Adalbert of Prussia, in the South of Europe and in Brazil, with a voyage up the Amazon and Xingu, now first explored* (2 vols), London, 1849.

Allen, David Elliston. 1994. *The Naturalist in Britain: A Social History*. New Haven: Princeton University Press.

Allen, Grant. 1892. 'Bates of the Amazons'. *Fortnightly Review* 58, 798–809.

Angel, R. 1978. 'Richard Spruce, Botanist and Traveller, 1817–1893'. *Aliquando* 3, 49–53.

Anon. 1892. 'Memoir of the late H. W. Bates, F.R.S.'. *Zoologist* 16, 184–88.

Anon. 1894. 'Obituary of Richard Spruce'. *Proceedings of the Linnean Society*, 35–37.

Balick, Michael J. 1980. 'Wallace, Spruce and *Palm Trees of the Amazon*: an historical perspective'. *Botanical Museum Leaflets* 28(3), 263–69.

Bates, Frederick. 1892. Contribution to 'Obituary. Henry Walter Bates F.R.S.'. *Proceedings of the Royal Geographical Society* 14, 245–47.

Bates, Henry Walter. 1850–1858. 'Extracts from the correspondence of Mr. H. W. Bates, now forming entomological collections in South America', and 'Proceedings of natural-history collectors in foreign countries'. *Zoologist* 8 (1850), 2663–8, 2715–9, 2789–93, 2836–41, 2940–4, 2965–6; 9 (1851), 3142–4, 3230–2; 10 (1852), 3321–4, 3352–3, 3449–50; 11 (1853), 3726–9, 3801–4, 3841–3, 3897–3900, 4111–7; 12 (1854), 4200–2, 4313–21, 4397–8; 13 (1855), 4549–53; 14 (1856), 5012–6, 5016–9; 15 (1857), 5557–9, 5651–62, 5725–37; 16 (1858), 6160–9.

——1852. 'Some account of the country of the River Solimoens, or Upper Amazons'. *Zoologist* 10, 3590–9.

——1859–1861. 'Contributions to an Insect Fauna of the Amazon Valley, Part I: Diurnal Lepidoptera'. *Transactions of the Entomological Society of London* 5 (1859), 223–28, and (1861), 335–61.

——1861. 'Contributions to an Insect Fauna of the Amazon Valley, Lepidoptera-Papilionidae'. *Journal of Entomology* 1, 218–45.

——1861–1866. 'Contributions to an Insect Fauna of the Amazon Valley, Coleoptera: Longicornes'. *The Annals and Magazine of Natural History* 8–9, 12–17.

——1862. 'Contributions to an Insect Fauna of the Amazon Valley. LEPIDOPTERA: HELICONIDAE'. *Transactions of the Linnaean Society of London* 23, 495–566.

——1862. 'Contributions to an Insect Fauna of the Amazon Valley, Lepidoptera-Heliconiinae'. *Journal of the Proceedings of the Linnean Society of London* 6, 73–77.

——1863. *The Naturalist on the River Amazons: A Record of Adventures, Habits of Animals, Sketches of Brazilian and Indian Life, and Aspects of Nature under the Equator, during Eleven Years of Travel* (2 vols). London: John Murray; second, abridged ed. (1 vol.), London: John Murray, 1864; commemorative ed., with introductory Memoir by Edward Clodd, London: John Murray, 1892.

——1864. 'Contributions to an Insect Fauna of the Amazon Valley, Lepidoptera-Nymphalidae', *Journal of Entomology* 2, 175–213, 311–46.

——1867. 'New Genera of Longicorn Coleoptera from the River Amazons'. *The Entomologist's Monthly Magazine* 4.

——1867. 'On a collection of butterflies formed by Thomas Belt Esq. in the interior of the province of Maranham, Brazil'. *Transactions of the Entomological Society* 5, 535–46.

——1869. 'Contributions to an Insect Fauna of the Amazon Valley (Coleoptera, Prionides)'. *Transactions of the Entomological Society of London for the Year 1869*.

——1869. *Illustrated Travels: A Record of Discovery, Geography, and Adventure* (6 vols). London: Cassell, Petter and Galpin.

——1870. 'Contributions to an Insect Fauna of the Amazon Valley (Coleoptera, Cerambycidae)'. *Transactions of the Entomological Society of London for the Year 1870*.

——1871. 'Hints on the collection of objects of natural history, in "Hints to Travellers"'. *Proceedings of the Royal Geographical Society* 16, 67–78.

——1873. 'Notes on the Longicorne Coleoptera of Tropical America'. *The Annals and Magazine of Natural History* 11.

——1878. *Central America, the West Indies and South America, with Ethnological Notes by A. H. Keane.* London: Stanford (revised 1882).

Beddall, Barbara G. 1968. 'Wallace, Darwin, and the theory of natural selection'. *Journal of the History of Biology* 1, 261–323.

——ed. 1969. *Wallace and Bates in the Tropics: an Introduction to the Theory of Natural Selection.* London and New York: Macmillan.

——1972. 'Wallace, Darwin, and Edward Blyth: further notes on the development of evolutionary theory'. *Journal of the History of Biology* 5, 153–58.

Bentham, George. 1859–1876. Chapters in Carl Friedrich Philip von Martius, *Flora Brasiliensis*, based on Spruce's collections: '*Leguminosae* 1, *Papilionaceae*' 15(1) (1859–1862), 1–350; '*Swartzieae, Caesalpineae, Mimoseae*' 15(2) (1870–1876), 1–527.

——1875. 'VII Revision of the Suborder *Mimoseae*'. *Transactions of the Linnean Society of London* 30, 335–664.

Benton, Ted. 2013. *Alfred Russel Wallace: Explorer, Evolutionist and Public Intellectual – A Thinker for Our Own Time?* London: Siri Scientific.

Berry, Andrew, ed. 2002. *Infinite Tropics, an Alfred Russel Wallace Anthology.* London and New York: Verso.

Brackman, Arnold C. 1980. *A Delicate Arrangement: The Strange Case of Charles Darwin and Alfred Russel Wallace.* New York: Times Books.

Brooks, John Langdon. 1984. *Just Before the Origin: Alfred Russel Wallace's Theory of Evolution.* New York: Columbia University Press.

Browne, Janet. 1983. *The Secular Ark: Studies in the History of Biogeography.* New Haven, CT: Yale University Press.

——2003. *Charles Darwin: The Power of Place.* Princeton, NJ: Princeton University Press.

Burkhardt, Frederick, Sydney **Smith**, et al., eds. 1985–. *The Correspondence of Charles Darwin* (vols.1–11). Cambridge: Cambridge University Press.

Camerini, Jane R. 1993. 'Evolution, biogeography and maps: an early history of Wallace's Line'. *Isis* 84, 44–65.

——1996. 'Wallace in the field'. *Osiris* (2 ser.) 11, 44–65.

——ed. 2002. *The Alfred Russel Wallace Reader: A Selection of Writings from the Field.* Baltimore and London: Johns Hopkins University Press.

Cameron, Ian. 1980. *To the Farthest Ends of the Earth.* London: Macdonald.

Caro, Tim, Sami **Merilaita** & Martin **Stevens**. 2008. 'The colours of animals: from Wallace to the present day. I. Cryptic coloration'. In C. Smith & Beccaloni, 125–43.

——, Geoffrey **Hill**, Leena **Lindström** & Michael **Speed**. 2008. 'The colours of animals: from Wallace to the present day. II. Conspicuous coloration'. In C. Smith & Beccaloni, 144–65.

Clements, Harry. 1983. *Alfred Russel Wallace: Biologist and Social Reformer.* London: Hutchinson and Co.

Clodd, Edward. 1892. Contribution to 'Obituary. Henry Walter Bates, F.R.S.'. *Proceedings of the Royal Geographical Society* 14, 253–54.

——1892. 'Memoir' in H. W. Bates, *The Naturalist on the River Amazons* (commemorative ed.), xvii–lxxxix.

——1916. *Memories.* London: Chapman & Hall.

Colp, Ralph, Jr. 1992. '"I will gladly do my best." How Charles Darwin obtained a Civil List pension for Alfred Russel Wallace'. *Isis* 83, 3–26.

Darwin, Charles. 1839. *Journal of Researches into the Geology and Natural History of the Various Countries Visited by H.M.S. 'Beagle'.* London: Henry Colburn.

——1859. *On the Origin of Species by Means of Natural Selection, or the Preservation of Favoured Races in the Struggle for Life.* London: John Murray.

——1863. 'An Appreciation' [of H W Bates's *The Naturalist...*]. *Natural History Review* 3, vii–xiii.

——1871. *The Descent of Man, and Selection in Relation to Sex* (2 vols). London: John Murray.

——& Alfred Russel **Wallace**. 1858. 'On the Tendency of Species to Form Varieties, and on the Perpetuation of Varieties and Species by Means of Natural Selection'. *Journal of the Proceedings of the Linnean Society (Zoology)* 3, 53–62.

Darwin, Francis, ed. 1887–1892. *The Life and Letters of Charles Darwin* (3 vols). London: John Murray.

Davis, Wade. 1996. *One River: Explorations and Discoveries in the Amazon Rainforest.* New York: Simon & Schuster.

Dawkins, Richard. 2002. 'The Reading of the Darwin-Wallace papers commemorated – in the Royal Academy of Arts'. *The Linnean* 18(4), 17–24.

Dickenson, John. 1990. 'Henry Walter Bates and the study of Latin America in the late nineteenth century; a bibliographic essay'. *Revista Interamericana de Bibliografia* 40, 570–80.

——1992. 'Henry Walter Bates – the Naturalist of the River Amazons'. *Archives of Natural History* 19, 209–18.

——1992. 'The Naturalist on the River Amazons and a wider world: reflections on the centenary of Henry Walter Bates'. *Geographical Journal* 158, 207–14.

——1996. '"Getting on in his rambles in South America": the published correspondence of H. W. Bates'. *Archives of Natural History* 19(2), 201–8.
——1996. 'Bates, Wallace and economic botany in mid-nineteenth century Amazonia'. In Seaward & FitzGerald, 65–80.
Distant, William L. 1892. Contribution to 'Obituary: Henry Walter Bates, F.R.S.'. *Proceedings of the Royal Geographical Society* 14, 250–3.
Dover, Gabriel. 2000. *Dear Mr. Darwin. Letters on the Evolution of Life*. London: Weidenfeld & Nicolson.
Drew, William B. 1996. '*Cinchona* work in Ecuador by Richard Spruce, and by United States botanists in the 1940s'. In Seaward & FitzGerald, 157–61.
Eaton, George. 1986. *Alfred Russel Wallace, 1823–1913, Biologist and Social Reformer: A Portrait of his Life and Work, and a History of Neath Mechanics Institute and Museum*. Neath: W. Whittington Ltd.
Edwards, William H. 1847. *A Voyage up the River Amazon, Including a Residence at Pará*. London: John Murray.
Endersby, Jim. 2008. *Imperial Nature: Joseph Hooker and the Practices of Victorian Science*. Chicago: Chicago University Press.
Ewan, Joseph. 1992. 'Through the jungles of Amazon travel narratives of naturalists'. *Archives of Natural History* 19(2), 185–207.
——1996. 'Tracking Richard Spruce's legacy from George Bentham to Edward Whymper'. In Seaward & FitzGerald, 41–49.
Fagan, Melinda Bonnie. 2008. 'Theory and practice in the field: Wallace's work in natural history (1844–1858)'. In C. Smith & Beccaloni, 66–90.
Ferreira, Ricardo. 1990. *Bates, Wallace, Darwin e a Teoria da Evolução*. Brasília: Universidade de Brasília.
Fichman, Martin. 1981. *Alfred Russel Wallace*. Boston: Twayne Publishers.
——2004. *An Elusive Victorian: The Evolution of Alfred Russel Wallace*. Chicago and London: University of Chicago Press.
Field, David V. 1996. 'Richard Spruce's economic botany collections at Kew'. In Seaward & FitzGerald, 245–64.
Freshfield, Douglas. 1886. 'The place of geography in education'. *Proceedings of the Royal Geographical Society* 8, 698–718.
——1892. 'Death of Mr H. W. Bates'. *Proceedings of the Royal Geographical Society* 14, 191–92.
Galton, Francis. 1892. Contribution to 'Obituary: Henry Walter Bates, F.R.S.'. *Proceedings of the Royal Geographical Society* 14, 255–56.
Gander, Richard, ed. 1998. *Alfred Russel Wallace at School, 1830–37*. Rustington, West Sussex.
Gardiner, Brian G. 1995. 'The joint essay of Darwin and Wallace'. *The Linnean* 11(1), 13–24.
George, Wilma. 1964. *Biologist Philosopher: A Study of the Life and Writings of Alfred Russel Wallace*. London, Toronto, New York: Abelard-Schuman.
——1979. 'Alfred Wallace, the gentle trader: collecting in Amazonia and the Malay Archipelago 1848–1862'. *Journal of the Society for the Bibliography of Natural History* 9(4), 503–14.
Gepp, Antony. 1894. 'In memory of Richard Spruce'. *Journal of Botany* 23 (new series), 50–53.
Godman, Frederick D. 1892. 'President's Address for 1892'. *Proceedings of the Entomological Society of London*, xlvi–lix (l–lv about Bates).
Goodger, Kim, & Phillip **Ackery**. 2002. 'Bates, and the Beauty of Butterflies'. *The Linnean* 18(1), 21–59.
Gould, Stephen Jay. 1980. 'Wallace's fatal flaw'. *Natural History* 89(1), 26–40.
——2002. 'A Biographical Sketch' of Alfred Russel Wallace. In Berry, 1–26.
Grant Duff, Mountstuart Elphinstone. 1892. 'Obituary. Henry Walter Bates, F.R.S.'. *Proceedings of the Royal Geographical Society* 14, 244–57.
Hagen, Victor W. von. 1944. 'The great mother forest: a record of Richard Spruce's days along the Amazon'. *Journal of the New York Botanical Garden* 45, 73–80.
——1949. 'Richard Spruce, Yorkshireman'. In *South America Called Them: Explorations of the Great Naturalists, Charles-Marie de La Condamine, Alexander von Humboldt, Charles Darwin, Richard Spruce*, London, 296–352.
——1951. *South America, The Green World of the Naturalists*. London: Eyre & Spottiswoode.
Hartman, H. 1990. 'The evolution of Natural Selection: Darwin versus Wallace'. *Perspectives in Biology and Medicine* 34, 78–88.
Hemming, John. 1995. *Amazon Frontier. The Defeat of the Brazilian Indians*. London: Papermac.
——2008. *Tree of Rivers. The Story of the Amazon*. London and New York: Thames & Hudson.
Henderson, Andrew. 1996. 'Richard Spruce and the palms of the Amazon and Andes'. In Seaward & FitzGerald, 187–96.
Hogben, Lancelot T. 1918. *Alfred Russel Wallace: the Story of a Great Discoverer*. London: Society for Promoting Christian Knowledge.
Holmes, John Haynes. 1913. *Alfred Russel Wallace: Scientist and Prophet*. New York.

Honigsbaum, Mark. 2001. *The Fever Trail. The Hunt for the Cure for Malaria*. London: Macmillan.
Hooker, Joseph. 1881. 'Presidential address to the Geographical Section, British Association for the Advancement of Science'. *Proceedings of the Royal Geographical Society* 3 (new series), 545–608.
——1883. 'Speech at 1883 Anniversary Meeting'. *Proceedings of the Royal Geographical Society* 5 (new series), 419–20.
Hooker, William J. 1854. 'Notices of Books – review of Wallace's *Palm Trees of the Amazon*'. *Hooker's Journal of Botany* 6, 61–62.
Humboldt, Alexander von. 1816–1831. *Voyage aux régions équinoxiales du Nouveau Continent, fait en 1799, 1800, 1801, 1803 et 1804* (13 vols). Paris: Librairée Grecque-Latine-Allemande; trans. Helen Maria Williams, *Personal Narrative of Travels to the Equinoctial Regions of the New Continent during the Years 1799–1804* (7 vols), London: Longman, John Murray and H. Colburn, 1814–1829; also trans. Thomasina Ross (3 vols), London: George Bell & Sons, 1907.
——1849. *Ansichten der Natur, mit wissenschaftlichen Erläuterungen*. Stuttgart and Tübingen; trans. E. C. Otté & H. G. Bohn, *Views of Nature, or Contemplations of the Sublime Phenomena of Creation*, London: Bell & Daldy, 1850.
Jackson, B. Daydon. 1906. *George Bentham*. London: J. M. Dent.
Jones, Greta. 2002. 'Alfred Russel Wallace, Robert Owen and the Theory of Natural Selection', *British Journal for the History of Science* 35, 73–96.
Knapp, Sandra. 1999. *Footsteps in the Forest: Alfred Russel Wallace in the Amazon*. London: The Natural History Museum.
——2008. 'Wallace, conservation, and sustainable development'. In C. Smith & Beccaloni, 201–22.
Koch-Grünberg, Theodor. 1909–1910. *Zwei Jahre unter den Indianern. Reise in Nordwest-Brasilien 1903/1905* (2 vols). Berlin: Ernst Wasmuth Verlag.
——1916–1928. *Vom Roroima zum Orinoco. Ergebnisse einer Reise in Nordbrasilien in den Jahren 1911–1913* (5 vols). Berlin and Stuttgart: Verlag Strecker und Schröder.
Kohn, David, ed. 1985. *The Darwinian Heritage*. Princeton: Princeton University Press.
Kottler, Malcolm J. 1974. 'Alfred Russel Wallace, the origins of man, and spiritualism'. *Isis* 65, 145–92.
——1985. 'Charles Darwin and Alfred Russel Wallace: two decades of debate over natural selection'. In Kohn, 367–431.
Lambert, Aylmer Bourke. 1821. *An Illustration of the Genus Cinchona... including Baron de Humboldt's account of the Cinchona forests of South America*. London: J. Searle.
Lee, Monica. 1985. *300 Year Journey: Leicester Naturalist Henry Walter Bates, F.R.S., and his Family, 1665–1985*. Leicester: Castle Printers.
Linsley, E. Gorton. 1978. *The Principal Contributions of Henry Walter Bates to a Knowledge of the Butterflies and Longicorn Beetles of the Amazon Valley*. New York: Arno Press.
Madriñan, Santiago. 1996. 'Richard Spruce's pioneering work on tree architecture'. In Seaward & FitzGerald, 215–26.
Mallet, James. 2001. 'The speciation revolution'. *Journal of Evolutionary Biology* 14, 887–88.
Marchant, James, ed. 1916. *Alfred Russel Wallace: Letters and Reminiscences* (2 vols). London and New York: Cassell and Company (reprinted 1975).
Markham, Clements Robert. 1862. *Travels in Peru and India while Superintending the Collection of Chinchona Plants and Seeds in South America and their Introduction into India*. London: John Murray.
——1874. *A Memoir of Lady Ana de Osorio, Countess of Chinchon and Vice-Queen of Peru (AD 1629-39), with a Plea for the Correct Spelling of the Chinchona genus*. London: Trübner and Co.
——1874. *Peruvian Bark. A Popular Account of the Introduction of Chinchona Cultivation into British India, 1860–1880*. London: Trübner & Co. (and London: John Murray, 1880).
——1892. Contribution to 'Obituary. Henry Walter Bates, F.R.S.'. *Proceedings of the Royal Geographical Society* 14, 256–57.
——1894. 'Richard Spruce'. *Geographical Journal* 3, 245–47.
McKinney, H. Lewis. 1970–1980. 'Bates, Henry Walter'. In Charles C. Gillespie, ed., *Dictionary of Scientific Biography* (16 vols), New York: Charles Scribner's Sons, vol.1, 500–4.
——1971. 'Introduction' to A. R. Wallace, *Palm Trees of the Amazon and their Uses*. Austin, TX: Coronado Press (reprint).
——1972. *Wallace and Natural Selection*. New Haven and London: Yale University Press.
Michaux, Bernard. 2008. 'Alfred Russel Wallace, Biogeographer'. In C. Smith & Beccaloni, 166–85.
Milliken, William, & Bruce **Albert**. 1999. *Yanomami, A Forest People*. Kew: Royal Botanic Gardens.
Moon, Henry P. 1976. *Henry Walter Bates F.R.S., 1825–1892: Explorer, Scientist and Darwinian*. Leicester: Leicestershire Museums.

Musgrave, Toby, & Will **Musgrave**. 2000. *An Empire of Plants. People and Plants that Changed the World.* London: Cassell & Co.

O'Hara, James E. 1995. 'Henry Walter Bates – His life and contributions to biology'. *Archives of Natural History* 22, 195–219.

Ohsaki, Naota. 2005. 'A common mechanism explaining the evolution of female-limited and both-sex Batesian mimicry in butterflies'. *Journal of Animal Ecology* (British Ecological Society) 74, 728–34.

Oosterzee, Penny van. 1997. *Where Worlds Collide: The Wallace Line*. Ithaca: Cornell University Press.

Owen, Denis. 1980. *Camouflage and Mimicry*. Oxford and Melbourne: Oxford University Press.

Papavero, Nelson. 1973. 'H. W. Bates'. In Papavero, *Essays on the History of Neotropical Dipterology* (2 vols), São Paulo, vol.2, 256–62.

Pearson, Michael B. 1990. 'Richard Spruce's "List of Botanical Excursions"'. *The Linnean* 6, 18–20.

——1993. 'A. R. Wallace's "Sketches of the Palms of the Amazon with an account of their uses and distribution"'. *The Linnean* 9, 22–23.

——1996. 'Richard Spruce: the development of a naturalist'. In Seaward & FitzGerald, 27–35.

——2004. *Richard Spruce, Naturalist and Explorer*. Settle, Yorkshire: Hudson History.

Porter, Duncan M. 1996. 'With Humboldt, Wallace and Spruce at San Carlos de Río Negro'. In Seaward & FitzGerald, 51–63.

Poulton, Edward B. 1923–1924. 'Alfred Russel Wallace, 1823–1913'. *Proceedings of the Royal Society of London* (ser. B) 95, i–xxxv.

Prance, Ghillean T. 1996. 'A contemporary botanist in the footsteps of Richard Spruce'. In Seaward & FitzGerald, 93–121.

——1999. 'Alfred Russel Wallace, 1823–1913'. *The Linnean* 15, 18–36.

——& Thomas E. **Lovejoy**. 1985. *Key Environments: Amazonia*. Oxford and New York: Pergamon Press.

Raby, Peter. 1996. *Bright Paradise: Victorian Scientific Travellers*. London: Chatto & Windus.

——2001. *Alfred Russel Wallace. A Life*. London: Chatto & Windus.

Raffles, Hugh. 2002. *In Amazonia: A Natural History*. Princeton: Princeton University Press.

Rice, Anthony L. 1999. *Voyages of Discovery. Three Centuries of Natural History Exploration*. London: Natural History Museum.

Rocco, Fiammetta. 2003. *The Miraculous Fever-Tree. Malaria, Medicine and the Cure that Changed the World*. London: HarperCollins Publishers.

Sandeman, C. 1949. 'Richard Spruce, portrait of a great Englishman'. *Journal of the Royal Horticultural Society* 74, 531–44.

Schomburgk, Robert H. 1840. 'Report of the Third Expedition into the Interior of Guiana, comprising the Journey to the Sources of the Essequibo, to the Carumá Mountains, and to Fort San Joaquim, on the Rio Branco, in 1837–8'. *The Journal of the Royal Geographical Society* 10(2), 159–267.

——1841. *Twelve Views in the Interior of Guiana* (drawings by Charles Bentley). London: Ackermann & Co.

——(ed. Peter Rivière). 2006. *The Guiana Travels of Robert Schomburgk, 1835–1844* (2 vols). London: The Hakluyt Society (3 ser.), 16–17.

Schultes, Richard Evans. 1951. 'De festo seculari Ricardi Sprucei, America Australi adventu, commemoratio atque de plantis principaliter vallis Amazonicis: diversae observationes' (Plantae Austro-Americanae VII). *Botanical Museum Leaflets, Harvard University* 15(2), 29–78.

——1953. 'Richard Spruce still lives'. *Northern Gardener* 7, 20–27, 55–61, 89–93, 121–25 (reprinted *Hortulus Aliquando* 3, 1978, 13–47).

——1968. 'Some impacts of Spruce's Amazon explorations on modern phytochemical research'. *Rhodora* 70, 313–39 (also in *Ciência e Cultura* 20, 1968, 37–49).

——1970. 'Preface' in reprint of Spruce, *Notes of a Botanist* (ed. A. R. Wallace). New York: Johnson Reprint Corporation

——1978. 'An unpublished letter by Richard Spruce on the theory of evolution'. *Biological Journal of the Linnean Society* 10, 159–61.

——1978. 'Richard Spruce and the potential for European settlement of the Amazon: an unpublished letter'. *Botanical Journal of the Linnean Society* 77(2), 131–39.

——1979. 'Discovery of an ancient Guayusa plantation in Colombia'. *Botanical Museum Leaflets, Harvard University* 27(5–6), 143–53.

——1983. 'Richard Spruce: an early ethno-botanist and explorer of the northwest Amazon and northern Amazon and northern Andes'. *Journal of Ethnobiology* 3(2), 139–47.

——1985. 'Several unpublished ethnobotanical notes of Richard Spruce'. *Rhodora* 87, 439–41.

——1987. 'Still another unpublished letter from Richard Spruce on evolution'. *Rhodora* 89, 101–6.

——1990. 'Notes on the difficulties experienced by Spruce in his collecting'. *Rhodora* 92, 42–44.

——1996. 'Richard Spruce, the man'. In Seaward & FitzGerald, 15–25.
——& Robert F. **Raffauf**. 1990. *The Healing Forest – Medicinal and Toxic Plants of the Northwest Amazon*. Portland: Dioscorides Press.
——1992. *Vine of the Soul*. New York: Synergetic Press.
Schuster, R. M. 1982. 'Richard Spruce (1817–1893): a biographical sketch and appreciation'. *Nova Hedwigia* 36, 199–208.
Schwartz, Joel S. 1984. 'Darwin, Wallace, and the *Descent of Man*'. *Journal of the History of Biology* 17, 271–89.
——1990. 'Darwin, Wallace, and Huxley, and *Vestiges of the Natural History of Creation*'. *Journal of the History of Biology* 23, 127–53.
Seaward, Mark R. D. 1995. 'Spruce's Diary'. *The Linnean* 11, 17–19.
——1996. 'Bibliography of Richard Spruce', in Seaward & FitzGerald, 303–14.
——& Sylvia M. D. **Fitzgerald**, eds. 1996. *Richard Spruce (1817–1893): Botanist and Explorer*. London: Royal Botanic Gardens, Kew.
Sharp, David. 1892. 'Henry Walter Bates, F.R.S.'. *Entomologist* 25(847), 76–80.
Shermer, Michael. 2002. *In Darwin's Shadow: The Life and Science of Alfred Russel Wallace*. New York: Oxford University Press.
Slater, Matthew R. 1906. 'The mosses and hepaticae of North Yorkshire'. In J. G. Baker, ed., *North Yorkshire: Studies of its Botany, Geology, Climate and Physical Geography*, York: Yorkshire Naturalist Union.
Sledge, W. Arthur. 1971. 'Richard Spruce'. *Naturalist* 96, 129–31.
——& Richard Evans **Schultes**. 1988. 'Richard Spruce: a multi-talented botanist'. *Journal of Ethnobiology* 8(1), 7–12.
Slotten, Ross A. 2004. *The Heretic in Darwin's Court. The Life of Alfred Russel Wallace*. New York: Columbia University Press.
Smith, Anthony. 1986. *Explorers of the Amazon*. London: Viking.
Smith, Charles H., ed. 1991. *Alfred Russel Wallace: An Anthology of his Shorter Writings*. Oxford: Oxford University Press.
——& George **Beccaloni**, eds. 2008. *Natural Selection and Beyond. The Intellectual Legacy of Alfred Russel Wallace*. Oxford: Oxford University Press.
Smith, Nigel J. H. 1996. 'Relevance of Spruce's work to conservation and management of natural resources in Amazonia'. In Seaward & FitzGerald, 228–37.
——1999. *The Amazon River Forest. A Natural History of Plants, Animals, and People*. New York and Oxford: Oxford University Press.
——2002. *Amazon, Sweet Sea*. Austin: University of Texas Press.
——, Rodolfo **Vásquez** & Walter H. **Wust**. 2007. *Amazon River Fruits. Flavors for Conservation*. Saint Louis: Missouri Botanical Garden Press.
Spruce, Richard. 1850. 'Journal of an excursion from Santarém, on the Amazon River, to Obidos and the Rio Trombetas'. *Hooker's Journal of Botany* 2, 193–208, 225–32, 266–76, 298–302.
——1855. 'Note on the *India-rubber* of the Amazon'. *Hooker's Journal of Botany* 7, 193–96.
——1860. 'Notes of a visit to the Cinchona forests on the western slope of the Quitonian Andes'. *Journal of Proceedings of the Linnean Society. Botany* 4, 176–92; also in Spruce, *Notes of a Botanist*, vol.2, 228–50.
——1861 [i.e. 1862]. *Report of the Expedition to Procure Seeds and Plants of the Cinchona Succirubra, or Red Bark Tree* (with a brief note about the map, by Clements R. Markham, India Office, 3 Jan. 1862). London: George E. Eyre and William Spottiswoode, for Her Majesty's Stationery Office.
——1864. 'On the River Purus, a tributary of the Amazon'. In Clements Markham, trans., *The Travels of Pedro de Cieza de León*, London: Hakluyt Society (1 ser.), 33, 339–51.
——1869. 'Palmae Amazonicae, sive Enumeratio Palmarum in Itinere suo per Regiones Americae Aequatoriales Lectarum'. *Journal of the Linnean Society. Botany* 11, 65–183.
——1874. 'On some remarkable narcotics of the Amazon Valley and Orinoco'. *Ocean Highways: Geographical Review* 1 (new series), 184–93; also in Spruce, *Notes of a Botanist*, vol.2, 413–55.
——1884–1885. *Hepaticae Amazonicae et Andinae*, a separate volume of *Transactions and Proceedings of the Botanical Society of Edinburgh* 15, 1–588; published as *The Hepaticae of the Amazon and the Andes of Peru and Ecuador*, London: Trübner & Co., 1885; reprinted New York: New York Botanical Garden, 1984.
——(ed. Alfred Russel Wallace). 1908. *Notes of a Botanist on the Amazon and Andes* (2 vols). London: Macmillan; reprinted with a Foreword by Richard Evans Schultes, 2 vols., New York: Johnson Reprint Corporation, 1970.

Stabler, G. 1894. 'Obituary notice of Richard Spruce Ph.D.'. *Transactions and Proceedings of the Botanical Society Edinburgh* 20, 106.
Stecher, Robert M. 1969. 'The Darwin-Bates Letters. Correspondence between two Nineteenth-century Travellers and Naturalists'. *Annals of Science* 25(1), 1–47; 25(2), 95–125.
Stotler, Raymond E. 1996. 'Richard Spruce: his fascination with liverworts and its consequences'. In Seaward & FitzGerald, 123–40.
Wallace, Alfred Russel. 1850. 'On the Umbrella Bird (Cephalopterus ornatus), "Ueramimbé"'. *Proceedings of the Zoological Society of London* 18, 206–7.
——1852. 'On the monkeys of the Amazon'. *Proceedings of the Zoological Society of London* 20, 107–10.
——1849–1850. Letters from the Amazon, 23 Oct. 1848, 12 Sept. 1849, 15 Nov. 1849 and 20 March 1850. *Annals and Magazine of Natural History* (2 ser.), 3 (1849) 74–75; 5 (1850) 156–57; 6 (1850) 494–96.
——1853. *A Narrative of Travels on the Amazon and Rio Negro, With an Account of the Native Tribes, and Observations on the Climate, Geology, and Natural History of the Amazon Valley.* London: Reeve & Co.; also London, Melbourne and Toronto: Ward Lock & Co., 1911.
——1853. *Palm Trees of the Amazon and their Uses.* London: John Van Voorst; reprinted with an introduction by H. L. McKinney, Austin: Coronado Press, 1971.
——1853. 'On the Rio Negro'. *Journal of the Royal Geographical Society* 23, 212–17.
——1853. 'On some fishes allied to Gymnotus'. *Proceedings of the Zoological Society of London* 21, 75–76.
——1855. 'On the law which has regulated the introduction of new species' (The 'Sarawak' paper). *Annals and Magazine of Natural History* 16, 184–96; also Berry, *Infinite Tropics*, 36–49.
——1858. 'On the Tendency of Varieties to Depart Indefinitely from the Original Type' (The 'Ternate' paper, Feb. 1858). *Journal of the Linnean Society, Zoology* 3 (20 Aug. 1858), 53–62; also in Wallace, *Natural Selection and Tropical Nature: Essays on Descriptive and Theoretical Biology*, London: Macmillan & Co., 1891, 20–30; also Berry, *Infinite Tropics*, 52–62.
——1869. *The Malay Archipelago: the Land of the Orang-utan and the Bird of Paradise: a Narrative of Travel with Studies of Man and Nature* (2 vols). London; reprinted General Books, 2009.
——1870. *Contributions to the Theory of Natural Selection.* London and New York: Macmillan & Co.
——1889. *Darwinism: An Exposition of the Theory of Natural Selection with some of its Applications.* London and New York: Macmillan & Co.
——1892. 'Obituary: H. W. Bates, the naturalist of the Amazons'. *Nature* 45, 398–99.
——1894. 'Richard Spruce, Ph.D., FRGS'. *Nature* 49, 317–19.
——1905. *My Life. A Record of Events and Opinions* (2 vols). London: Chapman & Hall; Cambridge: Cambridge University Press, 2011. Updated and abridged by Wallace, 1 vol., London: Chapman & Hall, 1908; reprinted Whitefish: Kessinger Publishing, 2004.
Williams, David. 1962. 'Clements Robert Markham and the introduction of the Chinchona tree into British India'. *Geographical Journal* 128, 431–42.
Williams-Ellis, Amabel. 1966. *Darwin's Moon: A Biography of Alfred Russel Wallace.* London: Blackie.
Wilson, John G. 2000. *The Forgotten Naturalist: In Search of Alfred Russel Wallace.* Melbourne: Australia Scholarly Publishing.
Wood, John George. 1874. *Insects Abroad.* London: Longman, Green and Co.
Woodcock, George. 1945. 'Henry Bates on the Amazons'. *Adelphi*, April–June, 115–21.
——1969. *Henry Walter Bates, Naturalist of the Amazons.* London: Faber & Faber.

致 谢

我要感谢我在亚马孙河流域旅行期间帮助我、成为我朋友的许多巴西人，以及英国档案馆、图书馆和博物馆的工作人员。对于这本书，我非常感谢昆虫学家威廉·奥弗拉，热带植物学家基林·普兰斯爵士、威廉·米利肯和韦德·戴维斯，鸟类学家马克·科克尔（Mark Cocker）提出的专家建议和评论，戴维·阿滕伯勒（David Attenborough）爵士对最后一章也提出建议。关于照片，我很感激马克·霍尼斯鲍姆（Mark Honigsbaum）让我用他的金鸡纳树照片，杜杜·特雷斯卡（Dudu Tresca）让我使用他的热带植被照片，韦德·戴维斯安排允许我使用其导师理查德·埃文斯·舒尔特斯的照片，弗兰克·梅登斯（Frank Medden）让我使用巴沙木筏子。非常感谢本书具有建设性的和严谨的编辑本·普卢姆里奇（Ben Plumridge）和图片编辑玛丽亚·拉纳罗（Maria Ranauro）。

新知
文库

01《证据：历史上最具争议的法医学案例》[美] 科林·埃文斯 著 毕小青 译

02《香料传奇：一部由诱惑衍生的历史》[澳] 杰克·特纳 著 周子平 译

03《查理曼大帝的桌布：一部开胃的宴会史》[英] 尼科拉·弗莱彻 著 李响 译

04《改变西方世界的26个字母》[英] 约翰·曼 著 江正文 译

05《破解古埃及：一场激烈的智力竞争》[英] 莱斯利·罗伊·亚京斯 著 黄中宪 译

06《狗智慧：它们在想什么》[加] 斯坦利·科伦 著 江天帆、马云霏 译

07《狗故事：人类历史上狗的爪印》[加] 斯坦利·科伦 著 江天帆 译

08《血液的故事》[美] 比尔·海斯 著 郎可华 译 张铁梅 校

09《君主制的历史》[美] 布伦达·拉尔夫·刘易斯 著 荣予、方力维 译

10《人类基因的历史地图》[美] 史蒂夫·奥尔森 著 霍达文 译

11《隐疾：名人与人格障碍》[德] 博尔温·班德洛 著 麦湛雄 译

12《逼近的瘟疫》[美] 劳里·加勒特 著 杨岐鸣、杨宁 译

13《颜色的故事》[英] 维多利亚·芬利 著 姚芸竹 译

14《我不是杀人犯》[法] 弗雷德里克·肖索依 著 孟晖 译

15《说谎：揭穿商业、政治与婚姻中的骗局》[美] 保罗·埃克曼 著 邓伯宸 译 徐国强 校

16《蛛丝马迹：犯罪现场专家讲述的故事》[美] 康妮·弗莱彻 著 毕小青 译

17《战争的果实：军事冲突如何加速科技创新》[美] 迈克尔·怀特 著 卢欣渝 译

18《最早发现北美洲的中国移民》[加] 保罗·夏亚松 著 暴永宁 译

19《私密的神话：梦之解析》[英] 安东尼·史蒂文斯 著 薛绚 译

20《生物武器：从国家赞助的研制计划到当代生物恐怖活动》[美] 珍妮·吉耶曼 著 周子平 译

21《疯狂实验史》[瑞士] 雷托·U. 施奈德 著 许阳 译

22《智商测试：一段闪光的历史，一个失色的点子》[美] 斯蒂芬·默多克 著 卢欣渝 译

23《第三帝国的艺术博物馆：希特勒与"林茨特别任务"》[德] 哈恩斯－克里斯蒂安·罗尔 著 孙书柱、刘英兰 译

24《茶：嗜好、开拓与帝国》[英]罗伊·莫克塞姆 著　毕小青 译

25《路西法效应：好人是如何变成恶魔的》[美]菲利普·津巴多 著　孙佩妏、陈雅馨 译

26《阿司匹林传奇》[英]迪尔米德·杰弗里斯 著　暴永宁、王惠 译

27《美味欺诈：食品造假与打假的历史》[英]比·威尔逊 著　周继岚 译

28《英国人的言行潜规则》[英]凯特·福克斯 著　姚芸竹 译

29《战争的文化》[以]马丁·范克勒韦尔德 著　李阳 译

30《大背叛：科学中的欺诈》[美]霍勒斯·弗里兰·贾德森 著　张铁梅、徐国强 译

31《多重宇宙：一个世界太少了？》[德]托比阿斯·胡阿特、马克斯·劳讷 著　车云 译

32《现代医学的偶然发现》[美]默顿·迈耶斯 著　周子平 译

33《咖啡机中的间谍：个人隐私的终结》[英]吉隆·奥哈拉、奈杰尔·沙德博尔特 著　毕小青 译

34《洞穴奇案》[美]彼得·萨伯 著　陈福勇、张世泰 译

35《权力的餐桌：从古希腊宴会到爱丽舍宫》[法]让－马克·阿尔贝 著　刘可有、刘惠杰 译

36《致命元素：毒药的历史》[英]约翰·埃姆斯利 著　毕小青 译

37《神祇、陵墓与学者：考古学传奇》[德]C. W. 策拉姆 著　张芸、孟薇 译

38《谋杀手段：用刑侦科学破解致命罪案》[德]马克·贝内克 著　李响 译

39《为什么不杀光？种族大屠杀的反思》[美]丹尼尔·希罗、克拉克·麦考利 著　薛绚 译

40《伊索尔德的魔汤：春药的文化史》[德]克劳迪娅·米勒－埃贝林、克里斯蒂安·拉奇 著
王泰智、沈惠珠 译

41《错引耶稣：〈圣经〉传抄、更改的内幕》[美]巴特·埃尔曼 著　黄恩邻 译

42《百变小红帽：一则童话中的性、道德及演变》[美]凯瑟琳·奥兰丝汀 著　杨淑智 译

43《穆斯林发现欧洲：天下大国的视野转换》[英]伯纳德·刘易斯 著　李中文 译

44《烟火撩人：香烟的历史》[法]迪迪埃·努里松 著　陈睿、李欣 译

45《菜单中的秘密：爱丽舍宫的飨宴》[日]西川惠 著　尤可欣 译

46《气候创造历史》[瑞士]许靖华 著　甘锡安 译

47《特权：哈佛与统治阶层的教育》[美]罗斯·格雷戈里·多塞特 著　珍栎 译

48《死亡晚餐派对：真实医学探案故事集》[美]乔纳森·埃德罗 著　江孟蓉 译

49《重返人类演化现场》[美]奇普·沃尔特 著　蔡承志 译

50《破窗效应：失序世界的关键影响力》[美]乔治·凯林、凯瑟琳·科尔斯 著　陈智文 译

51《违童之愿：冷战时期美国儿童医学实验秘史》[美]艾伦·M.霍恩布鲁姆、朱迪斯·L.纽曼、格雷戈里·J.多贝尔 著　丁立松 译

52《活着有多久：关于死亡的科学和哲学》[加]理查德·贝利沃、丹尼斯·金格拉斯 著　白紫阳 译

53《疯狂实验史Ⅱ》[瑞士]雷托·U.施奈德 著　郭鑫、姚敏多 译

54《猿形毕露：从猩猩看人类的权力、暴力、爱与性》[美]弗朗斯·德瓦尔 著　陈信宏 译

55《正常的另一面：美貌、信任与养育的生物学》[美]乔丹·斯莫勒 著　郑嬿 译

56《奇妙的尘埃》[美]汉娜·霍姆斯 著　陈芝仪 译

57《卡路里与束身衣：跨越两千年的节食史》[英]路易丝·福克斯克罗夫特 著　王以勤 译

58《哈希的故事：世界上最具暴利的毒品业内幕》[英]温斯利·克拉克森 著　珍栎 译

59《黑色盛宴：嗜血动物的奇异生活》[美]比尔·舒特 著　帕特里曼·J.温 绘图　赵越 译

60《城市的故事》[美]约翰·里德 著　郝笑丛 译

61《树荫的温柔：亘古人类激情之源》[法]阿兰·科尔班 著　苜蓿 译

62《水果猎人：关于自然、冒险、商业与痴迷的故事》[加]亚当·李斯·格尔纳 著　于是 译

63《囚徒、情人与间谍：古今隐形墨水的故事》[美]克里斯蒂·马克拉奇斯 著　张哲、师小涵 译

64《欧洲王室另类史》[美]迈克尔·法夸尔 著　康怡 译

65《致命药瘾：让人沉迷的食品和药物》[美]辛西娅·库恩等 著　林慧珍、关莹 译

66《拉丁文帝国》[法]弗朗索瓦·瓦克 著　陈绮文 译

67《欲望之石：权力、谎言与爱情交织的钻石梦》[美]汤姆·佐尔纳 著　麦慧芬 译

68《女人的起源》[英]伊莲·摩根 著　刘筠 译

69《蒙娜丽莎传奇：新发现破解终极谜团》[美]让-皮埃尔·伊斯鲍茨、克里斯托弗·希斯·布朗 著　陈薇薇 译

70《无人读过的书：哥白尼〈天体运行论〉追寻记》[美]欧文·金格里奇 著　王今、徐国强 译

71《人类时代：被我们改变的世界》[美]黛安娜·阿克曼 著　伍秋玉、澄影、王丹 译

72《大气：万物的起源》[英]加布里埃尔·沃克 著　蔡承志 译

73《碳时代：文明与毁灭》[美]埃里克·罗斯顿 著　吴妍仪 译

74《一念之差：关于风险的故事与数字》[英]迈克尔·布拉斯兰德、戴维·施皮格哈尔特 著　威治 译

75《脂肪：文化与物质性》[美]克里斯托弗·E.福思、艾莉森·利奇 编著　李黎、丁立松 译

76《笑的科学：解开笑与幽默感背后的大脑谜团》[美]斯科特·威姆斯 著　刘书维 译

77《黑丝路：从里海到伦敦的石油溯源之旅》[英]詹姆斯·马里奥特、米卡·米尼奥－帕卢埃洛 著　黄煜文 译

78《通向世界尽头：跨西伯利亚大铁路的故事》[英]克里斯蒂安·沃尔玛 著　李阳 译

79《生命的关键决定：从医生做主到患者赋权》[美]彼得·于贝尔 著　张琼懿 译

80《艺术侦探：找寻失踪艺术瑰宝的故事》[英]菲利普·莫尔德 著　李欣 译

81《共病时代：动物疾病与人类健康的惊人联系》[美]芭芭拉·纳特森－霍洛威茨、凯瑟琳·鲍尔斯 著　陈筱婉 译

82《巴黎浪漫吗？——关于法国人的传闻与真相》[英]皮乌·玛丽·伊特韦尔 著　李阳 译

83《时尚与恋物主义：紧身褡、束腰术及其他体形塑造法》[美]戴维·孔兹 著　珍栎 译

84《上穷碧落：热气球的故事》[英]理查德·霍姆斯 著　暴永宁 译

85《贵族：历史与传承》[法]埃里克·芒雄－里高 著　彭禄娴 译

86《纸影寻踪：旷世发明的传奇之旅》[英]亚历山大·门罗 著　史先涛 译

87《吃的大冒险：烹饪猎人笔记》[美]罗布·沃乐什 著　薛绚 译

88《南极洲：一片神秘的大陆》[英]加布里埃尔·沃克 著　蒋功艳、岳玉庆 译

89《民间传说与日本人的心灵》[日]河合隼雄 著　范作申 译

90《象牙维京人：刘易斯棋中的北欧历史与神话》[美]南希·玛丽·布朗 著　赵越 译

91《食物的心机：过敏的历史》[英]马修·史密斯 著　伊玉岩 译

92《当世界又老又穷：全球老龄化大冲击》[美]泰德·菲什曼 著　黄煜文 译

93《神话与日本人的心灵》[日]河合隼雄 著　王华 译

94《度量世界：探索绝对度量衡体系的历史》[美]罗伯特·P.克里斯 著　卢欣渝 译

95《绿色宝藏：英国皇家植物园史话》[英]凯茜·威利斯、卡罗琳·弗里 著　珍栎 译

96《牛顿与伪币制造者：科学巨匠鲜为人知的侦探生涯》[美]托马斯·利文森 著　周子平 译

97 《音乐如何可能？》[法] 弗朗西斯・沃尔夫 著　白紫阳 译

98 《改变世界的七种花》[英] 詹妮弗・波特 著　赵丽洁、刘佳 译

99 《伦敦的崛起：五个人重塑一座城》[英] 利奥・霍利斯 著　宋美莹 译

100 《来自中国的礼物：大熊猫与人类相遇的一百年》[英] 亨利・尼科尔斯 著　黄建强 译

101 《筷子：饮食与文化》[美] 王晴佳 著　汪精玲 译

102 《天生恶魔？：纽伦堡审判与罗夏墨迹测验》[美] 乔尔・迪姆斯代尔 著　史先涛 译

103 《告别伊甸园：多偶制怎样改变了我们的生活》[美] 戴维・巴拉什 著　吴宝沛 译

104 《第一口：饮食习惯的真相》[英] 比・威尔逊 著　唐海娇 译

105 《蜂房：蜜蜂与人类的故事》[英] 比・威尔逊 著　暴永宁 译

106 《过敏大流行：微生物的消失与免疫系统的永恒之战》[美] 莫伊塞斯・贝拉斯克斯－曼诺夫 著　李黎、丁立松 译

107 《饭局的起源：我们为什么喜欢分享食物》[英] 马丁・琼斯 著　陈雪香 译　方辉 审校

108 《金钱的智慧》[法] 帕斯卡尔・布吕克内 著　张叶　陈雪乔 译　张新木 校

109 《杀人执照：情报机构的暗杀行动》[德] 埃格蒙特・科赫 著　张芸、孔令逊 译

110 《圣安布罗焦的修女们：一个真实的故事》[德] 胡贝特・沃尔夫 著　徐逸群 译

111 《细菌》[德] 汉诺・夏里修斯 里夏德・弗里贝 著　许嫚红 译

112 《千丝万缕：头发的隐秘生活》[英] 爱玛・塔罗 著　郑嬿 译

113 《香水史诗》[法] 伊丽莎白・德・费多 著　彭禄娴 译

114 《微生物改变命运：人类超级有机体的健康革命》[美] 罗德尼・迪塔特 著　李秦川 译

115 《离开荒野：狗猫牛马的驯养史》[美] 加文・艾林格 著　赵越 译

116 《不生不熟：发酵食物的文明史》[法] 玛丽－克莱尔・弗雷德里克 著　冷碧莹 译

117 《好奇年代：英国科学浪漫史》[英] 理查德・霍姆斯 著　暴永宁 译

118 《极度深寒：地球最冷地域的极限冒险》[英] 雷纳夫・法恩斯 著　蒋功艳、岳玉庆 译

119 《时尚的精髓：法国路易十四时代的优雅品位及奢侈生活》[美] 琼・德让 著　杨冀 译

120 《地狱与良伴：西班牙内战及其造就的世界》[美] 理查德・罗兹 著　李阳 译

121 《骗局：历史上的骗子、赝品和诡计》[美] 迈克尔・法夸尔 著　康怡 译

122 《丛林：澳大利亚内陆文明之旅》[澳] 唐・沃森 著　李景艳 译

123《书的大历史：六千年的演化与变迁》[英]基思·休斯敦 著　伊玉岩、邵慧敏 译

124《战疫：传染病能否根除？》[美]南希·丽思·斯特潘 著　郭骏、赵谊 译

125《伦敦的石头：十二座建筑塑名城》[英]利奥·霍利斯 著　罗隽、何晓昕、鲍捷 译

126《自愈之路：开创癌症免疫疗法的科学家们》[美]尼尔·卡纳万 著　贾颋 译

127《智能简史》[韩]李大烈 著　张之昊 译

128《家的起源：西方居所五百年》[英]朱迪丝·弗兰德斯 著　珍栎 译

129《深解地球》[英]马丁·拉德威克 著　史先涛 译

130《丘吉尔的原子弹：一部科学、战争与政治的秘史》[英]格雷厄姆·法米罗 著　刘晓 译

131《亲历纳粹：见证战争的孩子们》[英]尼古拉斯·斯塔加特 著　卢欣渝 译

132《尼罗河：穿越埃及古今的旅程》[英]托比·威尔金森 著　罗静 译

133《大侦探：福尔摩斯的惊人崛起和不朽生命》[美]扎克·邓达斯 著　肖洁茹 译

134《世界新奇迹：在 20 座建筑中穿越历史》[德]贝恩德·英玛尔·古特贝勒特 著　孟薇、张芸 译

135《毛奇家族：一部战争史》[德]奥拉夫·耶森 著　蔡玳燕、孟薇、张芸 译

136《万有感官：听觉塑造心智》[美]塞思·霍罗威茨 著　蒋雨蒙 译　葛鉴桥 审校

137《教堂音乐的历史》[德]约翰·欣里希·克劳森 著　王泰智 译

138《世界七大奇迹：西方现代意象的流变》[英]约翰·罗谟、伊丽莎白·罗谟 著　徐剑梅 译

139《茶的真实历史》[美]梅维恒、[瑞典]郝也麟 著　高文海 译　徐文堪 校译

140《谁是德古拉：吸血鬼小说的人物原型》[英]吉姆·斯塔迈尔 著　刘芳 译

141《童话的心理分析》[瑞士]维蕾娜·卡斯特 著　林敏雅 译　陈瑛 修订

142《海洋全球史》[德]米夏埃尔·诺尔特 著　夏嫱、魏子扬 译

143《病毒：是敌人，更是朋友》[德]卡琳·莫林 著　孙薇娜、孙娜薇、游辛田 译

144《疫苗：医学史上最伟大的救星及其争议》[美]阿瑟·艾伦 著　徐宵寒、邹梦廉 译　刘火雄 审校

145《为什么人们轻信奇谈怪论》[美]迈克尔·舍默 著　卢明君 译

146《肤色的迷局：生物机制、健康影响与社会后果》[美]尼娜·雅布隆斯基 著　李欣 译

147《走私：七个世纪的非法携运》[挪]西蒙·哈维 著　李阳 译

148《雨林里的消亡：一种语言和生活方式在巴布亚新几内亚的终结》［瑞典］唐・库里克 著 沈河西 译

149《如果不得不离开：关于衰老、死亡与安宁》［美］萨缪尔・哈灵顿 著 丁立松 译

150《跑步大历史》［挪威］托尔・戈塔斯 著 张翎 译

151《失落的书》［英］斯图尔特・凯利 著 卢葳、汪梅子 译

152《诺贝尔晚宴：一个世纪的美食历史（1901—2001）》［瑞典］乌利卡・索德琳德 著 张婍 译

153《探索亚马孙：华莱士、贝茨和斯普鲁斯在博物学乐园》［巴西］约翰・亨明 著 法磊 译